Microphysique quantique transactionnelle

Principes et applications

Microphysique quantique transactionnelle

Principes et applications

Jacques Lavau

Jacques Lavau éditeur

2019

Dépôt légal : mai 2018.

Huitième édition : mai 2019

ISBN 978-2-9562312-0-2

Jacques Lavau éditeur

207 avenue Jean Jaurès

69150 Décines-Charpieu

France

jacques.lavau@free.fr

Table des matières

Remerciements

Je dois à William Beaty, fondateur du site de science amateur amasci.com de m'avoir laissé apprendre en 2003 que j'avais été antériorisé sur plusieurs points, de dix-neuf ans (1979) par Giles Henderson, de quinze ans (1983) par C. F. Bohren, H. Paul, R. Fischer et de douze ans (1986) par John G. Cramer, tandis qu'en 1998 tous l'ignoraient à l'IN2P3, à l'université Lyon 1.

Je dois à Bernard Chaverondier des discussions fécondes sur Usenet, dans les années 2005 à 2007.

Je dois à Joël Brunet et aux électroniciens Joël Robelin et (prénom ?) Sainsaulieu de m'avoir demandé en 1995 d'expliquer à nos élèves l'énorme section de capture de la molécule monoxyde de carbone pour les photons ayant sa fréquence de résonance ; c'était la première fois que j'avais la preuve de la convergence de cet énorme photon infrarouge, sur une molécule minuscule, de 4,7 Å de grand axe.

Je dois à Jean-Claude Coviaux d'avoir donné l'impulsion de ce manuel, et d'avoir expliqué les contraintes de la vulgarisation.

Je dois à Christiane Césari, d'avoir relu les vingt premières pages d'alors, d'y avoir corrigé des fautes de grammaire, et précisé quoi était hermétique pour elle.

Je dois à ma fille Audrey d'avoir précisé où elle butait, sur un calcul déjà trop spécialisé, à ce qui était à l'époque la page trois – actuellement annexe D.

Plusieurs intervenants sur researchgate.net ont manifesté contre des raccourcis qui leur étaient impénétrables, et ils m'ont fait préciser plusieurs points que l'enseignement qu'ils avaient reçu avait omis. Qu'ils en soient remerciés.

En juin 2017, sur Usenet, Julien Arlandis, François Guillet et Fabrice Neyret ont signalé des faiblesses dans la rédaction.

Toutes les erreurs qui sont restées sont de moi.

Introduction : pourquoi transactionnelle ? Pourquoi si tard ?

Vous avez déjà entendu Mr. Tompkins explore l'atome, à qui on explique que pour tuer le tigre quantique, il faut tirer de nombreux coups dans toutes les directions ? Ou vous êtes-vous entendu asséner que puisque selon Richard Feynman, « *Personne ne comprend la mécanique quantique* » alors vous n'allez quand même pas oser comprendre davantage que lui ? Ou que « *Mystère de la sainte dualité onde-corpuscule* », c'est vachement subtil, et que seuls les initiés vachement matheux peuvent maîtriser ? Ou qu'un électron dans un tube cathodique trouve quand même le temps d'aller explorer *jusqu'au delà de la planète Jupiter* ? D'autant que le chat « *est* » simultanément mort et vivant, et que le sous-marin « *est* » dans un état superposé entre deux kilomètres plus à l'ouest et deux kilomètres plus à l'est (ou plus au nord ou au sud)... Selon la mythologie copenhaguiste en vigueur depuis 1927, à un moment qui lui chante, le cimentier envoie un semi-remorque de vingt tonnes de charge utile en maraude sur toutes les routes à la fois. Son onde de probabilité se dilue sur toute la surface de la Terre jusqu'à ce que Miracle ! le camion a trouvé un client qui a justement la place pour vingt tonnes de ciment dans ses trémies. C'est là le miracle de l'*effondrement de la fonction d'onde* selon les copenhagistes... La transaction qui a fait partir le camion vers ce client leur échappe complètement.

Dans ces conditions de flou conceptuel, pas étonnant que des charlatans vous vantent leur médecine parallèle, mais « *quantique, hein !* » : ils ont la partie facilitée pour vous frauder.

Vu toutes ces carabistouilles, il était grand temps qu'on fasse quelque chose de plus averti et plus clair comme vulgarisation de la physique quantique. De résultats expérimentaux en résultats expérimentaux, ce manuel d'initiation vous fait profiter des avancées de la microphysique transactionnelle au long d'une conversation à quatre personnages : le lecteur Curieux, les professeurs Castel-Tenant et Marmotte, M. z'Yeux Ouverts. Des annexes permettent au lecteur de se remettre au niveau nécessaire depuis un niveau initial de

Seconde, et de revérifier chaque point. Le secret que les grands prêtres du mystère gardaient bien, est que « *quantique* », en réalité c'est périodique, ondulatoire et transactionnel, où toute onde individuelle de la quantique a un émetteur et un absorbeur, mais rien du tout qui soit corpusculaire ni dualistique. Il n'y a de corpusculaire ou à peu près qu'en macrophysique, jamais en microphysique. De plus nous allons vous prouver que dans le cadre transactionnel, la microphysique quantique n'est qu'un sous-domaine de la microphysique générale.

Zéro corpuscules à l'échelle microphysique, zéro dualité, en revanche il y a des émetteurs et des absorbeurs, chacun au bout d'une onde individuelle. Individuellement, tout photon a un émetteur et un absorbeur. C'est cela l'échelle individuelle de la microphysique. Dans ce livre vous trouverez la géométrie du fuseau de Fermat de ce transfert entre émetteur et absorbeur, et vous trouverez les nombreuses conséquences en optique, en radio-électricité, en radiocristallographie, en optique électronique, en électrotechnique, en chimie analytique, etc.

Quand la solution a été trouvée par le trouveur, et que chacun peut voir à quel point c'était simple, on peut questionner l'infirmité collective qui avait contraint les autres chercheurs non seulement à ne rien trouver du tout, à demeurer figés dans des errements tribaux datant de 1925-1927, mais plus grave encore, à dénier et censurer des tonnes de faits expérimentaux qui les embarrassaient, notamment en optique : trop tôt spécialisés, les universitaires de physique n'ont jamais appris à pratiquer des transferts de technologie horizontaux, de métier à métier, de discipline à autre discipline. Le spécialiste est un monsieur qui sait beaucoup de choses sur peu de chose et à la limite tout sur rien du tout, tandis que les synthèses transdisciplinaires sont faites par des hommes de synthèse.

La discipline de synthèse transdisciplinaire est apprise dans d'autres métiers, tels que le métier de géographe, ou le métier d'ingénieur, mais hélas elle est ignorée dans l'enseignement de la physique « pure ». Elle manque cruellement. Typiquement l'auteur de manuels de créativité était simultanément ingénieur diplômé et docteur en psychologie. Un bel exemple de travail collectif transdisciplinaire est l'Atlas Mondial des Sols, édité par la FAO et l'UNESCO : le géographe qui coordonne chaque volume, n'est pas géologue, n'est pas pétrographe, n'est pas climatologue, n'est pas hydrologue, n'est pas spécialiste de l'écologie végétale, n'est pas agronome, n'est pas pédologue non plus, mais il sait comprendre les travaux de chacun des spécialistes, et ces volumes fort nécessaires et attendus sont bien sortis des presses.

Le présent manuel met fin à de très nombreuses omissions voire censures, qui isolaient gravement la quantique de nombreuses branches de la physique, et surtout de leurs résultats expérimentaux. En physique quantique transactionnelle, il n'est plus nécessaire d'asséner aux étudiants « *Taisez vous ! Baissez la tête et calculez !* », ni que « *Si vous croyez comprendre la mécanique quantique, alors c'est que vous ne comprenez pas* ». Il n'est plus nécessaire de cacher aux étudiants la transparence résonante découverte indépendamment en 1921 par Carl Ramsauer et J. S. Townsend : que les atomes de xénon deviennent transparents aux électrons incidents quand l'énergie de ces électrons est de l'ordre de 0,6 eV, c'est évident quand on sait que ces électrons **sont** leur onde broglienne, et incompréhensible tant qu'on s'obstine à les présenter comme des corpuscules. Il n'est plus nécessaire de cacher aux étudiants que la radiocristallographie, qui applique les lois de l'optique de Fresnel de 1819, ça marche aussi avec des neutrons, et aussi, mais en moins précis pour cause de répulsion électrostatique, avec des électrons, et pas seulement avec des rayons X. En radiocristallographie, il n'est plus nécessaire de cacher aux étudiants que la loi de Scherrer relie la largeur des photons à la largeur des cristallites, et que par conséquent aucun photon ne devient corpusculaire à aucun moment. En optique, il n'est plus nécessaire de cacher aux étudiants que chaque interférence prouve que les photons participants sont tous longs, et cela depuis Young (1801) et Fresnel (1819). En optique, il n'est plus nécessaire de cacher aux étudiants que chaque couche anti-reflets, ou chaque couleur interférentielle sur des coléoptères, sur des lézards verts, ou sur de nombreux oiseaux, prouve que chaque photon est de largeur d'au moins plusieurs longueurs d'onde voire dizaines ou centaines de longueurs d'onde, s'il est assez loin de son émetteur et de son absorbeur. En optique, il n'est plus nécessaire de cacher aux étudiants que la lumière polarisée plane existe, et que des dispositifs optiques convertissent tout ou partie d'une polarisation en une autre, ni de leur cacher le mécanisme de rotation de la lumière polarisée présentée par certaines molécules chirales. En physique du solide, il n'est plus nécessaire de cacher aux étudiants que les électrons de conduction sont chacun assez étendus pour interagir avec des phonons, des plasmons et des polaritons, qui eux ne deviendront jamais petits. Il n'est plus nécessaire de cacher aux étudiants de quantique les propriétés électroniques des colorants, ni les propriétés optiques des cristaux. Il n'est plus nécessaire de cacher aux étudiants les propriétés ni les conséquences de l'équation de Dirac, de 1928. Etc.

En physique quantique transactionnelle, l'isolement d'une pseudo-science est terminé, l'unité de la physique est rétablie, nonante ans après.

Jacques Lavau

P.S.

La troisième édition, de mars 2018, révisée jusqu'au chapitre 11 inclusivement à l'occasion de la traduction, a vu le sous-chapitre 10.6.2, consacré à la scintillation des étoiles, intégralement réécrit. Bénéfice imprévu : le maintien de vision des éclairements et couleurs par l'œil astigmate (ou d'autres défauts de vergence) implique que pour chaque photon vu, la géométrie de propagation avant le dioptre cornéen est ajustée vers la molécule cis-rétinal absorbante. Il nous reste donc encore largement à apprendre sur les détails de cette géométrie des fuseaux de Fermat selon les conditions de propagation dans de nombreux dispositifs optiques.

Dans la sixième édition sont listés enfin le postulat animiste de Wigner et Neumann, et le postulat de supériorité de meute. Soit dix-sept postulats rejetés.

Avec la septième édition sont pris en compte les émetteurs de rayonnement non quantiques : rayonnement de freinage, accélération d'un électron dans un champ électrique et dans un champ magnétique, rayonnement synchrotron...

La liste des postulats admis comme tels en microphysique transactionnelle est portée de six à dix postulats, et la quantique est ramenée à un sub-domaine de la microphysique. Le chapitre consacré à la Relativité est plus développé, avec exercices. La liste des postulats rejetés monte à dix-huit.

Sans compter la menace du riche éleveur à son cowboy : « *Toi tu penses trop. Trop penser, ça donne du plomb dans l'organisme.* » (*Des barbelés dans la Prairie*, Morris et Goscinny).

Suite à des interventions de collègues et de lecteurs, la partie didactique est nettement plus développée. Deux pages de plus sur le calcul et le dessin du potentiel magnétique dans deux cas simples.

8e édition : trois autres censures subreptices sont listées, dont le déni de la lumière polarisée plane, alors que les abeilles, les photographes et les astronomes en font un bon usage. Ainsi que le déni de la physique du solide et le déni de la radiocristallographie.

Microphysique quantique transactionnelle.

Principes et applications

Chapitre 1

Position historique

Curieux :
- Voici onze ans, c'était au nouvel an 2008, je vous ai demandé de me recommander un bon livre d'initiation à la physique quantique. Je vous ai vus vous gratter la tête, et après vous être regardés les uns les autres, conclure qu'un bon, ça n'existait pas, qu'il fallait se retrousser les manches, et l'écrire. A présent, qu'avez-vous à nous présenter, à nous les curieux, désireux d'apprendre ?

Professeur Castel-Tenant :
- En premier lieu, nous allons ramasser quelques unes des idées les plus fausses qui circulent dans le grand public,

Z'Yeux Ouverts :
- ... avant de montrer que trop souvent elles traînent aussi au fond de la tête de bien de nos sommités les plus insoupçonnables.

Professeur Castel-Tenant :
- Ensuite nous expliquerons au lecteur ce que nous avons en commun pour le mettre à niveau dans la physique de l'atome [1], électrons [2] et photons [3]. De plus il disposera de renvois en annexes techniques, hors-dialogue.
Nous allons tâcher de retarder l'exposé de la controverse scientifique entre nous et M. z'Yeux Ouverts, qui dure publiquement depuis quinze ans. Tâcher de ne débattre de ce qui nous oppose qu'après avoir mis le lecteur à niveau.

---

1. Atome : un seul noyau est escorté d'assez d'électrons pour balancer la charge électrique positive du noyau.

Noyau atomique : composé de Z protons et de Y neutrons, il retient Z électrons autour de lui pour former un atome.

2. Électron : plus petite quantité d'électricité. Inventé en 1891, et prouvé expérimentalement en 1897 sous forme de rayons cathodiques. Sa charge est négative. Il a un moment magnétique. Les électrons sont indiscernables entre eux.

3. Photon : Quand elle est identifiable, plus petite quantité transférable de rayonnement électromagnétique, qui transfère de son émetteur à son absorbeur un quantum de bouclage de Planck, h.

Sottisier des idées fausses les plus courantes.

(1) *Un électron, c'est vachement petit, c'est pratiquement un point, c'est une petite bille verte et ça orbite autour d'un noyau mauve.* Mais c'est vrai, croyez le mes enfants !

(2) *Même dans le vide, un électron ça marche en zigzags imprévisibles, ça patrouille en tous sens comme un jeune chien.* Mais c'est vrai, croyez le mes enfants !

(3) *Si l'électron garde toujours la même charge électrique, c'est parce qu'il est très petit, très concentré donc hors d'atteinte derrière ses parois vachement dures.* Mais c'est vrai, croyez le mes enfants !

(4) *L'atome c'est pratiquement que du vide, entre les électrons. C'est comme en astronomie, que du vide entre les planètes, et entre les étoiles.* Mais c'est vrai, croyez le mes enfants !

(5) *Si on ne raconte pas aux débutants qu'un électron c'est un tout petit corpuscule, ils seront perdus, ils ne vont rien y comprendre !* Mais c'est vrai, croyez le mes enfants !

(6) *A la trentième centésimale, un médicament homéopathique est toujours efficace.* Mais c'est vrai, croyez le mes enfants ! [4]

(7) *Un chat peut être simultanément mort et vivant.* Mais c'est vrai, croyez le mes enfants !

(8) *Le comportement des particules, c'est juste un mystère de dieu, et ce serait péché d'orgueil que de prétendre comprendre ça.* Mais c'est vrai, croyez le mes enfants !

(9) *Pour tuer le tigre quantique, qui est un grand tigre tout flou, Monsieur Tompkins doit tirer de nombreux coups de fusils dans toutes les directions.* Mais c'est vrai, croyez le mes enfants !

(10) *La lumière, c'est le choc de petits grains*, appelés frottons, heu non ! Les faux thons ! Heu non, les photons. Mais c'est vrai, croyez le mes enfants !

(11) *Ceux qui ne sont pas d'accord avec nous c'est rien que des colonels de cavalerie retraités, et ils veulent retourner à la physique classique. Ils commettent là un péché mortel.*

---

4. Le grand public n'a toujours pas assimilé la constante d'Avogadro-Ampère, qui relie notre monde macroscopique à la limite atomique. Il y a six cent deux mille deux cent quatorze milliards de milliards de molécules d'eau H_2O dans 18,0153 g d'eau (une mole). Les charlatans abusent de cette ignorance du public. Pis : bien des sommités de la quantique ont encore du mal avec ça : il confondent les ondes individuelles de la quantique, qui chacune ont un seul émetteur et un seul absorbeur, avec nos ondes macrophysiques, telles qu'ondes de gravité en mer ou dans une cuve à eau, qui elles se dispersent et s'absorbent sur un très grand nombre d'absorbeurs.

(12) *Tant que vous ne maîtriserez pas les opérateurs hermitiens sur les espaces de Hilbert, vous n'avez rien à faire en MQ !*

Que le lecteur se rassure : de toutes les affirmations listées ci-dessus, il n'en est pas une de juste.

Z'Yeux Ouverts :
- La sottise n° 2 est écrite dans le Landau et Lifchitz, tome 3.
La sottise n° 4 est professée par Jean Bricmont et bien d'autres encore. Elle est incompatible avec l'existence de la capture électronique, où un noyau capture un électron de la couche profonde, or environ 500 noyaux en sont capables. Cas de la réaction nucléaire ^{57}Co (capture un e$^-$ interne) $\rightarrow$ ^{57}Fe* + $^{0}\upsilon_e$ (utilisée pour l'effet Mössbauer).

Professeur Marmotte :
- Je vous interdis de critiquer Jean Bricmont, qui est un auteur politique reconnu ! Sinon je vais vous dénoncer comme d'extrême droite...

Z'Yeux Ouverts :
- Il n'a aucune excuse : il est professeur de physique théorique.

La sottise n° 9 est de George Gamow.
« *Vachement petit, presque un point* » ? Et quelle est la longueur d'un litre de lait ? On peut exhiber des molécules de colorants où l'électron oscillant, responsable de l'absorption lumineuse sélective, est long de plus de 15 ångströms et large de plus de 3 ångströms (0,3 nanomètres). Dans les métaux purs à basse température, une partie des électrons de conduction ont pratiquement la dimension du cristal entier.
« *Petit* » et « *ponctuel* » sont des notions géométriques inféodées à notre monde macrophysique, mais dépourvues de sens et de cohérence en microphysique, car la limite atomique existe.

Oui, le photon est la plus petite unité de rayonnement électromagnétique transférable en ce sens qu'il transfère un quantum de Planck h (d'action par cycle) d'un émetteur à un absorbeur, mais non ça n'en fait pas un petit grain : c'est toujours du rayonnement électromagnétique, qui relève toujours des lois de l'optique physique données en 1819 par Augustin Fresnel, et relève des équations de Maxwell de 1873, modernisées de l'interaction bosonique entre photons. Oui la lumière polarisée plane existe, et on en a des milliers de preuves expérimentales ; elle n'existerait pas si les photons étaient des *petits grains.* Dès le lycée nous avions fait des expériences d'interférences lumineuses, elles seraient impossibles à réussir si les photons étaient des petits grains. Des coléoptères et certaines plumes de canards, les paons, certains poissons ont des couleurs interférentielles ; elles n'existeraient pas si les photons étaient des petits grains, géométriquement « *petits* ».

Professeur Castel-Tenant :
- La grandeur qui est indiscutablement petite pour notre échelle, c'est le quantum d'action par cycle de Planck, ainsi que souvent les longueurs d'onde, du moins pour le domaine du visible et au-delà.
Et attention, vous comme métallurgiste de formation, vous savez que les métaux qui nous entourent sont constitués de cristaux, trop petits pour être discernés à l'oeil nu, et adhérents les uns aux autres avec excellente cohésion, alors que le grand public imagine de grands cristaux de quartz, longs de plusieurs centimètres, tels qu'on a pu en ramasser dans des fissures des alpes, bien individualisés, très durs et plutôt fragiles.

Chapitre 2

Les enjeux de la microphysique transactionnelle.

2.1. Une révision radicale s'imposait.

Z'Yeux Ouverts :
- Dans ces premiers chapitres, on précisera les enjeux de la physique transactionnelle, soit celle qui traite explicitement des ondes individuelles, qui chacune ont un émetteur et un absorbeur. Puis on reverra les grandeurs-clés de la microphysique, les bases de l'atomistique et des nuages électroniques autour des noyaux, pourquoi des spectres de raies et la spectrographie, puis on verra les liaisons chimiques, les solides cristallins, les spectres de raies, l'atomistique, l'état métallique et la plasticité dans les métaux. Nous allons devoir réviser aussi un peu d'optique astronomique et de radio-électricité, et les interférences en optique.

Professeur Castel-Tenant :
- Ah je proteste ! L'état métallique et la plasticité dans les métaux, c'est de la physique de l'état solide, ça n'est plus de la Quantique ! Quant à l'optique astronomique et la radio-électricité, ce n'est que de la physique classique ! Et nous on ne veut rien avoir de commun avec ça.

Z'Yeux Ouverts :
- Il y a comme cela des connaissances indispensables qui ne parviennent pas à franchir la distance qui sépare deux amphis voisins sur le même campus. J'insiste pour passer par là, et que vous me fassiez confiance le temps nécessaire. Nombre de connaissances basiques dans d'autres branches de la physique manquent à ceux qui enseignent actuellement la Mécanique Quantique. Ils ne sont même pas conscients de la gravité de leurs lacunes. Impossible de rendre compte correctement de l'effet photo-électrique historique, de Lenard en 1900 et d'Einstein en 1905, sans les connaissances indispensables sur l'état métallique, qui n'existaient pas en 1905. Rendre compte des photons sans les acquis expérimentaux de l'interférométrie et de l'optique astronomique, enracinés dans le 19e siècle, et sans les progrès réalisés depuis dans

les couches anti-reflets, ou dans les lames biréfringentes quart-d'onde utilisées comme convertisseurs de polarisation : travail de singe aussi... Parmi les conséquences dommageables, le prix à payer par leurs étudiants, sous forme d'incompréhension, voire de dégoût, est exorbitant, et le rendement de l'enseignement scientifique est consternant.

Curieux :
- Vous êtes déjà en désaccord sur le programme. Il faut donc me résumer immédiatement ce qui vous sépare. Quel est l'enjeu de votre controverse ?

Z'Yeux Ouverts :
- Aïe ! Controverse que M. Castel-Tenant (le tenant du château) tentait sagement de refroidir.

Du moins le formalisme de la MQ (selon leur terminologie : « Mécanique Quantique ») est en grande partie correct, quoique futilement obscur. Les équations d'évolution sont correctes. MAIS, les enseignants de MQ ne tiennent compte que de la moitié des conditions aux limites : uniquement la moitié provenant des émetteurs. Ils sont grevés de postulats hérités et subreptices, dont les pires sont l'anti-relativiste, le corpusculariste, l'anti-ondulatoire, le confusionniste et l'anthropocentriste. Les étudiants n'abordent le formalisme MQ – strictement déterministe et ondulatoire – qu'après soumission totale à une sémantique [1] datant des années 1925-1927, qui à nos yeux est injustifiable et inexcusable. Non seulement ce corps de doctrine est un obstacle énorme au rendement de l'enseignement de la physique, rendement hélas très bas, mais de plus il obstrue les moyens heuristiques [2] dont les chercheurs devraient disposer. Leur sémantique, qu'on dira « copenhaguiste », en ce sens qu'elle fut élaborée à Göttingen puis développée et défendue par l'école de Copenhague dirigée par Niels Bohr, est un nœud [3] de fautes de méthodes, et d'absurdités inexcusables. Elle égare nombre de chercheurs vers des marécages où ils s'enlisent. Les fautes méthodologiques répétitives, ça obstrue l'avenir du pays et de sa jeunesse.

1. Sémantique : étude des significations. En physique les axiomes sémantiques portent sur un : Ceci désigne ... suivi du mode opératoire expérimental par lequel vous pouvez en avoir une évidence qui servira de référence pour la suite. Par exemple pour les ondes électromagnétiques, vous pourriez avoir un ensemble d'antennes en dipôles émetteurs judicieusement décalés en phase (même apparence qu'une antenne réceptrice YAGI), et un dipôle détecteur que vous pouvez déplacer dans la salle d'expérience. Ceci peut mettre en évidence la polarisation de l'onde, la directivité du système d'antennes, voire les nœuds et ventres si une onde stationnaire est organisée par l'expérimentateur.

2. Heuristique : l'art de trouver.

3. Au sens du nœud gordien : à trancher d'un coup d'épée.

Cette doctrine où ils raisonnent comme des artilleurs de la guerre de 14-18 qui arrosaient sur zone (Exemple par George Gamow, dans Monsieur Tompkins explore l'atome : pour tuer le tigre quantique il faut tirer de nombreux coups de fusils dans toutes les directions), est invalidée par l'effet de transparence Ramsauer-Townsend, par tous les phénomènes spectraux d'absorption, tous les spectres de raies sombres de Fraunhofer [4], par toutes les mesures spectrales en chimie des gaz (y compris la propagande aux ordres et les disputes aux ordres dans les médias aux ordres sur le mythe des « *méchants gaz à effet de serre qui vont faire monter les océans* »), par tous les colorants et les méthodes colorimétriques utilisées en chimie analytique, par la technologie des couches anti-reflets en optique, par les colorations interférentielles, par les méthodes d'absorption atomique, par la couleur noire des micas biotite [5], par tous les succès de l'effet Mössbauer, dont l'expérience historique de Pound et Rebka, et même par l'expérience des poseurs d'antennes de TV sur les toits ...

C'est bien pourquoi nous avions conclu qu'un livre d'initiation à vous recommander, il n'y en avait aucun. Aucun qui soit recommandable : ils recopient trop de fautes méthodologiques.

Professeur Castel-Tenant :
- Après des mots aussi désobligeants, il faut vous justifier.

Professeur Marmotte :
- De plus, je vous somme de prouver immédiatement que Rudolf Mössbauer est dans votre camp.

Z'Yeux Ouverts :
- Sur Mössbauer, je renvoie la réponse en annexe D, y compris les précisions indispensables au lecteur débutant. L'expérience a prouvé que sinon, si j'obéissais à votre ruse, l'immense majorité des lecteurs décroche à cet instant : ils ne savent pas suivre ce calcul, pourtant familier à des étudiants

4. Le spectre ou séparation de la lumière par un prisme selon la longueur d'onde, est connu depuis Newton ; le spectroscope fut inventé en 1802 par William Wollaston qui découvrit que le spectre du Soleil était parcouru de raies sombres. L'opticien allemand Joseph von Fraunhofer réalisa la première analyse spectrale en 1811. Fraunhofer répertoria 600 raies dans le spectre du Soleil. Le spectre de la photosphère est baptisé spectre de Fraunhofer. On recense plus de 26000 raies dans le spectre solaire dont plus de 6000 raies sont uniquement attribuées au fer.

5. Le mica biotite est présent dans la plupart des granites, dans des diorites, norites, une grande variété de roches plutoniques et métamorphiques, plus rarement dans des roches effusives. Quand les enfants croient trouver de l'or dans des roches, il s'agit souvent de biotite en cours d'altération par l'eau de surface.

de Licence.

2.1.1. Postulat anti-relativiste. Le premier et énorme postulat subreptice et clandestin que vous enseignez est anti-relativiste : Selon vous, le temps demeure celui du dieu d'Isaac Newton, qui pouvait tout voir simultanément et instantanément. A sa truculente façon, Mathurin Popeye diagnostiquerait que « *c'est de l'imaginature* ».
Selon vous, et hélas aussi selon le formalisme que vous enseignez, le temps est un paramètre universel et ubiquiste ; vous faites comme si le temps du laboratoire était universel. Or déjà le premier photon venu viole votre postulat anti-relativiste : il voyage à temps propre nul ; la réaction qui le crée à l'émetteur et la réaction d'annihilation à son absorbeur sont pour lui simultanées, et également causales. Simultanées selon-le-photon mais pas d'une durée nulle, sinon aucune expérience d'interférence ne réussirait : toute interférence exige que chaque photon soit de longueur de cohérence appréciable. Deux molécules d'un même gaz, chacune ayant une vitesse différente dans des directions différentes, n'ont pas le même écoulement du temps ; cela tous les relativistes le savent, alors que les enseignants de la MQ copenhaguiste en sont inconscients et ignorants. Ceux qui sont en charge d'un accélérateur de particules savent fort bien que l'électron ou le proton accélérés ne sont plus du tout dans le temps du laboratoire, mais le professeur de MQ copenhaguiste l'ignore, et écrit le contraire au tableau noir.

Professeur Castel-Tenant :
- Il fallait bien simplifier ! Vous trouvez déjà que le formalisme est dur à assimiler et lourd à manier, alors que serait-ce s'il était relativiste !

Z'Yeux Ouverts :
- Si vous aviez le courage de faire superviser votre production standard par un qualiticien [6] et par un didacticien [7], votre orgueil recevrait quelques surprises. Reprenons sur votre temps newtonien, et choisissons une expérience d'optique telle que celles réalisées à l'Institut d'Optique d'Orsay. Vingt mètres entre émetteur et absorbeur, soit un décalage dans le référentiel du laboratoire de 66,7 ns (nanosecondes). Or si l'on fait confiance à la transformation de Lorentz, ce départ et cette arrivée sont simultanés pour le photon, quoique

6. Qualiticien : Ingénieur chargé de la qualité, de préférence dès la conception, quand la qualité est encore gratuite.

7. Didacticien : Enseignant ou chercheur, qui se consacre à la cohérence et à la solidité du parcours que l'enseignement assigne aux élèves. Si l'enseignant est chargé de tactique pédagogique, la didactique est consacrée à la stratégie ; son horizon est de plusieurs années sur le cursus scolaire ou universitaire, puis dans l'efficacité des applications dans la vie professionnelle.

de durée non nulle, de l'ordre la nanoseconde pour chacun. En conséquence, voilà une faille et incohérence de 66,7 ns dans le temps newtonien du laboratoire, et il y en a plein de ce genre pour chaque photon émis d'où que ce soit vers où que ce soit, ce qui fait vraiment beaucoup. Et les choses deviennent dramatiques pour des distances astronomiques, avec des court-circuits photoniques constatés de l'ordre de plusieurs milliards, jusqu'à quatorze-quinze milliards d'années.

Curieux :
- « 66,7 ns » : je sais lire qu'il s'agit de nanosecondes. Les électroniciens connaissent ces préfixes d'unités, contrairement à ma petite sœur, qui ne les connaît pas... Alors tableau SVP !

Professeur Castel-Tenant :
- A l'école primaire, nous n'allions pas plus loin que déci, centi et milli, déca, hecto (une hécatombe est un sacrifice de cent bœufs) et kilo. Depuis, nos besoins se sont accrus.

Préfixe décimal	abrév.	10^n	Préfixe multiplicateur	abrév.	10^n
deci	d	-1	deca	da	1
centi	c	-2	hecto	h	2
milli	m	-3	kilo	k	3
micro	µ	-6	mega	M	6
nano	n	-9	giga	G	9
pico	p	-12	téra	T	12
femto	f	-15	péta	P	15
atto	a	-18	exa	E	18
zepto	z	-21	zetta	Z	21
yocto	y	-24	yotta	Y	24

Z'Yeux Ouverts :

2.1.2. Postulat corpusculariste et anti-optique. - Le second postulat subreptice et clandestin que vous véhiculez est corpusculariste. On pourrait aussi dire anti-optique, car les lois quantitatives de l'optique physique et de l'optique astronomique et même de l'optique électronique sont incompatibles avec l'idéation corpuscularise. Pour une demi-phrase erronée écrite en 1905 par Albert Einstein, les grands ancêtres s'étaient persuadés que Einstein avait eu raison de ressusciter le corpuscule d'Isaac Newton. Sans s'apercevoir que ce concept est interne à la macrophysique, très très loin de la limite atomique, et que son extrapolation vers la microphysique devrait être expérimentalement validée, et elle ne l'a jamais été.

Professeur Marmotte :
- Si les plus grands savants ont besoin du corpuscule, c'est qu'il en faut !

Z'Yeux Ouverts :
- Je vous renvoie à la réponse de Pierre Simon de Laplace à Napoléon Bonaparte : « ***Sire, je n'avais pas besoin de cette hypothèse*** ».
A l'échelle de notre monde macrophysique familier, sûr que quelque chose comme des corpuscules existent. Par exemple un grain de sable passant au tamis de 200 µm mais refusé au tamis de 160 µm, est un assez bon corpuscule pour notre échelle humaine : sauf s'il est en verre et coupant, ou métallique et coupant voire toxique, il passera sans occasionner de trop gros dégâts le long de notre système digestif. Autre exemple de « *corpuscule* » : la spore de moisissure, invisible dans l'air à l'œil nu, qui va faire des dégâts indésirables si elle tombe sur un milieu qui lui convient. Mais l'extrapolation à la microphysique au-delà de la limite atomique n'a jamais été validée expérimentalement ; ce n'est rien de plus qu'un dogme religieux, psalmodié dans les amphis. Donnez-vous la peine d'avoir des épreuves de réalité, SVP !

Professeur Marmotte :
- Ah non ! Toutes les trajectoires observées en chambre à bulles prouvent que les particules sont bien des particules et non de vagues ondes vaseuses ! La particule est un petit endroit du champ où toute l'énergie est concentrée. Nous avons toujours enseigné cela.
Figure 2.1

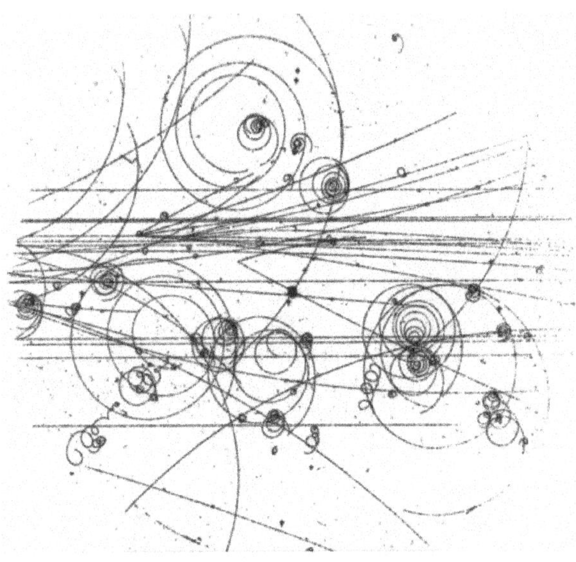

Z'Yeux Ouverts :
- Je ne saurais trop vous encourager à relire le cours d'optique, notamment le chapitre consacré à l'ultra-microscope, et d'autre part à ouvrir le cours sur les colloïdes et dispersoïdes, en particulier leurs propriétés optiques. Dites nous un peu le diamètre minimal des gouttelettes de brouillard en chambre à brouillard, ou des bulles en chambre à bulles, pour qu'on puisse les enregistrer sur pellicule.

Professeur Marmotte :
- Vous trichez ! L'optique photographique, ça n'est pas de la mécanique quantique ! Et les colloïdes, ça n'est pas de la mécanique quantique non plus.

Z'Yeux Ouverts :
- Merci de votre aveu d'ignorance. Ces traces sont larges au moins comme la longueur d'onde de la lumière, 0,5 µm. Or vous prétendez qu'elles seraient la preuve de corpuscules qui seraient de l'ordre de cent millions à un milliard de fois plus petits... Certes historiques, ces traces sont simplement une nouvelle preuve des lois de la conservation de l'impulsion. De plus vous confondez « onde » de l'échelle quantique avec « collectif d'ondes qui divergent entre elles », ainsi qu'avec ondes dans une collectivité, celles qui nous sont familières en macrophysique.

Ça fait beaucoup d'années que la multitude des obtus insistent pour confondre trois sortes d'ondes :

1 - Les ondes dans une collectivité (d'atomes ou de molécules). Ainsi sont les ondes de gravité entre deux fluides[8], et les ondes acoustiques, sismiques inclusivement. Ou en microphysique les ondes de spin[9] dans un ferromagnétique, les phonons, les plasmons et polaritons.
2 - Les collectifs d'ondes, tels que la lumière, ou un faisceau d'électrons ou d'ions ou de neutrons. Ces collectifs ont beaucoup d'émetteurs individuels et encore beaucoup plus d'absorbeurs.
3 - Les ondes individuelles pour chaque quanton. Photon ou neutrino par exemple. Chacune aboutit à un absorbeur individuel.
Ça fait des décennies qu'ils dénient les types 2 et 3, et réclament que tout soit le type 1. Autrement dit, ils dénient la limite atomique en matière ondulatoire, afin d'obtenir les absurdités qu'ils voulaient dénigrer – leur objectif tactique véritable.

Professeur Castel-Tenant :
- Je suis contraint d'intervenir, pour souligner que chacun d'entre nous a été élevé dans un corpuscularisme ambiant, dont nous tirions automatiquement des centaines de conclusions que M. z'Yeux Ouverts conteste. La thèse transactionnelle développée par M. z'Yeux Ouverts est routinièrement sous-estimée, voire couverte de mépris et d'insultes. Or sa cohérence jusqu'au-boutiste est révolutionnaire. Elle nous contraint peut-être à des révisions déchirantes, et en échange prétend nous offrir l'avantage de grandes simplifications conceptuelles.

Z'Yeux Ouverts :
- Merci. J'ai eu la chance que l'on m'apprenne : « Va jusqu'au bout de ton

8.

Surface eau-air : vagues, onde solitaire de tsunami.

Air-air : Sous le vent de certains reliefs à la forme simple, suite d'altocumuli stables, chacun marquant un sommet de vague, en sillage de la montagne ou de l'île. Cf. le sillage en nuages de l'île Amsterdam :

http ://cache.boston.com/universal/site_graphics/blogs/bigpicture/

eobs_01_14/e13_amsterdam_tmo.jpg

Pour les marins, le bord au vent est celui qui reçoit le vent avant le navire ; le bord sous le vent est celui qui reçoit le vent après, le vent qui est déjà passé sur le navire. Ou ici le flanc de montagne qui reçoit le vent qui est déjà passé sur la montagne.

Eau-eau : devant l'embouchure de l'Amazone, vagues sous-marines sur l'interface eau de mer – eau douce, connues par le fort freinage qu'elles infligent aux navires qui les émettent. Facilement plusieurs mètres de hauteur mais peu visibles en surface, et de grande longueur de train d'ondes, comparable au navire même. Source : *Traité d'océanographie physique* ***. Jules Rouch, Payot 1948.

9. Spin : moment angulaire élémentaire, sans équivalent en macrophysique.

idée ! Ne t'arrête pas en chemin ! ». Trop de gens se contentent d'envoyer une boutade en l'air, juste pour surprendre les badauds, mais se gardent bien d'approfondir.

De plus nous allons voir que des applications courantes de l'optique physique, telles que les couches anti-reflets que vous voyez à l'œuvre sur les optiques photographiques contiennent aussi des preuves de la largeur optique de chaque photon ; surtout en courtes focales, grands champs. Autres preuves encore plus courantes et plus fortes encore dans des couleurs interférentielles (plumages de certains oiseaux, écailles de poissons et de reptiles), et leurs variations en lumière rasante. C'était là sous les yeux de chacun, et ils ne le voyaient pas.

Les troisième et quatrième pratiques subreptices sont la censure de la lumière polarisée plane, et la censure de la radiocristallographie :

2.1.3. Déni de la lumière polarisée plane, et censure. Le déni de la lumière polarisée plane, alors que les abeilles, les photographes et les astronomes en font un bon usage, est indispensable au postulat corpusculariste et anti-optique vu ci-dessus. En effet, on peut toujours se convaincre, en rivant ses yeux sur le formalisme mathématique, qu'il suffit de deux photons hélicoïdaux appariés en phase pour simuler une polarisation plane... SAUF que sur plusieurs kilomètres, il est impossible d'obtenir un pareil appariement en fréquence, en phase et direction de propagation. De plus, leur postulat corpuscularist interdit aux lames quart d'onde de fonctionner ainsi qu'aux lames autre-fraction-de-longueur-d'onde, qui n'ont aucune difficulté avec l'optique ondulatoire de Fresnel, de 1819. En équations de Maxwell, tout photon peut avoir n'importe quelle polarisation intermédiaire entre le purement circulaire et le purement plan. Il leur faut donc cacher cela à leurs étudiants.

2.1.4. Déni de la radiocristallographie, et censure. En laboratoires de minéralogie ou de métallurgie, nous faisons un usage quotidien de la radiocristallographie, aussi bien en rayons X, de loin le préféré, qu'avec des électrons. Or c'est l'optique de Fresnel qui convient à ces interférences cristallines, et à leur limite la loi de Scherrer. Pour chaque photon, pour chaque électron, ou pour chaque neutron. Il leur faut donc cacher cela à leurs étudiants.
Le cinquième postulat subreptice et clandestin est le Postulat tribal anti-Broglie, anti-Schrödinger, donc anti-fréquentiel :

2.1.5. postulat tribal, anti-Schrödinger, anti-Broglie, anti-fréquentiel.

Négation obligatoire de tous phénomènes fréquentiels autres qu'électromagnétiques et sans masse. Négation des fréquences intrinsèques des particules avec masse (fréquence spinorielle de Louis de Broglie : mc^2/h, et fréquence électromagnétique de P.A.M. Dirac : $2mc^2/h$). Et représailles contre qui ne participe pas à la négation de la réalité. Si l'on prend le gros cours en deux volumes de MQ par Claude Cohen-Tannoudji, Bernard Diu et Franck Laloë, le mot « fréquence » apparaît une fois à la page 18, puis disparaît définitivement à la page 18. Ils prennent soin de n'en jamais expliciter une valeur. Comme ils étaient soumis au postulat anti-relativiste, ils ne risquaient pas de mettre la main sur l'essentiel. Exception : Tome 2, Complément EXIII , ils mentionnent bien la fréquence du photon Mössbauer, et un peu auparavant, chapitre XIII b, ils abordent le caractère résonant de la probabilité de transition. Seule est évoquée la fréquence du photon, mais jamais de quelles fréquences intrinsèques il est le battement. A la place : « *Il se produit donc un phénomène de résonance lorsque la pulsation de la perturbation coïncide avec la pulsation de Bohr associée au couple d'états* $|\varphi i>$ et $|\varphi f>$. » A leurs yeux seul le photon est fréquentiel, rien d'autre. Manifestement, ils n'ont jamais pratiqué la radiocristallographie[10] avec des électrons ni des neutrons, et ils ignorent que ça existe. Remarquable est l'adjectif magique « *associée* », qui n'aura jamais de sens physique défini.

Professeur Castel-Tenant :

- Et vous avez des preuves qu'il faut considérer ces « fréquences de Broglie » puis Dirac et Schrödinger qui sont dédaignées par tous ? Et vous n'avez pas peur des représailles ? Regardez avec quelle promptitude Claude Cohen-Tannoudji a levé la hache de guerre contre Shau-Yu Lan, Pei-Chen Kuan, Brian Estey, Damon English, Justin M. Brown, Michael A. Hohensee, Holger Müller[11] qui ont utilisé ces fréquences de Broglie, si interdites par la communauté. Alors vous avez chaudement intérêt à avoir des preuves !

Z'Yeux Ouverts :

- Nous avons beaucoup de preuves, mentionnées plus haut : chaque fois qu'intervient une résonance aussi du côté absorbeur d'une part, d'autre part

10. Radiocristallographie : détermination des équidistances de plans cristallographiques, et de là de la structure de la maille cristalline, à l'aide des diffractions de rayons X. Invention qui a révolutionné et la métallurgie et la minéralogie, due aux Bragg père et fils.

11. A Clock Directly Linking Time to a Particle's Mass. Shau-Yu Lan, Pei-Chen Kuan, Brian Estey, Damon English, Justin M. Brown, Michael A. Hohensee, Holger Müller. Science-2013-Lan-554-7.

toute la radiocristallographie pratiquée hors rayons X, mais avec des électrons ou des neutrons ; mais c'est vrai qu'il avait fallu un jeune électronicien pour me mettre « *la pusse à l'aureille* », ou en orthographe plus moderne, la puce à l'oreille : eux manipulent beaucoup d'oscillateurs, et de changeurs de fréquences, par exemple superhétérodynes [12]. Ce collègue M. Sainsaulieu avait suffi à me faire arracher les œillères et on ne le remerciera jamais assez. Eux pensent fréquentiel et résonances, et c'est lui qui avait raison. De plus, la preuve expérimentale [13] a été faite en 2005 à l'accélérateur linéaire de Saclay.

Professeur Marmotte :
- Alors comme cela, un simple professeur d'électronique peut avoir raison contre nos plus grandes sommités, récompensées par des prix Nobel ?

Z'Yeux Ouverts :
- L'esprit souffle où il veut. Même là où l'on n'a accès à aucune revue à comité de lecture. Tôt ou tard d'humbles personnes découvriront que « Midas, le roi Midas, a des oreilles d'âne ».

Une autre classe d'expériences est systématiquement censurée par tous les auteurs de manuels de quantique (sauf D. Sivoukhine), celle de l'effet de transparence Ramsauer-Townsend, découvert simultanément en 1921 par ces deux auteurs. C'est un effacement de l'obstacle diffusif présenté par exemple par un atome de xénon à une certaine énergie de l'électron lent, vers 0,6 à 1 eV ; il a été confirmé et précisé de nombreuses fois depuis, et ne peut s'expliquer que si l'électron est l'onde imaginée par Louis de Broglie, et que c'est une onde individuelle. Cette censure systématique des résultats expérimentaux est un « *smoking gun* », le pistolet du crime encore fumant.

2.1.6. Postulat de géométrie macroscopique. Les copenhaguistes postulent l'autosimilitude de l'espace et du temps à toutes échelles, avec extrapolation illimitée. De plus, ils extrapolent vers la microphysique l'irréversibilité statistique du temps macrophysique, et extrapolent la topologie [14] à finesse infinie héritée des mathématiciens du 19e siècle, là où elle n'a plus

12. Superhétérodyne : détection en réception par mélange avec la fréquence d'un oscillateur local réglable. Le battement est amplifié de façon très sélective par plusieurs filtres actifs en série, réglés par exemple sur la fréquence de 450 kHz, puis détecté à son tour pour produire le signal audio final.

13. http://aflb.ensmp.fr/AFLB-331/aflb331m625.pdf Experimental observation compatible with the particle internal clock

14. Topologie : branche des mathématiques se posant la question de quoi est voisin de quoi, et jusqu'à quel point, dans quelle hiérarchie de voisinages. Toute métrique induit une topologie, mais la réciproque est fausse. Des topologies existent sans métrique.

de validité, sous la limite atomique. Non, les deux électrons d'un atome d'hélium ne sont plus géométriquement discernables l'un de l'autre.

Professeur Castel-Tenant :
- Mais alors ? Vous récusez tous les exposés sur la Longueur de Planck ?

Z'Yeux Ouverts :
- Oui, tous.

Professeur Castel-Tenant :
- Et de plus vous récusez le calcul géométrique de l'état de l'atome d'hélium ?

Z'Yeux Ouverts :
- Les limites inférieures de validité de notre géométrie macroscopique familière recèlent encore quelques paradoxes, qui sont encore à résoudre. Le paradoxe est que la métrique familière fonctionne encore ici, alors que la topologie induite qui nous est familière n'est plus valide.

Le septième postulat subreptice et clandestin est le Corollaire géométrique macroscopique, de "*quelque chose de très petit*" :

2.1.7. Corollaire géométrique : *quelque chose de très petit.* Postulat qu'on peut toujours trouver plus petit permettant de définir qu'un truc, un électron par exemple, est "petit", corpusculaire, voire "ponctuel".
Pas de chance : ça n'existe pas. Alors que ça existe pour la spore de moisissure mentionnée plus haut : les biologistes ont les microscopes qu'il faut pour cela, microscopes électroniques à balayage s'il le faut.
Suffisamment accélérés (0,1 V suffisent...), les électrons ont des longueurs d'onde nettement plus petites que la spore :

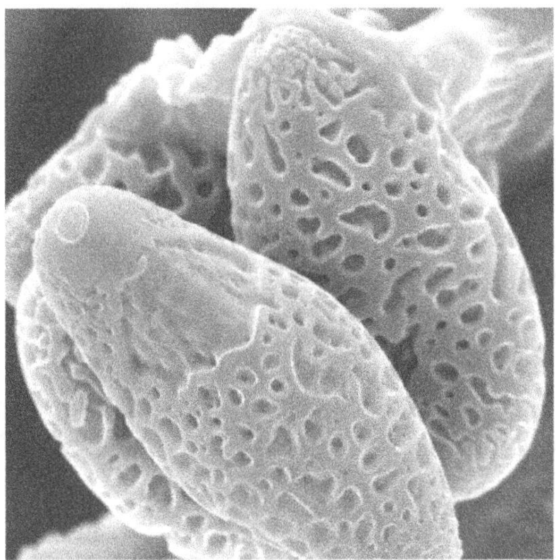

Figure 2.2.
Loi de Broglie : $\lambda = \frac{h}{p} =$ (dans le domaine non relativiste) $\frac{h}{mv} = \frac{h}{m}\sqrt{\frac{m}{2qV}}$ $= h\sqrt{\frac{1}{2qmV}}$
Où λ est la longueur d'onde, V est la différence de potentiel d'accélération, v la vitesse de l'électron, m sa masse, p son impulsion, q sa charge et h le quantum de Planck. Ainsi donc la longueur d'onde sous un potentiel d'accélération de 150 V, est de 1 Å (100 pm, cent picomètres), de 0,5 Å sous 600 V, ou de 0,1 Å (10 pm) sous 15 000 V.

Là dessus, pour les besoins de la microscopie, il est indispensable de distinguer la largeur d'onde de chaque électron, de la largeur de faisceau. Distinction que la tradition copenhaguiste de la MQ est incapable de faire : ils ont confondu les lois statistiques de collectifs en faisceaux avec les lois physiques de l'électron.
En microscopie par transmission (lumière ou électrons), c'est surtout la largeur d'onde qui compte, qui fait le pouvoir résolvant ; elle dépend et de la longueur d'onde, et des qualités de l'optique focalisante. À dimensions et géométrie du microscope électronique égales, la largeur d'onde de chaque électron évolue dans le même sens que la longueur d'onde, relativement au potentiel accélérateur. On vous donnera la loi plus loin, avec la géométrie des fuseaux de Fermat.

Curieux :

- Donnez-nous quand même l'ordre de grandeur, on vérifiera plus tard.

Z'Yeux Ouverts :
- Je suppose 20 cm de longueur de faisceau avant et 20 cm après. Et 15 000 V d'accélération. Soit 1,2 µm de largeur d'onde pour un électron, en transmission. Toutefois un microscope de métallographie ne travaille pas par transmission, mais en réémission spectrale ; après polissage soigné, le métallurgiste pratique des attaques chimiques bien choisies pour accentuer le contraste.

Professeur Castel-Tenant :
- Objection ! Un MEB (microscope électronique à balayage) ne fonctionne pas en transmission mais en rétrodiffusion sur une surface finement dorée par vaporisation sous vide.

Z'Yeux Ouverts :
- Certes. En MEB on travaille sur électrons rétrodiffusés. La largeur optique de chaque électron à cette surface dorée n'est autre que la largeur de la réaction d'absorption-réémission. On est alors à une échelle bien moindre que celle de sa largeur maximale à mi-parcours, on est à l'ordre de grandeur de un à deux nanomètres maximum, soit cinq cents fois plus petit au moins. La largeur optique du faisceau initial et du faisceau final (réémis) est donc une largeur de faisceau contenant de grosses quantités d'électrons, et reflète donc la finesse de la pointe émissive, la qualité de l'optique magnétique convergente, et la finesse du balayage. De plus un faisceau d'électrons est toujours divergent, quelle que soit la qualité de l'optique qui tente de le focaliser : d'une part parce que tous sont chargés moins, donc ils se repoussent violemment les uns les autres. De plus ce sont des fermions [15] : ils ne peuvent occuper simultanément le même état. Augmenter le potentiel d'accélération permet de diminuer le diamètre de la tache d'impact du faisceau électronique sur l'échantillon doré, en diminuant l'importance relative de la divergence électrostatique des électrons.

La loi de la géométrie des fuseaux de Fermat pour chaque électron, si importante dans d'autres domaines expérimentaux, ne nous apporte rien sur la microscopie électronique à balayage, qui manipule des collectifs rétifs à se laisser discipliner. La largeur optique de ces collectifs n'est pas une largeur d'onde mais est énormément plus grande : seul chaque électron a une largeur d'onde - que nous ne mesurons qu'indirectement. Il demeure que rien n'est

15. Fermion : toute particule de spin 1/2, tels qu'électron, neutron, proton, neutrino... Ils sont régis par la statistique de Fermi-Dirac. Ils s'évitent les uns les autres ; un seul fermion par état quantique distinct.

plus « *petit* » que l'électron pour nous renseigner sur la « *petitesse* » de l'électron.

Professeur Castel-Tenant :
- Le lecteur attentif aura remarqué avec quel soin notre collègue distingue la géométrie et la physique de l'électron d'une part, du faisceau d'électrons d'autre part. Pour lui seul l'électron est **une** onde, avec longueur d'onde et largeur d'onde. Pour lui le faisceau d'électrons n'est pas une onde mais un collectif d'ondes ; lui aussi a une largeur à telle distance de la source, mais se disperse inéluctablement. La largeur de faisceau est toujours bien supérieure à la largeur de chaque onde électronique individuelle.

Z'Yeux Ouverts :
- Et l'on peut douter – euphémisme - que le faisceau ait une longueur d'onde lui-même. Pourtant cette erreur est standard. Nous ne faisons plus la même physique que ce qui est enseigné en standard.

Le huitième postulat subreptice et clandestin est le

2.1.8. Corollaire géométrique macroscopique 2, anti-absorbeurs :

« Il n'y a pas d'absorbeurs en microphysique, juste de l'artillerie de corpuscules, tout comme en macrophysique. »
Du coup, ils doivent dénier la totalité des absorptions spectrales, tous les colorants, toutes les méthodes colorimétriques et spectrales de la chimie analytique.

Le neuvième postulat subreptice et clandestin est le

2.1.9. Déni des acquisitions de la physique de l'état solide.

En physique de l'état solide, nous traitons de phonons, qui échantillonnés chacun sur des dizaines à milliards d'atomes, ne pourront jamais devenir « corpusculaires », ni même très petits. Or les électrons de conduction des métaux interagissent avec ces phonons. Eux-mêmes s'étirent chacun sur des dizaines de distances interatomiques, voire largement plus. C'est incompatible avec la mythologie de « *quelque chose de très petit* ».
La réflexion de la lumière par les électrons de conduction métallique leur interdit aussi de devenir très petits, vu les longueurs d'ondes des ondes lumineuses et proche-infrarouges. Toutes connaissances non autorisées à franchir la distance qui sépare deux amphis sur le même campus.

2.1.10. Postulat positiviste à géométrie variable et opportuniste : Appel systématique aux dimensions de la macrophysique, avec son "*observateur*", pour régir les réalités microphysiques. Gros animaux aux perceptions lentes (sans commune mesure avec les fréquences intrinsèques de la microphysique), ils se placent au beau milieu de l'image censée régir la microphysique. Au lieu de rechercher puis d'adopter les mailles d'analyse pertinentes pour la microphysique, ils dénient les réalités, et placent le confort territorial des chefs de secte au dessus de tout. Du coup ils envoient à la trappe (au Trou de Mémoire, écrivait George Orwell[16]) la totalité des résultats expérimentaux acquis au long des 19e et 20e siècle en optique interférentielle en lumière incohérente, notamment toutes les données expérimentales prouvant et utilisant les longueurs et durées de cohérence pour chaque photon. Résultats et lois que nous utilisons aussi en radiocristallographie, que ce soit avec des rayons X, des électrons ou des neutrons.

Même quand c'est pratiqué par des chefs – et par définition, un chef a toujours raison – le refus de chercher la maille d'analyse pertinente demeure une faute professionnelle, dans tous les métiers.

Le onzième postulat subreptice et clandestin est le

2.1.11. Corollaire positiviste anthropocentriste : « Les lois physiques sont faites pour satisfaire la curiosité du physicien copenhaguiste, donc pour lui fournir de l'information ». Si le physicien copenhaguiste ne peut plus déterminer la nouvelle position du sous-marin, alors le sous-marin est « dans un état superposé » ! Banesh Hoffmann scribit... Ruse d'enseignant de MQ : tantôt « *état* » est censé désigner ce qui est, un véritable état de quelque chose qui existe, tantôt cela ne désigne que nos connaissances et ignorances, affirmant que la réalité n'existe pas, mais que seul existe le petit bout de connaissances qu'en principe nous en avons.
Oser distinguer les réalités microphysiques des connaissances que nous en avons est aux yeux des copenhaguistes un crime d'hérésie par un relaps. Que nous soyons arrivés quelques quinze milliards d'années trop tard pour dicter que les lois physiques seraient faites pour nous, ça ne les alerte pas.

Le douzième postulat subreptice et clandestin est le

2.1.12. Corollaire corpusculo-positiviste et anthropocentriste anti-Fourier :
Les propriétés de la transformation de Fourier étaient connues depuis un siècle : pour tout paquet d'onde le produit de son indéfinition en fréquence

16. George Orwell. 1984.

et de son indéfinition en longueur est borné inférieurement. En moins précis mais plus vulgarisé : produit de la « longueur » du train d'onde, par la largeur de son spectre de fréquence. Or pour chaque photon, ce paquet d'énergie électromagnétique a un contenu $\mathbf{h}\nu$ fixé par sa fréquence centrale ν, comptée dans le même repère, par exemple celui du laboratoire ; plus le photon est court, plus son amplitude locale est élevée, tandis que plus il est court, et plus est étalé le spectre des fréquences ; autrement dit : plus l'impulsion et l'énergie sont imprécises et mal définies.

Ensemble :
- Pas de pitié ! Il faut tout expliquer !

Z'Yeux Ouverts :
- Il y a deux façons d'évaluer l'énergie d'un photon. La façon spatiale utilise la densité d'énergie sommée sur tout le volume occupé instantanément par ce photon. La densité volumique d'énergie d'une onde électromagnétique est proportionnelle au carré de l'amplitude d'une de ses grandeurs caractéristiques, champ magnétique et/ou champ électrique (avec le potentiel magnétique $\vec{A}$, ça marche aussi à condition prendre la condition de jauge du nul à l'infini) ; on se contentera de l'expression dans le vide ; quant au volume occupé, on se contentera d'en dire que c'est le produit de la longueur équivalente par l'aire circulaire moyenne du faisceau ou fuseau de Fermat à cet endroit de la propagation. On ne dira pas au débutant que ce produit de moyennes vient en réalité d'une intégrale triple - dont on ne saura pas connaître tous les détails. Si l'on fait la somme de la densité volumique d'énergie sur l'aire en section de propagation, on obtient une densité linéique d'énergie $\mathrm{Ex} = \mathrm{E}/\delta\mathrm{x}$, qui se propage le long du trajet du photon, et qui est moins élevée aux transitions de début et de fin du photon qu'en son milieu. Soit $\Delta\mathrm{x}$ la longueur du photon, en moyenne équivalente.
La seconde façon de calculer est fréquentielle, à partir du spectre en fréquence du dit photon. Ceux-ci sont gradués en fréquence ν pour l'abscisse, et en ordonnée en densité d'énergie par intervalle de fréquence $\delta\nu$: $\mathrm{E}\nu = \mathrm{E}/\delta\nu$. Or l'aire totale sur ce spectrogramme est exactement l'énergie totale de ce train d'onde, ici une onde individuelle, le photon. Avec le même silence flou sur la façon de l'obtenir (une intégration), nous parlons donc ici d'une largeur moyenne du spectre : $\Delta\nu$.

Nous verrons plus loin le détail de la transformation de Fourier, et la règle de dilatation : si vous doublez la longueur d'un train d'onde à fréquence centrale égale, vous le définissez deux fois mieux en fréquence, et la largeur du spectre en fréquence autour de son centre est divisée par deux. Autrement dit, le pic central de fréquence est deux fois plus élevé. A la limite, une fréquence parfaitement définie correspond à un train d'onde de longueur et de durée infinies, s'étendant de la nuit des temps à la nuit des temps. Le produit des imprécisions $\Delta\nu$. Δx est constant et proportionnel à h ; on convertit la fréquence en impulsion p, hν/c pour un photon. Cette constante Δp_x . Δx $= \frac{\hbar}{2}$(0,52728633 . 10^{-34} j.s/rad) est universelle pour toute onde individuelle : photon, électron, neutron, proton, etc.

Dans le cas idéalement simple où l'amplitude du train d'onde est une gaussienne et son spectre aussi, on fait le produit des largeurs moyennes de ces gaussiennes d'aires connues.
Werner Heisenberg a ré-étiqueté la transformation de Fourier en Principe d'incertitude (corpusculiste) de Heisenberg. Fantaisie de traduction : *Unschärfeprinzip* pouvait être traduit plus correctement en principe d'imprécision ou d'indétermination. Mais même ainsi demeure la faute originelle de méthodologie : croire que la précision soit un dû-puisque-corpuscule, et s'indigner que ce dû ne soit pas fourni par la nature. Heisenberg persistait à croire aux corpuscules, et voilà que la cruelle nature conspirait à lui en cacher la « *position précise* » et la « *vitesse précise* ». Quelle cruelle "*incertitude*" [17] !
Niels Bohr a ajouté à la mystique par son mythe de "*dualité onde-corpuscule*". Ces deux mysticismes pour dissimuler les propriétés de la transformation de Fourier (vieille d'un siècle à l'époque) à l'échelle microphysique, c'est aussi honnête que les autres mythologies exploitées par les autres clergés : ça n'a aucun fondement, c'est à jeter à la poubelle, comme tout le restant du corpuscularisme.

Curieux :

17. C'est un homme qui a engagé un détective privé pour savoir si sa femme le trompe. Le détective lui fait son rapport :
- Votre femme a suivi un monsieur dans un hôtel.
- Et alors ?
- Ils ont pris une chambre.
- Et alors ?
- Je suis monté dans l'immeuble en face.
- Et alors ?
- Ils se sont déshabillés tous les deux complètement.
- Et alors ?
- Ils se sont mis sur le lit.
- Et alors ?
- Ils ont éteint la lumière, ils ont fermé les volets et je n'ai plus rien vu.
- Ah, cruelle incertitude !

- En somme, ce Principe d'Incertitude de Heisenberg, voilà que vous en faites une boulette de papier que vous jetez à la corbeille !

Z'Yeux Ouverts :
- A la corbeille à papiers, oui. Quand Albert Einstein est arrivé à Princeton, on lui a demandé quel mobilier de bureau il désirait : « *Une table, une chaise, et une grande et solide corbeille à papiers, pour y jeter mes erreurs* ». Alors comme cela, il suffirait qu'Einstein soit mort pour qu'on n'ait plus besoin de grandes et solides corbeilles à papiers, pour y jeter nos erreurs et les erreurs qu'on nous a enseignées ?
En anglais comme en français traduits de l'allemand, le vocabulaire employé est fallacieux et égocentrique : la nature n'en a rien à faire de nous tenir en quelque « incertitude » sur un corpuscule qui n'a jamais existé ; c'est d'indéfinition qu'il s'agit, sur des trucs ou « particules » qui sont tous 100 % ondulatoires : si un photon est très bien défini en fréquence, alors il est très long, et c'est sa position qui est mal définie. Inversement, s'il est court, alors c'est sa fréquence qui est plus étalée ; on le savait déjà depuis un siècle, par Joseph Fourier.
La ruse d'hypnotiseur pour faire croire aux gogos que c'était nouveau (en 1927, avec donc un siècle de retard) et profond était d'être négligent, égocentrique et fallacieux dans le vocabulaire : « *Incertitude* » se rapporte à nous et à nos émotions. Alors que l'indéfinition en dessous du quantum de Planck est une propriété intrinsèque à tout train d'onde, fut-il individuel. C'est intrinsèque et impersonnel, donc *vachement* moins excitant, pas assez commercial... Pour bien vendre, il faut faire du concerné ! « Indéfinition » cela ne vous concerne pas assez, alors que « *Incertitude* », houla l'angoisse !
La transformation de Fourier et son inverse (du signal à son spectre en fréquence, ou du spectre au signal) sont expliquées plus loin.

Curieux :
- Alors ? Mort ou vivant le chat de Schrödinger ?

Z'Yeux Ouverts :
- Bonne question, merci de l'avoir posée.
Le treizième postulat subreptice et clandestin est le

2.1.13. Postulat animiste Wigner-Neumann. « *Moi gros animal macrophysique qui me déclare "observateur", je suis tellement tout-puissant que j'ai le pouvoir de retarder indéfiniment les réactions d'absorption et la décohérence qui en résulte, rien qu'en n'observant pas !* ».
L'apologue narquois publié en 1935 par Erwin Schrödinger, du chat « *mort-vivant* » tant qu'un physicien copenhaguiste ne penche son auguste attention

sur le résultat de l'expérience, se moquait ouvertement du délire Wigner-Neumann.
Tout le battage marketing promettant un jour des "*ordinateurs quantiques*" repose sur le postulat de Wigner-Neumann.
Oh, ce ne fut pas Wigner qui inventa ce postulat animiste, qui flottait incréé dans l'air du temps à Göttingen, mais il le poussa à son paroxysme, et d'autres firent pire encore après lui.
Le quatorzième postulat subreptice et clandestin est le

2.1.14. Postulat de séparabilité et délimitabilité (ou postulat de paresse triomphale) : Puisqu'on ne peut écrire qu'un système limité, et que de toutes façons on est tous impatients d'alléger des écritures déjà très lourdes, DONC en vrai un système quantique est tout naturellement délimité, raisonnablement séparé et indépendant du reste du monde. Sûr que c'est grossièrement faux.

Le quinzième postulat subreptice et clandestin est le

2.1.15. Postulat magique et surnaturel, ou si vous préférez farfadique[18] et *poltergeist* : Postulat que chaque quanton (électron, photon, proton, neutron, etc.) est exempté de toutes lois physiques, mais que magiquement, en grands nombres sa statistique rejoint des lois physiques, tout en perdant progressivement les caractères corpusculistes qu'on lui postulait. Jamais ils ne disent quel serait le miracle physique qui transformerait leur pas de loi individuelle en une loi collective.

Le seizième postulat subreptice et clandestin est le

2.1.16. Postulat anti-ondulatoire : Même quand on la calcule et que les chimistes s'en servent quotidiennement avec succès, ils postulent que l'onde selon l'équation de Schrödinger demeure fictive, dépourvue de tout sens physique, et ne sert qu'à calculer la probabilité d'apparition du corpuscule magique et surnaturel (farfadique et poltergeist si vous préférez). Lequel est autorisé à aller explorer "*jusqu'au delà de la planète Jupiter*" dans son trajet entre le canon à électrons et l'écran cathodique ou le circuit intégré en gravure. D'ailleurs Feynman et Hawking l'ont écrit[19], alors...

Le dix-septième postulat clandestin, le

---

18. Farfadet : nain mythologique, pouvant apparaître et disparaître à sa guise.
Poltergeist, mot allemand désignant un esprit frappeur. Même genre de mythologie populaire.
19. http ://www.physicsforums.com/showthread.php ?t=513139

2.1.17. postulat confusionniste, dénie la limite atomique en ondulatoire, et prescrit de confondre entre elles toutes sortes de « ondes », chaque onde individuelle avec tout collectif d'ondes, et ces collectifs avec des ondes de gravité ou d'élasticité dans une collectivité, et identifier mathématiquement les trois, l'individuel, le collectif et les ondes de collectivité. Le copenhaguisme Born-Heisenberg est fondé sur cette entourloupe, et ça fait nonante ans que ça dure comme ça. Une escroquerie hégémonique.
C'est moins grave pour les photons (plus petite quantité de transfert électromagnétique) : bosons, ils aiment bien se grouper et se synchroniser en faisceaux, surtout sur des distances astronomiques.
C'est excessivement grave quand on généralise cette bourde aux électrons (plus petite quantité de charge électrique). D'une part, leurs charges électriques moins se repoussent énergiquement ; le collectif diverge donc énergiquement. De plus, fermions, ils s'évitent les uns les autres, chacun dans un état quantique distinct.
L'enseignement et la vulgarisation niaisent joyeusement à ce sujet : ils vous racontent qu'un faisceau d'électrons dans une expérience d'interférence type Aharonov-Bohm ont une phase.

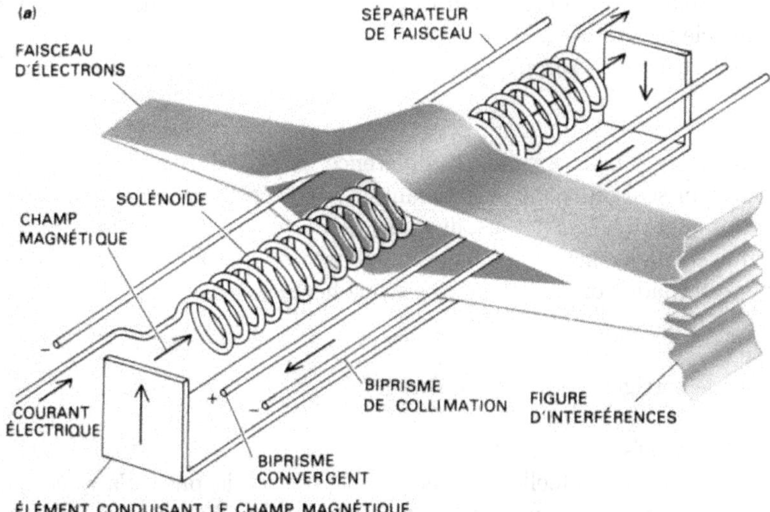

Exemple : Figure 2.3.

Dans le genre niaisage, c'est énorme. Voyez, il vous dessinent UNE phase pour un faisceau entier, qui va se répartir sur la totalité de l'écran sensible :

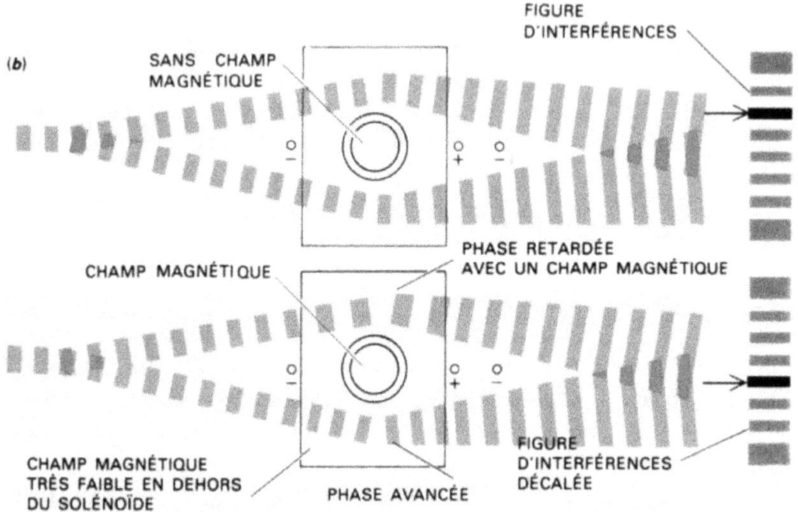

Figure 2.4.
Et de qui sont-ils, ces deux schémas techniquement bien faits et physiquement fallacieux ?
Herbert Bernstein et Antony Philips, in Les particules élémentaires, Pour la Science.

N'ayant encore jamais assimilé la différence entre l'échelle microphysique, avec juste un seul ou très peu de quantons, et l'échelle macroscopique avec d'énormes quantités d'électrons, de photons, d'atomes, ils n'ont toujours pas perçu que si chaque électron a bien une phase, le faisceau d'électrons n'en a aucune, car chaque onde d'électron est incohérente des autres.

Curieux :
- Et vous le corrigez comment, ce dessin ?

Z'Yeux Ouverts :
- Pour l'échelle individuelle, je pince le départ, et je pince l'arrivée : un seul électron part d'un lieu aussi petit qu'une dizaine d'atomes, et aboutit à un lieu sensiblement aussi petit. Cela bien qu'il soit dilué durant le trajet, et soit partagé en deux par le premier fil rencontré, chargé négativement, puis continue en passant de part et d'autre du micro-solénoïde, avant de commencer sa réunion grâce aux deux focaliseurs, respectivement positif puis négatif. La réunion de l'électron (= de l'onde électronique) n'est complète qu'à l'arrivée sur le site absorbeur. Et là oui, il y a bien eu phase du début à la fin de chaque branche du trajet.

Figure 2.5.

Outre que son échelle verticale est largement exagérée, ce dessin est fort simplifié, car il omet tout le dispositif d'optique électrostatique, qui contraint l'électron – l'onde électronique si vous préférez, c'est chou vert et vert chou - à se scinder en deux trajets distincts. Cela pour chaque transaction entre la cathode thermo-ionique dans le canon à électrons et l'écran sensible. Je n'ai pas dessiné non plus les fronts de phase, vous allez comprendre pourquoi : on va calculer l'ordre de grandeur. Il faut une tension d'accélération franchement faible, on va prendre 6 volts. D'où une longueur d'onde de 5 Å. Vous espériez dessiner cela, des fronts d'onde espacés de 5 Å ? Et à quelle échelle ? Car pour scinder facilement un électron sur un grand écart de 30 à 60 µm, il faut un dispositif expérimental de longueur notable, au minimum un mètre entre source et écran. Et fort bien blindé contre tous champs électromagnétiques perturbateurs extérieurs, avec des sources d'alimentation très bien filtrées et stabilisées. Voire couper la pompe à vide à palettes le temps de la mesure, pour éliminer les vibrations.

Curieux :
- Et quelle interfrange d'interférence peut-on alors observer ?

Z'Yeux Ouverts :
- Mettons 0,5 m entre l'écran et le dispositif séparant en deux trajets, Admettons 50 µm de séparation à cet endroit. Nous nous limitons au premier ordre du développement du sinus (très petit) :
Interfrange $= \frac{0{,}5mx0{,}5nm}{50\mu m} =$ 5 µm. Cinq micromètres... Je vous laisse imaginer comment vous allez graver le capteur, qui devra résoudre mieux que 0,2 µm. Je crains que l'unique solution soit le micro-déplacement (comme dans un microtome, par dilatation) d'un unique capteur optimisé.
On pourrait agrandir l'interfrange, à condition de diminuer la distance entre fentes d'Young, donc le diamètre du micro-solénoïde inséré, et augmenter la distance à l'écran, mais attention, tout ça dans une enceinte à vide, d'excellente rigidité. Vous comptiez vraiment qu'on allait vous dessiner cela à l'échelle ? Et attention, pour chaque électron...

Curieux :
- Non, dans les ouvrages de pure vulgarisation, il n'y a aucun calcul de faisabilité, de peur que les lecteurs prennent peur.

Professeur Castel-Tenant :

- Votre calcul décourageant quant aux inter-franges observables est correct, mais il vous manque une information sur le dispositif expérimental optimisé, dont vous trouverez un exemple aux adresses
http ://iopscience.iop.org/article/10.1088/1367-2630/15/3/033018/pdf et
http ://stacks.iop.org/NJP/15/033018/mmedia : ils ont utilisé des lentilles électrostatiques après la double fente et son éventuel masque mobile, pour allonger la focale tout en gardant un encombrement modeste et une enceinte à vide maniable. Leur dispositif agrandissait plus de seize fois, ce qui ici porterait l'inter-frange observable de quelques 5 µm à 83 µm environ. Il est alors moins difficile de trouver un capteur qui ait la discrimination nécessaire.

Professeur Marmotte :
- Mais vous le faites exprès ! Vous multipliez des mètres par des mètres et vous divisez par des mètres ! Jamais vous n'avez été autorisé à faire cela ! On multiplie des nombres, on divise des nombres, et puis c'est tout !

Z'Yeux Ouverts :
- Sambregoi ! J'oubliais que vous n'avez jamais été physicien, mais juste un matheux déguisé, qui prend les grandeurs physiques pour des nombres, et qui est capable d'additionner des oies avec des chèvres pour obtenir l'âge du capitaine, ou additionner deux sangliers morts et un petit chien, un petit gaulois et un gros pour obtenir « *une troupe gauloise très supérieure en nombre... Ils étaient cinq, quoi* ». Dans leur tour d'ivoire, dans leur mépris envers le restant des métiers, jamais les purs matheux n'ont enseigné les bases des grandeurs physiques, ni le calcul en grandeurs physiques, ni l'équation aux dimensions. Ils n'ont aucune idée de ce que c'est, ni de ce que nous en faisons. C'est l'un des plus honteux secrets de l'échec massif de l'enseignement scientifique dans ce pays.

Professeur Castel-Tenant :
- Je suggère que vous portiez en annexe I les pages de cours sur les grandeurs physiques. Mais ici restons sur le sujet sans nous disperser. Nous étions sur le postulat de confusion entre ondes individuelles selon vous, et collectifs d'ondes selon la tradition. Postulat que vous critiquez.

Curieux :
- Récapitulons, pour les lecteurs qui n'ont pas pratiqué d'expériences d'interférences. Au lycée, nous n'avions pratiqué que des expériences macroscopiques, où le faisceau de lumière comprenait des milliards de photons par seconde. Nous n'avions aucun moyen de discerner les photons entre eux, et la figure d'interférences à l'arrivée n'avait aucun caractère discontinu ni aléatoire qui nous fut perceptible. Cela se représente par une figure de ce genre

(image dans le domaine public) :

Figure 2.6.

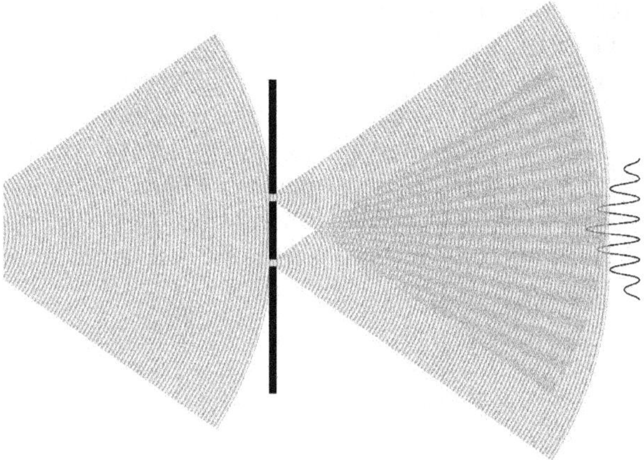

Z'Yeux Ouverts :
- Sauf qu'on ne peut constater la lumière qu'à son arrivée ; savoir son trajet ne peut se faire qu'en en interceptant une partie. Quant à voir sa longueur d'onde, de l'ordre de 0,4 à 0,6 µm pour le visible, totalement impossible. Figure largement fallacieuse donc, même à notre échelle macrophysique. Elle extrapole à partir des expériences faites à la cuve à onde, où les longueurs d'ondes sont centimétriques, et les vitesses de propagation très lentes, de deux à trois centimètres par seconde.

Professeur Castel-Tenant :
- Depuis, ont été réalisées des expériences à intensité ultra-réduite, où l'on peut discerner l'arrivée sur l'écran de chaque particule ou onde-individuelle (selon M. Z'Yeux-Ouverts), photons ou électrons. Chaque impact est de si petite taille qu'on l'assimile à un point, et sa position est imprévisible, mais si on fait durer l'expérience le temps nécessaire – plusieurs mois – sur le grand nombre se reconstitue la figure d'interférence déjà connue en optique macrophysique, avec alternance de franges illuminées et sombres.

Z'Yeux Ouverts :
- Chaque « *particule* », électron ou photon, voire neutron en radiocristallographie, voire atomes d'hélium ultra-froids, n'a interféré qu'avec elle-même, en passant bien par les deux trous ou deux fentes. Elle est donc bien une onde (onde individuelle), et jamais un corpuscule. Même l'hélium… Et là où le déphasage est d'une demi-période, aucun photon ni électron n'arrive ; l'impédance optique est quasi-infinie. Le calcul que nous avions fait en classe

de Terminale scientifique à l'aide du théorème de la médiane ou de la trigonométrie reste pleinement valide.

Ce qui a fortement changé, est qu'en classe nous manipulions un faisceau de lumière, soit un gros collectif d'ondes individuelles venant d'un groupe d'émetteurs assez concentré, en quantique nous descendons aux lois de l'onde individuelle. Or l'onde individuelle n'a qu'un seul émetteur et un seul absorbeur. Donc sa largeur maximale à mi-fuseau est bornée approximativement à 2z, avec z = $\sqrt{3a\lambda}$ / 4 où λ est la longueur d'onde. Et 2a est la distance entre émetteur et absorbeur, en milieu homogène. Cette approximation repose sur la simplification à courbure constante, soit des arcs de cercle pour la frontière du fuseau de Fermat.

Curieux :
- Je réclame une figure, un schéma clair.

Z'Yeux Ouverts :
- Certes, mais aucune figure qui soit dans le domaine public, ni dans les domaines sous copyright ne convient :
Ils ont tous figuré des expériences macroscopiques, où des milliards de milliards de photons se répartissent sur des milliards de milliards de milliards d'absorbeurs potentiels. Pour illustrer la microphysique, il faut reprendre les anciens schémas de l'optique géométrique, où l'on dessinait comment à travers le dispositif optique, un point de l'objet était représenté par un point de l'image.
Ou en interférences, on calculait et on graphait la différence de marche entre la source supposée ponctuelle et différents points de l'écran.

Professeur Marmotte :
- Vous parlez d'un rétrograde ! En revenir à l'optique géométrique des 17e et 18e siècles ! Nous, nous sommes les modernes, et lui il est le passé !

Z'Yeux Ouverts :
- L'unique différence entre l'optique physique d'Augustin Fresnel en 1819 et l'optique quantique transactionnelle du 21e siècle est qu'à présent nous savons calculer approximativement les largeurs de chaque photon au cours de son trajet. Pierre de Fermat (1601-1665) avait prouvé pourquoi, mais il ne pouvait terminer le calcul, faute de savoir les longueurs d'ondes dans le visible.

Curieux :

- Rappelez nous pourquoi.

Z'Yeux Ouverts :
- Fermat avait prouvé que tout trajet optique réel est minimum par rapport à ses voisins immédiats.
Depuis on sait que la condition réelle est un peu plus large : minimum ou maximum ou extrémum. Autrement dit que ce trajet géométrique ne diffère que d'un infiniment petit du second ordre de ses voisins immédiats. Donc un trajet optique n'est jamais de largeur nulle. Depuis nous avons calculé cette largeur de Fermat, au-delà de laquelle la puissance transmise est nulle.

Pour les schémas, il nous sera impossible de dessiner à l'échelle ces petites largeurs, on ne dessinera que l'axe du faisceau-fuseau de Fermat, photon par photon, exactement comme avaient appris à le faire les astronomes et opticiens des 17e et 18e siècles.
Image dans le domaine public : Figure 2.7.

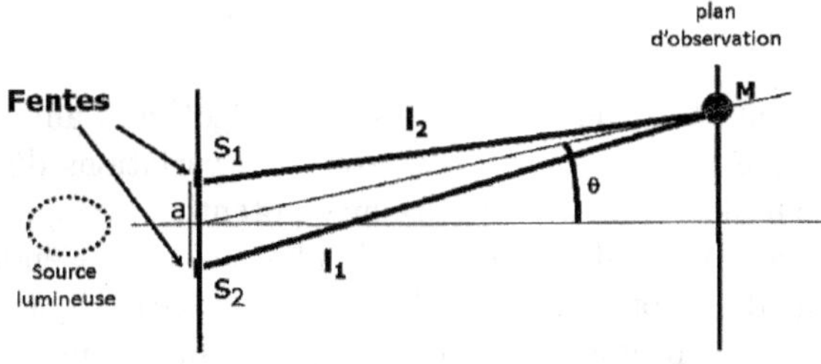

La différence de temps de parcours entre les trajets l_1 et l_2 doit être égal à un nombre entier de périodes entre deux franges d'éclairement maximal. Aux minimums, la différence de marche est un nombre impair de demi-périodes, et là les deux champs électromagnétiques possibles en provenance des deux fentes sont en opposition de phase et leur somme est quasi nulle.

Professeur Castel-Tenant :
- Il vous faut mieux articuler, là. Vous avez juste ajouté l'adjectif « possibles » à l'énoncé traditionnel, et ça n'est pas d'une clarté suffisante. En exposé classique, la causalité s'écoule de la source vers l'écran, donc un champ électromagnétique s'écoule d'une fente vers le demi-espace qui suit, un autre champ EM depuis l'autre fente, et là où ils arrivent en opposition de phase, il n'y a pas de champ, ou une très faible différence résiduelle.

Z'Yeux Ouverts :
- Cet exposé classique dépend subrepticement du fait que la source émet des milliards de milliards de photons, et qu'à notre échelle on observe le résultat

d'une foule d'évènements largement indépendants les uns des autres. Alors qu'en physique transactionnelle, on pense et calcule chaque transaction qui aboutit au transfert synchrone depuis un des émetteurs de la source vers un des absorbeurs de la cible. Donc là où vous dites « Il n'y a pas de champ », nous constatons que l'impédance optique entre cet émetteur et cet absorbeur est quasi infinie, et qu'en conséquence aucune transaction de photon n'a de chance d'aboutir.

Curieux :
- Mais alors vous changez largement l'interprétation des lois de l'optique et de l'électromagnétisme ! Vous remplacez « Il y a du champ » ou « Il n'y a pas de champ » et leurs intermédiaires selon le déphasage, par ? Par quoi ? Et comment font cet émetteur et cet absorbeur pour savoir que l'impédance est trop grande ?

Professeur Castel-Tenant :
- Et que signifie votre expression « transfert synchrone » ?

Z'Yeux Ouverts :
- D'une part voilà telle puissance émissive côté offre, d'autre part, avec le dispositif optique donné, d'autre part voilà des variations d'impédance optique selon l'emplacement des absorbeurs potentiels, ce qui détermine les probabilités statistiques des transferts de photons. Je reviendrai ultérieurement sur l'impédance ou son inverse la transmittance optique. Effectivement la palpation de l'environnement par respectivement les émetteurs potentiels et les absorbeurs potentiels ne se fait pas dans notre macro-temps newtonien du laboratoire. Il nous a fallu réviser ces concepts si traditionnels et « *au dessus de tout soupçon* ».
Transfert synchrone : Durant tout le transfert du photon, ce qui peut dépasser le million de périodes, l'émetteur tient le récepteur en fréquence, en phase, et en polarisation, et réciproquement l'absorbeur tient l'émetteur ; chacun tient l'autre. Le photon est à temps propre nul, d'où résulte que dans son monde photonique, émission d'un côté et absorption de l'autre sont simultanées – Relativité et Transformation de Lorentz obligent - mais pas de durée nulle.

Professeur Marmotte :
- Vous dites des bêtises : la phase ne se conserve pas et n'est pas observable. Elle n'a donc aucun sens physique.

Z'Yeux Ouverts :

- Tiens ? Vous affirmez le contraire de ce qu'affirmaient Herbert Bernstein et Antony Philips, cités plus haut. Eux voulaient que le faisceau d'électrons ait une phase, en tant que faisceau.
Vous n'en finissez pas de penser à votre « *onde de probabilité* » en grand nombre, qui n'a qu'un seul point commun avec les ondes réelles de la microphysique : elles partagent la même équation d'évolution – équation qui elle est correcte.
Elles ne partagent ni le même temps, ni le même espace, ni les mêmes conditions aux limites, ni rien du sens. Les ondes réelles, les ondes individuelles, ont une phase bien réelle, que votre secte dénie.

Professeur Castel-Tenant :
- Et quoi durant ce transfert détermine-t-il ce hasard statistique ? En quoi différez-vous de la théorie quantique que nous avions apprise dans les mêmes livres et dans les mêmes amphis ?

Z'Yeux Ouverts :
- Justement non. Pour nous physiciens transactionnels ce n'est pas durant le transfert de photon que le hasard intervient. Du bruit de fond des clapotis de-Broglie-Dirac émergent des transactions qui aboutissent. Des transactions à trois partenaires : l'émetteur, l'absorbeur, et l'espace optique qui les sépare. Une fois la poignée de mains établie, le transfert synchrone est déterministe. Déterminer combien de temps dure ce transfert, combien de temps dure l'émission et la réception d'un photon, cas physique par cas physique, voilà qui demande une physique bien plus fine que ce qui est disponible à ce jour. Un photon Mössbauer est très bien défini en fréquence, donc très long.

Curieux :
- Vous venez de vous empoigner sur la phase. On peut l'observer ? La mesurer ?

Z'Yeux Ouverts :
- Nous ne sommes pas à la bonne échelle pour pouvoir monter une expérience, et nous n'y serons jamais. La phase de l'onde individuelle, nous en avons besoin pour monter une théorie cohérente et prédictive.
A notre charge de prouver qu'elle est plus cohérente, plus économique et plus puissante que la concurrence. A la concurrence revient la tâche de prouver une faille éventuelle.

Revenons de ce rappel sur les expériences d'interférences.

J'ai re-publié plein de preuves que les diffractions Laue[20] ou Debye[21]-Scherrer[22] faites avec des électrons sont de qualité vraiment médiocre comparées à celles faites avec des rayons X. La répulsion électrostatique entre électrons y est pour beaucoup, pour le plus gros. Les radiocristallographies neutroniques sont de moins basse qualité : neutres, les neutrons ne se repoussent pas, et leurs faisceaux divergent nettement moins. Mais ils demeurent des fermions. Chaque neutron a une phase, aucun faisceau de neutrons n'en a.

Je reviens sur les calculs que nous avons faits plus haut sur les ordres de grandeurs dans une expérience d'interférence avec des électrons. Plus loin au § 10.2 nous allons exhiber les schémas que faisait Richard Feynman à ses étudiants de Caltech en 1964. Léger défaut : jamais Feynman ne leur a calculé les ordres de grandeur, jamais il n'a pratiqué lui-même les expériences qu'il cite en plein aveuglement. C'est un des défauts de méthode (et il en avait d'autres, hélas) qu'il utilisait pour pouvoir coqueriquer « Personne ne comprend la mécanique quantique ». Ces corpuscularistes ont pris les moyens qu'il faut pour ne rien comprendre. Les professeurs Matthew Sands, Robert B. Leighton et H.V. Neher qui l'assistaient pour éditer ce cours, étaient bien trop subjugués par Feynman pour oser critiquer et corriger ces défauts de méthode, cette absence des ordres de grandeurs expérimentaux. Vous, vous allez comprendre, parce que le présent manuel est enfin le bon, il ne vous raconte plus de contes contradictoires.

Curieux :
- Vous en êtes à dix-sept postulats, que vous jetez tous.

Z'Yeux Ouverts :
- Ces dix-sept postulats hégémoniques quoique subreptices et clandestins sont tous contredits par l'expérience. Or la science se démarque de tous les autres systèmes de transmission des connaissances, par une "croyance" irrévérencieuse, qui en 1500 était une nouveauté révolutionnaire : nous croyons que les experts sont faillibles, que les traditions peuvent charrier toutes sortes de fables et d'erreurs, et qu'il faut vérifier, par des expériences.

Un corollaire du postulat 17 (le postulat confusionniste), est qu'il est interdit par les copenhaguistes d'articuler son investigation entre l'échelle de la foule,

20. Max von Laue, allemand, 1879 – 1960. Prononcer La-oué. Nobel de physique en 1914.

21. Peter Debye, 1884 – 1966. Nobel de chimie en 1936. Né néerlandais, donc prononciation [dəˈbɛiə] Débeillé, mais mort américain, prononciation Dibaille. A vous de choisir celle que vous préférez.

22. Paul Scherrer, 1890 – 1969, physicien suisse.

et l'échelle individuelle. Par exemple le second principe de la thermodynamique, de la croissance de l'entropie, est un effet de foule. Que toutes les ondes de gravité et toutes les ondes acoustiques se dispersent et s'atténuent est un effet de foule. Alors qu'à l'échelle individuelle, un photon est toujours une onde électromagnétique, mais elle ne se disperse ni ne s'atténue : elle va vers un absorbeur, individuellement. L'atténuation et la dispersion d'un faisceau lumineux est un effet de foule, dont les lois de l'électromagnétisme ne sont pas coupables.

2.1.18. Censure anti-Dirac, anti-Schrödinger. Cacher aux étudiants que sur les quatre composantes des solutions en ondes d'électron, de l'équation de Dirac de 1928, deux sont rétrochrones (vont à rebours de notre macro-temps, valide à notre échelle).

2.1.19. Postulat tactique, anti-sémantique. Un dix-neuvième postulat – non scientifique mais tactique - est invoqué lors de chaque controverse : il consiste à agglomérer le formalisme quantique et la sémantique Göttingen-København, et enseigner qu'ils sont inséparables. Pour cela, la notion même de sémantique est déniée. Cela pour des raisons strictement tactiques. Chaque fois que le formalisme qui nous est commun a remporté une victoire, ils ont crié que cela prouve leur sémantique copenhaguiste, et que toute autre « est juste des préférences philosophiques dépourvues de tout intérêt ». Dans son « Philosophie de la physique », Mario Bunge s'était fait beaucoup d'ennemis : il avait demandé que les axiomes sémantiques soient explicités, au lieu de demeurer clandestins. Or nous faisons tous les jours la preuve qu'on peut jeter leur sémantique copenhaguiste sans jeter le formalisme – strictement déterministe et strictement ondulatoire -, ce qu'ils nient immédiatement.

Professeur Marmotte :
- Tout ça c'est rien que du brouillard philosophique ! Vous devriez plutôt lire des livres, vous taire et calculer !

Z'Yeux Ouverts :
- Tiens justement, parlons-en des calculs. Nous détaillerons plus loin les bourdes étalées par Georges Charpak, Roland Omnès, Stephen Hawking, Leonard Mlodinow, Walter Greiner, qui tous recopient des bourdes de Richard Feynman. Il y a un facteur cent à gagner sur la lourdeur de certains calculs hérités de la méthode des intégrales de chemin, qui redécouvrait le principe de Fermat (17e siècle), mais en bien moins pratique, car grevée de

présupposés anti-relativistes et anti-ondulatoires.

Professeur Marmotte :
- Et voilà ! Le *crank* qui se prenait pour un génie, et qui ose remettre en cause des prix Nobel !

Z'Yeux Ouverts :
- Rappel : La science se démarque de tous les autres systèmes de transmission des connaissances, par une "croyance" irrévérencieuse : nous croyons que les experts sont faillibles, que les traditions peuvent charrier toutes sortes de fables et d'erreurs, et qu'il faut vérifier, par des expériences.

Pour ne pas alourdir le rythme de la discussion, nous renvoyons en § 6.2 les détails du 20e postulat :

2.1.20. Postulat de Göttingen. Il n'y a que des états, les transitions passent à l'as.
Déjà en 1927, revenant perplexe du congrès Solvay, Erwin Schrödinger écrivait : "*Curieuse physique, qui se concentre sur les états, et passe les transitions sous silence !*".
La durée et les propriétés physiques des transitions, telles que les longueurs de cohérence des photons, révélées par les phénomènes d'interférences décrits depuis Thomas Young, sont incompatibles avec le postulat corpusculariste. Nous y reviendrons.

2.1.21. Postulat de supériorité de meute. ***Nous sommes les modernes jusqu'à la fin des temps ! Et après moi il n'y aura plus d'autres prophètes car la Nouvelle Physique est complète ! Et les incroyants et vils objecteurs ne sont rien que des colonels de cavalerie en retraite, au cerveau endommagé, qui font rien qu'à chercher à revenir à la physique classique.***
Toutes les sectes, et la plupart des meutes vendent de la prothèse narcissique à leurs adeptes.
Plus le rendement de l'enseignement scientifique est calamiteux, plus cela *démontre* que la tribu est tellement *supérieure* au restant de l'humanité, qu'elle regarde de si haut. Citation de Niels Bohr : « *Si vous croyez comprendre la Mécanique Quantique, c'est que je ne vous ai pas bien expliqué* » que nul n'est autorisé à comprendre l'entourloupe que nous professons.

Curieux :

- Après un réquisitoire aussi féroce, que je n'ai pas bien compris car il y a trop de mots nouveaux pour moi, j'espère que vous avez quand même des points d'entente ? Non ?

Professeur Castel-Tenant :
- Certes. Nous sommes d'accord sur les grandeurs fondamentales du domaine atomique, que nous allons vous rappeler. Nous sommes d'accord sur les faits expérimentaux. Nous sommes d'accord sur les équations d'évolution.

Z'Yeux Ouverts :
- Nous sommes en désaccord sur la liste des faits expérimentaux à vous cacher pour que vous ne voyiez point les entourloupes. Selon moi, ils vous cachent toutes les absorptions spectrales. Vaste liste. Et ils vous ont caché l'effet de transparence Ramsauer-Townsend, strictement ondulatoire. Si l'électron est toujours ondulatoire, strictement rien qu'ondulatoire, comment vont-ils conserver leur mystérieux *dualisme onde-corpuscule* qui impressionne tant les foules ébaubies ?

Nous sommes d'accord sur l'équation de Schrödinger statique, indépendante du temps, celle qui par exemple est fort utile aux chimistes pour calculer et prédire les molécules. Sur deux points cruciaux, nous physiciens transactionnels sommes en désaccord avec les copenhaguistes et leurs héritiers sur l'équation de Schrödinger dynamique, dépendante du temps (du temps macroscopique newtonien) :

(1) Nous explicitons les fréquences réelles, intrinsèques et relativistes, au lieu des fréquences fictives et inutilisables des copenhaguistes.

(2) Dès que le problème n'est plus unidimensionnel, nous explicitons le partage entre fonction de concurrence entre absorbeurs potentiels, et fonction d'admittance. L'admittance est l'inverse de l'impédance. Personne n'avait fait ce partage avant nous en optique, qu'elle soit photonique ou électronique.

Curieux :
- Mais quel est le niveau scientifique qu'il me faut pour vous suivre ?

Professeur Castel-Tenant :
- Officiellement, vous n'abordez ce domaine quantique qu'avec l'année Bac + 3.

Z'Yeux Ouverts :
- Sous une forme hyper-mathématisée et abstraite, voire autiste, que je n'approuve pas. J'ai des indices que le but est d'éliminer les étudiants qui ont un sens physique et concret exigeant.
En annexe F, vous trouverez un glossaire, éclairant les principaux mots dont vous n'êtes peut-être plus bien sûr, avec les références à des faits expérimentaux que vous pouvez vérifier. Et les auteurs cités ; leur ordre est chronologique.
Vous devez avez lu ou vu quelques vulgarisations sur l'atome (ou mieux encore le cours niveau bac scientifique et DEUG scientifique). J'expliquerai plus loin leurs défauts, mais si vous n'avez pas cette base de vulgarisation, vous ne savez même pas de quoi on parle.
En principe, le niveau calculatoire indispensable pour que vous puissiez vérifier qu'on ne vous entourloupe pas ici, est celui d'une première année d'études universitaires scientifiques. En mathématiques vous connaissez les débuts de l'analyse vectorielle et les développements limités, au moins ceux du cosinus et du sinus ; vous n'avez pas oublié les leçons sur les arcs capables, du programme de seconde. Sur le plan expérimental, vous devez avoir fait les manips sur la loi de la réfraction de Snell-Descartes, et les interférences d'Young avec deux fentes. Alors que si vous ne les découvrez qu'ici et ne savez pas comment vérifier, vous ne serez pas en état de contrôler si je ne vous conterais pas moi aussi quelques contes de fées, des mensonges pour duper les enfants naïfs.
Vous devez avoir vu le spectre optique d'une lampe au sodium et vapeur de mercure. En mécanique vous devriez maîtriser la conservation de la quantité de mouvement et du moment angulaire - et pas seulement quand vous reconnaissez une situation scolaire[23]. Vous devez être familiarisé avec l'étude d'au moins un mouvement oscillatoire tel que pendule pesant ou pendule élastique. Vous devez avoir vu une corde de guitare et des ondes sur l'eau. Il serait souhaitable que vous ayez chanté dans la salle de bains et ayez connu cette sensation que la salle vous colle à la bouche en ce sens que sa résonance est très peu amortie : en effet, je vais évoquer des résonances fréquentielles parfois très pointues, et c'est une innovation dans cet enseignement de la quantique. Sans ces prérequis, vous allez devoir nous croire sur parole, or en sciences on ne croit pas sur parole, on vérifie. Vous serez aidé par des annexes hors du texte dialogué, posées en fin de volume. Pour vérifier et critiquer ce que je vais vous raconter de la structure électronique des molécules colorantes, il vous faudrait le niveau 2e année de Licence en chimie organique ; parfois aussi des notions de chimie analytique. Sur les bispineurs de Dirac qui relèvent de l'algèbre linéaire, il vous faudrait le niveau maîtrise

23. Voir rattrapage à l'annexe G.

ou Master 1 de mathématiques pour être en mesure de critiquer. Sinon, il vous faudra croire sur parole...
On n'abordera ni la physique nucléaire ni celle des particules ; on se contentera du bestiaire connu en 1932, soit électrons, protons[24], neutrons[25] et positrons[26] ; il suffit à la chimie et aux rayonnements courants, ceux de la physique atomique. Bien que notre corps reçoive environ un rayon cosmique par seconde, et bien que nous soyons traversés d'innombrables neutrinos[27] de basse énergie, on n'abordera ni muons[28] ni neutrinos. Il est impossible de procéder à des expériences d'optique avec des muons, ni avec aucune autre particule de faible durée de vie ; c'est impossible aussi avec les neutrinos car seule une très faible proportion d'entre eux sont détectés. Or ce sont les expériences d'optique qui sont fondatrices et discriminantes ici.
Contrairement aux cours usuels de physique atomique, on se servira du cadre relativiste, car sans lui nous ne ferions qu'un travail de singe. L'expérience a prouvé qu'il faut ajouter un cours de rattrapage sur le cadre relativiste appliqué à la microphysique ; cette partie là sera la plus difficile, et de nombreux lecteurs la sauteront dans un premier temps.

Professeur Castel-Tenant :
- Mhouais ! Mhouais ! Mhouais ! Maîtriser la conservation de la quantité de mouvement et du moment angulaire... Là vous en demandez beaucoup !
L'expérience a été répétée dans plusieurs pays : les deux tiers des étudiants de seconde année de fac scientifique, remplacent la mécanique newtonienne par une mécanique folklorique datant de l'Antiquité, dès qu'ils n'ont pas reconnu une situation scolaire, genre glaçon sur une table dans un avion virant à plat, à dessiner dans le repère au sol et le repère de l'avion. Comment maîtriseront-ils la dynamique relativiste si après quatre cents ans ils ne maîtrisent toujours pas la relativité galiléenne, ni si après trois cent trente ans,

---

24. Proton : particule lourde ou hadron, composant le noyau atomique. Le proton a une charge électrique positive, l'opposé de celle de l'électron. Ce hadron est composé de trois quarks : u u d (et des gluons pour les tenir ensemble). Il a un moment magnétique.

25. Neutron : particule lourde ou hadron, composant le noyau atomique, mais sans charge électrique globale. Il a toutefois un moment magnétique résultant des quarks, qui ont une charge électrique et un spin. Ce hadron est composé de trois quarks : u d d.

26. Positron : anti-particule de l'électron. Sa charge est positive.

27. Neutrino : fantomatique particule ultra-légère, mais qui emporte quand même un spin et une énergie. Il n'existe qu'en une seule hélicité, à gauche, alors que l'antineutrino vrille à droite. La densité réelle de neutrinos de basse énergie dans le cosmos est inconnue, largement indétectable, voire soupçonnée d'être énorme.

28. Muon : éphémère et instable électron lourd. Ceux qui nous parviennent au sol proviennent de collisions de rayons cosmiques (souvent des protons) avec quelque atome de la haute atmosphère.

Le tauon est un électron encore plus lourd et encore plus fugace.

ils ne maîtrisent toujours pas la dynamique newtonienne ?

Z'Yeux Ouverts :
- Hélas ! C'est bien pourquoi le cours de Richard Feynman à Caltech consacre deux tomes à l'enseignement de la mécanique avant les deux tomes d'électricité. Les deux lois de conservations mécaniques dites plus haut ne sont plus démontrées expérimentalement qu'en première année de fac scientifique. L'évolution des programmes au cours des vingt dernières années ne tire pas vers le haut : on leur bourre le mou de « *science citoyenne* » sous dogmes farfelus et de « *énergies renouvelables* » (mais intermittentes et folâtres, qui plongent les pays dans le noir, l'Australie du Sud, par exemple), et on les flagorne dans l'illusion que promus militants supplétifs, ils vont en remontrer à leurs aînés, tandis que la quantité de mouvement et le moment angulaire sont renvoyés à... au mieux à bien plus tard, à la fac. Alors que la quantité de mouvement devrait être maîtrisée au lycée : dès la seconde ils ont tous les outils mathématiques nécessaires. Les étudiants trouvent peut-être que les bases de la mécanique ça n'est pas affriolant (*sexy*, en amerloque), or c'est à eux de travailler ces bases. Si on doit rattraper ici ce cours et ces travaux pratiques non assimilés, aïe !
Ils auront besoin de maîtriser le recul pour suivre la dispersion Compton (un photon est dévié quand il réagit avec un électron de conduction, libre), et pour distinguer l'absorption résonante Mössbauer des autres absorptions nucléaires.

Curieux :
- Vous ne vous en tirerez pas comme cela ! Si vraiment vous trouvez que la masse des prolétaires et même des bourgeois patauge dans les marécages de l'erreur, votre devoir de scientifiques est de les tirer poliment de ces marécages-là !

Z'Yeux Ouverts :
- Adopté. En annexe G, vous trouverez une petite collection des *piègeakons*, subrepticement tendus par la mécanique folklorique datant de l'antiquité, qui piègent si facilement le grand public ; nous donnerons les solutions et les moyens expérimentaux qui permettront de ne plus tomber dans les pièges mentionnés ci-dessus. On repart du niveau Seconde, mais on vous mène nettement au-delà.

Voici les dix postulats qui composent toute la microphysique transactionnelle :

2.2. Dix postulats transactionnels

2.2.1. Les absorbeurs existent. Ni les corpuscules ni les « aspects corpusculaires » n'existent en microphysique. Mais les propriétés des absorbeurs existent ; certaines d'entre elles sont quantiques.

2.2.2. Postulat de phase selon Planck. L'unité de phase ou d'angle est réintégrée dans le monôme dimensionnel. L'action maupertiuisienne n'est pas de l'action-par-unité-de-phase, or le quantum de Planck est de l'action-par-unité-de-phase : **h** = 6.6260755 . 10^{-34} joule.seconde/cycle = $\hbar$ = 1.05457266 . 10^{-34} joule.seconde/radian.

2.2.3. Postulat de Broglie-Dirac : Dès qu'une particule a une masse, alors ses fréquences intrinsèques de Broglie et de Dirac-Schrödinger jouent chacune leur rôle. La broglienne $\mathbf{mc^2/h}$ pour chaque interférence d'un quanton avec lui-même, la Dirac-Schrödinger $\mathbf{2\ mc^2/h}$ pour toute interaction électromagnétique, par exemple la dispersion Compton.

2.2.4. Postulat de Fermat-Fresnel : Pour toute onde individuelle, les trajets réels arrivent en phase à l'absorbeur, éventuellement à un nombre entier de périodes près (cela s'appelle alors une interférence). D'où la géométrie du fuseau de Fermat entre absorbeur et émetteur. Fuseaux au pluriel en cas d'interférence sur le trajet. Évidemment toute onde individuelle hérite des propriétés de la transformation de Fourier.

2.2.5. Tout photon a un absorbeur. Toute onde individuelle a un émetteur et un absorbeur.
Dans les cas où l'un au moins de l'émetteur ou de l'absorbeur est tenu par des règles de résonance « quantiques » (dépendantes du quantum de Planck **h**, via l'équation de Schrödinger et ses successeurs l'équation de Pauli et surtout l'équation de Dirac, 1928) pour passer d'un état stationnaire à un autre état stationnaire, alors un photon est une transaction réussie entre trois partenaires : un émetteur, un absorbeur, et l'espace qui les sépare ou les milieux transparents ou semi-transparents qui les séparent, qui transfère par des moyens électromagnétiques un quantum de bouclage h, et une impulsion-énergie dont la valeur dépend des repères respectifs de l'émetteur et de l'absorbeur (une valeur pour chacun).
Limites de la définition : on ne sait pas quantiser l'accélération d'un électron par un champ électrique ni un champ magnétique. Échappent donc au sous-domaine quantique l'accélération d'un électron dans un tube à vide, dans un tube cathodique ou dans un microscope électronique, dans un accélérateur linéaire ou circulaire, le rayonnement synchrotron, le rayonnement de freinage ou « *Bremsstrahlung* » : absence d'états stationnaires à fréquence définie avant/après. Dans le cas où les conditions aux limites sont quantiques,

l'impulsion (quantité de mouvement) transférée est $\mathbf{h\nu/c}$ dans le repère où la fréquence ν est considérée.

Corollaire : dès l'instant où l'on tolère que les absorbeurs existent, pfuitt ! Plus aucun besoin de s'hypnotiser sur les mythes de *fonction-d'onde-se-diluant-partout-à-la-fois* ni de mystérieux « *collapse* » ou « *effondrement-de-la-fonction-d'onde* ». Ces mythes qui occupent les copenhaguistes durant des centaines d'heures partent directement dans les poubelles de l'Histoire.

2.2.6. Les propriétés des foules d'ondes individuelles découlent des propriétés des ondes individuelles, et pas l'inverse.

2.2.7. Macro-temps $\neq$ micro-temps. Le dieu d'Isaac Newton, chargé de tout voir simultanément, n'existe pas. Le temps d'Isaac Newton, supposé paramètre universel et ubiquiste, n'existe pas non plus. Tout au plus des macro-temps locaux, simples émergences statistiques locales. On distingue les macro-temps des macro-systèmes tels que le laboratoire, des micro-temps dans lesquels s'inscrivent tous les tâtonnements d'ondes brogliennes qui vont aboutir à des transactions réussies.

Corollaire : nous cessons de postuler que les micro-temps soient soumis à la règle d'irréversibilité causale statistiquement prouvée en macrophysique. Cette irréversibilité statistique est un effet de foule. Nous cessons de rejeter dédaigneusement les deux composantes rétrochrones présentes dans toute solution de l'équation de Dirac pour un électron ou un autre fermion.

2.2.8. Principe de rétrosymétrie de Kirchhoff. Depuis le 17ème siècle, il est connu que dans notre faible gravité, loin d'un horizon de Schwartzschild, tout trajet optique réel est réversible. En 1859, Gustav Kirchhoff a démontré que toute raie sombre de Fraunhofer due à un gaz ou une vapeur froids correspond à une raie brillante du même atome dans un gaz chaud. Donc que l'émission spectrale d'un photon est exactement le même phénomène physique que son absorption. Généralisation : la rétrosymétrie s'applique aux basses énergies de toute la physique atomique, à la spectroscopie moléculaire, et à toute la physique de l'état solide.
Limitations : Aucune preuve de rétrosymétrie dans le domaine de la physique nucléaire, ni pour les désintégrations, ni pour la nucléosynthèse dans l'implosion d'une supernova, ni aux hautes énergies. Là où un neutrino est émis, aucune expérience rétrosymétrique n'est faisable.

2.2.9. Il est impossible d'isoler un système quantique. Non, il est impossible d'isoler un système quantique, comme on isole ses équations au tableau noir : il est impossible d'écranter le bruit de fond de Broglie-Dirac. Il est impossible de prédire quelle transaction va surgir de ce clapotis ni quand. Les fréquences impliquées sont inaccessibles à l'échelle humaine, le théorème de la variété requise d'Ashby est là pour ruiner tous nos fantasmes d'omniscience panoptique, et de plus les innombrables micro-temps en œuvre sont bidirectionnels : orthochrones comme rétrochrones.
Plus le principe moral : on s'interdit de censurer les résultats expérimentaux qui embarrassent la doctrine au pouvoir.

2.2.10. Principe moral d'honnêteté. Il est incorrect et contraire à la déontologie scientifique de dissimuler aux étudiants tant de faits expérimentaux qui embarrassent les copenhaguistes : toutes les absorptions spectrales, toutes les interférences telles que couches anti-reflets, lames quart d'onde, couleurs interférentielles, effets Goos-Hänchen en polarisation plane et Imbert-Fédorov en polarisation circulaire, preuves de la largeur non négligeable de chaque photon. Vaste liste. Ils vous ont caché l'effet de transparence Ramsauer-Townsend, strictement ondulatoire. Si l'électron est toujours ondulatoire, comment vont-ils conserver leur mystérieux dualisme onde-corpuscule qui impressionne tant les foules ébaubies ? Ainsi que de nombreux autres résultats expérimentaux quotidiens mais incompatibles avec l'idéation corpusculaire des Göttingen-copenhaguistes ; par exemple toute la radiocristallographie, et toute l'astronomie interférentielle.

2.2.11. L'économie de postulats est de notre côté. Il y a une nette économie de postulats, et une grosse économie de concepts.
Les propriétés de la transformation de Fourier sont simplement héritées, ne sont donc pas érigées comme quelque nouveau principe.
Les concepts magiques de « *superposition d'états* (corpusculaires), *intrication* (d'états théoriques corpusculaires), *measurement, psychisme et conscience de l'observateur* », on les laisse tomber : Sire, je n'avais pas besoin de cette hypothèse.

Voilà la physique que nous allons développer dans le corps de ce manuel.

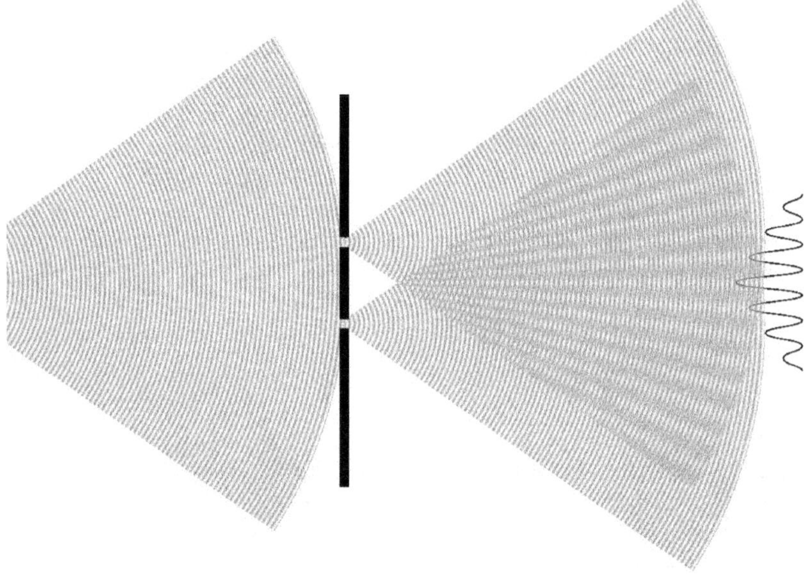

2.3. Les protagonistes de cette vulgarisation

Les protagonistes de cette vulgarisation, sont un amateur curieux, désireux de comprendre, un physicien transactionnel, c'est à dire un des physiciens qui indépendamment les uns des autres ont redécouvert que la relecture transactionnelle de la physique quantique était inéluctable. Il a été désigné comme "z'Yeux ouverts". Contrairement au spécialiste qui sait beaucoup de chose sur peu de chose, et à la limite tout sur rien du tout, notre savanturier aux yeux ouverts a pratiqué plusieurs disciplines, qui sont rarement réunies dans une seule tête ; cela lui facilite des confrontations de faits et des synthèses que les trop spécialisés ne peuvent plus faire.
Depuis sa position théorique figée lors du congrès Solvay en 1927, physicien ou pas physicien du tout, mais anti-transactionniste par conformisme de meute, le collectif Marmotte ne s'est pas privé d'intervenir, toujours pour le pire. Parfois condensées, le plus souvent littérales, ses interventions furent bien écrites sur Internet et Usenet ; certaines sont traduites de l'anglais. Conformément aux bonnes traditions violentes de sa meute, l'anti-transactionniste peut toujours agonir d'insultes le savanturier co-découvreur de la microphysique transactionnelle, mais la grande nouveauté est que cette

fois, il ne pourra ni le bannir ni l'effacer. Il a été désigné comme "Professeur Marmotte", parce que les connaisseurs de Christophe[29] savent que "Monsieur Fenouillard dort à la façon des ours, Madame Fenouillard à la façon des marmottes, et ces demoiselles à la façon des loirs" [30]. En raison de sa façon de dormir d'un sommeil dogmatique, nous aurions aussi pu le désigner comme "Poings fermés", ou comme "Dogmatix & Idéfix "... Le Professeur Marmotte est un assemblage composite de citations de plusieurs personnes, aussi il n'est pas étonnant qu'il puisse se contredire d'une intervention à l'autre. N'en tenez pas rigueur à ceux d'entre eux qui sont des personnes honnêtes mais prisonnières d'un système perverti.
Il eût été injuste ne laisser en scène que ce personnage violent et dépourvu d'honnêteté, aussi le professeur Castel-Tenant a été chargé des rôles pédagogiques les plus honnêtes, où il préfère l'esprit scientifique à l'esprit de meute. Même si sa tribale tribu a pu l'induire en erreur quand il était jeune étudiant.

Professeur Marmotte :
- Quoi ? « *sa tribale tribu* » ! Mais nous sommes la science officielle quand même ! Et vous, vous n'êtes qu'un misérable avorton de complotiste !

Z'Yeux Ouverts :
- Ôtez nous d'un doute : votre argument ci-dessus, c'était à vos yeux un argument scientifique ? Ou un argument tribal et communautariste ?

Professeur Marmotte :
- *Your strong expressions undoubtedly belong to the "classical world": this is the classical reaction of one who has no arguments to respond. Let me to repeat Wittgenstein's maxima: "Limits of my language are limits of my world".*
En ligne à :
https://www.researchgate.net/post/Is_there_classical_counterpart_for_Plancks_constant_and_State_Vector.
Traduction : *Vos fortes expressions appartiennent sans nul doute au « monde classique » : c'est la réaction classique de ceux qui n'ont pas d'argument pour répondre. Permettez-moi de reprendre la maxime de Wittgenstein : « Les limites de mon langage sont les limites de mon monde. »*

29. Georges Colomb, 1846-1945. Sous la signature de « Christophe », est l'auteur de L'idée fixe du savant Cosinus, Les facéties du sapeur Camember, La famille Fenouillard, Les malices de Plick et Plock. Professeur de sciences naturelles et auteur de manuels de biologie.
30. http ://aulas.pierre.free.fr/chr_fen_05.html

Z'Yeux Ouverts :
- Institutionnellement, on utilise successivement quatre tactiques contre celui qui ose innover :

(1) D'abord tenter de supprimer le trublion, au moins par des moyens bureaucratiques. Ainsi Dan Schechtman a d'abord été mis à la porte de son labo. Le découvreur des quasi-cristaux.
(2) En cas d'échec de son élimination physique ou bureaucratique, le disqualifier : « *C'est nouveau, donc c'est pas vrai !* »
(3) Puis : « *Bon, c'est vrai, mais c'est pas nouveau, on le savait déjà.* ».
(4) Puis : « *Bon, c'est nouveau et c'est vrai, mais c'est pas lui qui l'a découvert, c'est un autre !* »

Selon le professeur Jean Bernard, les trois dernières tactiques ont été pratiquées successivement contre Jean Dausset et sa découverte des groupes HLA.

Curieux :
- Dites ? C'est la guerre chez les savants !

Z'Yeux Ouverts :
- Les physiciens sont des animaux territoriaux comme les autres. Teigneux et de mauvaise foi comme les autres tant qu'ils ne sentent pas surveillés. Le Surmoi institutionnel de la déontologie de la connaissance n'intervient que dans de rares cas, seulement quand ils craignent de se trahir devant le grand public qui les paie et paie leurs labos avec ses impôts.

Chapitre 3

La limite atomique, ses grandeurs fondamentales

Professeur Castel-Tenant :
- Il s'agit d'abord de la limite atomique, dont je vais vous rappeler quelques grandeurs fondamentales :
La **constante d'Avogadro-Ampère** : six cent deux mille deux cent quatorze milliards de milliards d'unités moléculaires dans une mole (ce qu'on appelait autrefois « molécule-gramme »). Par exemple six cent deux mille deux cent quatorze milliards de milliards de molécules d'eau H_2O dans 18,0153 g d'eau. J'ai laissé tomber des décimales.
Le **quantum d'action par cycle** découvert par **Max Planck** (1858 - 1947) en décembre 1900 :
h = 6,6260755 . 10^{-34} joule.seconde/cycle = **ħ**
= 1,05457266 . 10^{-34} joule.seconde/radian.
10^{-34}, c'est un dix-millionième de milliardième de milliardième de milliardième (de joule.seconde/ radian, ici).

Professeur Marmotte :
- Ah ça par exemple, mais vous êtes un traître ou un âne, cher collègue ! Vous venez d'écrire que **h** = **ħ**, alors que nous enseignons à nos étudiants que c'est très différent.

Professeur Castel-Tenant :
- Vous n'aviez donc pas remarqué que la seule différence est l'unité de phase ou de cycle ? Le radian pour la forme de Dirac, le cycle pour la forme de Planck, mais c'est bien la même constante physique. Le physicien fait attention aux unités physiques, le matheux ne sait même pas que ça existe.

Z'Yeux Ouverts :
- Pour la clarté, vous pouvez remplacer la dernière unité J.s/rad par celle du moment angulaire : m ^ kg . m / s , étant entendu que l'on multiplie là deux longueurs perpendiculaires entre elles, où la première longueur est un bras de levier, ou autrement dit ce qui compte est la projection extérieure du bras de

levier sur la quantité de mouvement ; c'est là un produit extérieur, maximisé quand les facteurs sont des vecteurs perpendiculaires entre eux. **h** est donc un quantum de bouclage, alors que l'action maupertuisienne (Pierre Moreau de Maupertuis 1698-1759) est une circulation de la quantité de mouvement, ou somme le long d'un trajet, du produit intérieur de vecteurs (maximum quand ils sont colinéaires, quand l'un est exactement sa projection intérieure sur l'autre). Une différence de nature irréductible.
On est ici obligés de préciser que le symbole "^" désigne un produit extérieur. Les lecteurs de livres français sont trompés à ce sujet, car les auteurs français squattent ce symbole pour désigner leur "*produit vectoriel*", qui ne respecte ni la physique ni les mathématiques. Le produit extérieur de deux vecteurs est un tenseur antisymétrique de second ordre, ce que pour les besoins de l'enseignement j'ai désigné plus brièvement en "**gyreur**". Dans les livres anglo-saxons ou allemands, leur "*produit vectoriel*" est noté par une croix, ou cross product en anglais.

Harceleur Marmotte :
- Ignorant ! Hérétique ! Ce *crank* s'imagine qu'en analyse dimensionnelle, deux quarts de tour font un demi-tour ! Liguons nous tous pour le faire bannir de tous les serveurs de Usenet !

Z'Yeux Ouverts :
- Rappel : cette marmotte-là, envahisseur forcené, n'est pas physicien, et ignore tout de l'analyse dimensionnelle en physique. Despotique, ignorant et présomptueux, il s'imagine que la physique, c'est juste un appentis annexe aux mathématiques qu'il avait apprises il y a longtemps.
Nous n'adhérons pas à ces errements, devenus traditionnels. Voici quelques grandeurs qui ne sont pas vectorielles mais gyratorielles : le moment d'une force, un moment angulaire, un spin, une vitesse angulaire, un champ magnétique $\breve{B}$, un moment magnétique...
La suite du cours sur la syntaxe géométrique de la physique est sur le wiki : http ://deontologic.org/geom_syntax_gyr

Suite des grandeurs de la limite atomique :

Professeur Castel-Tenant :
- **Célérité de la lumière** : **c** = 299 792 580 m/s.
Ordres de grandeur : la Lune est à 1,28 seconde-lumière de la Terre, le Soleil est à 499 secondes-lumière au maximum, soit entre huit minutes et huit minutes et vingt secondes environ. Jupiter est en moyenne à 2596 secondes-lumière d'ici ; soit quarante trois minutes-lumière.

Charge du proton : **q** = 1,60219 . 10^{-19} C. « C » désigne le coulomb, unité de charge électrique.

Quand j'étais petit, avant 1948, les définitions de l'ampère et du coulomb étaient électrochimiques, étaient basées sur le poids d'un dépôt d'argent électrodéposé sur la cathode : un *coulomb international* déposait 1,118 mg d'Ag depuis une solution de nitrate d'argent. Il faut donc un total de six mille deux cent quarante et un millions de milliards d'ions argent (Ag^+, ou tout autre ion monovalent, mais celui-ci permet des pesées précises) pour transporter un coulomb.

Masse du proton : m_p = 1,67265 . 10^{-27} kg.

Masse de l'électron : $\mathbf{m_e}$ = 9,1093897 . 10^{-31} kg

Conversion en énergie relativiste : $m_e.c^2$= 511 keV (kiloélectron-volt) = 8,187 . 10^{-14} J (joules)

Application pratique : quand vous bénéficiez d'une tomographie par émission de positrons (PET scan), notamment pour précision d'une tumeur cancéreuse, 511 keV est l'énergie de chacun des deux photons gamma opposés, émis par l'annihilation électron-positron. Tout autour de vous de vous sont disposés des détecteurs gamma. Le logiciel d'exploitation considère que l'émission est sur la droite qui joint les deux détecteurs en coïncidence. Comme il y aura plus d'une émission, l'intersection approximative de ces droites donne le lieu des émissions.

Noyau atomique : composé de Z protons et de Y neutrons, il retient Z électrons autour de lui pour former un atome.

Atome : un seul noyau est escorté d'assez d'électrons pour balancer la charge électrique du noyau.

La physique atomique est celle qui s'occupe du nuage électronique autour du noyau.

La physique nucléaire s'occupe du noyau des atomes.

Molécule : plusieurs noyaux, liés entre eux par des électrons disposés en liaisons covalentes (mise en commun d'une paire d'électrons de spins opposés dans les orbitales atomiques les plus lointaines), plus éventuellement une minorité de liaisons mixtes ou de liaisons hydrogènes.

Ion : atome ou molécule dont le nombre d'électrons ne balance pas le nombre de protons.

Anion : ion négatif, trop d'électrons pour les protons. Exemples : OH^-, SO_4^{--}, HCO_3^-, Cl^-... (se prononcent oxhydrile, sulfate, hydrogénocarbonate et chlorure)

Cation : ion positif, pas assez d'électrons pour les protons. Exemples : Na^+, Ca^{++}, H_3O^+(sodium, calcium, hydronium).

Électrolyte : solution contenant simultanément des anions et des cations, pouvant conduire le courant électrique. Les électrolytes les plus courants sont des solutions aqueuses, mais d'autres solvants existent, et les sels fondus sont aussi des électrolytes.

Z'Yeux Ouverts :
- Le lecteur dispose de tous les éléments pour calculer la **fréquence intrinsèque de l'électron**, découverte par **Louis de Broglie** en 1923 :
$\nu_e = m_e c^2$ / h = 9,1093897 . 10^{-31} kg * (299 792 580 m/s)^2 / 6,6260755 . 10^{-34} joule.seconde/cycle = 1,235 59 . 10^{20} Hz (1 Hz = 1 cycle par seconde). Cette fréquence intrinsèque et son onde de phase sont la base de la partie quantique de la microphysique.

Longueur d'onde correspondant à la masse de l'électron (dite longueur Compton par les américains, presque pas chauvins ni arrogants) :
$\lambda = \frac{h}{mc} = 2{,}42631058 \cdot 10^{-12}$ m
Son inverse le nombre d'onde électronique, soit 4 121 483 900 cm^{-1} ou plus élaboré le vecteur d'onde électronique interviennent dans les réactions entre électrons et photons gamma.

Professeur Castel-Tenant :
- Quand on se contente de dire la longueur d'onde, on ne précise pas la direction ni le sens de propagation dans cette direction de droite. De plus l'unité de phase implicite est le cycle, soit 2 π radians. Le nombre d'onde est largement utilisé par les spectroscopistes.
Un autre métier préfère les vecteurs d'onde, mais l'unité de phase change, c'est le radian. Ce n'est pas une question de principe, mais d'habitudes locales.

Diamètre d'un **atome d'hydrogène** : de l'ordre de 0,11 nm (cent dix picomètres, ou 1,1 ångström[1]). C'est intrinsèquement flou.

Z'Yeux Ouverts :
- Voici une image de la densité de l'électron dans son état fondamental autour du noyau d'hydrogène, réduit à un seul proton (image du domaine public) :
Cette densité d'électron est le carré de l'amplitude de l'onde solution stationnaire de l'équation de Schrödinger. Carré ou pas, c'est toujours une fonction exponentielle du rayon : exp(-r/r0), ou exp(-2r/r0) pour son carré, le maximum étant atteint à la distance zéro, c'est à dire sur le noyau même.

Figure 3.1.

1. Ångström, prononcer onng-streume (ɔŋ.ˈstrøm), est le dix-milliardième de mètre, ou dixième de nanomètre, ou encore cent picomètres.

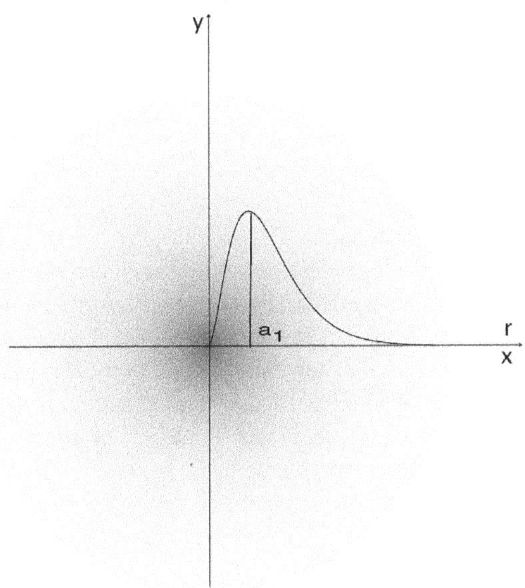

Le lecteur aura remarqué la symétrie sphérique, la grande taille et le flou de cet électron. Alors que les images et vidéos de vulgarisations qui vous sont familières présentent une petite planète orbitant autour d'un astre central. Or la trajectoire d'une planète est une spire, qui n'a en rien les symétries d'une sphère, a fortiori d'une sphère floue. C'est là une contradiction majeure de l'idéation corpusculariste. Vues de l'extérieur, les propriétés chimiques de l'atome d'hydrogène sont celles de cet électron, captif d'un ion central H^+. Attention, ce n'est que dans l'espace interstellaire que l'on trouve de l'hydrogène à l'état atomique. Dans les bouteilles et au laboratoire vous ne rencontrerez à l'état gazeux que la molécule de dihydrogène, H_2, et c'est immédiatement beaucoup plus compliqué à décrire et à dessiner. Nous verrons plus loin la carte électronique d'une molécule de diazote, N_2.

Professeur Marmotte :
- Honte sur la perfidie de ce *savanturier* à l'esprit farfelu ! Au lieu de vous dire comme nous le lui avions appris "*probabilité de présence de l'électron*", il a écrit "densité de l'électron" ! Autrement dit, au lieu de dénier l'onde comme nous le lui avons appris, il la conforte, et à la place il désavoue les aspects corpusculaires ! Alors que nous avions vaincu physiquement Erwin Schrödinger et son onde en décembre 1926[2] et octobre 1927 ! Quelle honte

2. http ://citoyens.deontolog.org/index.php/topic,1141.0.html : Les procédés employés par Niels Bohr pour vaincre Schrödinger : Le récit est dû à Werner Heisenberg lui-même, qui pourtant avait tout à gagner à ce qu'Erwin Schrödinger fut battu, que le combat fut loyal ou déloyal.

et quel esprit farfelu !

Curieux :
- Appliquons votre discipline scientifique : cette figure résulte de quel protocole expérimental ? Vous avez mesuré cela comment ?

Professeur Castel-Tenant :
- Aucune expérience directe n'est possible. En électrostatique macroscopique, il serait possible de placer une petite charge d'épreuve à différentes distances du centre de charge, et mesurer localement le potentiel, voire le champ. Au Palais de la Découverte, ils sont capables de démontrer cela au public. Mais il est impossible de placer un petit corps d'épreuve autour du proton comme on le ferait en électrostatique macroscopique, ni pour mesurer localement le potentiel, ni pour mesurer localement la densité locale d'électron. Bien pire qu'une impossibilité pratique, c'est une impossibilité de principe : on n'aura jamais de petit corps d'épreuve qui soit plus petit qu'un atome entier.

Source : Franco Selleri. *Le grand débat de la physique quantique.* Champs Flammarion, Paris 1986. Pages 95-96.
Ce récit est confirmé de seconde main par Emilio Segrè, dans *Les physiciens modernes et leurs découvertes.* Fayard, Paris 1984 pour la traduction française.

Selleri citait la source originale du courrier de Heisenberg :
S. Rozenthal, éd. *Niels Bohr.* North-Holland, Amsterdam, 1968.

Citation : Schrödinger dut livrer une difficile bataille à Copenhague. Bohr l'invita à faire une conférence à la fin de 1926 "*et lui demanda, non seulement de faire un exposé sur sa mécanique ondulatoire, mais aussi de rester à Copenhague assez longtemps pour avoir la possibilité de discuter de l'interprétation de la théorie quantique*".

Heisenberg décrit ainsi l'intensité de la discussion :
"*... Bien que Bohr fut quelqu'un de particulièrement obligeant et attentionné, il était capable, dans de telles discussions concernant les problèmes épistémologiques qu'il considérait comme d'importance vitale, d'insister fanatiquement et avec une inflexibilité presque terrifiante, sur la complète clarté de tous les arguments. Après des heures de lutte, il ne voulut pas se résigner, devant Schrödinger, à admettre que son interprétation fut insuffisante et incapable même d'expliquer la loi de Planck. Toute tentative de la part de Schrödinger d'évoquer ce fâcheux résultat était réfutée, lentement, point par point, dans des discussions laborieuses et interminables. C'est sans doute par la suite du surmenage, qu'après quelques jours, Schrödinger tomba malade et dut garder le lit chez Bohr. Même là, il était difficile de tenir Bohr éloigné du lit de Schrödinger ...*"

Et Heisenberg conclut : "*Finalement, Schrödinger quitta Copenhague plutôt découragé, tandis qu'à l'Institut de Bohr, nous sentions qu'au moins, nous étions débarrassés de l'interprétation donnée par Schrödinger à la théorie quantique, interprétation trop hâtivement arrivée à utiliser les théories ondulatoires classiques pour modèles...*"

Voilà comment ont été traitées les questions fondamentales, et comment un groupuscule est devenu hégémonique : par violence pure.

On n'aura pas non plus de micro-actionneur qui positionnerait ce mythique corps d'épreuve. On ne peut vous donner que la réalisation par le calcul de l'équation de Schrödinger pour l'électron lié, calcul qui dans ce cas simple est possible jusqu'au bout. Voici la valeur de la solution pour l'état de base, où la variable est la distance au noyau, notée ici ρ sans dimension : $R_{1,0}= \left(\frac{Z}{a}\right)^{\frac{3}{2}}.2e^{-\frac{\rho}{2}}$
Mais on a de très nombreuses preuves indirectes de la validité de ce genre d'images de densité électronique de la sorte dans les atomes, molécules et cristaux : compressibilité du cristal, dilatation thermique, fréquences de vibrations des molécules gazeuses capables de se coupler avec un photon infrarouge et de l'absorber ou le ré-émettre, prédictions des propriétés des molécules de colorants, etc. Donc quant au principe, il n'y a plus de chances de s'être trompés.

Curieux :
- Comme cela vous n'avez que des vérifications indirectes ?

Professeur Castel-Tenant :
- Indirectes, on n'a pas d'autre voie.

Curieux :
- C'est très embêtant ! Je ne peux plus du tout me servir de mes sens ni de ma proprioception musculaire en microphysique, alors que je peux encore le faire en mécanique macroscopique...

Z'Yeux Ouverts :
- Et encore ! À condition toutefois que la mathématisation (ici de la mécanique) ne soit ni idiote ni déceptive. Ce qui hélas n'est pas toujours le cas. Votre proprioception est bafouée par un enseignement du genre « *Alors on a un vecteur vitesse angulaire qui monte le long de l'axe* ». Ça n'aide pas, ces traditions injustifiables, qui sont serinées de génération en génération... C'est l'un des cas d'abus les plus violents, où les règles de la désensorialisation honnête et scientifiquement validée sont ouvertement violées, là où justement il n'y avait surtout pas à désensorialiser les outils mathématiques de la mécanique et de l'électromagnétisme à l'encontre de toute réalité.

Curieux :
- Alors comment faire pour vérifier que vous ne me racontez pas des *Just so stories* (des histoires comme ça), à la manière des fraudes de Sigmund Freud, et de son église ? Les antécédents n'incitent pas à la confiance aveugle.

Z'Yeux Ouverts :

- Exigez des épreuves de réalité expérimentale.
Déjà la mécanique rationnelle est déniée sans hésitation ni réflexion par la majorité des gens, étudiants inclus, dès qu'ils ne reconnaissent plus une situation scolaire ; cela fait partie de la guerre civile contre les instruits. En annexe G, on vous donne de nombreuses situations que vous pouvez vérifier dans le cadre de vie commun. Mais en microphysique, pas de pitié : nous ne sommes plus du tout dans notre domaine sensoriel familier, et il a fallu construire des outils largement désensorialisés. Voici plusieurs des grandeurs de la microphysique qui ont un correspondant dans notre monde macroscopique familier : les masses, les quantités de mouvement, les énergies, les moments angulaires, les potentiels, les champs, les charges électriques et les moments magnétiques sont bien de même nature que dans notre monde macroscopique familier.
L'unique solution pour vous grand public, est d'exiger des épreuves de réalité expérimentale. Hélas, la coutume des revues de vulgarisation n'est pas à la hauteur de leurs devoirs : ces griots[3] privilégient la théâtralisation « *Machin l'emporte contre Chose ! Jurons fidélité au brave général Tapioca*[4], *maître de la situation !* », et multiplient les interprétations fantastiques-qui-plaisent-aux-gogos. Exemple : ils vous répètent avec aplomb que le célèbre chat de Schrödinger « ***est** dans un état superposé, ni mort ni vivant* », tout en demeurant incapables – et pour cause – d'en fournir une preuve expérimentale. Ils demeurent sous intoxication par les contes de fées hégémoniques.

Problème supplémentaire : personne ne sait vous mettre devant une expérience qui vous démontre concrètement « L'action maupertuisienne, ou hamiltonienne, c'est ça ». Alors qu'on y arrive pour le moment angulaire, et que faire le lien entre les deux est plus délicat qu'on ne le fait croire.

Professeur Castel-Tenant :
- L'atome immédiatement plus compliqué est l'hélium : deux électrons, et dans le noyau deux protons et deux neutrons.

Figure 3.2. (Image du domaine public)

3. Griot : chantre ou récitant africain, payé pour chanter les louanges et la prestigieuse généalogie du puissant chef du jour.
4. *Général Tapioca, général Alcazar : Cf. L'oreille cassée, par Hergé.*

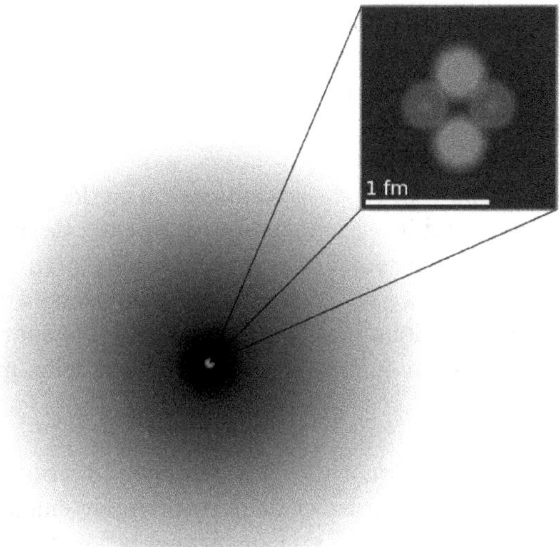

Lui aussi est représenté dans son état standard, non excité, qui lui aussi est de symétrie sphérique.
Lire le préfixe : femto_, du suédois femton (fém-tonne) = quinze, désigne la puissance -15 de 10, autrement dit le millionième de milliardième.
Le pico_ est la puissance -12 de 10, autrement dit le millième de milliardième.
L'Å ou ångström (onng-streume) est le dix-milliardième de mètre, ou dixième de nanomètre, ou encore cent picomètres.
L'hélium ne se lie dans aucune molécule, mais peut se glisser en interstitiel dans de nombreux métaux et roches. Les deux électrons sont dans le même état de base, de symétrie sphérique, ils ne diffèrent que par le spin : leurs spins sont opposés, et à eux deux ils forment une paire, de moment angulaire total nul.

Encore un artéfact induit par les contraintes du dessin : le noyau d'hélium vous est développé à plat, avec des couleurs. Rien de semblable n'existe, rien qui soit à plat, ni avec des couleurs. La réalité d'un noyau α échappe aux efforts du dessinateur.
Voilà le genre d'objets dont s'occupe la quantique.

Z'Yeux Ouverts :
- « Quantique » et « microphysique », sont-ce des synonymes ? Non, la relation est d'inclusion : la microphysique quantique est un sous-domaine de la microphysique, là où existent des états stationnaires, dont de Broglie puis

surtout Schrödinger ont prouvé qu'ils sont contraints à une autoquantification : soit les ondes de phase bouclent exactement, soit cet état envisagé n'existe pas, ce n'est pas un état.

Professeur Castel-Tenant :
- Il n'y a guère qu'un seul type d'exceptions où ça déborde nettement vers la macrophysique : quand interviennent des troupeaux de bosons (particules de spin entier = 0 ou h, donc volontiers grégaires, ainsi nommés car ils sont régis par la statistique de Bose et Einstein), qui volontiers se mettent tous dans le même état. Applications : les lasers, les masers, la supraconductivité[5], la superfluidité de l'hélium 4, l'astronomie interférentielle, même à large base.

Z'Yeux Ouverts :
- Une autre semi-exception : tous les contacts électriques comme vous en avez partout dans votre voiture et dans votre appartement, ne peuvent fonctionner que par « effet tunnel », à savoir que la longueur d'onde de chaque électron de conduction[6], tel qu'il est à l'énergie de Fermi[7] dans le métal, est plus grande que l'intervalle entre les deux conducteurs rapprochés, en quasi-contact approximatif, voire que la mince pellicule d'oxyde (invisible à nos yeux) qui recouvre chacun. Ah bien oui, un électron de conduction est bien plus grand que la distance entre atomes de cuivre ou d'argent ou d'or du contact conducteur. Aucun vulgarisateur vu à la télévision ne vous l'a jamais dit. Mais comment un sorcier des médias pourrait-il vous éblouir de ses *kakarakamouchems*[8] avec un phénomène aussi commun qu'un contact

5. Dans un supraconducteur, en dessous d'une température critique, la résistance électrique devient nulle. Hélas : à condition que le champ magnétique ne soit pas trop élevé... Mécanisme : les électrons s'associent par paires – dites paires de Cooper - avec un ou deux phonons, et leur onde voyage à travers tout le cristal comme un boson, de spin entier.

Phonon : unité de vibration dans un cristal. Sera expliqué au § 4.2.

6. Électron de conduction : Tout en haut de la zone des énergies occupées par les électrons dans le métal. Seule une petite minorité de métaux n'ont la bande de conduction qu'à demi-occupée, à un seul électron par atome : cuivre, argent, or, aluminium, gallium, indium, plus les alcalins. Ce sont les seuls métaux bons conducteurs. La plupart des métaux ont déjà la bande de conduction pleine, à deux électrons par atome. Leur conduction électrique (et thermique aussi par conséquent) est bien moins bonne, et beaucoup plus difficile à expliquer : par recouvrements des zones de Brillouin selon les directions cristallographiques. C'est une conduction anisotrope dans chaque cristal.

Propriété anisotrope : différente selon la direction considérée.

7. Énergie de Fermi dans un métal : celle du niveau électronique le plus élevé occupé par un électron, à la température du zéro absolu. L'origine étant prise pour les électrons les plus liés.

8. Molière, Le bourgeois gentilhomme. « Kakarakamouchem veut dire ma chère âme ? Voilà qui est admirable ! Quelle langue admirable que ce turc ! ».

électrique ? Aussi les médiatiques sorciers ne vous en parlent pas.

Professeur Castel-Tenant :
- Vous en avez trop dit ou pas assez ! l'effet tunnel donne un résultat probabiliste : certaines particules devraient ne jamais passer, passent parfois.

Z'Yeux Ouverts :
- En ce sens que la couche non conductrice interposée - oxygène combiné, diazote adsorbé [9], eau adsorbée - peut faire rebondir des électrons, comme le font les phonons, impuretés et dislocations. S'il n'y avait un générateur de courant pour imposer sa loi, l'accumulation d'électrons du côté négatif de la jonction devrait ralentir ceux qui arrivent en amont. Bref, la résistance [10] du circuit augmente ; il y a en électrocinétique [11] une chute de potentiel [12] supplémentaire due à la jonction-contact. Ce que vous vouliez traduire en probabilités redevient une simple augmentation de la résistance globale du circuit : la résistance de contact compte. Les électriciens vivent fort bien sans s'apercevoir qu'ils manipulent de la quantique chaque fois qu'ils ferment un circuit.

Une autre exception, celle qui permet toute l'électrotechnique, les moteurs électriques, les alternateurs et les transformateurs, ainsi que le magnétisme terrestre : le ferromagnétisme [13]. Domaine voisin : le ferrimagnétisme qui permet les barreaux de ferrite dans vos récepteurs de radio, et les transformateurs miniatures des alimentations à découpage qui sont à présent partout dans votre maison. Là ce sont les spins des atomes de fer ou de certains alliages qui ont la bonne volonté de se mettre en troupeaux, tous dans le même équiplan [14] et sens de rotation, dans des domaines de Weiss [15] assez agrandis

---

9. Adsorption : liaison faible d'une molécule à la surface d'un solide. Si elle reprend sa liberté sous forme gazeuse, elle est désorbée.

10. Résistance électrique d'un composant : quotient de la différence de potentiel par l'intensité du courant. Unité : Ohms = volts / ampères.

Intensité d'un courant : combien d'électrons par seconde. S'exprime en ampères, unité macrophysique. 1 ampère = six milliards et deux cent quarante deux millions de milliards d'électrons par seconde (des décimales sont omises).

11. Électrocinétique : s'oppose à électrostatique où les charges ne bougent pas. En électrocinétique, les courants existent, les charges sont mobiles.

12. Potentiel électrique : équivalent de la hauteur d'eau en hydraulique. Si vous montez une charge + vers un potentiel plus élevé, vous augmentez son énergie potentielle.

13. Ferromagnétisme : le magnétisme macrophysique présenté par le fer et quelques alliages. Le ferrimagnétisme est présent dans des oxydes.

14. Un équiplan est la classe d'équivalence de tous les plans qui ont la même direction de plan.

15. Domaines de Weiss : à l'intérieur d'un cristal, domaine où l'aimantation a la même direction de plan, et le même sens de rotation.

pour avoir des effets macrophysiques.

Professeur Castel-Tenant :
- Personne ne sait pourquoi les constantes mentionnées plus haut sont celles-là et pas d'autres. Personne ne sait pourquoi tous les électrons ont exactement la même charge, et pourquoi celle-là. Personne ne sait pourquoi le quantum d'action de Planck vaut 6,6260755 . 10^{-34} joule.seconde, mais on a acquis la certitude que c'est bien une constante universelle et fondamentale.

Z'Yeux Ouverts :
- Quantum de bouclage de Planck : 6,6260755 . 10^{-34} joule.seconde/**cycle**.
La définition initiale de l'action par Pierre Moreau de Maupertuis est un produit intérieur de deux grandeurs vectorielles : produit de la quantité de mouvement par le chemin parcouru, ou circulation de la quantité de mouvement. Alors que le moment angulaire est un produit extérieur, d'un bras de levier par une quantité de mouvement, aussi l'unité d'angle, de cycle ou de phase intervient dedans. Ce qui n'est pas le cas pour l'action de Maupertuis ni celle de Hamilton et Jacobi.
Figure 3.3.

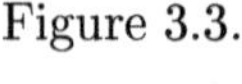

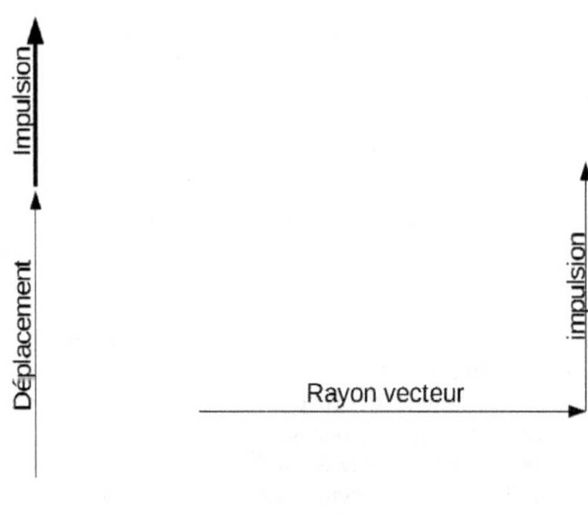

L'action est un produit intérieur de vecteurs.

Le moment angulaire est un produit extérieur de vecteurs

Pour faire un produit intérieur de deux vecteurs, on commence par faire la projection intérieure de l'un sur l'autre. Et le cosinus est une fonction paire. Le résultat n'a aucune orientation dans l'espace.
Pour faire un produit extérieur de deux vecteurs, on commence par faire la projection extérieure de l'un sur l'autre. Et le sinus est une fonction impaire,

le sens de l'opération importe, il donne toujours un sens de rotation dans une direction de plan.

Il y a là un problème fondamental sur lequel pas grand monde ne s'est penché jusqu'à présent. Le piquant de l'histoire est qu'en 1924 Louis de Broglie avait appliqué la première définition à l'onde électronique le long d'une orbite de Bohr, et que deux ans plus tard, cela permit à Erwin Schrödinger de prouver que cette orbite de Bohr n'existait pas... Il reste du travail théorique à faire pour remettre tout ça d'aplomb.

Professeur Marmotte :
- C'est un scandale ! Ce savanturier de ruisseau n'en finit pas de dire le contraire de ce que nous enseignons tous ! Qu'on l'achève à la grenade !

Curieux :
- Objection ! Vous avez encore écrit plein de mots nouveaux, là : « spin, ferrite, ferrimagnétisme, ferromagnétisme, photon, effet tunnel, énergie de Fermi »... Il conviendrait de tout expliquer.

Z'Yeux Ouverts :
- Objections recevables, voir les notes en bas de page, même succinctes, et le glossaire chronologique en annexe F. Je vais vous demander un peu de patience, car je constate qu'il va falloir rester un peu plus de temps sur l'atomistique[16]. Il s'y manifeste que déjà là nous ne faisons plus du tout la même physique que les copenhaguistes anti-transactionnistes, et que nous ne vous présentons plus les mêmes diagrammes explicatifs, à partir pourtant des mêmes lois de stationnarité de l'onde électronique autour d'un noyau.

Professeur Marmotte :
- Mais ça c'est juste des préférences philosophiques futiles et sans importance ! L'important est que vous baissiez la tête et calculiez !

Z'Yeux Ouverts :
- J'interviens avant les calculs : j'interviens sur les axiomes sémantiques et les axiomes physiques, avec le critère qu'ils doivent non seulement être économiques, et les vôtres ne sont guère économiques, mais aussi qu'ils collent de près à la réalité physique, là où vous défaillez gravement.

16. Atomistique : branche de la chimie physique qui étudie et prédit les propriétés chimiques des atomes selon leur place dans la classification de Mendéléïev, et donc selon la structure de leur cortège électronique.

Professeur Castel-Tenant :
- Toutefois, c'est le moment de bousculer la paresse naturelle des lecteurs, et de leur proposer des exercices, comme dans tout manuel qui se respecte.

Sachant que la masse du proton est de 1,67265 . 10^{-27} kg, en déduire sa fréquence broglienne intrinsèque.
On l'accélère sous une différence de potentiel de 500 V. En déduire sa longueur d'onde (dans le repère du laboratoire).
Comparer cette longueur d'onde à des distances interatomiques connues, par exemple dans l'aluminium, 286 pm.

Mêmes questions pour une balle de fusil d'assaut pesant 5 g : sa fréquence broglienne d'ensemble, puis sa longueur d'onde dans le repère du laboratoire quand sa vitesse est de 800 m/s ?
Comment allez-vous monter l'expérience pour mettre en évidence cette longueur d'onde ?

Corrigé en annexe H.
Il vous sera alors évident que la mécanique n'est ondulatoire en pratique que pour les très petites masses : électrons, protons, neutrons, etc.

Chapitre 4

Les niveaux d'énergie dans un atome ou une molécule, dans un solide

4.1. Pourquoi ces niveaux d'énergie définis ?

Ce qui a été mis en évidence par les spectroscopistes au long du 19e siècle. Exploitation.

4.1.1. Niveaux d'énergie définis dans un atome.

Z'Yeux Ouverts :

- La première explication – incomplète – fut fournie par Louis de Broglie en 1924 : l'onde de phase de l'électron ne peut boucler autour du noyau de façon stable et stationnaire que si elle a une fréquence et une vitesse de phase définies. Elle peut boucler une période par tour : nombre quantique principal, n = 1,
ou deux périodes sur un tour plus long : n = 2,
ou trois périodes : n = 3, etc.

L'explication complète ne fut fournie que par Erwin Schrödinger en 1926 : l'équation d'onde qu'il proposait pour l'électron n'avait de solution constante pour un atome qu'à une énergie plus basse que celle de l'électron libre, et seule une suite discrète [1] d'états stables existe. Il y a bien auto-quantification, par les valeur propres de l'équation selon les conditions aux limites. Le plus bas état a toujours n = 1 comme nombre quantique principal.
Mais de Broglie à Schrödinger une révolution était accomplie : l'état fondamental n'a plus du tout les symétries d'une spire, mais la symétrie d'une sphère ; et dans cet état dit S, l'électron n'a aucun moment angulaire orbital. Non, l'électron ne « *tourne* » pas, il n'orbite pas, il **est**, et il est réparti

1. Un ensemble ou sous-ensemble est discret par opposition à un ensemble continu, s'il n'a qu'un nombre fini ou dénombrable d'éléments, et qu'il n'est pas dense.

Exemple : la suite des inverses des entiers : 1/2, 1/3, 1/4 etc. est un ensemble infini dénombrable, mais discret.

Contre-exemple : l'ensemble des nombres rationnels Q n'est pas discret, car il est partout dense dans l'ensemble des réels ; pour tout point de Q ou de R, on peut en trouver d'autres qui sont plus près que toute distance donnée.

continûment autour du noyau.

Curieux :
- Étrange ! Vous dites le contraire de ce qu'on m'a toujours raconté en vidéos.

Z'Yeux Ouverts :
- Je reconnais quels *grands ancêtres* ont fait correctement leur travail. Je fais le tri, et jette dans les poubelles de l'Histoire ce qui ne vaut pas un clou.
Il suffit de lire les articles originaux de Schrödinger pour vérifier que ce qu'il a écrit est le contraire de ce que ses ennemis, les vainqueurs de 1927, lui font dire dans son dos : l'onde de Schrödinger décrit l'électron, l'onde électronique stationnaire autour d'un noyau, et pas « *la probabilité de voir apparaître le corpuscule* ». Que l'onde électronique soit stationnaire est un fait contraignant. Ce que les spectroscopistes puis à leur suite les astrophysiciens découvrirent depuis le 19e siècle est que ces états stationnaires sont universels, sont les même partout dans tout l'univers, avec une grande finesse de définition. La constante de Planck qui lie la masse à la fréquence intrinsèque est la même partout.
Durant une transition atomique, que ce soit celle qui émet un photon ou celle qui absorbe un photon, l'atome (ou la molécule) oscille entre l'ancien état et le nouvel état, et cette transition prend du temps. Le photon émis a la fréquence du battement entre l'ancienne fréquence broglienne de l'atome et la nouvelle. Certes la différence est très faible en valeur relative, elle est ce à quoi le spectroscopiste accède. Même différence à l'absorption, sauf que l'état de plus grande énergie totale et de plus grande fréquence est l'état final.

Curieux :
- Est-ce que la spectroscopie et ces spectres de raies épuisent tout ce qu'on a à savoir sur l'émission et la réception de lumière ?

Professeur Castel-Tenant :
- Certainement pas. D'une part l'agitation thermique dans un gaz élargit toutes les raies, jusqu'à les rendre difficilement discernables entre elles si la température de surface de l'étoile est élevée. Le filament de tungstène de nos ampoules à incandescence n'émet pas un spectre de raies, mais un spectre largement continu qui dépend de sa température, sensiblement selon la loi de Planck.
D'autre part très nombreux sont les mécanismes d'absorption qui ne sont pas spécialement spectraux, par exemple qui sont phononiques (liés à des phonons) comme l'est l'émission thermique de lumière d'un corps chauffé. Ainsi nos chauffe-eau solaires ne sont pas des absorbeurs spectraux.

Z'Yeux Ouverts :
- Enfin deux mécanismes émissifs sont sans dépendance à aucun état stationnaire : le rayonnement de freinage, et le rayonnement synchrotron.
Le rayonnement de freinage est observé autour des réacteurs nucléaires immergés au fond d'une piscine ; c'est un éclairement bleuâtre. Il est dû au fait que les particules de haute énergie chargées qui émergent du réacteur ont une vitesse plus grande que celle de la lumière dans le milieu traversé.
Le rayonnement de freinage des électrons à haute énergie ou *Bremsstrahlung* émerge aussi des anodes de tubes à rayons X. Pour le radiocristallographe, soit ce *Bremsstrahlung* est favorable s'il veut faire un diagramme de taches sur un cristal selon le protocole de von Laue (1912), il a alors besoin d'un rayonnement polychromatique ; soit c'est est un sérieux parasite s'il veut faire un diagramme de poudres, selon le protocole inventé par Peter Debye et Paul Scherrer en 1916 ; il lui faut alors disposer de filtres qui arrêtent le *Bremsstrahlung*, et ne laissent passer que la raie K_α du métal d'anticathode.
Une formidable usine à rayonnement synchrotron, où vous devez réserver votre temps de faisceau un an à l'avance et sur dossier très précis, est l'ESRF à Grenoble. A chaque virage imposé par des électro-aimants au faisceau d'électrons qui tournent à 6 GeV, sort tangentiellement un fin pinceau de rayons X et gamma. C'est une source très brillante et fine, mais amplement polychromatique. A charge pour l'utilisateur d'avoir monté tous les monochromateurs et les blindages dont il peut avoir besoin. Là aucune sorte d'état stationnaire des électrons ni avant ni après émission.

Professeur Castel-Tenant :
- Commençons par un diagramme et un tableau de fonctions où nous ne divergeons pas encore, mais que le lecteur curieux ne connaît pas encore.
Voici les niveaux d'énergie spécifiques à l'atome d'hydrogène isolé (pas dans une molécule, pas dans la molécule de dihydrogène) :
A gauche l'échelle des énergies est en électron-volts depuis le niveau fondamental, à droite elle est en nombres d'ondes en cm^{-1}, mais l'origine est inversée : depuis l'électron libre. Multipliez par **c**, la vitesse de la lumière (en cm/s), et vous obtenez une fréquence. Les traits obliques désignent des raies observées dans le spectre de l'hydrogène, soit des transitions autorisées (par des règles de sélection) entre niveaux stationnaires de l'onde électronique. Ces niveaux stationnaires sont figurés par les traits horizontaux.

Ce diagramme est tiré du Chpolski, Physique atomique tome 2, Ed. Mir 1978.
Figure 4.1.

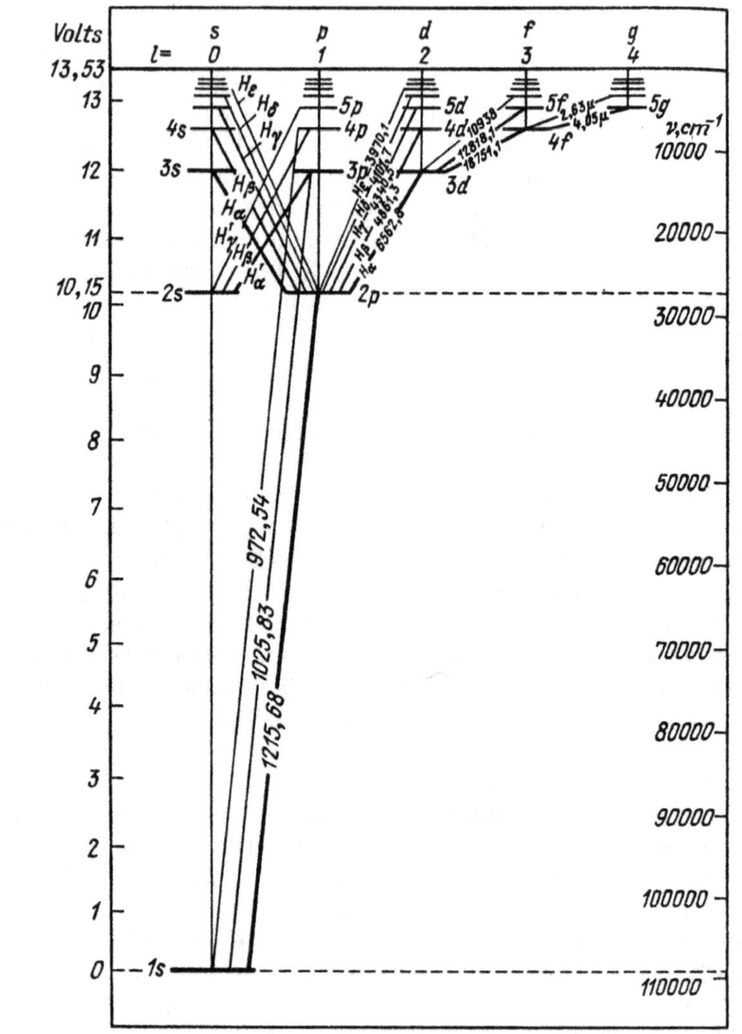

Fig. 26. Niveaux d'énergie de l'atome d'hydrogène (l'épaisseur des lignes corresp à la probabilité de transition)

Le niveau 1s est l'état fondamental, de symétrie sphérique, déjà illustré plus haut. Les niveaux 2s, 3s, 4s sont aussi de symétrie sphérique, mais avec respectivement deux, trois et quatre zones de phases disjointes, donc 1, 2 ou 3 surfaces sphériques de transition de phase à intensité nulle et densité nulle. Le niveau 2p n'a plus la symétrie sphérique, mais a un plan frontière de phase. Le niveau 3 p a simultanément une surface sphérique et un plan

de frontière de phase. Le niveau 3d a deux plans frontières de phase. Je vous laisse compléter pour 4p, 4d, 4f, 5p etc. A mesure que les niveaux s'éloignent du fondamental, leurs différences énergétiques s'amenuisent, et de toute manière plafonnent avec l'électron libre, à 13,53 eV au dessus de l'état le plus lié, l'état fondamental 1s.
Voici le tableau des fonctions mathématiques exactes pour les différentes ondes électroniques stationnaire de l'hydrogène selon les nombres quantiques n, l, m. La variable spin est omise à ce stade. Même source. La variable rayon est représentée par la lettre grecque σ. Durant tout cet exposé d'atomistique on s'en tiendra à l'équation de Schrödinger de 1926, non relativiste, qui suffit qualitativement pour cette tâche, et reste très bonne quantitativement.

États atome d'hydrogène

n	l	m	ψ(normed) = R(r) $\Theta_{l,m}e^{\pm im\varphi}$	State
1	0	0	$\frac{1}{\sqrt{\pi}}.\left(\frac{Z}{a_1}\right)^{3/2} e^{-\sigma}$	1s
2	0	0	$\frac{1}{4\sqrt{2\pi}}.\left(\frac{Z}{a_1}\right)^{3/2} (2-\sigma)\, e^{-\sigma/2}$	2s
2	1	0	$\frac{1}{4\sqrt{2\pi}}.\left(\frac{Z}{a_1}\right)^{3/2} \sigma e^{-\sigma/2}.\cos\theta$	2p
2	1	+1	$\frac{1}{8\sqrt{\pi}}.\left(\frac{Z}{a_1}\right)^{3/2} \sigma e^{-\sigma/2}.\sin\theta.e^{i\phi}$	2p
2	1	-1	$\frac{1}{8\sqrt{\pi}}.\left(\frac{Z}{a_1}\right)^{3/2} \sigma e^{-\sigma/2}.\sin\theta.e^{-i\phi}$	2p
3	0	0	$\frac{1}{81\sqrt{3\pi}}.\left(\frac{Z}{a_1}\right)^{3/2} \left(21-18\sigma+\sigma^2\right) e^{-\sigma/3}$	3s
3	1	0	$\frac{1}{81\sqrt{\pi}}.\left(\frac{Z}{a_1}\right)^{3/2} (6-\sigma)\,\sigma.e^{-\sigma/3}.\cos(\theta)$	3p
3	1	+1	$\frac{1}{81\sqrt{\pi}}.\left(\frac{Z}{a_1}\right)^{3/2} (6-\sigma)\,\sigma.e^{-\sigma/3}.\sin(\theta)\, e^{i\varphi}$	3p
3	1	-1	$\frac{1}{81\sqrt{\pi}}.\left(\frac{Z}{a_1}\right)^{3/2} (6-\sigma)\,\sigma.e^{-\sigma/3}.\sin(\theta)\, e^{-i\varphi}$	3p
3	2	0	$\frac{1}{81\sqrt{6\pi}}.\left(\frac{Z}{a_1}\right)^{3/2} \sigma^2.e^{-\sigma/3}.\left(3\cos^2(\theta)-1\right)$	3d
3	2	+1	$\frac{\sqrt{2}}{81\sqrt{\pi}}.\left(\frac{Z}{a_1}\right)^{3/2} \sigma^2.e^{-\sigma/3}.\sin(\theta).\cos(\theta).e^{i\varphi}$	3d
3	2	-1	$\frac{\sqrt{2}}{81\sqrt{\pi}}.\left(\frac{Z}{a_1}\right)^{3/2} \sigma^2.e^{-\sigma/3}.\sin(\theta).\cos(\theta).e^{-i\varphi}$	3d
3	2	+2	$\frac{1}{81\sqrt{2\pi}}.\left(\frac{Z}{a_1}\right)^{3/2} \sigma^2.e^{-\sigma/3}.\sin^2(\theta).e^{i\varphi}$	3d
3	2	-2	$\frac{1}{81\sqrt{2\pi}}.\left(\frac{Z}{a_1}\right)^{3/2} \sigma^2.e^{-\sigma/3}.\sin^2(\theta).e^{-i\varphi}$	3d

Le binôme 2 - σ bien un zéro, le trinôme 21 – 18 σ + 2 $\boldsymbol{\sigma^2}$ en a deux, etc.

Z'Yeux Ouverts :
- Mais pour le graphe suivant, ça se gâte. Les auteurs majoritaires, pour ne pas dire hégémoniques, ont codé la théorie corpusculiste de Born et Heisenberg au fer à souder dans les manuels d'enseignement, et ils ne graphent les fonctions solutions qu'après les avoir élevées au carré. On va donc devoir tout refaire.
Figure 4.3.

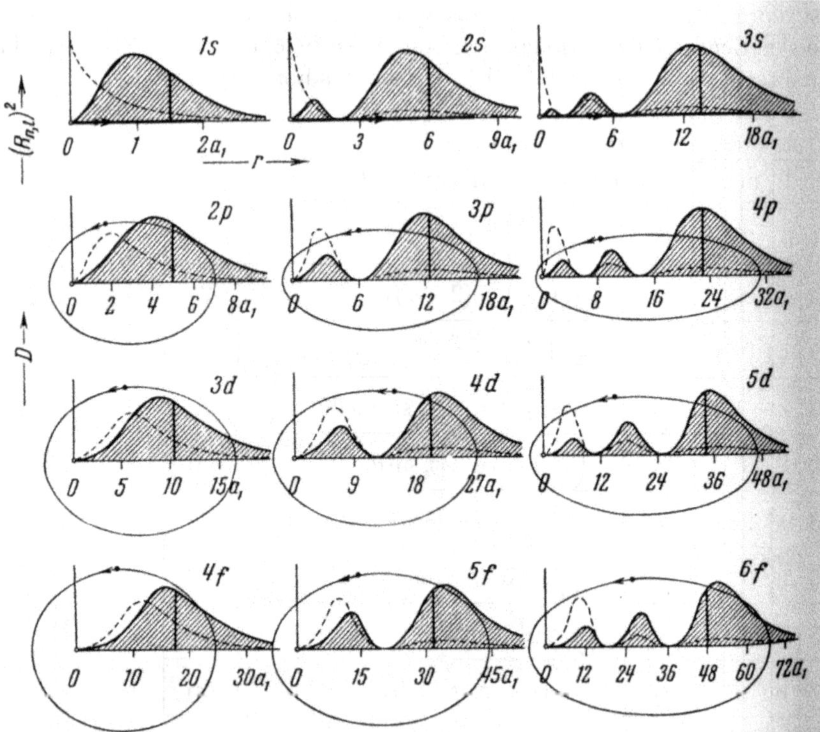

Fig. 27. Courbes de la composante radiale de la densité de probabilité $D=4\pi r^2(R_{n,l})^2$ pour différents états de l'atome hydrogénoïde. En pointillé est donnée la variation de la fonction $(R_{n,l})^2$. La position de la grandeur moyenne $\overline{R^2_{n,l}}$ est marquée par un gros trait vertical

OK, on va refaire ces graphes, en s'en tenant à l'onde et non son carré, pour les états 2s, 3s, 3p, (4p, 4d, 5d, 5f, 6f ultérieurement). En bleu la densité spatiale ponctuelle, en rouge elle est multipliée par le carré du rayon, donnant la présence totale de l'électron à la distance mise en abscisse. Vous remarquerez l'énormité relative de l'étendue des états excités comparés à l'état fondamental.

Figure 4.4.

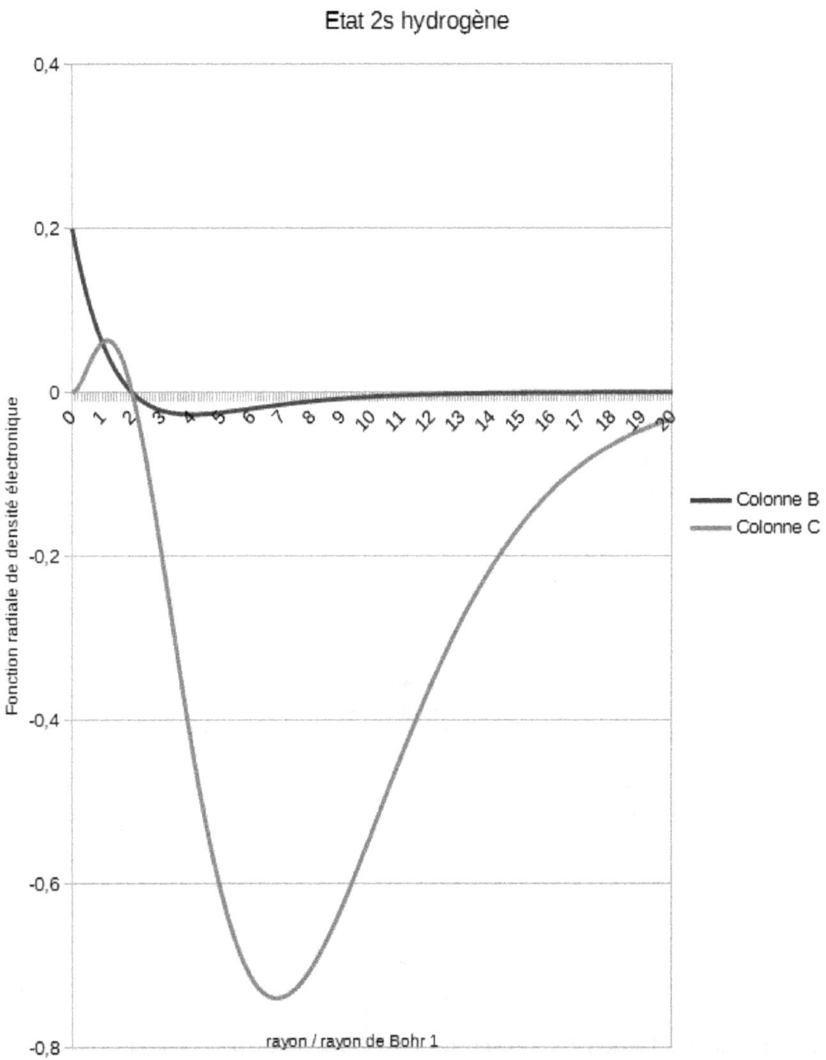

Pour l'état 2s, la densité a un zéro à la distance deux fois le rayon de Bohr. Et la phase change de signe. 2s ==> deux zones de phase, une seule surface de séparation de phase.
Figure 4.5.

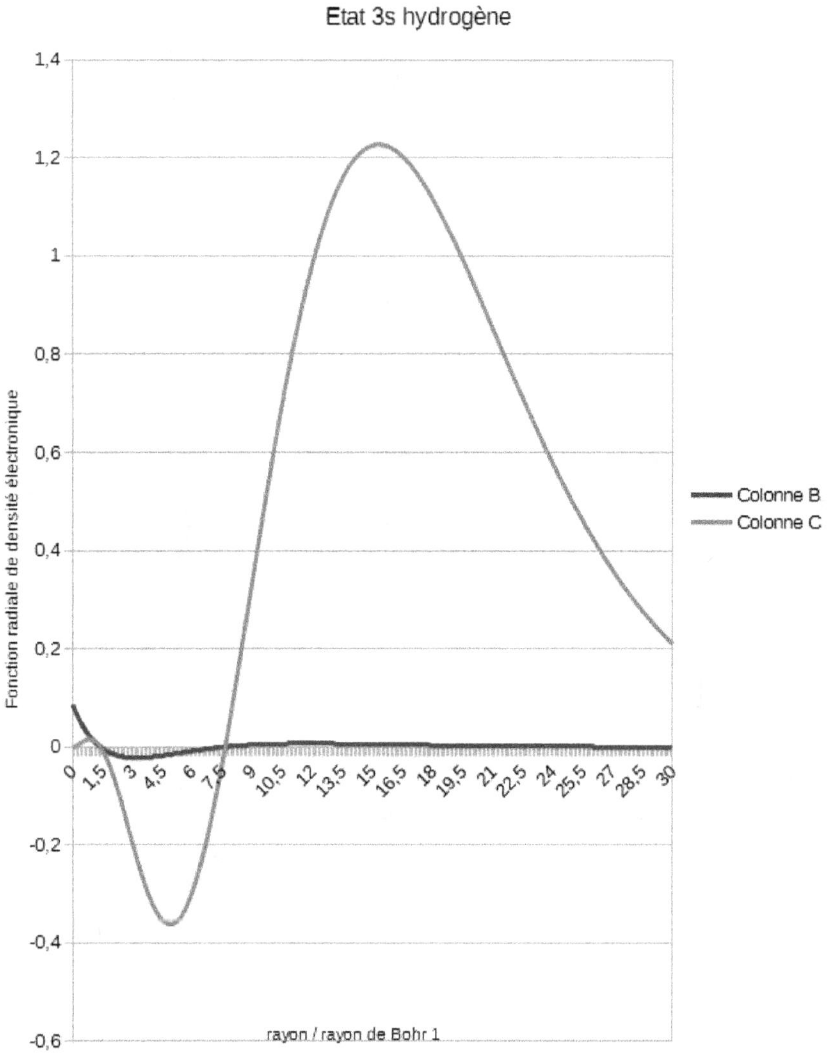

Dans l'état 3s, la densité présente deux zéros à respectivement 1,3775 et 7,6225 fois le rayon de Bohr.
3s ==> trois zones de phase, deux surfaces de séparation de phase.
Figure 4.6.

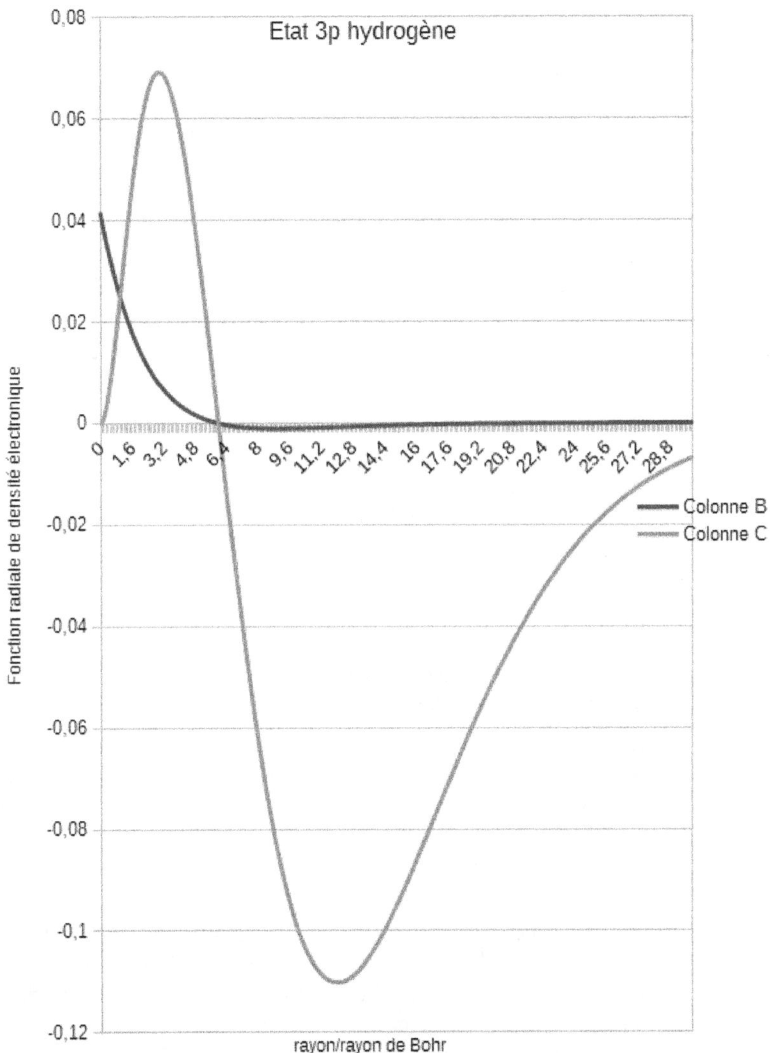

Dans l'état 3p, le zéro est à la distance six fois le rayon de Bohr. Et en plus la densité est séparée en angle en deux lobes, séparés par un plan de densité nulle.

Etat 3p ==> quatre zones de phase, séparées par deux surfaces de séparation de phase, perpendiculaires entre elles.

En fac, ils vous ont soigneusement caché tout cela, car ces ondes stationnaires si bien caractérisées, ça ne cadre vraiment pas avec "*probabilité d'apparition du corpuscule farfadique et poltergeist*".

Une mise en garde s'impose : là on a résolu l'équation de Schrödinger indépendante du temps, autrement dit dans un état totalement statique, où l'écoulement du temps peut bien être celui du dieu d'Isaac Newton. Il n'y a aucune propagation d'une phase de telle zone de l'électron à une autre, tout est idéalement synchrone. Du moins à ce stade-là de la théorie simplifiée, avant utilisation par Dirac du cadre relativiste.

Professeur Castel-Tenant :
- Pour compléter ces quelques rudiments d'atomistique, il vous faut apprendre de plus que pour des atomes plus lourds, les noyaux étant plus chargés, les états fondamentaux sont plus resserrés vers le noyau, et de loin, aussi le restant du monde ne discerne guère que les électrons les plus périphériques. Très vite les raies d'émission concernant les couches les plus profondes sortent du domaine visible pour aller vers l'ultraviolet puis le domaine X. C'est la loi de Moseley[2], $\sqrt{\nu}= k_1.(Z-k_2)$ publiée en 1913, reliant le numéro atomique Z aux fréquences des raies K_α (et secondairement les raies L_α et K_β) pour chaque élément. k_1 et k_2 sont des constantes dépendantes du type de raie.

Complétons avec une mise en forme rapide des règles qui président à la table des éléments de Mendéléiev.
Hydrogène et Hélium : une seule couche composée d'une seule sous-couche, qui peut avoir au plus deux électrons. Pourquoi deux? Parce que le spin n'a que deux états (relatifs au noyau de l'atome), et que deux électrons n'occupent jamais le même état simultanément.
Chaque sous-couche suivante peut accueillir quatre électrons de plus que la précédente grâce à des finesses angulaires nouvelles, soit 2, 6, 10, 14, 18, et on ne va pas plus loin car les noyaux pour aller plus loin, on ne les a pas. La seconde couche plafonne donc à huit électrons dans ses deux sous-couches : Lithium, Béryllium, Bore, Carbone, Azote, Oxygène, Fluor et Néon.
La troisième couche commence par accueillir à son tour huit électrons dans ses deux premières sous-couches : Sodium, Magnésium, Aluminium, Silicium, Phosphore, Soufre, Chlore et Argon. Puis vient une surprise, au lieu de remplir la troisième sous-couche de dix électrons, c'est la quatrième couche qui se remplit, par sa première sous-couche sphérique à deux électrons maxi, ce qui donne un alcalin : le Potassium puis l'alcalino-terreux Calcium. Alors seulement se remplit la 3e sous-couche de la 3e couche, ce qui donne dix métaux "de transition" : Scandium, Titane, Vanadium, Chrome, Manganèse, Fer, Cobalt, Nickel, Cuivre et Zinc.

---

2. Enrôlé volontaire, Henry Moseley fut tué le 10 août 1915 dans l'expédition désastreuse aux Dardanelles.

Après seulement reprend le remplissage normal de la seconde sous-couche de la couche 4 : Gallium (sous l'Aluminium), Germanium (sous le Silicium), Arsenic, Sélénium, Brome, Krypton. Cela fait bien six éléments. Et la bizarrerie reprend avec la première sous-couche de la couche 5 : Rubidium, Strontium, puis dix métaux de transition, etc. Avec en plus dans la cinquième période à partir du numéro 57 quatorze lanthanides ... Tout cela selon que c'est plus cher ou moins cher en énergie de garnir telle sous-couche théorique.

Z'Yeux Ouverts :
- On a reporté en annexe A un tableau récapitulatif de l'occupation des couches et sous-couches électroniques dans le tableau périodique de Mendéléïev, pour les éléments dans leur état stable en vapeur non ionisée.
On a arrêté le tableau au dernier élément ayant des isotopes[3] stables, le Bismuth. Au delà tous les noyaux sont tous plus ou moins instables. Le lecteur a constaté qu'en s'arrêtant là, les colonnes 5_3, 6_2 et 7_0 sont encore vides. La sous-couche 7s ou 7_0 commence au Francium (n° 87) qui est un alcalin, la 6d ou 6_2 commence à l'Actinium (n° 89), métal de transition comme le Scandium et l'Yttrium, et la sous-couche 5f ou 5_3 commence au Protactinium, n° 91, métal d'une série homologue des lanthanides (série qui commence au Cérium ou au Lanthane, discussion non close), dites des actinides, qui commence au Thorium ou à l'Actinium.
La sous-couche à 18 positions d'électrons 5g ou 5_4 n'a pas encore été rencontrée dans les états électroniques stables, bien qu'on la rencontre dans des état excités, et donc dans des raies observées par les spectroscopistes.
Ce tableau est recopié depuis Hume-Rothery et Raynor, *The structure of metals and alloys*. The Institute of metals. pp 14-16. On aura remarqué que les trois éléments métalliques donnant des métaux bons conducteurs, du groupe 1b, cuivre, argent et or, ont un seul électron en couche périphérique, respectivement 4s, 5s, 6s. Propriété conservée à l'état condensé métallique : un seul électron par atome dans la bande de conduction ; et la bande de conduction n'est qu'à demi occupée, soit la condition idéale pour une bonne conduction électrique (et thermique aussi, du coup).

Curieux :
- Dites ! Qu'il est pénible à lire, votre tableau !

Z'Yeux Ouverts :
- C'est bien pourquoi la chimie est une science si difficile et compliquée. De plus ce tableau d'orbitales pour un atome isolé, colle à un état antérieur et

3. Isotopes : atomes dont les noyaux ont le même nombre de protons, mais pas le même nombre de neutrons.Ils ne diffèrent pas par leurs propriétés chimiques, mais uniquement par leur masse atomique (voire la stabilité de leurs noyaux).

primitif de la théorie, et ne peut tenir aucun compte des hybridations entre orbitales d'atomes voisins dans une molécule ou un cristal, qui seules peuvent prédire la symétrie tétraédrique du carbone, du silicium et du germanium quand ils sont liés dans du cristal, du quasi-cristal, un verre ou des molécules. Pour l'effet tunnel j'ai pourtant dit l'essentiel : dans un contact électrique, l'électron traverse de l'air et des oxydes isolants, parce qu'ils sont très minces, d'épaisseur de peu supérieure aux distances interatomiques dans le métal et nettement inférieure à la longueur d'onde de phase [4] des électrons de conduction ; l'onde électronique embrasse aisément des obstacles aussi minces. Pourquoi ce mot de "tunnel" ? Comme si un tunnel était creusé sous la montagne qu'est la barrière de potentiel, permettant quelque peu son franchissement. Certes un mauvais contact électrique augmente l'impédance du circuit, et par conséquent chauffe plus que le reste ; il y a une différence de potentiel à payer pour franchir le contact, à intensité donnée.

Professeur Castel-Tenant :
- On ne s'en sort pas. Il faut insérer une table périodique complète. Vu le format du livre, il faut la scinder en trois pages :

4. Onde de phase. On doit à Louis de Broglie, années 1923 -1924, d'avoir distingué la vitesse de groupe v de l'électron, toujours inférieure à c (célérité de la lumière), de sa vitesse de phase, toujours supraluminique. Leur produit vaut c^2. Si l'électron est en mouvement, sa longueur d'onde de phase, déjà calculée en paragraphe 2.1.5, vaut h/mv, à vitesses non relativistes.

Group → / Period ↓	1	2	3		4	5	6	7
1	1 H							
2	3 Li	4 Be						
3	11 Na	12 Mg						
4	19 K	20 Ca	21 Sc		22 Ti	23 V	24 Cr	25 Mn
5	37 Rb	38 Sr	39 Y		40 Zr	41 Nb	42 Mo	43 Tc
6	55 Cs	56 Ba	57 La	*	72 Hf	73 Ta	74 W	75 Re
7	87 Fr	88 Ra	89 Ac	**	104 Rf	105 Db	106 Sg	107 Bh
				*	58 Ce	59 Pr	60 Nd	61 Pm
				**	90 Th	91 Pa	92 U	93 Np

7	8	9	10	11	12	13
						5 B
						13 Al
25 Mn	26 Fe	27 Co	28 Ni	29 Cu	30 Zn	31 Ga
43 Tc	44 Ru	45 Rh	46 Pd	47 Ag	48 Cd	49 In
75 Re	76 Os	77 Ir	78 Pt	79 Au	80 Hg	81 Tl
107 Bh	108 Hs	109 Mt	110 Ds	111 Rg	112 Cn	113 Nh
61 Pm	62 Sm	63 Eu	64 Gd	65 Tb	66 Dy	67 Ho
93 Np	94 Pu	95 Am	96 Cm	97 Bk	98 Cf	99 Es

13	14	15	16	17	18
					2 He
5 B	6 C	7 N	8 O	9 F	10 Ne
13 Al	14 Si	15 P	16 S	17 Cl	18 Ar
31 Ga	32 Ge	33 As	34 Se	35 Br	36 Kr
49 In	50 Sn	51 Sb	52 Te	53 I	54 Xe
81 Tl	82 Pb	83 Bi	84 Po	85 At	86 Rn
113 Nh	114 Fl	115 Mc	116 Lv	117 Ts	118 Og

67 Ho	68 Er	69 Tm	70 Yb	71 Lu
99 Es	100 Fm	101 Md	102 No	103 Lr

4.2. Niveaux d'énergie définis dans un solide

Professeur Castel-Tenant :
- Notre Curieux n'a encore aucune idée de la répartition des énergies des électrons des solides en « bandes autorisées », séparées par des bandes interdites. Au lieu d'avoir des niveaux autorisés fins comme dans les vapeurs, les métaux solides et tous les solides cristallins voient ces niveaux d'énergie fins s'élargir par couplages, en bandes d'énergie. Un cristal isolant a sa dernière bande occupée séparée de la bande suivante non occupée, par un grand saut d'énergie. Un semi-conducteur tel que le silicium très pur, a une bande interdite (ou « *gap* » en franglais) assez étroite pour que l'agitation thermique à l'ambiante suffise à envoyer quelques électrons dans la bande autorisée suivante. Le germanium a un « *gap* » plus étroit, et sa conduction est nettement plus dépendante de la température, aussi est-il abandonné par l'industrie des diodes et transistors, qui avait pourtant débuté avec le germanium. Enfin un vrai métal soit n'a aucun « *gap* » car la bande de conduction n'est qu'à demi-occupée – cas du cuivre et de l'aluminium – soit en a un mince et dépendant de recouvrements de bandes selon la direction cristalline, qui peut donc être contourné par légers zigzags, cas le plus fréquent, par exemple le fer, le calcium, le magnésium, etc.
Pour la raison évoquée plus haut de l'influence du numéro atomique, ou plus précisément de la charge du noyau sur l'écart en énergie entre les niveaux et les bandes, dans une même colonne du tableau périodique, plus on descend (vers les numéros atomiques plus élevés), et plus le solide a un caractère métallique : les « *gaps* » rétrécissent. Dans la colonne 4, le carbone diamant est un excellent isolant. Le silicium très pur est encore isolant, mais on en fait un semi-conducteur en lui ajoutant des impuretés très contrôlées, qui apportent soit des porteurs électroniques en supplément – dopage type n – soit un déficit en électrons ce qui se traduit en trous, ou dopage type p. Le germanium est nettement plus métallique, et son emballement thermique survient un peu trop facilement. Et plus lourd encore, l'étain est plus volontiers dans un état métallique que dans sa forme de basse température, à nouveau cristallisée en cubique diamant. Des semi-métaux ne conduisent bien que dans une seule direction. Par exemple le bismuth en monocristal pur, et des alliages antimoine-bismuth à moins de 5 % d'antimoine.

Z'Yeux Ouverts :
- Merci d'avoir fait ce rappel. On peut ajouter que le graphite ne conduit bien le courant que dans le plan de base, où les électrons de la bande supérieure sont largement délocalisés, mais est quasiment isolant dans la direction perpendiculaire, entre plans. Les structures en bandes d'énergie dépendent des directions cristallographiques. En polycristallin, le graphite est à demi

conducteur : chaque grain conduit dans son plan de base, et les raccords de conduction sont faits aux joints de grains. D'où des charbons de contact en graphite, des contacts de pantographes en graphite, des électrodes d'électrolyse de l'alumine en graphite polycristallin.

Curieux :
- Vous exagérez ! Je sais quand même que les LED, les diodes électroluminescentes qui nous entourent et nous éclairent reposent sur un « *gap* » de quelques électronvolts (1,3 à 3 V selon la couleur émise), et qu'elles n'éclairent que quand elles sont alimentées dans le sens passant. Je sais aussi qu'aucune ne repose sur le silicium, mais sur des semi-conducteurs plus inattendus, toujours en cristaux du type cubique diamant. Voici les compositions les plus courantes :

Couleur	Longueur	Tension de seuil	Semiconducteur
	d'onde (nm)	(V)	
Infrarouge	$\lambda > 760$	$\Delta V < 1.63$	arseniure de gallium-aluminum (AlGaAs)
Rouge	$610 < \lambda < 760$	$1.63 < \Delta V < 2.03$	arseniure de gallium-aluminum (AlGaAs)
			phospho-arseniure de gallium (GaAsP)
Orange	$590 < \lambda < 610$	$2.03 < \Delta V < 2.10$	phospho-arseniure de gallium (GaAsP)
Jaune	$570 < \lambda < 590$	$2.10 < \Delta V < 2.18$	phospho-arseniure de gallium (GaAsP)
Vert	$500 < \lambda < 570$	$2.18 < \Delta V < 2.48$	nitrure de gallium (GaN)
			phosphure de gallium (GaP)
Bleu	$450 < \lambda < 500$	$2.48 < \Delta V < 2.76$	nitrure de gallium-indium (InGaN)
			séléniure de zinc (ZnSe)
			carbure de silicium (SiC)
Violet	$400 < \lambda < 450$	$2,76 < \Delta V < 3.1$	
UV	$\lambda < 400$	$\Delta V > 3.1$	Diamant (C) nitrure d'aluminium (AlN)
			nitrure d'aluminum-gallium (AlGaN)
Blanc	*chaud à froid*	$\Delta V = 3.5$	

Z'Yeux Ouverts :
- Merci d'être aussi actif.

Les électroniciens ont remarqué que même pour émettre dans l'infra-rouge les LED ont une tension de seuil nettement supérieure à celle d'une diode en germanium, environ 0,3 V et même en silicium, 0,7 V. Donc il y a au moins un métier qui est averti de l'occupation des solides par les électrons, en « bandes » d'énergie autorisées, séparées par des bandes d'énergie interdite. « Bande » est ici loin de tout sens géométrique, et ne se rapporte qu'au graphe cartésien énergie x occupation.

Professeur Castel-Tenant :
- Je rectifie : quand il y a deux types d'atomes alternés ou davantage, par exemple dans le phosphure de gallium GaP, la géométrie de réseau « cubique diamant » est rebaptisée en « cubique sphalérite ». Le minéral sphalérite est du sulfure de zinc. De plus ce ne sont pas tous les réseaux de ce genre qui conviennent pour faire une diode photo-émettrice : il faut de plus que l'énergie de saut soit émise sous forme de photon, et non dissipée à l'intérieur du cristal sous forme de phonon (vibration élastique). Pour les détails de cette physique, voir par exemple la thèse de Daniel Ochoa, qui est en lecture gratuite en ligne :
http ://daniel.ochoa.free.fr/These/PageThese.htm et surtout
http ://daniel.ochoa.free.fr/These/AnnexA.PDF. En retenir qu'il faut un gap direct, c'est à dire dans la même direction cristallographique, alors que le silicium n'a qu'un gap indirect, avec changement de direction cristallographique, ne pouvant émettre de photon.

Z'Yeux Ouverts :
- Je déplore que cette source (Ochoa) ne précise pas clairement les dites directions cristallographiques du saut direct, qu'hélas il faudra aller chercher ailleurs. A peine moins décevant est le Ashcroft et Mermin [5], qui citent la publication originelle de Hogarth, 1965, à laquelle il faudra se reporter pour une légende plus détaillée des figures. La direction [0 0 0], *moi y en a pas comprendre...*

Professeur Castel-Tenant :
- C'est parce que vous raisonnez en pur cristallographe. Les familles de droites [1 1 1] et [1 1 0] vous sont familières, mais là, il s'agit du vecteur d'onde de l'électron.

Z'Yeux Ouverts :
- Ce qui impliquerait selon [0 0 0] un vecteur d'onde nul, un électron quasi immobile, ce qui ne tombe pas d'équerre avec ce qu'on va voir plus loin avec les énergies de Fermi et les vitesses de Fermi.

5. Neil W. Ashcroft, N. David Mermin. Solid State Physics. Harcourt Brace College Publishers, Saunders College Publishing, 1976.

Curieux :
- Là je ne vous suis plus du tout. Vous m'avez oublié.

Z'Yeux Ouverts :
- Votre objection est justifiée. Nous y arrivions justement, au niveau de Fermi des électrons dans les solides.
Il n'y a dans ce domaine de la physique des semi-conducteurs, aucune différence entre les calculs par la microphysique transactionnelle, et ceux par la MQ standard. Toutefois la sémantique continue de différer fortement. Exemple : « *Comme l'impureté est très localisée dans l'espace, d'après le principe d'incertitude de Heisenberg, l'incertitude sur la quantité de mouvement de l'électron piégé est très grande* », page 263 de cette thèse de Daniel Ochoa. Je rectifie : Comme l'impureté est très localisée dans l'espace, les propriétés de la transformation de Fourier induisent une grande indéfinition de la quantité de mouvement de l'électron piégé.

Z'Yeux Ouverts :
- Autre surprise pour le grand public : en cristallographie en électromagnétisme, j'ai utilisé des notions et notations mathématiques qui ne sont pas celles couramment enseignées : projection extérieure, projection intérieure, produit intérieur, produit extérieur, équiplan. Je ne vais pas refaire ce cours ici, je vous renvoie au wiki où tout est expliqué : Geom_Syntax_Gyr à l'adresse http ://deontologic.org/geom_syntax_gyr . Un **équiplan** est la classe d'équivalence des plans qui ont même direction de plan. Nous définissons de même comme « **équidroite** » la classe d'équivalence des droites qui ont même direction de droite.
Retenez pour l'instant que ni le champ magnétique $\breve{B}$, ni le moment angulaire, ni le moment d'une force, ni un spin ne sont des grandeurs vectorielles mais des grandeurs gyratorielles. Les grandeurs vectorielles ont une direction de droite, et un sens de déplacement le long de cette direction de droite, alors que les grandeurs gyratorielles ont une direction de plan, et un sens de rotation dans cette direction de plan. Leurs symétries sont opposées, et leurs comportements dimensionnels les opposent aussi. Il en résulte qu'il n'existe pas de monopôles magnétiques, le *théorème des hérissons* s'y oppose formellement : il est impossible de peigner intégralement une sphère à poils.
Niveau d'énergie de Fermi : Le niveau de Fermi est le niveau supérieur de tous les états occupés par les électrons d'un métal. Il est à 7 eV (au dessus du niveau le plus lié) pour le cuivre, 5,48 eV pour l'argent, 11,63 eV pour l'aluminium. Pour l'aluminium, la vitesse de Fermi, soit la vitesse de groupe de chaque électron de conduction dans le métal vaut 2,02 . 10^6 m/s, ou 2 020 km/s, mesurée à la température ambiante. 6,7 millièmes de **c**, ce n'est pas ce qu'on appelle couramment une vitesse relativiste. Et la vitesse de phase

est elle amplement supraluminique.

Curieux :
- Ça ne va pas, votre truc. J'ai quand même fait un peu d'électrotechnique, et je sais qu'aux densités de courant que nous pratiquons, un électron ne va pas plus vite qu'une dizaine de micromètres par seconde !

Z'Yeux Ouverts :
- Tout à fait, c'est sa vitesse de dérive moyenne, à force de rebondir d'obstacle en obstacle. Précisons de plus que dans les métaux, les électrons de conduction sont ceux à l'énergie la plus élevée, les moins liés à chaque ion métallique du cristal.

Curieux :
- Et c'est quoi les obstacles qui font ainsi rebondir ces électrons comme une bille de *flipper* ?

Z'Yeux Ouverts :
- Là ça va nous mener loin. Trop loin ?

Curieux :
- Au point où vous en êtes, dans le trop loin...

Professeur Castel-Tenant :
- Avant de tourner la page, on va donner au lecteur un exercice à faire. Dans toutes les vidéos de vulgarisation, le grand public a vu un électron-planète orbiter autour d'un noyau-astre central. Il aurait donc une symétrie de spire, avec un plan de spire, et un moment orbital dans ce plan. Toutefois, la résolution de l'équation de Schrödinger a donné pour l'état fondamental de l'électron une sphère floue, sans aucun mouvement orbital. Quand on a la coupable audace de les questionner, les grands prêtres du corpuscularisme interjettent que ce plan orbital n'arrête pas de changer au point que sur le long terme, il n'en reste plus trace.
Votre mission si vous l'acceptez consiste à proposer la physique de ce plan qui n'arrête pas de changer. Bon courage !

Et encore, là c'est presque rien, car au mieux vous obtiendrez une surface sphérique, similaire à une balle de ping-pong. Mais pour obtenir la répartition radiale floue calculée plus haut par l'équation de Schrödinger, et qui elle est exacte, votre mission est franchement impossible.

4.3. Les métaux et leur arrangement cristallin.

Z'Yeux Ouverts :
- On verra ici les atomes d'impuretés qui dérangent le bel ordonnancement du cristal parfait, les dislocations, les joints de grains, et surtout les phonons, ces agitations quantifiées du cristal, selon la température. Nous ne verrons les plasmons et polaritons que bien plus loin, quand nous revisiterons l'effet photo-électrique.

Le grand public n'a guère d'idées sur les arrangements cristallins, voici donc une image d'un hexagonal compact présenté comme empilement de billes dures, c'est le réseau du zinc, du cadmium, du béryllium, du magnésium, du titane :

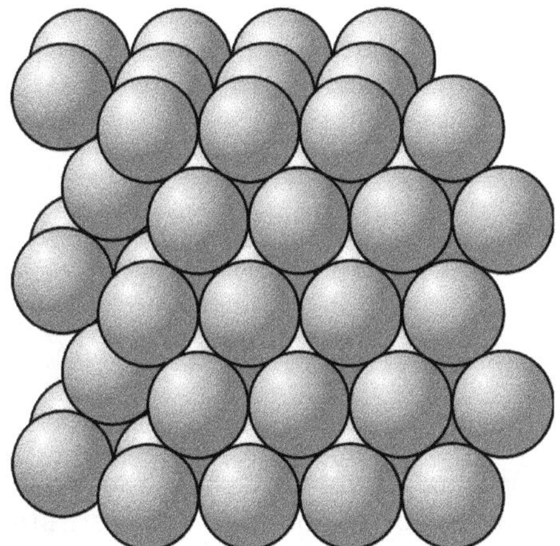

Figure 4.7.
Le plan de la figure est un plan compact : il présente le plan hexagonal où les "billes" occupent le plan au mieux. Les rangées horizontales et à 60° sont des directions compactes. C'est le même type de plan compact que vous pouvez constater sur les étals des marchés, pour la présentation des oranges.
En hexagonal compact, la succession des plans compacts est ababab, etc. Mais de nombreux métaux ont une autre séquence compacte, de symétrie plus élevée, dite "cubique à faces centrées" ou cfc, où la séquence des plans compacts est abcabcabc, etc. C'est le cas de tous les métaux bons conducteurs : or, argent, cuivre, aluminium, mais aussi du nickel, du platine, du strontium, et aussi du fer entre 914°C et 1360°C, et des aciers inoxydables au nickel, austénitiques [6], et de l'acier Hadfield au manganèse, utilisé pour les pointes de rail et les cœurs d'aiguillages, ou les bouterolles.

6. L'austénite ou fer gamma est cubique à faces centrées. Cette forme peut être stabilisée à basse température par des additions de carbone, de nickel, de manganèse,

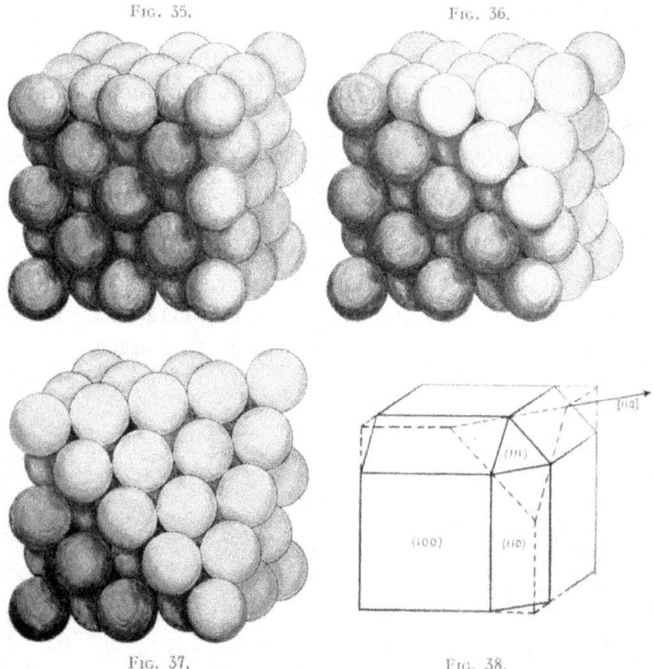

Figs. 35–38.—Unit Cell of Face-Centred Cubic Structure.

Figure 4.8. Cubique à faces centrées.

Ces dessins sont certainement dus à William Hume-Rothery, et sont parus dans **The structure of Metals and Alloys** publié par The Institute of Metals.

Le cobalt est volontiers indécis entre l'empilement hexagonal et le cubique à faces centrées, et peut présenter toutes les variantes mixant le ababab et le abcabcabc.

Enfin de nombreux métaux cristallisent selon une structure moins compacte, dite cubique centrée : tous les alcalins, le fer au dessus de 1400°C et à nouveau en dessous de 914°C (mais c'est très spécial : c'est parce qu'il est ferromagnétique à basse température), le vanadium, le niobium, le tantale, le chrome, le molybdène, le tungstène, le baryum...

azote, cuivre, zinc, dits éléments gammagènes, qui accroissent le domaine de stabilité de l'austénite.

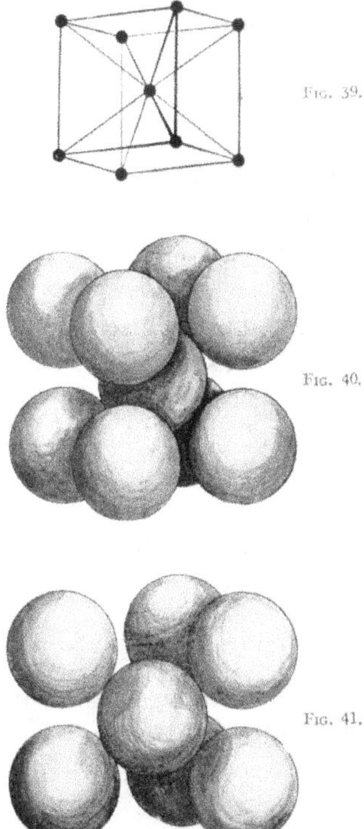

Figs. 39-41.—Unit Cell of Body-Centred Cubic Structure.

Figure 4.9. Cubique centré.

Tous ces dessins en billes dures sacrifient à la commodité du dessin. En réalité chaque atome déforme et attire les nuages électroniques de ses voisins, et ces nuages électroniques forment bien un continuum tridimensionnel. En revanche l'image que ces dessins donnent des espaces et sites interstitiels est plutôt honnête, assez fiable. Les sites interstitiels sont plus grands en cfc qu'en cc.

Curieux :
- Et encore des mots nouveaux ! Dislocations, phonons, joints de grains ?

Professeur Castel-Tenant :
- On va déjà combler le retard : le ferromagnétisme c'est quand tous les spins célibataires se mettent d'accord pour avoir tous la même orientation dans un domaine magnétique.

En ferrimagnétisme, il y a une population majoritaire et une population minoritaire qui ont des spins opposés. La population majoritaire gagne en grand. Le ferromagnétisme se rencontre dans le fer et certains alliages, le ferrimagnétisme dans des oxydes et céramiques, dont la magnétite Fe_3O_4.

Z'Yeux Ouverts :
- Et du point de vue du métallurgiste un point est très important : à la température ambiante, le fer est magnétisé à fond, mais dans des petits domaines qui se bouclent et se compensent les uns les autres. Il y a des directions de facile aimantation selon le cristal, et on a photographié (toujours en micrographie électronique par transmission) un rubannage d'alternance entre deux directions faciles, chacune approchant celle imposée de l'extérieur. En macroscopique comme on le fait en constructions électrotechniques, ce sont les parois des domaines magnétiques dans le métal qui se déplacent pour répondre à la sollicitation magnétisante externe. Seul le ferromagnétisme explique que le fer à basse température soit cubique centré, qui normalement est une phase de haute température, moins compacte que le cubique à faces centrées.

Curieux :
- Pourtant le point de Curie du fer pur est de 770°C, bien inférieur à la transition de fer gamma à alpha, qui se produit à 914°C. Un écart de 144° ! Comment expliquez vous cette lacune dans votre explication ?

Z'Yeux Ouverts :
- Le point de Curie est une manifestation en masse, constatable par nous : les parois de Néel ou de Bloch entre domaines magnétiques (de Weiss) ne bougent plus spontanément en dessous du point de Curie. Entre 770 °C et 914 °C, elles sont mouvantes et fluctuantes à des vitesses inaccessibles à l'expérimentation humaine jusqu'à présent, et ne se manifestent plus par un magnétisme macroscopique, mais cela suffit à stabiliser la phase alpha ; encore que la cinétique de cette transformation du fer gamma en alpha soit lente, dépendante de la migration par diffusion du carbone intersticiel, lenteur qui permet la trempe de l'acier, dans de très nombreuses variantes.

Curieux :
- Dislocations, phonons, joints de grains ?

Z'Yeux Ouverts :
- Parlons d'abord des impuretés : quand vous achetez du cuivre pour sa conduction électrique, vous le payez plus cher que du cuivre à tuyaux d'eau ou de gaz, car vous avez besoin d'une haute pureté, et de très très peu d'oxygène interstitiel. Ce cuivre de conduction est spécialement désoxydé. Si vous me demandiez le détail de la nuisance de l'oxygène et autres impuretés dans

le cuivre, je ne saurais hélas pas vous répondre. Mais c'est plus compliqué que « *ça bouche les canaux* ».
Les électrons de conduction sont les moins liés, les plus libres. Dans le cuivre pur leur libre parcours moyen est de l'ordre de la centaine de distances interatomiques, et il s'allonge à basse température. Ajoutez du nickel, et le libre parcours se raccourcit vite : cet atome n'a ni le même diamètre, ni la même affinité électronique, ni la même charge électronique. Les métaux bons conducteurs sont très peu nombreux, ce sont ceux à un seul électron de conduction par atome, soit l'or, l'argent, le cuivre, l'aluminium. Tandis que le lithium, le sodium et le potassium sont très mous et très inflammables, donc inutilisables.
Les autres imperfections du cristal sont elles aussi défavorables à la conduction. Les joints de grains sont les frontières entre cristaux ; en effet nos métaux d'usages techniques sont polycristallins. A l'exception de certaines aubes de turbine de turbo-réacteur en alliage réfractaire, qui sont usinées en monocristal, pour échapper au fluage intergranulaire à haute température.

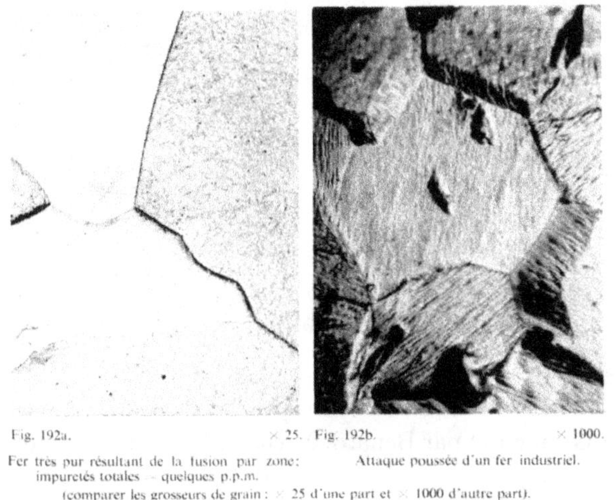

Figure 4.10.
Seule l'échelle relative est respectée à la reproduction. Extrait du **Traité de métallurgie structurale**, de DE SY et VIDTS. Micrographies optiques au microscope de métallographie.
Le plus souvent les grains ou cristaux élémentaires sont d'une taille de l'ordre du micron à la dizaine de microns, donc souvent en dessous de ce que sépare un microscope optique. Par recuit on peut faire grossir le grain : le grain le plus parfait grossit aux dépens des moins parfaits, car le bon cristal a une énergie interne plus basse que le mauvais cristal, et surtout que le joint de grain. L'image qui suit est une métallographie électronique par transmission

dans une lame mince.

Les flèches pointent sur des dislocations qui traversent l'épaisseur de la lame mince.

FIG. 246. — Micrographie électronique d'une lame mince de cuivre électrolytique laminé de 99 % et recuit 7 heures à 78 °C. Les blocs A, B, C, D, d'orientations très voisines sont en cours de coalescence; certaines dislocations provenant de la désagrégation de la limite entre A et B, se déplacent vers la frontière externe du nouveau bloc (d'après Mme Bourelier)

Figure 4.11.
Extrait de **Métallurgie Générale**, par Bénard, Michel, Philibert et Talbot.

L'aluminium de bonne pureté, celui qui résiste bien à la corrosion grâce à la qualité de sa couche d'alumine adhérente, mais est trop mou pour la plupart des usages techniques sauf la conduction, a des grains de l'ordre du demi-millimètre, que l'on voit se déformer tous différemment lors d'un essai de traction (selon les directions cristallines de cisaillement facile). Enfin certains cristaux métalliques sont largement visibles à l'œil nu par chacun : ce sont ceux du mince revêtement de zinc des barrières métalliques électro-zinguées que les municipalités ou la police municipale placent parfois pour canaliser les piétons, ou sur de nombreux pylônes d'éclairage urbain, ou ceux de signalisation automobile. Cette photographie, chacun de vous peut la faire.

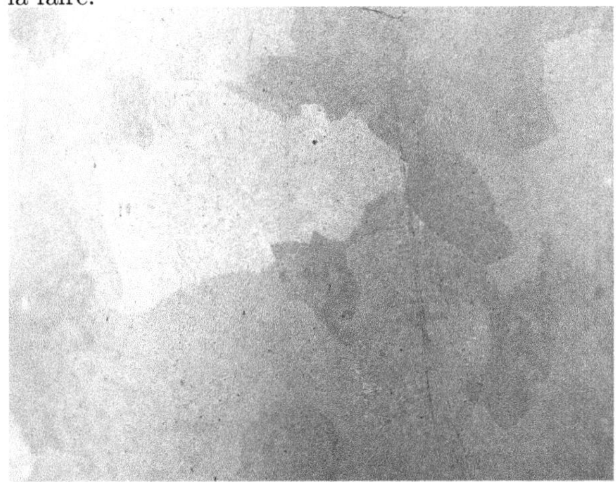

Figure 4.12.

Lorsqu'on sollicite un métal dans le domaine plastique, il se déforme par création et circulation de dislocations, qui sont des défauts linéaires dans le cristal. En voici une modélisation avec des rouleaux,

FIG. 235.—Representation by Means of a Series of Rollers of Dislocations Travelling Across a Crystal Plane. (*After E. N. da C. Andrade.*)

Figure 4.13.

puis une micrographie électronique par transmission dans un alliage d'aluminium type duralumin. Les dislocations sont les spirales sombres (car absorbant ou dispersant davantage les électrons incidents). Figure 4.14.

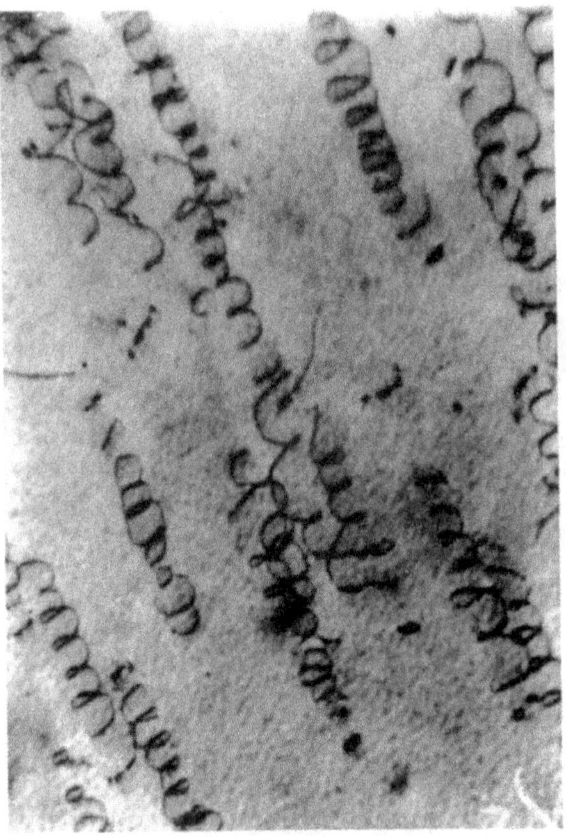

Fig. 279.—Aluminium–3% copper alloy quenched from 550° C. into water at room temperature. × 20,000. (*Westmacott, Hull, Smallman, and Barnes.*)

Les dislocations-coins sont l'extrémité d'un plan existant à droite mais pas à gauche (ou en bas mais pas en haut).

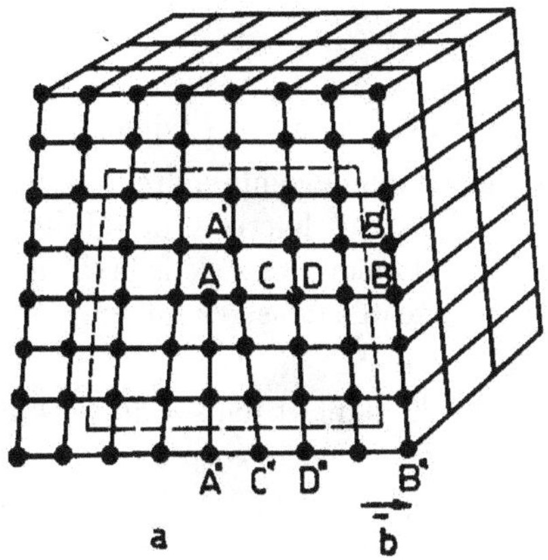

Figure 4.15.

Les dislocations-vis sont comme un escalier en colimaçon. Figure 4.16.

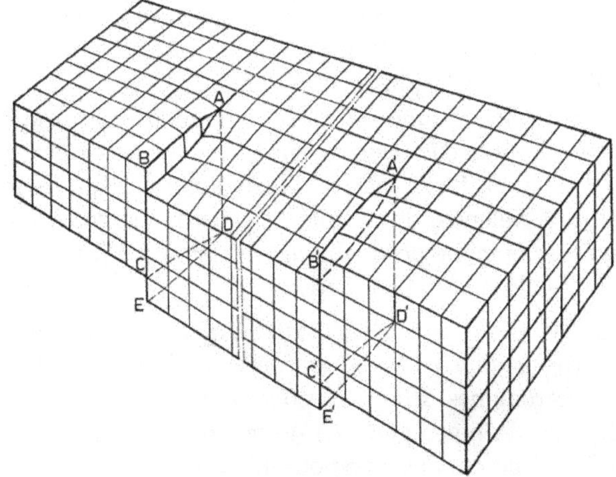

Fig. 30. Dislocation vis.

Un métal écroui (ayant subi une déformation plastique à froid) présente une moins bonne conductivité qu'un métal recuit. Contrairement à ce qui se passerait si vous broyiez du granite, les cristaux d'un métal polycristallin demeurent liés entre eux en déformation plastique, l'état métallique et la liaison métallique se maintiennent à travers les joints de grains ; la liaison métallique est une liaison très peu orientée.

Curieux :

- Faites comme si nous ne savions pas ce qu'est une liaison métallique, s'il vous plaît ! Rappelez-nous cela.

Z'Yeux Ouverts :
- Il y a trois sortes de liaisons chimiques fortes, et deux plus faibles.

(1) La liaison électrostatique est la plus simple à comprendre, c'est celle qui lie les anions Cl^- et les cations Na^+ dans le cristal de sel de cuisine NaCl. Ou qui lie le cation Ca^{++} à l'anion SO_4^{--} dans la molécule $CaSO_4$, présente en quantité non négligeable dans l'eau de mer, solution ionique forte.

(2) La liaison covalente, présente dans le diamant et dans toutes les liaisons carbone-carbone dans les molécules de notre corps, est due à la mise en commun par deux atomes voisins, d'une paire d'électrons de spins opposés, et donc de moments magnétiques opposés. Elle est aussi responsable des molécules gazeuses de notre atmosphère, diazote, dioxygène, ou la molécule dihydrogène, des macromolécules du soufre fondu, etc. Ce sont des liaisons orientées dans l'espace, par exemple les quatre liaisons en orientation tétraédrique pour le carbone.

(3) La liaison métallique est au contraire pas ou très peu orientée. Les atomes métalliques retiennent mal leurs électrons les plus périphériques, ceux dont l'énergie est la plus élevée, qui sont donc partagés par tout le corps, cristallin ou amorphe. Les ions métalliques s'entassent dans un ordre le plus compact possible, de préférence hexagonal compact ou cubique à faces centrées, mais aussi cubique centré selon les orbitales et valences disponibles, tandis que le gaz commun d'électrons est assez mobile pour conduire le courant électrique, conduire la chaleur, réfléchir la lumière, etc.

(4) Surtout dans les molécules et macromolécules organiques, on rencontre la liaison hydrogène, due à la mise en commun d'un proton H^+ dans deux nuages électroniques. Elle est responsable de la résistance mécanique du collagène de notre peau ou de nos os et tendons, du cuir, et du polyamide. Elle est aussi responsable des propriétés fort "anormales" de l'eau liquide et de la glace, et aussi de l'ammoniac liquide.

(5) La plus faible de toutes est la liaison de Van der Waals, de nature électrostatique mais quadrupolaire et donc à très courte distance, régie par la mollesse et la plasticité des macromolécules, qui peuvent s'épouser l'une l'autre de près. Elle est responsable de la résistance mécanique du polypropylène et du polyéthylène, donc chacun sait qu'elles sont fort modestes. On sait moins qu'elles sont aussi fort dépendantes du poids moléculaire, qui doit impérativement être élevé, conduisant à des micelles de l'ordre de 400 Å de grand diamètre et

davantage pour obtenir un matériau utilisable.

Cette typologie posée, la plupart des cas réels sont hybrides. Dans la silice, ou dans la partie de squelette alumino-siliceux des feldspaths, la liaison est partiellement covalente et partiellement électrostatique. Dans le silicium, la liaison est partiellement covalente et partiellement métallique, et encore plus métallique dans le germanium, nettement plus conducteur ; tous deux cristallisent dans la géométrie cubique diamant. Dans des molécules à atomes différents, tels que CO et CO_2, la liaison n'est pas purement covalente mais aussi partiellement électrostatique, ce qui fait que les vibrations de ces molécules peuvent résonner avec des photons infrarouges. Dans toute la presse aux ordres, vous voyez énormément de bobardements et surenchères politiques sur cette capture de deux fréquences infrarouges par les molécules du CO_2 atmosphérique, afin de vous soumettre dans l'affolement et la terreur, aux ordres de la dictature mondialiste.
Quant aux phonons, ce sont des vagues individuelles de vibration ou "agitation thermique". Ils existent aussi dans les minéraux et les céramiques. Les vagues que le vent fait dans les blés - ou dans l'orge dans la chanson irlandaise *The wind that shakes the barlow* - en donnent une bonne idée. Et pourquoi sont-ils quantifiés ? Parce qu'ils font le tour du cristal, en allers et retours. Dans ces matériaux minéraux, la conduction thermique et la capacité calorifique ne sont dus qu'aux phonons. Dans les métaux, il faut compter en plus avec les électrons de conduction. Dans le cuivre à la température ambiante, le libre parcours moyen d'un électron avant qu'il bute sur un phonon et soit renvoyé par lui est de l'ordre de 200 Å. Plus on baisse la température, et plus s'améliore la conductivité : il y a moins de phonons, le libre parcours moyen augmente. De plus, à température suffisamment basse, certains matériaux possèdent la propriété de supraconductivité : l'onde associée de deux électrons et d'un phonon qui leur est exactement accordé se propage librement sans le moindre obstacle, et la résistivité tombe à zéro. Un phonon est toujours échantillonné sur plusieurs atomes, un grand nombre d'atomes, il ne peut jamais devenir petit. C'est une des raisons qui nous font comprendre qu'un électron de conduction non plus ne peut jamais être petit ; chacun est grand de plusieurs distances interatomiques, voire dizaines de distances interatomiques. Voire encore plus grand à basse température.

Curieux :
- C'est incroyable, cela semble impossible, cela ! Vos électrons sont donc chacun grand comme des milliers d'atomes ? Chacun ?

Z'Yeux Ouverts : :
- Précisons pour les électrons de conduction dans le cuivre : à la vitesse de

groupe de Fermi pour ces électrons de conduction, soit pour le cuivre à l ambiante : 1 570 km/s, correspondant à 7 eV, la vitesse de phase est de 57,2 . 10^9 m/s. Sur un libre parcours moyen de 200 Å (20 nm), donc pendant une durée de 12,7 fs (femtosecondes), l'onde de phase parcourt 0,738 mm. Tandis que la longueur d'onde de cette phase d'électron, est d'environ 4,6 Å. L'extension spatiale de cet électron est du même ordre de grandeur : quelques dizaines à quelques centaines d'ångströms (onn-gstreume). Aux extrémités de chaque propagateur, on trouve une interaction avec le plus souvent un phonon, ou avec une irrégularité du réseau, telles que dislocations, lacunes [7] et impuretés [8]. Chaque électron occupe simultanément plusieurs dizaines de distances interatomiques...
Donc ce ne sont pas des billes, ce ne sont pas des solides comme le sont nos objets familiers autour de nous. Chacun demeure une onde, une onde électronique. Rien ne les empêche d'occuper à plusieurs un espace qui n'a pas vraiment les mêmes propriétés que notre espace macroscopique familier, peuplé d'un seul objet matériel à la fois. Dans le monde microphysique réel, qui est si peu familier à l'homme de la rue, leur seule contrainte est qu'ils n'occupent jamais simultanément le même état quantique qu'un autre, conformément au principe d'exclusion de Pauli : les électrons sont des particules de spin un demi, régis donc par la statistique de Fermi-Dirac.
Mais il y a plus grave, c'est qu'on a prouvé que des objets manifestement composites comme des protons, des neutrons, des atomes d'hélium, des molécules de fullerènes à 60 atome de carbone, et même des molécules d'insuline sont représentés par des ondes de Broglie, qui diffractent comme des photons. Cela nous pose un sérieux problème de compréhension de ce que devient notre géométrie familière, étendue à l'échelle de la microphysique. Contrairement à mon collègue, nous c'est cette géométrie là, que vous n'aviez pas l'habitude de suspecter, que nous regardons d'un œil désormais suspicieux.

Curieux :
- Dites, elles ne sont pas grosses, vos impuretés que vous accusiez plus haut d'être responsables de collisionner les électrons de conduction et de les renvoyer en arrière. Alors pour collisionner ces petites impuretés, vos électrons de conduction sont bien contraints à redevenir aussi petits que l'atome étranger ?

---

7. Lacune : Atome manquant dans le réseau cristallin.
8. Une impureté dans un cristal peut être une substitution, par exemple un atome de zinc à la place du cuivre, ou une insertion, par exemple du carbone ou de l'azote dans un site interstitiel entre les atomes normaux (carbonitruration des aciers, notamment pour les dents d'engrenages). Il est fréquent qu'elles se concentrent sur les joints de grains.

Z'Yeux Ouverts :
- La prémisse de votre raisonnement est presque vraie : étant d'une taille différente, l'atome d'impureté, qu'il soit interstitiel ou en substitution, distord élastiquement le réseau cristallin jusqu'à une distance de deux ou trois fois son diamètre, environ. Si de plus il est d'une valence différente, par exemple du zinc ou de l'étain dans du cuivre, il change localement l'état électronique dans le cristal, notamment la densité électronique et l'affinité électronique. Ces impuretés bloquent aussi la course des dislocations, d'où l'intérêt des alliages pour durcir nombre de métaux, qui à l'état pur seraient trop mous (trop plastiques) pour être utilisables. Exemples : cuivre-étain ou bronze, cuivre-arsenic à défaut d'étain, platine iridié, or iridié, fer-manganèse-carbone, etc.

Professeur Castel-Tenant :
- Vous donneriez ici quelques exercices au lecteur ?

Z'Yeux Ouverts :
- Cette fois je romps avec la tradition : non pas un exercice de calcul mais de documentation. Au lecteur de collecter et analyser des documents sur le durcissement structural du duralumin, alliage à 4 % de cuivre dans l'aluminium, avec un peu de magnésium (AU4G en nomenclature AFNOR). Ces deux métaux, aluminium et cuivre sont cubiques à faces centrées, mais leur paramètres cristallins diffèrent légèrement. L'astuce est un traitement thermique qui permet de bloquer la course des dislocations. Au lecteur de trouver et comparer ces paramètres cristallins, et quel est le traitement thermique qui produit le durcissement optimal. « Durcissement » n'implique pas un module élastique plus élevé, mais un empêchement au début de la plasticité. En échange de cette haute limite élastique qui lui a ouvert son emploi dans l'aviation, le duralumin a une mauvaise résistance à la corrosion, surtout en eau de mer. L'Alclad est un colaminage : aluminium pur, puis duralumin, et à nouveau aluminium pur.

Professeur Castel-Tenant :
- Pas d'accord avec cet abandon de tradition. Je donne cet exercice élémentaire :
Sachant que la maille cubique centrée contient deux atomes, que le paramètre de maille du fer pur à l'ambiante est de 2,856 Å, que la masse molaire moyenne du fer est de 55,85 g, calculer la densité théorique du fer pur en cristal métallique, s'il n'était constitué que de bon cristal, sans lacunes ni dislocations. On vous a donné la constante d'Avogadro-Ampère plus haut.

Notez quand même que le fer de haute pureté n'a aucun usage technologique – il est beaucoup trop mou - sauf peut-être pour faire des anticathodes pour radiocristallographie des phyllosilicates ; il n'a d'usage que scientifique pour quelques laboratoires de physique des solides, et se vend à un prix comparable à l'or.

Chapitre 5

Optique physique, le photon.

Rappel des lois de l'optique : la réfraction, la longueur de cohérence qui permet les interférences, la définition et les propriétés du photon, causalité orthochrone depuis l'émetteur, rétrochrone depuis l'absorbeur, nature et lois de la poignée de mains, fréquence de Broglie, quantum de Planck, expérience de Stern et Gerlach. Lois quantitatives de l'optique astronomique.

5.1. Lois de la réfraction, Snellius et Descartes.

Z'Yeux Ouverts et **Professeur Castel-Tenant** ensemble :
- Commençons par un rappel : la réfraction d'un rayon de lumière incidente sur un dioptre selon la loi de Snellius et Descartes :

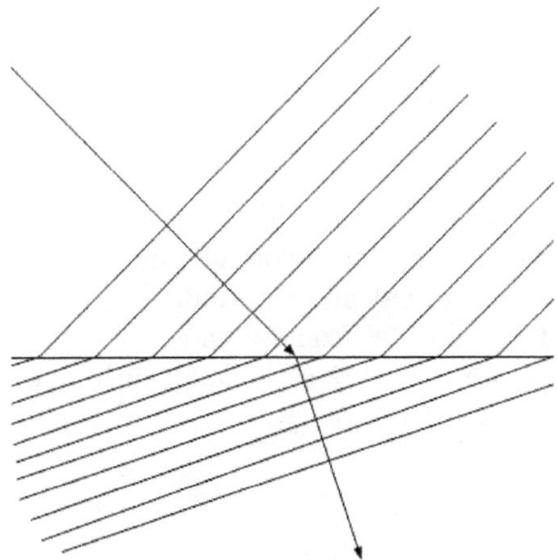

Figure 5.1.

Ici on a dessiné le rayon incident qui vient d'en haut et à gauche, dans le milieu rapide, et rencontre par le plan du dioptre un milieu transparent où la propagation est environ deux fois plus lente. La distance entre deux fronts d'onde, supposant la lumière monochromatique, est environ divisée par deux, ce qui modifie la direction de propagation, mais il demeure un invariant sur le plan du dioptre : la trace des fronts d'onde, commune aux deux milieux.

Z'Yeux Ouverts :
- Vous n'avez plus à vous demander comment rendre la loi de la réfraction compatible avec les photons, car les photons sont toujours de la lumière, ont toujours des fronts d'onde... Autrement dit, cette figure est rigoureusement la même avec un faisceau laser bien collimaté et d'excellente monochromaticité, ou pour un seul photon : aucune des lois physiques de propagation n'a changé.

Professeur Castel-Tenant :
- C'est bien beau de dessiner, mais il faudrait quand même en déduire la loi de Snellius et Descartes, dans le cas général. Figure 5.2.

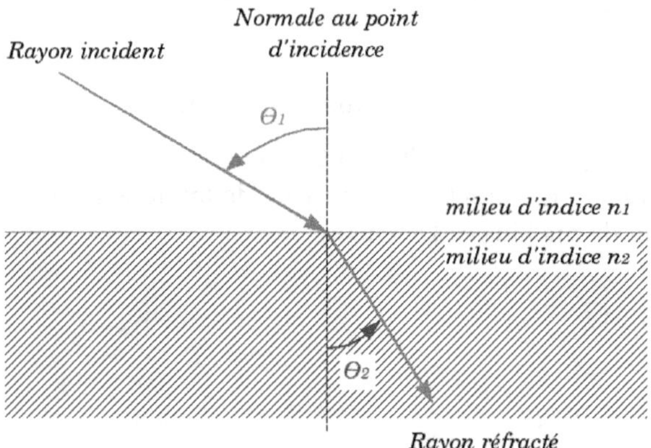

On compte l'angle d'incidence comme un écart à l'incidence normale soit perpendiculaire au dioptre. On a donc l'angle θ_1 dans le premier milieu d'indice de réfraction relatif n_1, et θ_2 dans le second milieu, d'indice n_2, et on exprime que la quantité conservée est la trace des fronts d'onde sur le plan du dioptre : $\lambda \;/\; \lambda_d = n_1.\ \sin(\theta_1\ ) = n_2.\ \sin(\theta_2\ )$ où λ est la longueur d'onde de ce photon dans le vide, et λ_d la trace de cette longueur d'onde sur le plan du dioptre.

5.2. Tache d'Airy et résolution maximale en optique.

Ces découvertes d'optique faites par des astronomes ne concernent pas directement le photon, mais des collectifs d'ondes.

Alors que les lois de la diffraction, découvertes par Fresnel et Arago, n'étaient connues que d'une quinzaine d'années, en 1835 l'astronome George Biddell Airy (1801-1892) décrivit la limite physique de tout instrument d'optique dans : « On the Diffraction of an Object-glass with Circular Aperture ».

Déjà en 1828 John Herschel avait décrit ainsi l'apparence d'une étoile brillante, dans un article de l'Encyclopedia Metropolitana :
« ...the star is then seen (in favourable circumstances of tranquil atmosphere, uniform temperature, &c.) as a perfectly round, well-defined planetary disc, surrounded by two, three, or more alternately dark and bright rings, which, if examined attentively, are seen to be slightly coloured at their borders. They succeed each other nearly at equal intervals round the central disc... »

Figure 5.3.

5.2.1. Expression de l'éclairement. Figure 5.4.
Coupe de l'éclairement en fonction de la position dans une tache d'Airy. La grandeur en ordonnée est l'intensité du rayonnement, obtenue en élevant au carré l'amplitude de l'onde.

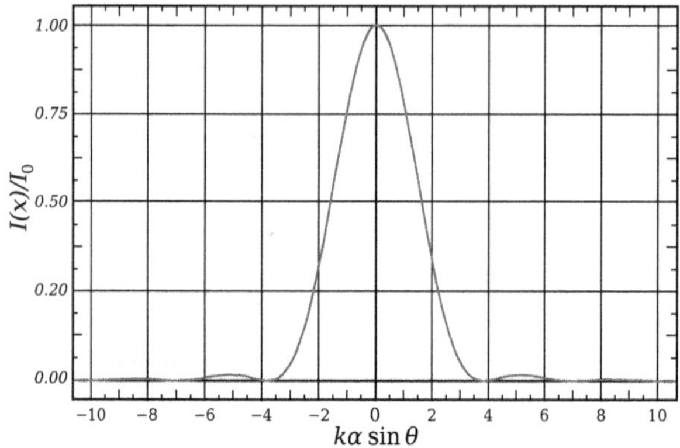

Lorsque la figure est observée loin du trou diffractant, l'éclairement varie en fonction de l'angle θ entre le point considéré et le centre de la figure :

E (x) = $E_0 \left(\frac{2J_1(\pi x)}{\pi x}\right)^2$ avec x = $\frac{d \sin\theta}{\lambda}$ où

E_0 est l'éclairement au centre de la figure ;

J_1 est la fonction de Bessel[1] du premier ordre ;

1. En analyse mathématique, les fonctions de Bessel, découvertes par le mathématicien suisse Daniel Bernoulli, portent le nom du mathématicien allemand Friedrich Wilhelm Bessel. Bessel développa l'analyse de ces fonctions en 1816 dans le cadre de ses études du mouvement des planètes induit par l'interaction gravitationnelle, généralisant les découvertes antérieures de Bernoulli. Ces fonctions sont des solutions canoniques y(x) de l'équation différentielle de Bessel : $x^2 \frac{d^2y}{dx^2} + x\frac{dy}{dx} + (x^2 - \alpha^2) = 0$

pour tout nombre réel ou complexe α. Le plus souvent, α est un entier naturel (on dit alors que c'est l'ordre de la fonction), ou un demi-entier.

Tracés des trois premières fonctions de Bessel de première espèce J. Figure 5.5.

Il existe deux sortes de fonctions de Bessel :

les fonctions de Bessel de première espèce Jn, solutions de l'équation différentielle ci-dessus qui sont définies en 0 ;

les fonctions de Bessel de seconde espèce Yn, solutions qui ne sont pas définies en 0 (mais qui ont une limite infinie en 0).

Les représentations graphiques des fonctions de Bessel ressemblent à celles des fonctions sinus ou cosinus, mais s'amortissent comme s'il s'agissait de fonctions sinus ou cosinus divisées par un terme de la forme $\sqrt{x}$.

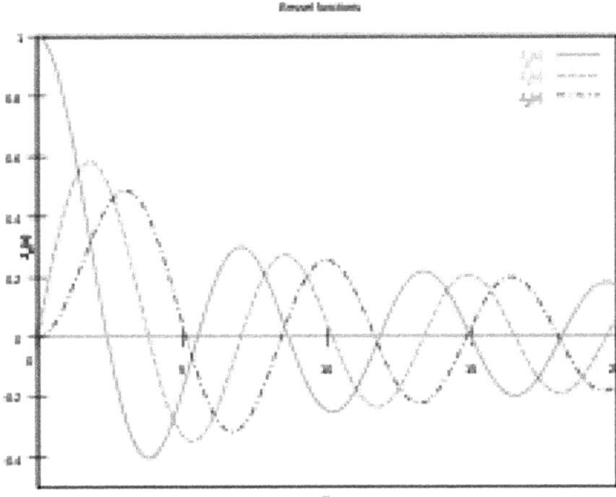

d est le diamètre de l'ouverture ;
$\boldsymbol{\theta}$ est l'angle considéré, ayant son sommet au centre du trou ;
λ est la longueur d'onde de la lumière.
Cette expression est obtenue par la théorie de la diffraction de Fresnel appliquée au cas où l'objet est à l'infini. Elle correspond au carré du module de la transformée de Fourier de la fonction caractéristique du disque représentant de l'ouverture.
La figure de diffraction peut aussi être observée à courte distance en se plaçant au foyer d'un objectif. C'est notamment le cas lorsqu'on considère la diffraction provoquée par l'ouverture de ce même objectif. Dans ce cas, on peut généralement faire l'approximation des petits angles. On a alors la même expression de E(x), mais avec
où

— **r** est la distance, sur l'image, au centre de la figure ;
— **f** est la focale de l'objectif ;
— **N** est son nombre d'ouverture.

Le rayon de la tache centrale vaut alors 1,22 N λ au niveau du premier anneau sombre, le diamètre à mi hauteur étant de 1,029 N λ.
Figure 5.6.

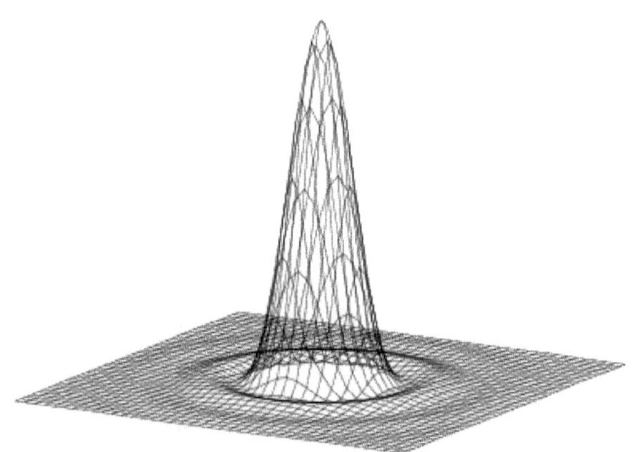

point	x	$E(x) / E_0$
Point à mi-hauteur	0.514497	0.5
premier zéro	1.219670	0
maximum local	1.634719	0.017498
second zéro	2.233131	0
maximum local	2.679292	0.004158
Troisième zéro	3.238315	0

5.2.2. Pouvoir de résolution. Un effet important de cette tache, est la limitation de la résolution des images dans les appareils optiques (appareil photographique, télescope...). On peut calculer le critère de Rayleigh avec ce profil de la tache d'Airy, donnant une formule de la limite de séparation entre deux objets. Des techniques numériques de traitement d'image, comme la déconvolution, permettent de compenser en partie ce phénomène d'étalement du signal.

5.2.3. Limitation des performances d'un système optique. La tache d'Airy intervient aussi lors de la lecture d'un espace de stockage optique (CD, DVD, *blue-ray*...). En effet, la capacité de stockage de ces supports optiques est entièrement dépendante de la largeur de cette tache : la tache ne doit couvrir qu'une seule piste du disque, ainsi, plus la tache est large, plus l'espace entre deux pistes est grand, et moins la capacité de stockage est grande.

5.2.4. Cas particulier des systèmes photographiques. Pour des systèmes photographiques, les performances des objectifs sont limitées principalement par deux facteurs que sont la conception optique du système et la diffraction. Même si la limitation principale du système optique dépend de l'ouverture, le résultat final est toujours comparé à la dimension de la tache d'Airy qui est la meilleure réponse possible.
Les optiques sont généralement limitées par leur conception optique jusqu'à f/8 et sont limités par la diffraction au-delà de f/16 (f est la distance focale, 1/16 est l'ouverture, le résultat f/16 est le diamètre d'objectif).

5.3. Résolution d'un télescope, limitations par la diffraction

Z'Yeux Ouverts :
- Si le disque d'Airy est inévitable, l'astronome peut-il au moins le réduire ? Il n'est pas maître de la longueur d'onde λ. Il ne peut guère augmenter l'ouverture numérique, car les aberrations deviennent vite impossibles à corriger. Pour augmenter le diamètre d'objectif, il doit donc augmenter la longueur focale dans la même proportion, d'où la course au gigantisme des instruments astronomiques, qui a atteint ses limites au milieu du 20e siècle. Deux étoiles de même éclat dont la distance angulaire est ε sont juste séparées si $\varepsilon = 12''/D$ où ε est en secondes d'arc, et D en centimètres. Ainsi un objectif d'un mètre de diamètre sépare deux étoiles dont la distance angulaire dépasse 0,12 secondes d'arc. Avec sa pupille d'environ 4 mm, l'œil humain est un appareil optiquement bien construit, puisqu'il sépare environ 30''.

Aller au-delà des 5 m du télescope du mont Palomar (1949) ?
A trois exceptions près, la réponse finale fut interférentielle : utiliser plusieurs télescopes ou radiotélescopes, à distance, voire à grande distance, et recomposer la résolution angulaire par synthèse d'ouverture.

Mais au mieux de tous ces résultats expérimentaux, par quelle astuce peut-on insérer une théorie corpusculaire là dedans ? Comment débrancher l'évidence instrumentale que les lois de la lumière et de l'optique sont ondulatoires, conformément aux équations de Maxwell ? Car nous l'avons vu plus haut, les lois de la réfraction et de la réflexion, qui fondent l'instrumentation optique, ne font aucun obstacle à notre définition strictement ondulatoire du photon : Un photon est une transaction réussie entre trois partenaires : un émetteur, un absorbeur, et l'espace qui les sépare ou les milieux transparents ou semi-transparents qui les séparent, qui transfère par des moyens électromagnétiques un quantum de bouclage **h**, et respectivement une impulsion-énergie qui dépend des repères respectifs de l'émetteur et de l'absorbeur.

Je peux bien tortiller, l'image de la Grande Galaxie d'Andromède que me fournit mon miroir de 150 mm est inconfortable voire minable comparée à celle fournie à un *astram* plus passionné et plus fortuné par un Dobson dont le miroir de 240 mm est rectifié à $\lambda/14$. Et on peut recommencer la lamentation pour chaque amas remarquable du ciel profond. Les lois de l'optique physique, donc ondulatoire, sont impitoyables.

Curieux :
- *Astram ? Dobson ?*

Z'Yeux Ouverts :
- Astronome amateur. Un Dobson est un télescope sans aucune monture équatoriale, mais équilibré sur des portées douces, il est orienté à la main, et est utilisé de préférence avec de larges oculaires à longue focale et grand champ, vers des objets du ciel profond. L'absence de mécanique et de mouvements d'horlogerie permet d'investir plus d'argent sur l'optique, à budget égal, et notamment vers des miroirs plus larges. Observation strictement visuelle : la photographie requiert au contraire des montures équatoriales motorisées, avec des engrenages de grande précision ; pour cet usage, la monture coûte facilement le triple du prix de l'optique.

Curieux :
- Synthèse d'ouverture ?

Professeur Castel-Tenant :
- La synthèse d'ouverture est un procédé d'interférométrie qui permet de regrouper les données issues d'un ensemble de télescopes pour produire une image qui a la même résolution angulaire que celle qu'aurait un télescope faisant la taille de l'ensemble tout entier – mais évidemment sans recevoir la même quantité de lumière.

Pour chaque séparation et chaque orientation, l'interféromètre produit un signal, composante de la transformée de Fourier de la distribution spatiale de la luminosité de l'objet observé. L'image (ou « carte ») de l'objet est obtenue à partir de ces différentes mesures.
Afin de former une image de haute qualité, un nombre important de séparations entre les télescopes est nécessaire. La séparation entre deux télescopes, vue depuis l'objet observé, est appelée « ligne de base ». Plus nombreuses sont les lignes de bases, meilleure sera l'image. Par exemple, le *Very Large Array* regroupe 27 radiotélescopes, qui forment 351 lignes de base indépendantes. En revanche, les plus grands ensembles de télescopes dans le visible

regroupent 6 télescopes, et donnent des images de moins bonne qualité avec 15 lignes de base.
Initialement la synthèse d'ouverture fut développée pour les ondes radio par Martin Ryle et ses assistants du groupe de radioastronomie de l'Université de Cambridge.
Bibliographie : www.rop.cnrs.fr/IMG/pdf/F_Cassaing.pdf
De nombreux radars militaires utilisent aussi la synthèse d'ouverture.

Curieux :
- Monsieur le Professeur Marmotte, votre point de vue ?

Professeur Marmotte :
- Facile ! Il suffit d'élever au carré vos ondes à vous pour obtenir l'intensité, donc la probabilité d'observation des photons.

Z'Yeux Ouverts :
- Mais quel est le miracle physique qui oblige vos photons-corpuscules à se conformer à la loi statistique ?

Professeur Marmotte :
- Je ne me soucie pas de cela. Nos Grands Ancêtres l'ont posé en postulat. Cela nous suffit.

Z'Yeux Ouverts :
- Ouaip ! C'est là l'un des critères qui permettent de diagnostiquer une pseudo-science : isolement forcené envers le restant des résultats scientifiques.

Toutefois la quantification revient dans le basculement d'état des opsines dans les cônes et bâtonnets de nos rétines. Dans tous les basculements des récepteurs photosensibles, dans toutes les réactions chimiques photo-excitées, dans la photosynthèse par la chlorophylle, etc. Dans tout ce qui absorbe du rayonnement, que nous en soyons conscients ni attentifs ou pas. Au final la quantification n'intervient qu'au niveau de l'émetteur et de l'absorbeur, et c'est tout.

Professeur Castel-Tenant :
- Et quelle serait votre synthèse, pour ces applications de l'optique physique à l'observation astronomique ?

Z'Yeux Ouverts :
- A aucun moment les lois de l'optique ne peuvent obliger le photon à devenir autre chose que le fuseau de Fermat, ou une petite multiplicité de fuseaux

de Fermat entre émetteur et absorbeur. Hors absorbeur, rien ne l'oblige à cesser d'avoir une largeur de route notable et appréciable, bien au contraire tout contraint le photon à prendre sur le trajet toute largeur autorisée par les lois de l'optique et le principe de Fermat, que nous allons préciser plus loin. Nous n'avons donc plus besoin d'aucun postulat magique, ni d'invoquer une physique magique ni inconnaissable. Notre seule contrainte est que les émetteurs sont diablement nombreux dans une seule étoile, tandis que les absorbeurs potentiels sont encore diablement plus nombreux dans l'Univers entier.

Les contraintes théoriques ont changé : l'optique astronomique est de la macrophysique, et son matériau est constitué de gros collectifs d'ondes individuelles. Elle pouvait donc se permettre de considérer que tous absorbeurs se valent, et que seuls les émetteurs, l'espace et les optiques traversés sont causaux.
En microphysique transactionnelle, nous avons de plus à expliciter les conditions aux absorbeurs. Une fois que nous avons constaté qu'au centre de la tache d'Airy nombreuses sont les transactions qui réussissent entre le capteur et l'étoile, tandis qu'à chacun de ses minimums les transactions sont fort rares, il faut exprimer pour chaque point du capteur, de la surface photosensible, une fonction de transfert, dont le résultat ressemble à une admittance (l'inverse d'une impédance), et qu'on pourrait appeler l'admittance optique. Cette admittance gouverne l'établissement des transactions ; elle dépend des polarisations possibles du photon. Il reste à établir sa dimension physique ; en quelles unités faut-il l'exprimer ?

Professeur Castel-Tenant :
- Et prévoyez-vous une violation du grand principe relativiste : **c** est la vitesse maximale de transmission de l'énergie ? Car vous avez des vitesses de phase supraluminiques, et dans votre bruit de fond, la moitié des composantes sont à rebrousse-temps.

Z'Yeux Ouverts :
- Aucune violation de la relativité n'est prévue : toutes les composantes à rebrousse-temps décrites par l'équation de Dirac, sont aussi à énergie négative.

Professeur Marmotte :
- Et pour la transmission de l'information ?

Z'Yeux Ouverts :
- Seul l'animal qui perçoit – voire nos artefacts en plus - peut définir quoi est pour lui « *information* ». Il n'existe aucune loi de la microphysique qui

porte sur une « *information* ». Tant pis pour des canulars très médiatisés, comme ceux de Stephen Hawking.

Curieux :
- La littérature de vulgarisation en astronomie résume le télescope en « *entonnoir à photons* », en entendant que les photons sont très petits. Fantasmons carrément à l'opposé : envisagez-vous des photons entrants qui aient l'ouverture même du miroir, cinq mètres au mont Palomar, voire dix mètres sur des réalisations plus récentes et encore plus gigantesques ? Et qui seraient ensuite focalisés par l'optique jusqu'à la petitesse convenable ?

Z'Yeux Ouverts :
- Deux limitations optiques interviennent bien avant :
1 - Les défauts de stigmatisme du miroir, tels que la tache image de l'étoile est assez largement étalée sur la surface photosensible. Nous devons du reste faire aussi l'analyse en sens inverse : étant donné la finesse du grain en photographie, ou la finesse du capteur CCD en imagerie électronique, quelle est sa pré-image angulaire ? Et dans ce grain de bromure d'argent ou ce capteur CCD, il faut descendre encore plus fin à l'échelle moléculaire ou subcristalline pour avoir la taille du site capteur, car c'est cela l'échelle de la transaction côté absorbeur. Heureusement vient à notre secours la coopération bosonique des photons : ils arrivent volontiers par paquets, ce qui peut remédier à un faible rendement photonique du capteur.
2 – La turbulence atmosphérique. Qu'elle soit un inconvénient majeur pour toute l'astronomie n'est plus à démontrer. Toutefois il faut procéder à une analyse temporelle plus fine pour voir si elle est assez rapide pour perturber à l'échelle de la durée de passage d'un photon à travers telle sub-cellule de convection dans l'atmosphère. Je n'ose me prononcer sur ce point. Par défaut, je demeure pessimiste.

Professeur Castel-Tenant :
- En résumé vous répondez par la négative, mais sans pouvoir devenir précis. Il faut rappeler le canular :
Santo Domingo - APF - 22 février 2007.
Un accident inhabituel s'est produit sur l'Avenue du 27 février à Santo Domingo (une des artères principales de la capitale de la République Dominicaine). Ce matin à 8 heures 35 (heure locale), une voiture a été subitement écrasée par un objet non immédiatement déterminé, provoquant un embouteillage monstre dans le centre ville.
Après étude approfondie, il semble que l'objet en question soit un très ancien photon ayant démesurément grossi au cours des milliards d'années passés ; certains spécialistes nous parlent d'un "photon primal", un de ces quelques

rares photons datant des premiers âges de l'Univers qu'on peut observer ici ou là dans le Système Solaire.
On ne s'explique pas encore comment ce "photon primal" a pu finir dans la calandre du véhicule concerné.

Curieux :
- Les chromes étaient-ils ternis ? Plus assez réfléchissants ?

5.4. Prismes et réseaux, dispositifs monochromateurs.

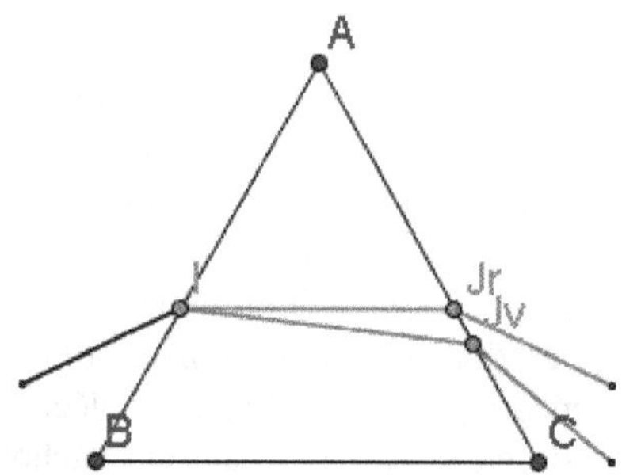

Figure 5.7.

Z'Yeux Ouverts :
- Entre une source de lumière visible qui est polychromatique, ou sans fréquence d'émission bien définie, et un absorbeur lui aussi peu regardant sur la fréquence, nous pouvons intercaler un prisme, qui disperse la lumière selon ses longueurs d'onde, ou de façon plus moderne, un réseau de diffraction qui rend les mêmes services, en mieux. Le résultat est que les photons transmis à telle zone de l'écran ont bien une assez bonne résolution en fréquence, qui dans cet exemple n'était assurée ni par l'émetteur, ni par l'absorbeur. C'est le milieu traversé, avec ses particularités optiques, qui a assuré la sélectivité.

Ce qui confirme que le photon est une transaction à trois partenaires, dont le milieu traversé.

De même pour des neutrons, qui pour des expériences de radiocristallographie fine, peuvent être monochromatisés et focalisés par un cristal cintré.

Chapitre 6

Quantification. Un vrai mystère ? Ou un mystère fictif ?

6.1. « Petit grain de lumière ? » Sinon quoi ?

Curieux :
- Un photon, c'est bien un petit grain de lumière ? Non ? Et pourquoi pas ?

Z'Yeux Ouverts :
- Merci de nous rappeler l'ampleur du désastre. A votre décharge, je lis sur ResearchGate des chercheurs qui se pensent chevronnés, et qui commettent les mêmes bourdes que vous. Allez voir aux annexes B et C : on est bien obligés de reprendre très à la base les notions de champ électrique, champ magnétique, propagation des ondes électromagnétiques en radioélectricité, optique et rayons X. Toujours à votre décharge, de tous les participants au congrès Solvay de 1927, Louis Victor de Broglie était le seul qui avait été mobilisé dans les transmissions radioélectriques, et qui avait des notions pratiques en matière de propagation d'ondes, d'antennes et de génération de porteuse (par alternateurs à l'époque) ; et comme à Bruxelles il y a été vaincu par les vainqueurs, eux n'ont rien su apprendre de lui.

Curieux :
- Un photon, ce n'est donc pas un petit grain de lumière ? Plus haut vous répondiez par la négative.

Z'Yeux Ouverts :
- Négatif en effet... En bref : non seulement, au long de sa propagation, un photon a un début et une fin, et une durée entre les deux, il demeure une onde électromagnétique, mais surtout il a un émetteur et un absorbeur final. Cet émetteur et cet absorbeur ont des propriétés contraignantes, dont celles qui sont quantiques : qui dépendent du quantum d'action-par-cycle **h**.

Mais je dois articuler ma réponse en deux temps : la continuité avec l'électromagnétisme macroscopique déjà connu d'une part, d'autre part toute l'optique cohérente, et déjà ses approches par interférences en lumière incohérente, depuis les expériences de Thomas Young (1801), prolongées par un siècle de radiocristallographie.

Curieux :
- Commençons donc par la question de la continuité. J'imagine que c'est la continuité avec les pratiques de la radio-électricité, comme vous l'aviez ébauché ?

Z'Yeux Ouverts :
- Exact. Pour ne pas être de la monnaie de singe, une théorie électromagnétique doit être valide d'un bout à l'autre du spectre, depuis l'électrostatique jusqu'aux rayons gamma d'origine nucléaire, en passant par par tout le domaine des ondes radio. Or une extrémité est certainement quantique au moins à l'émission des gammas par des réactions nucléaires, et un large domaine très utile n'est certainement pas quantique. La transition commence en énergie dans le domaine des micro-ondes, où existent des résonances de molécules en rotation, résonances certainement quantiques, alors que le reste du domaine des ondes centimétriques ou millimétriques n'est pas concerné par le quantum de Planck. A l'autre bout, dans le domaine des gammas proches ou des X durs, il y a à Grenoble un remarquable instrument de 268 m de diamètre (320 m brut), l'ESRF, où vous réservez votre temps de faisceau environ un an à l'avance après une préparation d'au moins un an sur l'expérience que vous comptez y mener. Or l'émission synchrotron de gammas que chaque virage fournit, n'a rien de quantique au stade de l'émission : l'électron accéléré transversalement n'avait aucun état stationnaire résonant avant le virage, ni aucun état stationnaire résonant après le virage. L'utilisateur sélectionne les fréquences qui l'intéressent, par un dispositif de filtrage, puis éventuellement une monochromatisation par un cristal cintré. En revanche tous les dispositifs récepteurs (ce sont des absorbeurs) sont soumis, eux, à quantification, même s'il ne faisaient rien d'autre que de nous renseigner sur le spectre de l'émetteur.

Professeur Castel-Tenant :
- Il faudrait quand même en venir aux faits. Nous, nous avons l'habitude de parler de photons virtuels pour l'électrostatique et la magnétostatique. Des objections ?

Z'Yeux Ouverts :
- Objections. L'expérience a appris aux radio-amateurs et aux poseurs d'antennes, qu'une antenne Yagi pince le champ EM sur elle à son profit, et déprive le voisinage. Plusieurs antennes sur des toits voisins, et chacune modifie le champ reçu par les autres : elles sont toutes des résonateurs sur la bande de fréquences utilisée en radiodiffusion ou en télédiffusion dans cette région là. Pincer le champ à son profit pour en dissiper une partie par pertes dans le fil coaxial, puis sur l'étage d'entrée du tuner UHF, toutes les antennes fonctionnent ainsi, quelle que soit la gamme de fréquences visée par construction, et quelle que soit la directivité qui leur est accessible, quelle que soit la polarisation. Or pincer le champ si la fréquence correspond à la résonance, c'est exactement ce que fait la molécule de monoxyde de carbone d'où est parti tout le travail de recherche dont vous avez le résultat sous les yeux. Si le phénomène est le même (à quelques imperfections près, bien explicables en radiofréquences), les causes doivent être les mêmes, strictement électromagnétiques, sans aucun appel à aucune magie « quantique ».

Professeur Marmotte :
- Vos histoires d'antennes qui pincent le champ ? Vous avez des publications en référence dans des revues à comité de lecture ?

Z'Yeux Ouverts :
- Vous avez déjà vu des poseurs d'antennes qui accèdent à l'écriture dans des revues à comité de lecture ? Il faut se donner la peine d'enquêter soi-même. Et depuis, la technologie a déjà changé drastiquement. Aussi les témoins à interroger se font vieux. Si vous pouvez accéder à de vieux fonds de bibliothèque, par exemple la revue Le Haut-Parleur quand elle existait, regardez les champ-mètres qui étaient proposés aux professionnels, et les *grid-dips* (mesureurs de résonance) qu'utilisaient les radio-amateurs, s'ils ne se fabriquaient leurs propres champ-mètres. Se contenter de viser optiquement l'antenne émettrice ne donnait qu'un premier dégrossissement ; les surprises étaient fréquentes.
Ce que Galileo a appris dans les chantiers navals vénitiens sur la résistance des matériaux, il l'a appris dans des revues à comité de lecture ? Avant qu'Ignác Füllöp Semmelweis fasse sa première publication sur l'asepsie, les femmes de Vienne qui préféraient accoucher dans la rue que d'aller dans la clinique du docteur Johann Klein, où elles étaient quasi-sûre de mourir de fièvre puerpérale, elles écrivaient ou lisaient dans des revues de médecine à comité de lecture ?

Professeur Castel-Tenant :
- L'essentiel des connaissances techniques nécessaires au lecteur se trouve

dans les annexes B et C. Poursuivons dans le domaine microphysique, puisque vous tenez à incorporer la quantique dans une microphysique plus générale, au lieu de la laisser comme domaine séparé.

Z'Yeux Ouverts :
- Tout photon a une longueur de cohérence (floue), et une largeur de propagation qui évolue au long de la propagation : le plus souvent cette largeur est pincée aux extrémités par les réactions respectivement d'émission et d'absorption. Mais l'erreur n'est pas de la faute de notre Curieux, c'est la bourde qui est enseignée partout. Jamais dans la réalité la lumière ne cesse d'être ondulatoire ni électromagnétique. L'optique physique de Fresnel, 1819, et les équations de Maxwell, 1873, continuent de s'appliquer partout et toujours. La seule nouveauté, due à Max Planck en décembre 1900 pour des raisons théoriques, et étendue en 1905 par Albert Einstein grâce aux propriétés de l'effet photo-électrique, est qu'on ne peut acheter ou vendre de l'interaction électromagnétique que par quanta de bouclages de Planck. Jamais plus à la fois, jamais moins. Ce quantum de bouclage est l'unité de compte universelle, qui s'impose à travers tout le corpus expérimental tout au long du 20e siècle.

Curieux :
- Alors Einstein s'est trompé quand il inventé la notion de "*petit grain*" de lumière ?

Z'Yeux Ouverts :
- Affirmatif. Si chaque chercheur n'écrivait qu'une seule demi-phrase erronée par article, comme ce fut là le cas d'Einstein, ce serait Cocagne ! Je vois passer plein d'articles où toute la partie théorique est à jeter... Il n'y avait en 1905 chez Einstein rien de plus que le taux d'erreurs normal d'un fort bon chercheur. C'est la communauté scientifique dans son ensemble qui est coupable : incapable de rectifier une bourde aussi contradictoire avec l'ensemble du corpus expérimental.

Curieux :
- Comment expliquez-vous cette erreur collective, si erreur il y a ?

Z'Yeux Ouverts :
- Aucun n'a appris les disciplines de l'heuristique - l'art de trouver, d'aboutir à un Eurêka qui ne soit fallacieux - dans les universités, départements de sciences dures. Ça n'y est jamais enseigné. Ce que j'ai appris, je l'ai appris par compagnonnage en petite société d'inventeurs, par beaucoup de lectures,

et partiellement au CNAM, dans l'unité de Prévision Technologique et Gestion de la Recherche et Développement ; une unité dans un cursus d'ingénieur de gestion, micro-économiste. Les sélectionnés en physique théorique ne savent pas expliciter puis remettre en cause des palanquées de postulats subreptices et clandestins ; ils n'ont jamais appris à le faire, au contraire de brillants trouveurs en biologie (tels que Baruch Samuel Blomberg), qui eux surent faire preuve d'une créativité et d'une rigueur inconnues chez les physiciens, cramponnés à l'héritage d'un groupuscule Göttingen-København, devenu hégémonique lors du congrès Solvay de 1927. Un heuristicien méthodique aurait exploré bien d'autres hypothèses alternatives à celle du "*petit grain*" d'Einstein et aurait trouvé la solution au plus tard en 1932, au lieu de quoi nous l'avons trouvée bien plus tard, en partie Dirac en 1938, en partie Wheeler et Feynman (théorie de l'absorbeur) en 1941, finalement Cramer en 1986 et moi-même en 1995-1998. Une personne disposant d'une formation professionnelle à l'heuristique - que certains renomment l'*inventique* - voit beaucoup plus vite les problèmes, et examine rapidement de nombreuses solutions qu'il n'a plus qu'à cribler, là ou le spécialisé par l'Université demeure le nez baissé dans son guidon spécialisé, et ne voit rien. Le trouveur aboutit car il sait faire des transferts technologiques horizontaux, de métier à métier, tandis que le spécialiste trop tôt spécialisé sait beaucoup de choses sur peu de chose, et à la limite tout sur rien du tout.

Curieux :
- Et que proposez-vous à la place ?

Z'Yeux Ouverts :
- Voici notre Définition transactionnelle du photon, du moins quand photon il y a, individualisé :

6.2. Un photon est une transaction à trois partenaires

Un photon est une transaction réussie entre trois partenaires : un émetteur, un absorbeur, et l'espace qui les sépare ou les milieux transparents ou semi-transparents qui les séparent, qui transfère par des moyens électromagnétiques un quantum de bouclage h, et respectivement une impulsion-énergie qui dépend des repères respectifs de l'émetteur et de l'absorbeur.

Professeur Castel-Tenant :
- Stop ! Vous avez introduit là subrepticement un postulat de gros calibre : vous postulez que tout photon a déjà un absorbeur. *Vous n'avez aucun fait expérimental à l'appui.*

Z'Yeux Ouverts :
- Hé oui, un chercheur qui n'oserait pas prendre des risques, c'est comme un officier de carrière qui n'aimerait pas la castagne : ce serait un escroc. J'ai posé un postulat, et en échange j'en ai jeté beaucoup d'autres ; l'économie de postulats est de mon côté. Toutes les expériences à choix retardé sont de mon côté, et ça en fait un paquet.

La relativité nous a appris que le photon voyage à temps propre nul, donc la durée et la distance qui dans notre repère séparent l'émetteur de l'absorbeur ont de l'importance pour nous, mais n'en ont guère dans la physique du photon : aussi bien l'absorbeur que l'émetteur sont également causaux. Mais l'espace optique entre eux est causal lui aussi, avec son peuplement en photons, sinon, pas d'astronomie interférentielle à large base ! Tant pis pour notre orgueil et notre égocentrisme, qui sont là cruellement dédaignés par la nature : ça n'a aucune importance que tel photon ait été émis voici quatorze milliards d'années de notre repère, et ne sera absorbé que dans soixante-cinq milliards d'années de notre repère.

On va le redire en termes de tous les jours :
Tu n'expédies pas un semi-remorque de ciment en maraude au hasard sur les routes, à la recherche du client qui ô miracle, a justement la place dans ses trémies pour tes vingt tonnes de ciment, en a l'usage, et est prêt à payer le prix de la livraison. Tu n'expédies que si tu as un contrat, qu'on appelle aussi une commande, envoyée par télex ou autre moyen, commande que tu as acceptée. Tu n'expédies pas un wagon de phénol au hasard des rails, en maraude à la recherche du client qui, etc. Aussi bien les acheteurs industriels que les vendeurs industriels prospectent, téléphonent, compulsent des annuaires professionnels à la recherche de clients potentiels ou de fournisseurs potentiels. Rien de tout cela n'apparaît à l'habitant de Sirius dont le télescope optique ne discerne sur Terre rien de plus fin que les wagons et les gros camions.

Professeur Marmotte :
- Ignorant ! Hérétique ! Il n'y a rien de tout cela dans les dix tomes du Landau et Lifchitz. D'ailleurs tu es bien trop nul en maths pour comprendre le Landau et Lifchitz !

Z'Yeux Ouverts :
- En quantique, les équations d'évolution sont strictement déterministes et strictement ondulatoires. A nos yeux de physiciens transactionnels, la Cruelle *Incertitude* du Prophète Heisenberg ne s'applique nullement à la trajectoire,

où émetteur et récepteur se tiennent l'un l'autre comme deux télex en communication. En revanche le bruit de fond broglien, impliqué par la découverte de Louis de Broglie en 1923 (mais bruit de fond qu'il n'avait pas envisagé lui-même), qui aboutit parfois à une transaction réussie échappe à tous nos moyens d'investigation ; son résultat nous est imprévisible et nous semble hasardeux. Il correspond parfaitement au travail de prospection des acheteurs et des vendeurs industriels, évoqué ci-dessus. De surcroît, depuis Dirac en 1928, nous savons que ce bruit de fond comprend et des composantes orthochrones, et des composantes rétrochrones : au rebours de ce qui est pour nous la flèche du temps.

Une autre façon de dire, est que nous ne croyons plus qu'il soit possible d'isoler un système quantique, alors que c'était une idée sensée en macrophysique, souvent réalisable.

Dans un premier temps nous avons rejeté le postulat que l'émetteur est isolé du récepteur : selon nous, pour que le photon existe, il faut une transaction entre un émetteur et un absorbeur. Alors que rien de tel n'existe en artillerie : l'existence de la cible désirée, ou sa non-existence, cela compte pour les intentions de l'officier pointeur d'artillerie, mais pas du tout pour la mécanique du canon (ni même pour ses servants), il tirera de la même façon que ses obus tombent à la mer ou sur le navire à frapper. Cela c'était le refus de l'isolation "en avant", vers l'absorbeur, qui est confirmé par de nombreux expériences dites « à choix retardé ».

De plus j'ai rejeté le postulat que l'isolation latérale ou omnidirectionnelle existerait, je constate qu'il est impossible d'écranter le bruit de fond Dirac-Broglie, et que nul n'a jamais exhibé un contre-exemple expérimental. Alors qu'en mécanique macroscopique, on pouvait raisonnablement isoler un gyroscope, notamment pour qu'il pilote un compas ou une navigation par inertie. A l'échelle quantique, c'est fini, le clapotis des autres est toujours du même ordre de grandeur que chaque quanton individuel. MAIS sur les grands nombres, ce clapotis est moyenné, et à titre statistique, on peut se contenter de lois statistiques qui font comme si le bruit de fond broglien n'était pas là. Ce sont ces lois là qui sont enseignées dans les amphis.

Curieux :

- Et vous avez des preuves que ça tient bon, votre nouveau truc ?

Z'Yeux Ouverts :

- Nombreux sont les faits expérimentaux que la clique dominante, celle des héritiers de Göttingen-København, évite soigneusement, car ils sont incompatibles avec leurs idéations corpuscularistes.

Curieux :
- Corpuscularistes ? Göttingen-København ?

Z'Yeux Ouverts :
- Partisans de croire au "corpuscule". Niels Bohr officiait à København (Copenhague pour les français), et les *Knaben-Physiker* (physiciens gamins) venaient tous (sauf Dirac, d'ailleurs dissident discret) de l'Université de Göttingen : Heisenberg, Jordan, Born...

Harceleur Marmotte :
- Mais pour qui il se prend ce *savanturier* qui n'aurait jamais dû sortir des soutes du cargo ? Si les plus grands savants ont besoin du corpuscule, c'est qu'il en faut ! Du reste, si vous osez parler de « *loooooongs photons* », cela prouve que vous êtes complètement ignorant de la QED !

Curieux :
- Et vos faits expérimentaux alors ?

Z'Yeux Ouverts :
- Il s'agit de la totalité des phénomènes spectraux d'absorption. Mais j'avais commencé par un début.
A titre personnel voici l'histoire : En 1995 nos élèves d'électronique avaient à étudier un dispositif de mesure et d'alerte, sur la teneur en monoxyde de carbone de l'atmosphère d'une raffinerie de pétrole ou usine pétrochimique. J'ai été chargé de leur enseigner tous les compléments de physique (quantique), d'industries sidérurgique et pétrochimique, et de biochimie (l'hémoglobine et la fixation du CO). Or l'efficacité indiscutable du dispositif d'absorption spectrale reposait sur l'énorme et mystérieuse section de capture de cette très petite molécule CO : 3 Å de petit axe, environ 4,7 Å de grand axe, qui capture précisément des photons infra-rouges de 2170 cm^{-1} de nombre d'onde[1](2169,83 cm^{-1} pour la variante isotopique majoritaire $^{12}C^{16}O$ précise cette source : à
http ://nvlpubs.nist.gov/nistpubs/jres/55/jresv55n4p183_A1b.pdf), donc des millions de fois plus grands que la molécule absorbeuse. L'unique solution

1. A 2π près, il y a deux définitions du nombre d'onde, selon les métiers.
- Soit c'est l'inverse de la longueur d'onde dans le vide, exprimée en nombre de longueurs d'onde par centimètre. Pour le convertir en fréquence il faut multiplier par c, la célérité de la lumière. Ici cela correspond à une longueur d'onde de 4,608 µm. On convertit en fréquence à 65,05 Térahertz (soixante cinq mille milliards de cycles par seconde). Contexte : c'est la définition courante des spectroscopistes.
- Soit c'est le module du vecteur d'onde, et alors l'unité de phase n'est plus le cycle mais le radian. Si vous le multipliez par c, vous obtenez la pulsation $\omega = 2\pi\nu$ rad/s. Contexte : physiciens du solide qui raisonnent en termes de Zones de Brillouin.

possible était la convergence de l'onde sur l'absorbeur résonant en fréquence, solution mathématiquement inévitable, mais rejetée avec horreur par quasiment tout le monde, puisqu'elle viole nos notions familières d'irréversibilité du temps macroscopique, et de la causalité macroscopique uniquement orthochrone en univers statistique où règnerait le temps universel d'Isaac Newton et de son dieu. Sauf que l'absorption de UN photon par UNE molécule n'est pas un phénomène statistique mais un phénomène individuel, où nos notions familières (valides en thermodynamique statistique) n'ont jamais été validées à l'échelle individuelle du photon.
Un phénomène proche est celui de l'absorption sélective de la lumière, et donc de la signature spectrale de nombreuses molécules organiques (applications en chimie analytique). Dans les manuels de chimie organique, par exemple ceux des éditions Mir, un chapitre est consacré aux colorants, et aux variantes hypsochromes ou bathochromes de chaque molécule déjà repérée comme colorant, afin de produire le colorant sur mesure réclamé par une industrie cliente. Là encore, il s'agit de molécules très petites comparées aux photons du domaine visible. La convergence du photon sur la molécule colorante, assez isolée entre micelles dans la matrice de micelles de haut polymère, est donc indispensable.

Encore plus petits sont les centres F (F pour Farbe = couleur) dans les cristaux colorés voire noirs : ce sont des lacunes ayant au plus la taille de l'atome manquant, et contenant un électron délocalisé (ou plusieurs). Et pourtant ces centres F absorbent, donc concentrent bien sur eux les photons résonants.

Professeur Castel-Tenant :
- Et vous avez des preuves que seuls ces défauts ponctuels, ces centres F, sont responsables de ces absorptions de lumière ?

Z'Yeux Ouverts :
- Bonne question ! Vérification dans mon manuel de minéralogie : dans le groupe biotite-phlogopite, la corrélation est lâche entre la composition globale et la couleur. Il y a donc dans ces feuillets des défauts ponctuels dont la composition globale ne peut rendre compte ; des écarts fins à la stœchiométrie[2] sont compensés par des lacunes. Il est de la formation de base en

2. Stœchiométrie : mot composé en 1792, par Jeremias Benjamin Richter (1762-1807) à partir de la racine grecque stoekheion qui signifie élément, et de métrie, la mesure. La stœchiométrie étudie au cours d'une réaction chimique les proportions suivant lesquelles les réactifs se combinent, et les produits se forment. Le nombre stœchiométrique d'une espèce chimique dans une réaction chimique donnée est le nombre qui précède sa formule dans l'équation considérée (un, à défaut). Exemple : $CH_4 + 2\ O_2 \rightarrow CO_2 + 2\ H_2O$ où le nombre stœchiométrique du méthane est 1, celui du dioxygène est 2, celui du dioxyde de carbone est 1 et celui de l'eau est 2.

électrochimie de la corrosion de savoir que la banale rouille, principalement de l'oxyde ferrique Fe_2O_3, est non seulement parcourue de fissures, mais aussi est lacunaire, toujours hors-stœchiométrie. Dans les manuels de physique de l'état solide (Kittel par exemple, ou Ashcroft & Mermin), ce sont surtout les cristaux d'halogénures alcalins qui sont étudiés pour leurs centres F, grâce à des études expérimentales pour produire ces lacunes à la demande. Il a été prouvé que les cristaux colorés sont toujours moins denses que le cristal normal, non coloré : lacunes.
On distingue aussi d'autres défauts ponctuels responsables d'absorption de photons. Pour revenir aux biotites, lors de leur altération aux eaux de surface, au fil des milliers d'années elles s'hydrolysent en perdant leur noirceur, deviennent jaunes dorées, et le produit final argileux est fort peu coloré : les lacunes en anions ont été remplacées par de l'eau et des hydroxyles OH^-, et des cations (K^+ ou Mg^{++}) ont été remplacés par des hydronium H_3O^+. J'ai pu observer la décoloration des biotites au stade jaune doré dans des latérites de Madagascar : altération ferrallitique[3] de granites. Les plus gros feldspaths étaient altérés en gibbsite (blanche), tandis que les quartz et les magnétites résistaient. Sinon les deux principales néoformations étaient la kaolinite et un oxyde de fer.

Beaucoup d'autres détails à l'adresse
http ://www.webexhibits.org/causesofcolor/12.html

Curieux :
- Il serait intéressant de vérifier pour d'autres solides bien noirs, comme l'oxyde cuivrique CuO, la magnétite Fe_3O_4, etc.

Z'Yeux Ouverts :
- Et vérifier aussi pour deux procédés de brunissage de l'acier, l'un à la soude caustique à chaud, l'autre par phosphatation, qui l'un et l'autre donnent une

3. Sols ferrallitiques : sols très lessivés, formés en climat tropical ou équatorial très arrosé. Toutes les bases sont exportées par lessivage, la silice est exportée sous forme monomère $Si(OH)_4$, les minéraux néoformés se limitent d'une part aux sesquioxydes, gibbsite $Al(OH)_3$, oxyde de fer Fe_2O_3 (rouge) ou FeO·OH (ocre jaune) s'il n'y a pas de saison sèche dans le sol, d'autre part à la kaolinite $Al_4[Si_4O_{10}](OH)_8$. La capacité de rétention et d'échange de cations d'un sol ferrallitique est très basse ; un incendie de forêt ou un écobuage sont des tragédies irréversibles : seul le réseau de racines et radicelles vivantes aspirait et recyclait les cations que ce sol ne sait pas retenir, et dont les végétaux ne peuvent se passer. Les anions sulfate, nitrate et phosphate ne font pas mieux en sol ferrallitique ; ils sont mesurés par l'agronome, mais usuellement omis par le pédologue, qui lui aussi a ses raisons (économie de gestes et de ressources expérimentales, toujours limitées sur le terrain).

couche noire. Question du même genre pour la couleur verte qui a donné son nom aux chlorites (phyllites magnésiennes, feuillet de 14 Å).
Reprenons le fil.
Au final, nous avons pour nous la totalité des phénomènes spectraux d'absorption, depuis la spectrographie Mössbauer à une extrémité du spectre, en passant par les raies sombres dans les spectres relevés par les astronomes voire à présent les exochimistes, jusqu'à la radio-électricité entière.

Curieux :
- Mais ça ne me dit pas pourquoi vous aviez déjà quelque chose contre les *grains de lumière.*

Z'Yeux Ouverts :
- D'une part, la lumière polarisée plane existe ; sur plusieurs dizaines de mètres au Palais de la Découverte, sur quelques kilomètres depuis le bleu du ciel - que les abeilles exploitent. Ce fait est incompatible avec le mythe du photon-corpuscule. Un photon-corpuscule pourrait transmettre une hélicité, pas une polarisation plane, et les lames quart d'onde qui transforment un photon polarisé plan en photon polarisé circulaire ne pourraient fonctionner. Donc le photon-corpuscule n'existe à aucun moment de la propagation (contrairement à ce qu'imaginait Einstein en 1905). Et quelles seraient les lois physiques de la transmutation postulée d'onde en corpuscule à l'arrivée, voire de corpuscule en onde au départ ?

Professeur Marmotte :
- Mais vous n'avez rien prouvé du tout ! On peut obtenir n'importe quelle polarisation plane par superposition de deux polarisations circulaires !

Z'Yeux Ouverts :
- OK, on va vous faire le calcul de cohérence que vous eussiez dû faire depuis quelques décennies déjà. Vous prétendez exacte la demi-phrase erronée d'Albert Einstein en 1905 : « *donc la lumière voyage par grains* ». Vous appariez donc deux photons-corpuscules, mais de polarisations circulaires opposées, l'un vrillant à droite et l'autre à gauche. Commençons par regarder le trajet. Il doivent rester accordés en phase durant quelques trois kilomètres pour le bleu du ciel qu'exploitent les abeilles et les photographes. Or pour une longueur d'onde de 0,5 µm, cela fait douze milliards de longueurs d'onde. On vous accordera une erreur de phase au plus égale à 20% d'un quart de longueur d'onde, soit un accord de fréquence entre les deux photons siamois meilleur que $4 . 10^{-12}$ en précision relative, ou une longueur de cohérence de 15 km. Autant l'on peut imaginer que dans un cristal deux atomes puissent être assez proches et complices pour réussir à envoyer deux photons-corpuscules

ensemble et de polarité opposés, autant c'est mission impossible dans l'atmosphère, où les molécules de diazote et de dioxygène sont indépendantes, et à vitesses incompatibles entre elles. Et quand on constate de la lumière polarisée plane en astronomie, je vous laisse faire le calcul de l'accord en fréquence qu'il faut à vos mythiques photons frères siamois. Et quelle longueur de cohérence monstrueuse il faut à vos photons siamois.
Donc les photons-corpuscules siamois n'existent pas. Les ondes individuelles existent.

Professeur Castel-Tenant :
- Admettons que vous ayez marqué votre point, avec la lumière polarisée. Ne perdez pas en route le prochain « *D'autre part* » que vous laissiez attendre.

Z'Yeux Ouverts :
- D'autre part les lois des interférences lumineuses, que nous avions apprises en classe terminale scientifique, donc à l'âge de 18 ans, imposent le caractère ondulatoire de chaque photon émis par chaque atome, en lumière incohérente ; or la lumière incohérente était la seule disponible en 1961 : tungstène chauffé, ou sous-oxyde de baryum chauffé, ou gaz ionisé, chaque atome ou molécule se désexcite indépendamment des autres, et chacun envoie son propre train d'onde dont la durée dans ces conditions plafonne vers la nanoseconde ou peu de nanosecondes (ne serait-ce que par le libre parcours moyen dans le gaz du tube à gaz). Les longueurs de cohérence des sources étaient connues à l'époque, par des expériences d'interférence à grandes différences de trajets optiques, et on savait déjà que la longueur de chaque train d'onde (émis par un atome excité à la fois) plafonnait aux environ du mètre, pour les fréquences dans le visible.
Source : D. V. Sivoukhine. **Cours de physique générale, tome 4 : optique**. Ch. 3, § 30 et 31. Éditions Mir, 1984. Hélas je ne vois pas d'auteur français à recommander : le souci de la rigueur expérimentale ne les effleure guère.

Curieux :
- Je vois : des corpuscules longs d'un mètre, ça ne va pas... Mais alors pourquoi en 1905 Einstein avait-il été amené à imaginer des grains quand même ?

Professeur Marmotte :
- Mais si ce ne sont pas des grains, alors pourquoi quantiques ? Il ne saurait exister d'autre solution !

Z'Yeux Ouverts :
- Haha ? Mais alors comment vous faites avec l'émission synchrotron, par

exemple celles de l'ESRF à Grenoble ? Vous les placez et les définissez comment, les petits grains dont la fréquence n'est pas définie par l'émetteur ? Répondez, Professeur Marmotte !

Professeur Marmotte :
- Vous insinuez que c'est le destinataire qui définit la fréquence, alors ?

Z'Yeux Ouverts :
- Dans les grandes lignes non, mais du moins dans le détail, oui. C'est écrit en toutes lettres dans la définition du photon, donnée plus haut.

Curieux :
- Au début de la discussion, vous aviez renvoyé à plus tard un vingtième postulat tacite et subreptice, que vous transactionnistes aviez rejeté :

Postulat de Göttingen : Il n'y a que des états, les transitions passent à l'as.

Il est grand temps d'y revenir. Nous voici au cœur du sujet : pour le spectroscopiste, un photon émis ou reçu est bien une transition d'un état atomique à un autre.

Z'Yeux Ouverts :
- Déjà en 1927, revenant perplexe du congrès Solvay, Erwin Schrödinger écrivait : "*Curieuse physique, qui se concentre sur les états, et passe les transitions sous silence !*".
La durée et les propriétés physiques des transitions, telles que les longueurs de cohérence des photons, révélées par les phénomènes d'interférences décrits depuis Thomas Young, sont incompatibles avec le postulat corpusculariste.
On ne va pas se substituer au manuel standard, qui détaille le calcul de la structure hyperfine de l'état 1s de l'atome d'hydrogène : le niveau de base 1s est scindé par les spins respectifs du proton et de l'électron. Il est un poil plus cher en énergie qu'ils soient parallèles qu'opposés.
Grâce au maser à hydrogène, on sait avec une grande précision la valeur de la différence de fréquence intrinsèque entre ces deux états : 1 420 405 751, 768 Hz, à la précision du dernier chiffre significatif.
On sait de plus que la transition est officiellement dite "*fort improbable*", la durée de vie de l'état de spin S = 1 étant de l'ordre de 3,5 . 10^{14} s, soit de l'ordre de 100 000 ans.
Mais même sous la torture, ils ne vous révèleront pas l'ordre de grandeur de la durée du photon émis à cette fréquence, correspondant à cette raie très

scrutée par les radio-astronomes, à 21 cm. C'est que dans la tribu Göttingen-København, il a été admis au début du 20e siècle que les photons sont des *grains*, instantanés, et les électrons aussi des *grains*, *ponctuels*.
Si on a un peu de pratique expérimentale de la physique des lasers, on sait quand même qu'aucune cavité n'est construite ni même définissable avec cette précision dimensionnelle, 10^{-13}, loin s'en faut. C'est donc bien le collectif en photons qui a intrinsèquement une très grande définition fréquentielle, donc chaque photon est fort long : à un milliard de périodes, il dure environ 0,7 s, sur une longueur de l'ordre de 210 000 km, voilà l'ordre de grandeur vraisemblable. En effet, la "*très longue durée de vie*" de l'état à spins parallèles implique une excellente définition en énergie et en fréquence, du dit état initial ; quant à l'état final, lui n'a guère de menaces sur sa durée de vie - au moins égale - ni donc son excellente définition en fréquence. Tous deux ont une définition en fréquence meilleure que le millième de hertz. La durée du photon nous donne un minorant de la durée du libre parcours moyen dans ce genre de gaz interstellaire, émetteur sur 21 cm.

Professeur Castel-Tenant :
- « Minorant » est un mot que le français moyen ignore. Cela désigne un nombre ou une grandeur dont on est certains que c'est plus petit que la grandeur mal connue qu'on veut cerner. Inversement, pour la masse éventuelle des neutrinos, on dispose de majorants, et à ce jour le jeu consiste à prouver expérimentalement des majorants toujours plus petits.

Z'Yeux Ouverts :
- Une autre preuve indirecte de la grande longueur de ces photons de longueur d'onde décimétrique est le grand succès de la radio-astronomie interférentielle à synthèse d'ouverture sur une large base, qui repose entièrement sur le groupage grégaire des photons d'origines voisines - voisines à l'échelle astronomique, s'entend.

Professeur Castel-Tenant :
- J'espère que notre lecteur curieux n'est plus dérouté par une habitude du contestataire dit « z'Yeux Ouverts » : pour lui, dire l'énergie-masse d'un état atomique ou dire sa fréquence, c'est dire la même chose à une constante multiplicative près (la constante **h** de Planck), et compte tenu qu'en relativité, il existe un niveau zéro des énergies, qui est aussi le zéro des fréquences. En vision non-relativiste et anté-broglienne, ce zéro n'existait pas, et il n'était possible de parler que de différences d'énergie.

Z'Yeux Ouverts :

- On n'a eu le début de solution qu'en 1924, avec la thèse de Louis de Broglie, et le reste de la solution avec l'hypothèse de spin par Uhlenbeck et Goudsmit (deux néerlandais) en 1925, l'équation de Schrödinger en 1926, définitivement rectifiée par Dirac en 1928. Je donne le raccourci d'abord, et les démonstrations après : Aux basses énergies que les spectroscopistes constatent, aussi bien l'atome ou la molécule émetteurs que l'atome ou la molécule absorbeurs sont soumis à des contraintes de quantification incontournables, ils ne peuvent sauter que d'un état stationnaire stable ou quasi-stable à un autre état stationnaire stable ou quasi-stable. En tout cas de grande durée de vie comparé à la durée d'émission ou d'absorption d'un photon. En 1905, postuler des grains était une erreur admissible. Cent quatorze ans plus tard, en 2019, cette bourde n'est depuis longtemps plus excusable, et pourtant elle est toujours au pouvoir. Aux deux extrémités de son existence, de son trajet (ou au moins à une des extrémités), le photon est dépendant de quantifications par les états stationnaires des atomes. Il est de plus affirmé en QED (électrodynamique quantique) que l'espace aussi impose une quantification au champ électromagnétique, donc aux photons.

Professeur Marmotte :
- Soyons précis. Dans la théorie quantique des champs, on considère un état |0> dit "le vide" et des états |n> à n photons de type k obtenus par |n> = (a*(k))^n |0> à une normalisation prés. Alors a*|n> = |n+1> a|n> = |n-1> à facteurs prés a|0> = 0 Les objets a et a* deviennent des opérateurs tels que [a(k),a*(k)]=1 ceci pour deux valeurs de k identiques sinon ils commutent. Comme il y a toutes les valeurs de k possibles l'espace des états est infiniment compliqué, bien sûr. Maintenant a*(k)a(k) est le nombre de photons de type k dans un état propre (tel que |n>) chacun ayant une énergie h nu. Voilà c'est ça la seconde quantification pour le champ de photons. Et c'est essentiellement l'interprétation actuelle de la théorie de Planck.

Z'Yeux Ouverts :
- Hypothèse secrètement corpusculiste, qui contredit nombre de conditions expérimentales, conditions qui seront détaillées plus loin, en annexe D, et au chapitre 9 consacré à la Relativité. Notamment en résonance Mössbauer à courte distance dans un appareil tenant sur paillasse. Certes dans les expériences historiques de Pound et Rebka puis Pound et Snider, la distance était de 21 m, pour une longueur de cohérence de chaque photon gamma de l'ordre de 1 à 15 m. Et il semblait raisonnable de penser que notre macroespace était informé de la présence toute entière de tel et tel photon gamma. Toute cette présomption s'écroule dans un dispositif de taille plus raisonnable, tenant sur la paillasse d'un labo, où du fait de l'excellente résonance en fréquence Mössbauer, la longueur de cohérence est largement plus grande

que le parcours dans l'appareil. Dans la majeure partie du temps dans ces conditions plus triviales, une partie du photon est encore dans le cul de la poule, une partie dans l'espace intermédiaire, tandis qu'une troisième partie est déjà arrivée dans le noyau absorbeur en résonance.

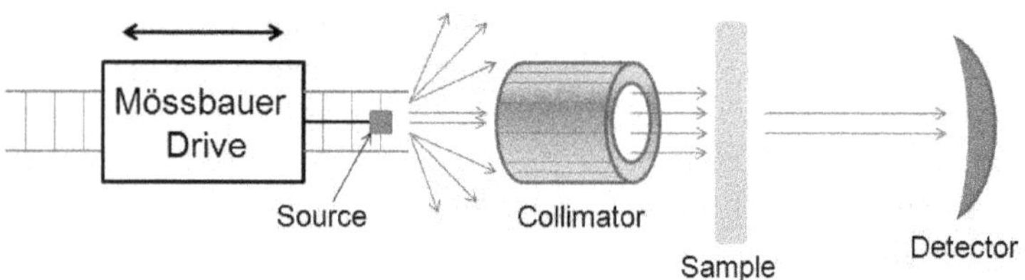

Figure 20.1.

Et la contradiction est encore plus énorme dans un maser à hydrogène, sur la raie 21 cm. La longueur de cohérence du photon est de l'ordre de grandeur de la distance de la Terre à la Lune, mais la taille de l'appareillage n'a pas suivi.
Ces théoriciens ont persisté à raisonner subrepticement en termes corpusculistes, avec des longueurs de propagation nulles, des créations instantanées, et des absorptions instantanées, aux propriétés du reste déniées.

Curieux :
- Pouvez-vous préciser ce qu'est un état stationnaire ?

Z'Yeux Ouverts :
- L'état d'une onde stationnaire, comme sur une corde de guitare. Tous les électrons qui entourent un noyau dans un atome ou un ion sont des ondes stationnaires, qui durent entre deux évènements tels qu'une collision.

Curieux :
- Mais onde de quoi ? Onde stationnaire de quoi ?

Z'Yeux Ouverts :
- D'électron. Onde d'électron. Il n'existe pas deux *hypostases* distinctes qui seraient l'une l'onde et l'autre l'électron. C'est une seule et même chose.
On disposait depuis 1911 d'un modèle planétaire de l'atome, où les électrons étaient de petites billes, qui orbitaient comme des planètes autour d'un noyau, c'était le modèle de Rutherford. En 1913, Niels Bohr demeure sur l'idéation planétaire, mais introduit l'hypothèse que ces orbites sont quantifiées, et pose trois nombres quantiques principaux, tous entiers, qui résout

les premiers gros problèmes de la spectroscopie. Depuis, physiciens et chimistes ont remplacé ces "orbites" inexistantes par le concept plus flou d'orbitale, désignant l'*habitus* de l'électron autour d'un atome ou d'une molécule. L'équation de Schrödinger perfectionnée Dirac n'a de fait qu'un ensemble discret de solutions liée et stables, qui sont autant de solutions stationnaires pour la totalité des ondes électroniques pour l'atome ou la molécule considérée.
C'est ce qui fait les spectres des atomes et des molécules, dont les lois ont été découvertes au long du 19e siècle, puis début 20e siècle pour la structure hyperfine des spectres : dans un spectre, chaque photon émis ou absorbé est la différence entre deux états stationnaires. États électroniques dans la physique atomique, états nucléaires pour les gammas émis ou captés par des noyaux.
Ça a été une bataille d'un siècle entier, depuis le début du 19e siècle, jusqu'au début du 20e siècle (1913 : Jean Perrin), pour faire admettre en chimie l'existence et les propriétés des atomes.

Exemple d'un spectre simple, celui du césium en vapeur, dans le domaine visible :
Figure 6.1.

Un autre défi, commencé dès le début du 19e siècle, a été l'observation grâce à la décomposition spectrale de la lumière par les prismes, de spectres de raies pour les flammes, et de raies d'absorption dans la lumière du Soleil. Les premiers grands noms : Wollaston, Fraunhofer, Bunsen, Kirchhoff...Rappel historique :

Si le spectre est connu depuis Newton, le spectroscope ne fut inventé qu'en 1802 par William Wollaston qui découvrit que le spectre du Soleil était parcouru de raies sombres mais il crut qu'elles délimitaient les différentes couleurs.
C'est l'opticien allemand Joseph von Fraunhofer qui réalisa la première analyse spectrale en 1811. Fraunhofer répertoria 600 raies dans le spectre du Soleil. En son hommage, le spectre de la photosphère sera baptisé spectre de Fraunhofer. Aujourd'hui on recense plus de 26 000 raies dans le spectre solaire dont plus de 6 000 raies sont uniquement attribuées au fer !
http ://www.astrosurf.com/luxorion/spectro-principes.htm
http ://pagesperso-orange.fr/alain.calloch/pages/experience_celebre6.htm
Lire à http ://www.astrosurf.com/luxorion/Sciences/
kirchhoff-lines-sun.pdf, l'article de Gustav Kirchhoff de 1861, concernant le lien entre spectre d'absorption et le spectre d'émission. Ce qui déjà établissait l'équivalence entre les lois de l'émission et les lois de l'absorption, la symétrie complémentaire de l'absorbeur et de l'émetteur d'un rayonnement électromagnétique.
Le spectre du fer est beaucoup plus compliqué et riche que celui du césium, au point qu'on l'emploie pour l'étalonnage de chaque film, à côté du spectre inconnu à dépouiller. Il est entièrement tabulé. La fréquence de chaque raie émise (ou absorbée dans d'autres conditions) est la différence, le battement des fréquences intrinsèques (donc brogliennes) de l'atome dans l'état initial et l'état final.

6.3. Début de la mécanique ondulatoire en microphysique.

En 1923, quand il prépare sa thèse, Louis de Broglie en reste à l'idéation planétaire, sans se douter qu'il va fournir de quoi la dynamiter. Il commence par réunir les deux formules d'Einstein et de Planck-Einstein :
$\mathbf{E = mc^2}$: relation relativiste pour ce qui a une masse.
$\mathbf{E = h.\nu}$: pour les photons, qui n'ont aucune masse, où ν (nu) est la fréquence.
d'où la fréquence de Broglie pour toutes les particules dotées de masse :
$\nu = \mathbf{mc^2/h}$.

Cette fréquence broglienne est intrinsèque, et ne dépend que de la masse, elle est exprimée là dans le repère de la particule. Elle demeure férocement bannie par le clergé héritier de la secte Göttingen-København. Les étudiants n'en sont jamais informés. Jamais. *Strengt verboten* !
Les raies spectrales que les physiciens, chimistes et astronomes du 19e siècle ont observées et répertoriées, proviennent toutes d'une transition entre deux états stationnaires capables de durer. A l'émission de photon, l'état initial

avait plus d'énergie et donc une fréquence intrinsèque plus élevée que n'en a l'état final. A l'absorption de photon, c'est l'inverse, c'est l'état final qui a plus d'énergie.

Curieux :
- Et cela donne quoi comme ordres de grandeur ?

Z'Yeux Ouverts :
- Fréquence broglienne de l'électron isolé ou libre : 123,56 . 10^{18} Hz.
Pour généraliser facilement le calcul, nous stockons la valeur universelle $\mathbf{c^2/h}$ = 135,639 . 10^{48} cycles/(kg.s). Nous n'aurons plus qu'à multiplier par la masse de n'importe quel objet pour obtenir sa fréquence broglienne.
Fréquence broglienne du neutron : 227,2 . 10^{21} Hz.
Fréquence broglienne d'un atome d'uranium 238 : 54,1 . 10^{24} Hz environ.
Fréquence broglienne d'un fullerène, sphère à 60 atomes de carbone : 163,6 . 10^{24} Hz. Les expériences d'interférence de fullerènes sur un réseau ont été faites, ce qui confirme la réalité des longueurs d'ondes spatiales selon de Broglie pour une molécule aussi grosse (720 unités de masse atomique).

Curieux :
- Sérieux ? Interférences ? Vous voulez dire que l'onde de fullerène se partage sur tous les plans du réseau ?

Z'Yeux Ouverts :
- Ou a minima sur cinq ou six d'entre eux.

Curieux :
- Que l'atome d'hélium passe par les deux trous d'Young simultanément ? Vous ne vous foutriez pas du monde ?

Professeur Marmotte :
- Vous voyez bien qu'il faut éviter de faire de la vulgarisation ! Ce pauvre profane est complètement perdu !

Z'Yeux Ouverts :
- Le problème est que nous voudrions extrapoler à l'échelle atomique et en dessous, notre géométrie macroscopique familière, qui est fiable à notre échelle, et que sans méfiance nous prétendons l'appliquer en dessous de son horizon de compétence.

Professeur Marmotte :
- Quoi ? On n'a jamais entendu ça ! Nous, nous descendons jusqu'à la longueur de Planck !

Z'Yeux Ouverts :
- Pas nous. Je vous retourne l'argument positiviste : pouvez-vous vous poser votre problème mythique de longueur de Planck expérimentalement ? Nous avions déjà le même type de problème avec la taille des électrons de conduction. Notre choix qui n'est pas le vôtre, est que nous cessons de faire une confiance aveugle à cette géométrie apprise en classe ; nous dressons le cahier des charges pour ce qu'il faudra élaborer à la place pour les besoins de la microphysique. Au lieu d'accuser l'atome d'hélium d'avoir une double nature, tantôt corpusculaire, tantôt ondulatoire, nous déplaçons l'accusation : c'est l'espace-temps macroscopique comme émergence statistique de toutes les interactions entre toutes entités quantiques, qui diverge dans ses propriétés, ce sont des propriétés différentes, contradictoires dans notre monde d'animaux macroscopiques, selon ce à quoi on l'applique dans les parages de son horizon inférieur de compétences.

Professeur Castel-Tenant :
- Peut-être faut-il risquer un néologisme : le macro-temps ? En 1905, Albert Einstein avait déjà scindé le macro-temps divin et universel de Newton en autant de temps propres locaux qu'il y a de repères, dont seuls les repères immobiles les uns par rapport aux autres sont synchronisables. En 1915 avec la Relativité générale, il y a eu encore une scission dans ces temps propres selon le potentiel de gravité. Puis vous avez observé que chaque photon fait un trou ou un court-circuit dans chaque macro-temps, y compris celui du laboratoire.

On pourrait réserver le terme de micro-temps à celui d'une particule, soit selon le cas, à une molécule de gaz, à un atome, à un de ses électrons selon l'orbitale qu'il occupe.

Z'Yeux Ouverts :
- Adoptés : Macro-temps, micro-temps, qu'il faudra préciser dans le chapitre consacré au cadre relativiste.
Je reprends le fil historique.

Puis de Broglie[4] se demande comment en relativité un observateur voit cette fréquence quand un électron passe devant lui. Il aboutit donc au théorème d'harmonie des phases, qui implique que l'électron occupe une étendue notable, qu'il ne sait du reste pas évaluer, et à laquelle il répugne pour le restant de ses jours.
Il en déduit la vitesse de phase de l'onde électronique, telle que le produit de la vitesse de groupe par la vitesse de phase vaut toujours $\mathbf{c^2}$. Il en déduit aussi la longueur d'onde de cette phase quand l'électron se déplace. Comme ce dernier résultat n'est plus explicitement relativiste, c'est le seul que le clergé Göttingen-København n'a pas envoyé au Trou de mémoire (selon George Orwell).

Professeur Castel-Tenant :
- J'interromps là votre réquisitoire, car il faut donner la parole à Louis de Broglie lui-même, lui laisser exposer son théorème d'harmonie des phases.
Après avoir argumenté sur la nécessité d'unifier la théorie de la relativité et la physique des quanta, notamment du fait que les échanges d'énergie se font par quanta dans l'effet photoélectrique, Louis de Broglie écrit :
« On peut donc concevoir que par suite d'une grande loi de la Nature, à chaque morceau d'énergie de masse propre **m**, soit lié un phénomène périodique de fréquence ν_0 telle que l'on ait : $\mathbf{h}.\nu_0 = \mathbf{m.c^2}$, où ν_0 est mesurée, bien entendu, dans le système lié au morceau d'énergie. Cette hypothèse est la base de notre système : elle vaut, comme toutes les hypothèses, ce que valent les conséquences qu'on en peut déduire. »
Plus loin dans son travail, il explique ce qui lui fait penser que ce phénomène périodique n'a pas lieu d'être considéré a priori comme confiné : il s'agirait donc d'une onde se propageant dans l'espace. Tacitement, il la traite en onde plane. Notation : $\beta = \mathrm{v/c}$ où v est la vitesse relative des deux référentiels.
Louis de Broglie précise alors sa conception de l'atome électronique :

> « Ce qui caractérise l'électron comme atome d'énergie, ce n'est pas la petite place qu'il occupe dans l'espace, je répète qu'il l'occupe tout entier, c'est le fait qu'il est insécable, non subdivisible, qu'il forme une unité »

Puis, il présente une contradiction apparente entre son hypothèse et la relativité restreinte, disant que c'était là « *une difficulté qui m'a longtemps intrigué* » :

4. . "Broglie", ou "de Broglie" ? La règle est que quand le nom est monosyllabique, on conserve la préposition particule. Or le piémontais *Broglia* se prononce en français "Broï". Un seule syllabe. Un doublet français existe, c'est le nom toponymique et patronymique "Breuil", venant du mot gaulois désignant un bosquet d'arbres (*broglium*).

> Ayant admis l'existence d'une fréquence liée au morceau d'énergie, cherchons comment cette fréquence se manifeste à l'observateur fixe dont il fut question plus haut.

Toutefois sans se poser de questions sur l'existence physique d'un tel « *observateur* ».

> La transformation du temps de Lorentz et Einstein nous apprend qu'un phénomène périodique lié au corps en mouvement apparait ralenti à l'observateur fixe dans le rapport 1 à $\sqrt{1-\beta^2}$. C'est le fameux ralentissement des horloges. Donc la fréquence observée par l'observateur fixe sera :
> $\nu_1 = \nu_0\sqrt{1-\beta^2} = \frac{m_0c^2}{h}\sqrt{1-\beta^2}$
> D'autre part, comme l'énergie du mobile pour le même observateur est égale à $\frac{m_0c^2}{\sqrt{1-\beta^2}}$ la fréquence correspondante dans la relation du quantum est
> $\nu' = \mathrm{E'/h} = \frac{m_0c^2}{h\sqrt{1-\beta^2}} = \frac{\nu_0}{\sqrt{1-\beta^2}}$
> Ces deux fréquences ν_1 et ν' sont essentiellement différentes puisque le facteur $\sqrt{1-\beta^2}$ n'y figure pas de la même façon. Il y a là une difficulté qui m'a longtemps intrigué ; je suis parvenu à la lever en démontrant le théorème suivant que j'appellerai le théorème de l'harmonie des phase :
> « Le phénomène périodique lié au mobile et dont la fréquence est pour l'observateur fixe égale à $\nu_1 = \frac{m_0c^2}{h}\sqrt{1-\beta^2}$ parait à celui-ci constamment en phase avec une onde de fréquence $\nu' = \frac{m_0c^2}{h\sqrt{1-\beta^2}}$ se propageant dans la même direction que le mobile, et avec la vitesse $\mathrm{V}\varphi = \frac{c}{\beta}$.

La vitesse de phase $\mathrm{V}\varphi$ est supérieure à la vitesse de la lumière. Et c'est la "fréquence de phase" ν', véritable fréquence de l'onde (vue depuis le laboratoire), qui vérifie la relation h $\nu' = \mathrm{E}$.

Z'Yeux Ouverts :
- la fréquence de groupe sera mise en évidence dans l'expérience conduite en semi-clandestinité à l'Accélérateur Linéaire de Saclay par l'équipe conduite par Michel Gouanère : http ://aflb.ensmp.fr/AFLB-331/aflb331m625.pdf
La fréquence de groupe n'est mise en évidence en dynamique qu'à des vitesses relativistes, mais en statique elle se manifeste dans chaque atome, et les raies électromagnétiques qu'il émet ou reçoit : un électron est vu de l'extérieur avec sa fréquence d'horloge d'autant plus réduite qu'il est plus lié. Alors que les expériences courantes de diffraction mettent en évidence la longueur d'onde de phase, qui n'exige aucune vitesse de groupe qui soit

relativiste.

Professeur Castel-Tenant :
- La moyenne géométrique des deux vitesses est la vitesse de la lumière : $\mathbf{v_g.v_\varphi} = \mathbf{c^2}$. Le théorème que de Broglie appelle "harmonie des phases" indique que la phase du phénomène périodique ne change pas par changement de référentiel : $\nu_0.\mathrm{t}_0 = \nu'(t' - \frac{\beta.x}{c})$. Cette propriété est démontrée de deux manières, dont une utilisant les transformations de Lorentz : c'est une « onde de phase ». De Broglie ne fait qu'une hypothèse sur la nature de l'onde : il la suppose distincte de l'électron lui-même qu'il persiste à supposer corpusculaire et doté d'une symétrie sphérique.

Z'Yeux Ouverts :
- Et c'est là que de Broglie fait le ratage de sa vie : il croyait toujours, tout comme Poincaré en 1905, que l'électron est un petit corps de symétrie sphérique, certes une fois il l'affirme non confiné, mais ayant quand même un centre ponctuel de sa symétrie sphérique. Alors qu'il aurait eu la seconde idée géniale de sa vie, s'il s'était aperçu que sa mystérieuse *onde-pilote-de-corpuscule* n'était autre que l'électron lui-même.

Professeur Castel-Tenant :
- A vrai dire, cette seconde idée géniale, ce fut Erwin Schrödinger qui l'eut, tout au long de l'année 1926.

Z'Yeux Ouverts :
- Toujours sur l'idéation planétaire modèle Rutherford, de Broglie posa son électron-corpuscule sur une trajectoire bien plus grande que lui autour du noyau, orbite dont le rayon était celui calculé par Bohr, et se demanda comment se comportait l'onde de phase. Il aboutit à ce que l'onde de phase boucle exactement un tour sur l'orbite fondamentale ; deux périodes par tour sur les orbites supérieures, trois périodes, quatre périodes etc. Exactement.
Ce fut cette onde de phase (supraluminique) qui demeura quand Erwin Schrödinger trouva d'abord l'équation relativiste qui est connue par la suite comme équation de Klein-Gordon, puis son approximation non-relativiste qui demeure enseignée, quoique férocement défigurée et dé-Schrödinger-isée.

Professeur Castel-Tenant :
- On va l'écrire, cette équation de Schrödinger, en retraçant son histoire. Les coordonnées seront prises cartésiennes et orthonormées dans tous les développements analytiques. C'est un ouvrage d'initiation ici, pas un ouvrage de spécialité.

6.4. Équation des ondes de Broglie

Considérons l'équation de propagation en dimension 1 (équation d'Alembert) des ondes d'amplitude Ψ(x, t) et de vitesse de phase vφ :
$\frac{\partial^2 \Psi}{\partial x^2} - \frac{1}{v_\varphi^2} \frac{\partial^2 \Psi}{\partial t^2} = 0$

Curieux :
- Pour le grand public qui n'a jamais manié d'équations différentielles ni d'équations aux dérivées partielles, il faut expliquer davantage. Le symbole ∂ (d rond) désigne une dérivation partielle de la fonction, par rapport à une seule variable ; cela l'oppose au symbole d, qui désigne une dérivation totale. Ainsi pour une variation infinitésimale de la variable, $\partial\Psi/\partial$x est le quotient de la variation de cette fonction Ψ par la variation de la variable x.
Nous prononçons l'équation ci-dessus : La seconde dérivée partielle de Ψ par rapport à l'abscisse x, moins le carré de l'inverse de v_φ multiplié par la seconde dérivée partielle de Ψ par rapport au temps, égale zéro.

Z'Yeux Ouverts :
- La situation est encore pire que vous le pensez. Pour le plus gros du grand public, "équation" est un mot barbare qui leur fait peur, et qu'ils comprennent de travers, qui pour eux désigne n'importe quelle écriture mathématique. Or $\nu_1 = \nu_0\sqrt{1-\beta^2}$ n'est qu'une prescription d'opérations qui obtiendront le résultat ν_1. Ce n'est pas une équation. Et pourtant cette prescription utilise le même symbole "=", sans lui donner le même sens. Là il signifie une égalité inconditionnelle. Alors qu'utilisé dans une équation, il désigne une contrainte sur les variables.
A charge ensuite pour l'opérateur, en maniant des transformations régulières, d'amener cette équation ou cet ensemble d'équations à une forme plus pratique, et si possible de résoudre complètement.

Professeur Castel-Tenant :
- Nous disons plus brièvement : le dalembertien de Ψ est nul.
Cette équation n'est pas relativiste puisque $\mathbf{v}_\varphi \neq \mathbf{c}$, vitesse de la lumière ; elle n'est conservée ni dans la transformation de Lorentz ni dans celle de Galilée. On a vu que la vitesse c de la lumière est la moyenne géométrique des vitesses de phase v_φ des ondes de Broglie et de la vitesse $\mathbf{v_g}$ de la particule (ou vitesse de groupe) selon la relation : $\mathbf{v}_\varphi\ \mathbf{v_g} = \mathbf{c^2}$
On peut donc écrire l'équation des ondes de matière avec la vitesse de groupe, sous la forme $\frac{\partial^2 \Psi}{\partial x^2} - \frac{v_g^2}{c^4} \frac{\partial^2 \Psi}{\partial t^2} = 0$

6.4.1. Équation de Klein-Gordon. On réécrit l'équation des ondes de Broglie, en portant à droite la vitesse de la particule :
$\frac{\partial^2\Psi}{\partial x^2} - \frac{1}{c^2}\frac{\partial^2\Psi}{\partial t^2} = -\frac{1}{c^2}(1 - \frac{v_g^2}{c^2})\frac{\partial^2\Psi}{\partial t^2}$
On utilise la relation de Planck-Einstein : $\frac{m_0.c^2}{\sqrt{1-\frac{v_g^2}{c^2}}} = h\nu$ où ν (prononcer « nu ») est la fréquence de phase, vue depuis le repère du laboratoire.

Curieux :
- Casse-cou ! Depuis trois pages déjà, vous invoquez dans vos calculs des lois relativistes, alors que vous ne poserez le cadre relativiste que trois chapitres plus loin, chapitre 9.

Professeur Castel-Tenant :
- Bah ! C'est tout de sa faute à lui ! Il veut absolument rappeler que le fondement des équations de Broglie, Schrödinger et Klein-Gordon est relativiste...

On utilise la relation de Planck-Einstein : $\frac{m_0.c^2}{\sqrt{1-\frac{v_g^2}{c^2}}} = \mathbf{h}\nu$
Alors la vitesse de groupe disparaît et l'équation des ondes de Broglie devient
$\frac{\partial^2\Psi}{\partial x^2} - \frac{1}{c^2}\frac{\partial^2\Psi}{\partial t^2} = -\left(\frac{m_0 c}{h\nu}\right)^2\frac{\partial^2\Psi}{\partial t^2}$
Pour des ondes quasi-monochromatiques et quasi-stationnaires (par exemple autour d'un noyau d'atome), la fonction d'onde est sinusoïdale en fonction du temps : $\mathbf{\Psi(x,\ t) = \varphi(x)\ sin(\omega t)}$
où la pulsation de phase $\omega = \mathbf{2}\pi\nu$, varie avec la vitesse $\mathbf{v}$ selon la relation :
$\omega = \frac{\omega_0}{\sqrt{1-\frac{v_g^2}{c^2}}} = \gamma\omega_0$

Sa dérivée partielle seconde par rapport à t est : $\frac{\partial^2\Psi}{\partial t^2} = -\omega^2\Psi$
Attention, à partir d'ici on va vous entourlouper, en confondant ω avec $\omega_\mathbf{0}$, et γ avec $\mathbf{1}$, autrement dit, on va faire comme si les vitesses étaient toujours loin d'être relativistes.

En utilisant cette expression dans le second membre seulement de l'équation des ondes de Broglie, la fréquence angulaire - ou pulsation - variable ω disparaît mais il reste la pulsation intrinsèque $\omega_\mathbf{0}$ de la particule au repos :
$\frac{\partial^2\Psi}{\partial x^2} - \frac{1}{c^2}\frac{\partial^2\Psi}{\partial t^2} = -\left(\frac{2\pi m_0 c}{h}\right)^2\Psi$
Pour un photon, de masse au repos $\mathbf{m_0}$ nulle, on retrouve l'équation classique des ondes électromagnétiques, le second membre étant nul.
La constante $\mathbf{R_C} = \frac{\lambda_C}{2\pi} = \frac{\hbar}{m_0 c}$ est le rayon de Compton, et $\lambda_\mathbf{C}$ la longueur d'onde Compton de la particule. Lorsque $\mathrm{m_0}$ est la masse $\mathrm{m_e}$ de l'électron, on trouve un rayon Compton de l'électron de 386,159 fm ; et la longueur d'onde Compton est de 2,42631 pm.

L'écriture explicite, en quatre dimensions où le temps est une pseudo-dimension spatiale, du dalembertien[5] en utilisant la variable **w** = **ict** est :
$\frac{\partial^2\Psi}{\partial x^2}+\frac{\partial^2\Psi}{\partial y^2}+\frac{\partial^2\Psi}{\partial z^2}+\frac{\partial^2\Psi}{\partial w^2}=\left(\frac{2\pi m_0 c}{h}\right)^2\Psi=\left(\frac{1}{R_C}\right)^2\Psi$
On peut encore l'écrire, en utilisant le laplacien Δ :
$\Delta\Psi-\frac{1}{c^2}\frac{\partial^2\Psi}{\partial w^2}=\frac{\Psi}{R_C^2}$
Le dalembertien est invariant dans la transformation de Lorentz et le second membre se transformant comme un champ scalaire, l'équation de Klein-Gordon est invariante dans la transformation de Lorentz, donc relativiste. Elle a été découverte par de Broglie en 1925 (Sur la fréquence propre de l'électron, C. R. Acad. Sci., 180, 1925, p. 498-500), mais avec, au second membre et par erreur, un signe moins. En 1927, de Broglie avait corrigé son signe erroné : *La mécanique ondulatoire et la structure atomique de la matière et du rayonnement.* In **Le Journal de Physique et le Radium**. Mai 1927.
Schrödinger en a fait l'approximation non relativiste et stationnaire, plus facile à résoudre, qui porte son nom.

6.5. Équation de Schrödinger statique, indépendante du temps

(indépendante du macro-temps).
Reprenons l'équation de Klein-Gordon : $\Delta\Psi-\frac{1}{c^2}\frac{\partial^2\Psi}{\partial w^2}=\left(\frac{\omega_0}{c}\right)^2\Psi$
Lorsque les ondes sont vraiment stationnaires et monochromatiques, une base de la fonction d'onde est le produit de deux fonctions, l'une des coordonnées, l'autre du temps, et la fonction est somme de sinusoïdales, chacune du genre : Ψ(x, t)=φ(x) . sin(ωt).
D'où : $\frac{\partial^2\Psi}{\partial t^2}$ = - $\omega^2\Psi$
L'équation de Klein-Gordon devient : $\Delta\Psi-\frac{1}{c^2}(\omega^2-\omega_0^2)\Psi=0$
Au lieu des pulsations, utilisons les masses en mouvement et au repos. Avec la relation de Planck-Einstein : E = $\hbar\omega$ = mc²
on a : $\Delta\Psi-\frac{1}{c^2}\left[\left(\frac{2\pi mc^2}{h}\right)^2-\left(\frac{2\pi m_0 c^2}{h}\right)^2\right]=0$ ou $\Delta\Psi-\left(\frac{c}{\hbar}\right)^2(m-m_0)(m+m_0)\Psi=0$

5. Jean le Rond d'Alembert, 1717-1783. A dirigé l'Encyclopédie avec Denis Diderot jusqu'en 1757. Équation des cordes vibrantes en 1747. L'opérateur du second ordre dalembertien est explicité ci-dessus dans le texte ; dans un espace quadridimensionnel genre Minkowski, il peut être considéré comme l'extension de l'opérateur laplacien.

En coordonnées cartésiennes et orthonormées, le laplacien de la fonction Ψ est $\frac{\partial^2\Psi}{\partial x^2}+\frac{\partial^2\Psi}{\partial y^2}+\frac{\partial^2\Psi}{\partial z^2}$

et pour une célérité v, son dalembertien est $\frac{\partial^2\Psi}{\partial x^2}+\frac{\partial^2\Psi}{\partial y^2}+\frac{\partial^2\Psi}{\partial z^2}-\frac{1}{v^2}\frac{\partial^2\Psi}{\partial t^2}$.

Dans d'autres systèmes de coordonnées, c'est un bon exercice : il vous faut le tenseur métrique et les connecteurs de Christoffel de cet autre système de coordonnées...

Or l'énergie cinétique relativiste est $\mathbf{T = E\text{-}V = (m\text{-}m_0)\ c^2}$
où E est l'énergie totale mécanique et V l'énergie potentielle. Dans l'hypothèse des vitesses petites devant celle de la lumière, on a :
$\mathbf{m + m_0} \approx 2\mathrm{m}$ et $\mathbf{m - m_0} \approx \frac{E-V}{c^2}$
L'équation des ondes stationnaires devient alors l'équation de Schrödinger indépendante du temps
$\frac{\hbar^2}{2m}\Delta\Psi + (E-V)\Psi = 0$
Ces calculs montrent que l'équation de Schrödinger n'est pas un postulat mais une approximation non relativiste et stationnaire de l'équation d'Alembert appliquée aux ondes de Broglie définies par $\lambda = \mathbf{h/p}$. Même non-relativiste, elle a son origine dans la transformation de Lorentz.

6.6. Équation de Schrödinger dynamique, dépendante du temps.

Professeur Castel-Tenant :
- Voici l'enseignement standard – je me dévoue pour vous le présenter, sachant que mon collègue va le démolir.
Dans cas d'un champ conservatif quand la fonction potentiel V ne dépend pas explicitement du temps, on peut toujours admettre que la dépendance de Ψ du macro-temps s'exprime par un terme sensiblement monochromatique $\mathrm{e}^{\mathrm{i}\omega\mathrm{t}} = e^{-\frac{1}{\hbar}Et}$. Considérant que dans ce cas $i\hbar\frac{\partial\Psi}{\partial t} = E\Psi$, alors $\frac{\hbar^2}{2m}\Delta\Psi - V\Psi$ $= -i\hbar\frac{\partial\Psi}{\partial t}$

Z'Yeux Ouverts :
- Hé ! Mais bien qu'ayant pensé et utilisé une pulsation erronée, vous avez abouti à une équation formellement irréprochable !
La seule incorrection, reproduite dans tous les manuels, est d'oublier de prendre l'énergie totale, relativiste, qui donne la pulsation correcte, celle de Louis de Broglie confirmée en 1928 par Dirac, à un raffinement près : $\omega = \mathrm{mc}^{\mathbf{2}}/\mathbf{\hbar}$.
Nous y reviendrons ultérieurement. Le problème est que toute évolution en microphysique dépend simultanément de l'état initial et de l'état final, et qu'entre les deux s'applique le principe de Fermat : onde de phase spatialement concentrée au départ, et à l'arrivée aussi. A titre transitoire et provisoire, on pourrait s'exercer à écrire deux équations d'évolution de Schrödinger, l'une qui dévale notre temps macroscopique familier, et qui transporte de l'énergie positive, l'autre qui remonte de l'absorbeur vers l'émetteur, et qui est à énergie négative et micro-temps négatif par rapport à notre macro-temps. C'est ce que firent Yakir Aharonov, Peter Bergmann et Joel Lebowitz en 1964, après Satosi Watanabe en 1955.

Ultérieurement je vous présenterai l'innovation : le quotient d'une fonction de transmittance (l'inverse d'une impédance) par une fonction de concurrence.

Curieux :
- Là ça me rappelle quelque chose qu'on avait apprise en Terminale : une onde stationnaire sur une corde de guitare ou de piano, se décompose en une onde progressive qui va, et une onde progressive de même fréquence, mais qui revient.

Z'Yeux Ouverts :
- Sur votre corde à piano, chaque onde progressive est à énergie positive, et elles sont miroir spatial l'une de l'autre. S'il n'y avait ni dissipation dans le métal, ni émission acoustique à travers les supports et à travers l'air, toute la corde demeurerait globalement à énergie positive et constante.
Tant que l'atome ne reçoit ni n'émet de photon, tant qu'il n'est soumis à aucun choc par une molécule, ni à aucune vibration dans un milieu condensé, les ondes électroniques autour d'un noyau demeurent à énergie constante, dans un état stationnaire.
Alors que quand le jeu de deux équations progressives décrit une évolution, avec transfert d'un électron d'un lieu à l'autre, globalement tout change. Seule la charge électrique de l'électron est globalement conservée.
Autre *piègeakon*, bien détaillé dans les bons manuels, celui de Chpolski pour la physique atomique : du fait de la présence de cette dérivée première, il n'est pas possible de se contenter de faire une projection en sinus ou en cosinus de la solution qui sort naturellement en complexes. Alors que cette projection est sensée, en optique photonique, pour donner le champ électrique de l'onde EM. Traditionnellement ils en concluent que toute solution de l'équation de Schrödinger n'a aucune réalité, qu'elle doit juste être élevée au carré hermitien pour donner une probabilité de présence du corpuscule. C'est encore une confusion héritée de la macrophysique, qu'ils ont plaquée à l'étourdie. Ils s'imaginent avoir affaire à une onde qui ne serait pas l'électron, mais quelque chose d'autre, et qui nous serait déjà familier en macrophysique.

Il ne leur vient pas à l'esprit que l'électron est déjà intrinsèquement périodique et ondulatoire, et que cette entité spinorielle n'a pas de projection valide sur notre espace-temps macroscopique familier.

6.7. Émission de photon : un battement de fréquences

Z'Yeux Ouverts :

- Partant du raisonnement relativiste inauguré par de Broglie, en 1926 Schrödinger en tira la conclusion logique que la fréquence d'un photon émis est exactement le battement entre les fréquences intrinsèques de l'électron dans l'état initial (le moins lié dans le cas d'une émission) et dans l'état final (le plus lié dans le cas d'une émission). L'idée révolutionnaire et impensable pour les corpuscularistes [6], est que durant toute la durée d'émission (respectivement d'absorption) de photon, l'atome et ses électrons sont simultanément dans l'état final (de plus en plus), et dans l'état initial (de moins en moins). Application à la dispersion Compton : l'électron est simultanément durant toute l'interaction, à la fois dans sa course aller et dans sa course retour, d'où une onde stationnaire temporaire, à laquelle la loi de Bragg s'applique.

Or là en 1926 dans sa traduction anglaise pour la *Physical Review*, Schrödinger joua de malchance : il omit de revenir au cadre conceptuel relativiste où l'origine des énergies est absolue, et donc les fréquences intrinsèques parfaitement définies, quoique décourageantes pour l'expérimentateur qui ne voit pas comment il va réussir à mesurer des fréquences aussi énormes.
Bien que cela soit énergiquement occulté depuis, Schrödinger ne voyait plus aucune réalité aux corpuscules. Pour lui chaque électron d'un atome faisait à lui seul presque tout le volume de l'atome, il n'avait aucune des propriétés des corps solides de notre univers macrophysique familier. Donc les états stables ou métastables donnant lieu aux observations des spectroscopistes sont autant d'états stationnaires de l'onde électronique s'il n'y en a qu'une, soit dans l'atome d'hydrogène ou l'ion moléculaire $H_2{}^+$, ou du cortège d'ondes électroniques dans tous les atomes et molécules plus compliqués. Plus de corpuscules orbitants, et pas de davantage de corpuscules *zinzins*, justes des ondes stationnaires. Plusieurs électrons occupent simultanément le volume occupé par un atome de fer, oui, et alors ? Et de plus les électrons de conduction sont chacun grand comme plusieurs dizaines de distances interatomiques ; c'est comme cela et pas autrement, même si cela ne ressemble à rien qui nous soit familier dans notre monde d'animaux largement macroscopiques.

Curieux :

- Mais toutes les images et vidéos qu'on trouve dans la littérature montrent au contraire des petites billes vertes orbitant autour de noyaux mauves. Non ?

Z'Yeux Ouverts :

- On vous bobarde, on exploite votre naïveté, voilà tout. On ne dispose de

6. Louis de Broglie inclusivement...

rien qui soit plus "petit" qu'un électron pour vous renseigner sur la petitesse, la forme ou mieux encore la "couleur" d'un électron. L'électron est déjà ce qui existe de plus léger, et en un sens "petit". En un sens seulement, car justement plus une particule est légère, moins elle se laisse concentrer dans un petit volume. Le seul moyen de concentrer l'électron dans une petite longueur, et dans certains cas dans un petit diamètre transversal, est de l'accélérer et surtout l'alourdir très fort, dans un accélérateur de particules, ce qui nous éloigne énormément des conditions ordinaires traitées par la physique atomique, qui ne s'intéresse qu'aux propriétés détaillées d'un cortège électronique autour d'un atome, ou du nuage électronique partagé dans une molécule ou cristal ou autre solide ou liquide.

6.8. Spin ?

Curieux :
- Pour nous, un "*spin doctor*" est un tordeur de faits, un doreur d'image pour un riche homme politique qui se fait vanter pour gagner une élection. Mais pour vous physiciens, c'est quoi, un spin ?

Z'Yeux Ouverts :
- En partie, c'est un mystère qui nous résiste encore. Rien de semblable n'existe en macrophysique. Mais en partie, nous en connaissons les propriétés mathématiques, et à ce jour cela suffit à la plupart d'entre nous. D'origine, ce mot anglais désigne une toupie. Toutefois les contradictions abondent dès qu'on veut appliquer l'étymologie à la réalité des électrons et autres particules dont le spin est 1/2 (dits aussi fermions car ils relèvent de la statistique de Fermi-Dirac), tels que protons, neutrons, neutrinos, atomes d'argent, etc. Tout spin est soit demi-entier, soit multiple entier du quantum de bouclage de Planck, **h**, et il a plusieurs propriétés des moments angulaires. Le spin est un précurseur intrinsèque du moment angulaire macroscopique que nous connaissons bien, et certaines de ses propriétés nous surprennent, nous êtres macroscopiques.
Pourquoi ce mot de "précurseur", qui n'est pas précisément défini ? Justement parce qu'en heuristique, on a besoin de mots provisoires ; qui aient exactement la dose de flou et de précision correspondant à notre état provisoire de connaissances. Pourquoi ce mot à la fois clair pour le commun des mortels, et présentement flou pour le commun des physiciens ? Parce qu'il est faux que le quantum ne représente que du moment angulaire et du spin, sinon toute lumière serait polarisée circulaire, il n'existerait aucune lumière polarisée plane, et les seules transitions autorisées dans un atome seraient celles qui changent le moment angulaire total. Or ces trois affirmations sont fausses : la lumière polarisée plane existe, les photons polarisés plans existent,

plus de la moitié des transitions électroniques d'un atome sont du genre dipolaire électrique, et une polarisation plane est convertible en circulaire et inversement, par des lames quart-d'onde. Donc il existe encore un précurseur quantifié par la constante de Planck, mais qui ne ressemble pas tout à fait à du moment angulaire macroscopique.

Une conjecture alternative est celle de la virtualité : virtuellement, un photon en polarisation plane pourrait être converti en photon circulaire par un milieu biréfringent, en particulier par une lame quart d'onde, et être capté par une transition atomique ou moléculaire, sauf que là, le transfert de moment angulaire est de la lame biréfringente à l'absorbeur. Par ailleurs, l'état initial et l'état final tous deux stationnaires, d'un atome émetteur ou absorbeur sont toujours régis par les règles de quantification par stationnarité de l'onde.
Si je dois vous en dire plus, cela va prendre un long détour par la Mécanique Rationnelle, branche très mathématisée de la physique qui s'occupait initialement des mouvements de solides indéformables, et qui peut se spécialiser en mécanique des fluides, mécanique des vibrations, élasticité et résistance des matériaux, etc., qui peut dégoûter le lecteur. Il n'y a que fort peu de principes physiques en Méca-Ra (Mécanique rationnelle), deux :
Conservation de l'impulsion-énergie ; pour faire changer cela, il faut faire quelque chose, agir.
Conservation du moment angulaire, qui au temps où la base des principes était le point matériel, s'identifiait au moment de l'impulsion (ou "quantité de mouvement") sur un axe glisseur ; pour faire changer cela, il faut faire quelque chose, agir.
S'il n'y a pas d'impulsion d'un solide, ou si on est dans un repère tel que la vitesse du centre de masse s'y annule, alors le moment angulaire revient à un mouvement de rotation de solide, à vitesse angulaire partout uniforme, et il est le produit d'un moment d'inertie par la vitesse angulaire.
Et pour extrapoler à l'échelle microphysique individuelle, au spin d'une particule ? Les différences sont hélas nombreuses. La Méca-Ra s'occupe d'objets macroscopiques, c'est à dire pas trop petits par rapport à nos mains. On peut donc y contempler la vitesse d'un objet ou son état de rotation sans tout foutre en l'air. Les méthodes optiques par exemple sont bien pratiques pour observer des solides nettement plus grands que la longueur d'onde de la lumière (environ 0,5 µm). Finies toutes ces facilités quand on travaille à l'échelle individuelle des particules. On ne peut plus contempler, mais seulement intervenir pour changer, et constater le résultat du changement, et là se révèlent de nouvelles surprises.
Il faut aller visiter l'expérience que Otto Stern et Walther Gerlach montèrent dans les années vingt, et dont le résultat parut en 1922. L'expérience utilise

le fait que des électrons ou des atomes qui ont un spin 1/2 comme un électron, ont aussi un moment magnétique, qui est donc sensible à un champ magnétique extérieur, ici inhomogène.
Voir à http ://galileo.phys.virginia.edu/classes/252/
Angular_Momentum/Angular_Momentum.html

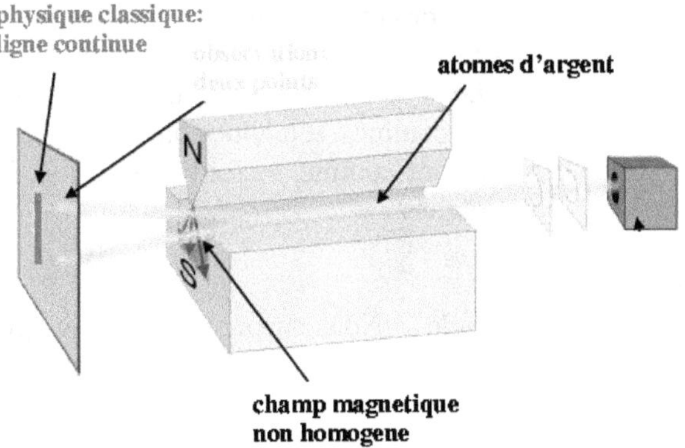

Figure 6.2.
L'expérience se déroule dans le vide, pompé. Un petit four émet une vapeur d'atomes d'argent, qui dans le vide se propagent en ligne droite. Des diaphragmes servent à collimater un faisceau mince, qui passe entre deux pièces polaires d'un fort électro-aimant. Ces pièces polaires diffèrent : l'une est large, l'autre est étroite. Le champ magnétique est donc bien plus fort à l'approche de la pièce polaire étroite. On compte sur ce gradient de champ.

Curieux :
- Le champ magnétique, ce sont les flèches bleues. Il descend donc du nord vers le sud ?

Z'Yeux Ouverts :
- Aïe ! Le *piégeac* a encore fonctionné ! J'ai hélas emprunté ce dessin à d'autres, qui eux croient tout de bon que le champ magnétique aurait la symétrie d'un bâton flêchu, et vous le dessinent en bâton flêchu. Avec le choix fait, le Sud en bas, le champ vu d'en haut – ou aussi bien le sens du courant de bobinage qui induit ce champ - tourne dans le sens horaire (ou rétrograde, en convention des mathématiciens). Mais inversez le sens rotatoire du champ magnétique, en inversant le branchement des bobines, et l'expérience sera rigoureusement la même.
Ce qui fait la classe de dissymétrie haut-bas de l'expérience Stern et Gerlach, ce n'est pas le sens rotatoire du champ dans le plan horizontal, mais uniquement son gradient, ici vertical, imposé par les largeurs très différentes des

pièces polaires, haute et basse. On peut permuter les polarités horizontales nord et sud, l'expérience ne change pas. Autrement dit, l'indication Nord et Sud sur la figure est superflue : il suffit qu'il y ait magnétisation et dissymétrie de champ, tandis que la polarité de cette magnétisation n'importe pas.
Or la physique macroscopique prédirait toutes les orientations de précessions d'un moment magnétique, sorti du four à orientation au hasard, mais là on observe tout autre chose : deux petites taches d'impact, bien séparées. Donc le moment magnétique de l'atome a "choisi" lors du passage dans le champ magnétique d'être soit tout-pour (ou tout-comme), soit tout-contre ce champ imposé de l'extérieur. Les tout-pour (ou tout-comme) se sont rapprochés du champ fort, les tout-contre s'en sont éloignés.

Professeur Marmotte :
- Qu'est-ce que c'est encore que ces salades? Nous savons tous que le spin est vers le haut ou vers le bas selon l'axe z. Pas tant d'histoires!

Z'Yeux Ouverts :
- Et comment le « *savez* » vous? Décrivez nous vos expériences, qui vous permettraient de dégager les vérités expérimentales et les symétries expérimentales du tribal fatras des rumeurs dont vous avez l'habitude? Mmh?
On en retient que "*up*" signifie "Tout pour" le champ magnétique ambiant, et "*down*" signifie "Tout contre" le champ magnétique ambiant.
Dans le conte suédois "*Kjerringa mot strömmen*", la mégère ou sorcière est tout-contre, toujours contre. Dans le torrent, elle remonte le courant au lieu de le descendre. "*Kjerringa mot strömmen*", c'est l'expression suédoise qui traduit "esprit de contradiction". Vous ne savez pas prononcer "kje" suédois? Faites comme si c'était "ché" en français. Et « ö » comme « eu ».
Donc le spin n'est pas une propriété intrinsèque isolée, mais relationnelle. "Intrinsèquement relationnelle", si l'on tient à impressionner les simples visages pâles...

Professeur Marmotte :
- Grmbl, grmbl, grmbl! Hérétique! Complotiste! Au bûcher!

Professeur Castel-Tenant :
- Reprenons le fil; nous étions sur la quantification, et venons de traiter du spin avec l'expérience fondatrice de Stern et Gerlach. Vous connaissant depuis quinze ans, je suis étonné que vous n'ayez encore cité l'expérience d'Afshar, qui avait pourtant donné lieu à des empoignades passionnées.

Chapitre 7

Expérience de Shahriar S. Afshar

Z'Yeux Ouverts :
- Cette expérience faite en 2001 et répétée en 2003 réfute la mythologie copenhaguiste de la dualité, selon laquelle on ne peut à la fois mesurer où percute un photon, et quelle était son impulsion. Les commentateurs s'obstinent à raisonner en corpuscularistes et en « *which way* », ce qui leur donne un comique involontaire.

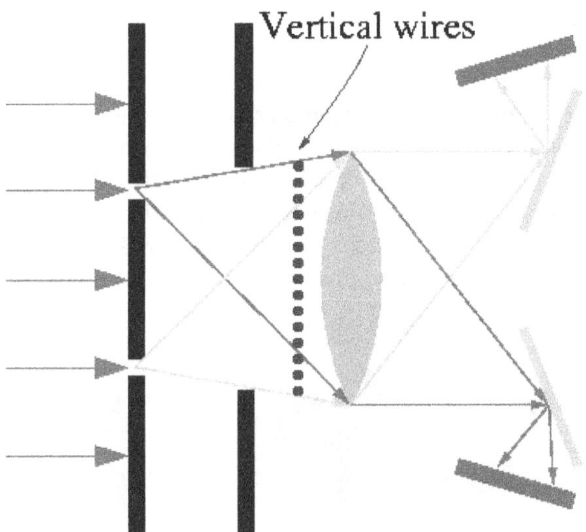

Figure 7.1.

Le principe est de refaire l'expérience des deux fentes d'Young, mais d'ajouter une grille de fils fins, chacun dans une zone sombre de l'interférence. Résultat : pratiquement pas d'obstruction, Donc à aucun moment les photons ne se sont transmutés en corpuscules, ils sont toujours restés des ondes. Ces ondes individuelles ont bien passé par les deux fentes d'Young simultanément, ce dont des « corpuscules » seraient bien incapables

Afshar S. *Violation of Bohr's complementarity: one slit or both? AIP Conference Proceedings*, 2006 v. 810, 294-299.
L'article est payant, $ 18.

Afshar S., Flores E., McDonalds K. F., Knoesel E. *Paradox in waveparticle duality. Foundations of Physics*, 2007, v. 37, 295-305.
https ://arxiv.org/abs/quant-ph/0702188
Accès gratuit à https ://arxiv.org/pdf/quant-ph/0702188v1

www.ptep-online.com/index_files/2011/PP-24-07.PDF
web.mit.edu/redingtn/www/netadv/Xafshar.html
https ://en.wikipedia.org/wiki/*Afshar_experiment* ou en français à
https ://fr.wikipedia.org/wiki/Exp%C3%A9rience_d%27Afshar
...

Exercice.
Vous allez prendre l'hypothèse, utilisée par Elitzur et Vaidman dans un de leur plus célèbres canulars, que le photon est une particule corpusculaire, et qu'à oser l'arrêter ou le dévier, l'un des fils tendus va se prendre *une de ces putains de beignes* qui va le faire trembler en *Bzoïïiing* !
Votre mission est de calculer la *putain de beigne* en question, et de la comparer à des ébranlements réels dans un laboratoire, tels que le pas d'un expérimentateur, ou un camion qui passe sur la route à cent mètres de là, et surtout au bombardement constant par les rayons cosmiques.
Fréquence ν du photon : on prendra 565 THz (dans le domaine du vert).
Impulsion transmise : $h.\frac{\nu}{c}$
Solution en annexe H.

Chapitre 8

Ramsauer et Townsend : la ruine du postulat corpuscularise.

Z'Yeux Ouverts :
- Dans les années 1921 à 1923, et indépendamment l'un de l'autre, Carl Ramsauer et John Sealy Townsend découvrirent en étudiant la diffusion à basse énergie d'électrons dans un gaz raréfié, l'équivalent des couches anti-reflets dans nos optiques de qualité : à une énergie précise, correspondant à une longueur d'onde broglienne double du diamètre de l'atome ou de la molécule de gaz rencontrés, ces obstacles que constituent les atomes deviennent quasi-invisibles par les électrons, et ne les diffusent plus latéralement.
C'est un fait incompatible avec toute idéation corpusculariste ; il exige que l'onde électronique inventée ultérieurement par Louis de Broglie soit précisément l'électron lui-même. De même que l'excellent succès des couches anti-reflets en optique, ainsi que des lames quart-d'onde pour convertir de la lumière polarisée plane en polarisation circulaire ou inversement, récuse l'idéation corpusculaire de la lumière, ressuscitée hélas par Albert Einstein : ça ne marche qu'en ondulatoire, quand chaque photon est bel et bien ondulatoire, et régi par les équations de Maxwell (perfectionnées bosoniques ou pas), et qu'il a une largeur et une longueur très éloignées de tout corpuscularisme.

Quand on sait que cet effet Ramsauer-Townsend existe, on peut faire une recherche documentaire, et on tombe bien sur des dizaines d'articles, dont la plupart sont expérimentaux. Plus quelques prescriptions de travaux pratiques, plus quelques compte-rendus d'étudiants qui ont fait un mémoire de recherches, et même la description commerciale d'un appareillage spécialisé pour ce TP. Le classeur rassemblant les impressions d'articles atteint déjà 1833 g brut, 1526 g net.

La vraie difficulté était de savoir que ça existe : c'est inconnu et censuré dans tous les manuels de mécanique quantique sauf un : le D. Sivoukhine, aux éditions Mir, tome 5.

Curieux :
- Il serait sûrement utile que vous reveniez sur les couches anti-reflets. Nous sommes heureux d'en profiter, mais nous ne saurions les fabriquer ni en expliquer la théorie. Expliquez, je vous prie.

8.1. Les couches anti-reflets des surfaces d'optique.

Professeur Castel-Tenant :
- Ce traitement a pour but d'éviter les pertes de flux lumineux incident par réflexion et ainsi de transmettre jusqu'au détecteur le maximum de flux. Sur les surfaces intermédiaires à l'intérieur d'un objectif élaboré, ou d'un oculaire, le traitement anti-reflets évite bien des réflexions parasites fort désagréables. Il n'existe pas de couche anti-reflets universelle : l'effet dépend de la longueur d'onde de la lumière incidente, et il dépend de plus de l'angle d'incidence. Les lois du dioptre précisent un taux de réflexion pour chaque changement d'indice optique, lors d'un changement de milieu. En optique astronomique ou photographique, on prend soin que les angles d'incidence s'écartent peu de l'incidence normale [1], donc le cosinus de l'angle s'écarte peu de l'unité.
Figure 8.1.

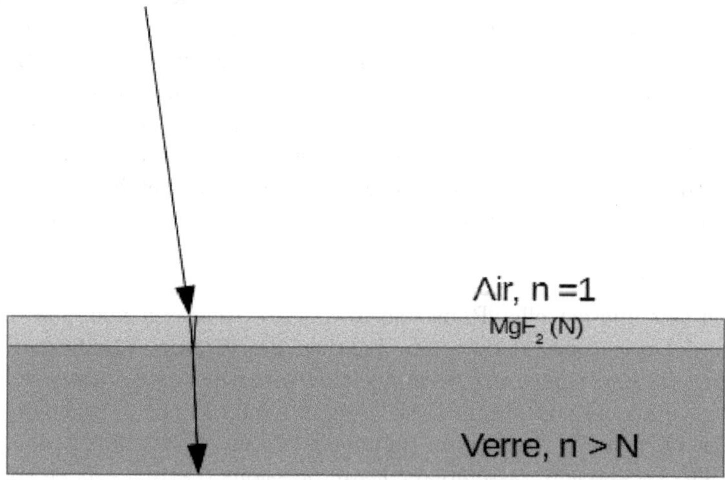

L'astuce est que l'onde réfléchie par la première interface air/fluorure soit annulée par l'onde réfléchie par la seconde interface fluorure/crown, qui doit

1. Incidence normale : le rayon de lumière est perpendiculaire au dioptre. Autrement dit, chaque front d'onde arrive sur toute la surface d'un seul coup, avec une vitesse de phase infinie sur la surface.

arriver en opposition de phase. Cela impose l'épaisseur optique de la couche anti-reflets : le quart de la longueur d'onde (dans ce milieu réfringent) pour laquelle le dispositif est optimisé, en sorte que le retard de phase au bout de l'aller et retour soit exactement π radians.
L'épaisseur optique : le produit de l'épaisseur physique par l'indice de réfraction.

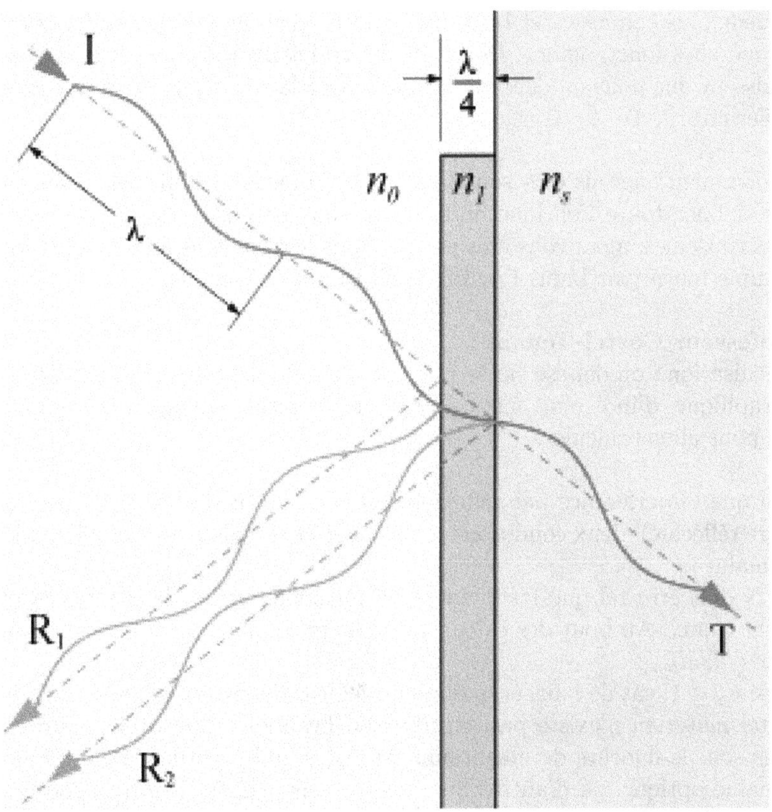

Z'Yeux Ouverts :
- Excusez moi d'objecter sur un détail. Vous avez dit "*l'onde réfléchie par la première interface*", ainsi qu'il était traditionnel de dire avant que la physique devienne quantique. Or en physique quantique transactionnelle, on n'a plus affaire à quelque onde générique qui s'écoulerait depuis la source vers partout ; on considère des ondes individuelles qui chacune converge vers son absorbeur. Tandis que le bruit de fond tâtonne en continu les admittances optiques. La couche anti-reflet rehausse l'admittance du trajet réfracté, et

abaisse au maximum l'admittance du trajet réfléchi. D'où la baisse de fréquentation du trajet réfléchi.
Fin de l'objection. On y reviendra.

Si le rayon incident n'est pas perpendiculaire au dioptre, alors le trajet émergent après réflexion à travers la couche ne ressort qu'à une distance certaine du rayon entrant, selon une loi en sinus de l'incidence interne. Si chaque trajet était d'épaisseur infiniment fine, les deux rayons réfléchis ne seraient plus connexes, et les couches anti-reflets ne pourraient fonctionner comme elles fonctionnent. Donc chaque trajet photonique a une épaisseur. Épaisseur que nous modélisons plus loin avec la loi quantitative des fuseaux de Fermat.

Évidemment, si vous êtes sous l'influence de l'intox tribale selon laquelle il faut oublier toute l'optique ondulatoire sous prétexte que le progrès c'est les corpuscules, alors vous êtes perdu. Nous verrons plus loin le consternant exemple fourni par Linus Pauling et E. Bright Wilson, Jr.

Professeur Castel-Tenant :
- Réalisation : on dépose sur le premier verre des lentilles d'un objectif photographique, d'indice n_s, une couche d'un matériau transparent d'indice N, que nous allons calculer.

Afin que l'interférence par réflexion soit totalement destructive (pas de lumière réfléchie), deux conditions sont à réaliser (le calcul est fait à l'incidence normale) :
(1) N doit être tel que les facteurs de réflexion sur les deux faces r_1 et r_2 soient égaux. Au bout des calculs et de leurs simplifications, il vient que $N \simeq \sqrt{n_e.n_s}$.
Ainsi $n_e = 1$, cas de l'air, et que $n_s = 1{,}52$, cas du crown, alors N = 1,23. Or un tel matériau n'existe pas, en minéral. Les moins mauvaises approximations sont le fluorure de magnésium MgF_2, d'indice optique 1,378 [2] dans ce domaine optique, ou d'autres fluorures, moins utilisés. Ils sont déposés par évaporation sous vide.
On obtient de bien meilleurs résultats d'adaptation de la couche antireflets quand le verre qui vient derrière est plus lourd, un flint d'indice typique 1,62, voire jusqu'à 1,80 pour un flint de lanthane, dense. Toutefois la quasi-totalité des doublets achromatiques ou des triplets apochromatiques commencent par la lentille convergente en crown, le verre le moins dispersif. Il en résulte que la réflexion sur le premier dioptre est toujours supérieure à celle sur le second

2. http ://refractiveindex.info/ ?shelf=main&book=MgF2&page=Li-o

dioptre, et ne peut donc être totalement annulée.

Figure 8.3.

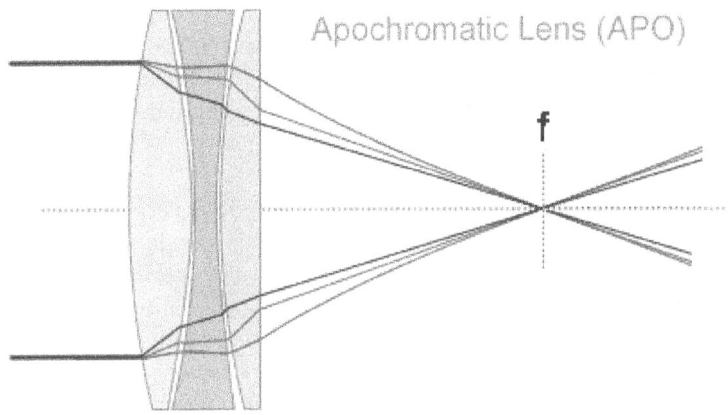

(2) La différence de phase doit être égale à π (à $2k\pi$ près). L'épaisseur qui convient au premier ordre est donc λ_0 / **(4N)**.

Lorsque la lumière incidente est blanche, l'épaisseur de la couche déposée est uniquement celle relative à la longueur d'onde de sensibilité maximale de l'œil ou du capteur photographique mimétique de l'œil humain, soit jaune-vert ; donc $e \simeq 0,116$ µm. Pour les autres radiations, l'interférence n'est pas aussi bien destructive, c'est pourquoi une teinte complémentaire composée de bleus et violets est légèrement visible par réflexions sur les verres des objectifs photographiques ou de jumelles. On arrive par cette technique à obtenir des facteurs de réflexion en intensité inférieurs à 1 %.

Curieux :
- Vous venez de dire : « la réflexion sur le premier dioptre est toujours supérieure à celle sur le second dioptre ». Mais là vous venez de reprendre la façon de raisonner « physique classique ». Alors que M. z'Yeux Ouverts devrait demander là de raisonner photon par photon.

Z'Yeux Ouverts :
- L'articulation entre le mode macroscopique et le mode individuel de l'analyse, est une grandeur non encore bien explicitée, que j'appelle provisoirement « impédance » (ou son inverse la transmittance). A mesure qu'on rend la réflexion rare voire nulle, on augmente l'impédance à travers laquelle l'émetteur potentiel et un absorbeur potentiel qui se situe côté réflexion, en avant du verre d'entrée, tentent d'établir une transaction. En conséquence

ces transactions réussies là se raréfient, en comparaison de celles qui aboutissent à travers une transmission parfaite.

Z'Yeux Ouverts :
- La longueur optique varie comme l'inverse du cosinus de l'angle d'incidence interne à la couche anti-reflets, aussi son domaine d'efficacité se déplace vers le rouge quand l'angle augmente, autrement dit la lumière réfléchie contient davantage de violet et de bleu, et moins de rouge.

Toutefois, pour chaque radiation précise, on doit observer aussi autre chose : la perte d'efficacité à mesure que l'onde réfléchie par le second dioptre se décale latéralement. Cela fournit un recoupement expérimental pour la loi quantitative des fuseaux de Fermat : si vous avez la loi quantitative précise de l'efficacité optique d'une couche anti-reflets selon l'incidence, et connaissant les dimensions du dispositif expérimental, alors vous pouvez remonter à la loi quantitative de largeur du fuseau de Fermat pour chaque photon, ou du moins vous accédez à un minorant de la largeur du fuseau. Si cette largeur était nulle ou négligeable, alors aucune couche anti-reflets ne serait efficace au delà de l'incidence normale. Ce qui serait très très embêtant pour l'optique photographique et d'observations, voire astronomique, surtout pour les verres à l'intérieur de l'oculaire ou de l'objectif complexe à grand champ.

Exemple de calcul : On choisit un angle d'incidence interne à la couche anti-reflets de 10°. Son sinus vaut 0,17365. Aller et retour sur une épaisseur de 0,109 µm (λ=0,60 µm), cela fait un écart de 38 nm ; sensiblement le double pour un angle interne de 20°. Or cet écart doit être largement inférieur au rayon du fuseau de Fermat, de l'ordre de 0,1 µm à 0,2 µm au minimum. Selon nos calculs, c'est amplement réalisé dans la grande majorité des dispositifs optiques, tant que la source est loin, mais à vérifier plus finement quant à la distance à l'absorbeur final.

Sur un appareil de photo compact, la distance focale n'est plus que de l'ordre de 10 à 15 mm. Mais est-ce le capteur CCD qui est l'absorbeur final à considérer ? Lui reçoit les photons qui ont traversé sans aucune réflexion. Si on s'intéresse à la perte d'efficacité des couches anti-reflets aux grandes incidences, notre absorbeur optique est à l'extérieur, côté réflexion.
Nous n'effectuerons le calcul complet que plus loin, quand sera donnée la loi géométrique approchée des fuseaux de Fermat.

Professeur Castel-Tenant :
- Le paradoxe est qu'il a suffi d'une question – anodine - par le lecteur Curieux, pour qu'aussitôt notre contestataire aux z'Yeux Ouverts en profite

pour placer ses fuseaux de Fermat. J'ai l'impression que je ne sortirai pas vivant de cette aventure, car à la sortie nos collègues corpuscularistes vont me tuer : je vous ai donné la parole, alors que nul n'en a le droit selon les lois de la jungle.

Curieux :
- Moi j'objecte. Je voudrais un dessin avec aussi les fronts d'onde à l'échelle, afin qu'on ait des chances de comparer la longueur d'onde certaine avec la largeur probable du photon.

Z'Yeux Ouverts :
- Vu nos moyens réduits en dessin, il faut procéder à quelques calculs simplificateurs préliminaires. L'indice de réfraction du milieu intermédiaire MgF_2 sera pris à 4/3 (en gros l'indice de l'eau). La longueur d'onde incidente sera de 550 à 600 nm dans l'air. Disons 580 nm, ce qui fixe d'abord la longueur d'onde dans le fluorure de magnésium à 435 nm, puis l'épaisseur de la couche de MgF_2 :
435 nm / 4 = 109 nm.

Il reste à choisir l'angle d'incidence externe, quitte à exagérer.
Prenons 30° d'angle externe. Son sinus vaut 1/2. D'où l'équidistance des fronts d'onde sur le plan du dioptre :
580 nm x 2 = 1160 nm. La demi-équidistance : 580 nm. Une contrainte est que cette grandeur soit grande devant la distance de réémergence du rayon réfracté en D_1, réfléchi en D_2 ; nous allons voir que cette contrainte est satisfaite pour cet angle d'incidence. En interne, l'incidence évolue à Arcsin (3/8) = 22°, d'où la réémergence du rayon géométrique à 88,2 nm après réflexion à 44,1 nm (88,2 nm = 218 nm x tg(22°)). La contrainte absolue est que ces 88 nm soient fort petits devant la largeur optique du photon incident telle que déterminée par le reste du dispositif observationnel ; ils en sont donc un minorant. On aurait pu rêver un minorant moins petit.
Pour les tracés sur un logiciel de dessin primitif, il nous faut aussi les tangentes des angles d'incidence : $\mathrm{tg}(30°) = \frac{\sqrt{3}}{3} = 0{,}577$, tg(Arcsin (3/8)) = 0,4045. Ceci à une approximation meilleure que celle de l'outil graphique.
Déplacement vers le rouge de l'optimum anti-reflets :
cos(Arcsin (3/8)) = 0,927, d'où la nouvelle longueur d'onde d'extinction du reflet :
580 nm / 0,927 = 626 nm, qui est dans le domaine du jaune-orangé.
Figure 8.4.

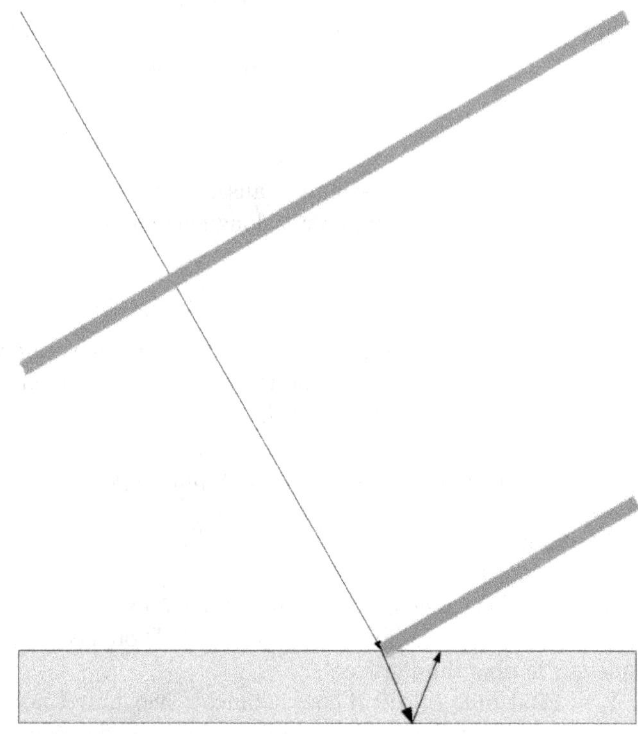

En conclusion : plus on étudie les conditions aux limites de ces phénomènes de physique ondulatoire bien connus et bien exploités, moins il reste d'interstices où pourrait encore se glisser l'échappatoire des corpuscularistes et copenhaguistes.

Professeur Castel-Tenant :
- De même que plus on étudie la biologie, moins il reste d'interstices où pourrait se glisser le dieu des trous cher aux créationnistes.

8.2. Les surprises des couleurs interférentielles des canards.

Z'Yeux Ouverts :
- Un autre fait expérimental remarquable, ce sont les couleurs interférentielles présentes sur plusieurs plumes d'oiseaux (et écailles de poissons, voire de reptiles, tels que les lézards verts, ainsi que sur des coléoptères et des ailes de papillons) : sous les incidences proches de la normale, les miroirs alaires des sarcelles d'hiver sont verts (et fort brillants). Mais observant à l'ouest des sarcelles dans une lumière proche du couchant dans Soleil au sud-ouest, voilà que ces miroirs alaires apparaissent violets, entre violet et magenta. Est-ce une mutation, avec une nouvelle variété de sarcelles ? Que nenni ! C'est juste que sous cette incidence quasi rasante, le parcours optique depuis le Soleil entre les deux couches interférentielles de la plume de sarcelle est sérieusement augmenté, et qu'en conséquence les fréquences sélectionnées et transmises ne sont plus les mêmes. Ici il s'agit d'un groupe d'au moins deux fréquences transmises : la couleur magenta n'existe pas dans le spectre ; elle n'existe que pour notre cortex visuel (un effet du câblage de vision colorée spécifique à l'homme et aux grands singes de l'Ancien Monde), par superposition de deux fréquences principales ; elle est produite par une composante rouge superposée à une composante dans les bleus-violets.

Ce photographe qui produit des chefs-d'œuvre depuis son affût flottant confirme, et donne d'autres exemples d'irisation des couleurs interférentielles :
Hervé Stievenart. **Au ras de l'eau ; la vie secrète des marais**. Éditions du Perron.
Outre les sarcelles d'hiver, Stievenart mentionne les vanneaux huppés, les colverts évidemment, les souchets, les martin-pêcheurs, les faisans de Colchide...
Je le cite sur les sarcelles, *anas crecca* : « L'incidence de la lumière joue des tours à ma vue. Les reflets de leurs sourcils varient du vert au bleu. Leurs joues passent du brun sombre au rouge vif. Leur croupion est tantôt quasiment blanc et tantôt jaune canari. »
Sur le vanneau huppé, *Vanellus vanellus* : « Encore un oiseau dont le plumage joue avec la lumière. Ses reflets peuvent passer du vert nuit au vert émeraude, adoucis par des zones bordeaux du plus bel effet ».
Sur le miroir bleu des colverts, *Anas platyrhynchos* : « Ici aussi, les miroirs bleu métallique de la cane changent de couleur en fonction de l'incidence de la lumière. A certains moments, on pourrait presque dire qu'ils sont noirs, alors qu'à d'autres, ils n'ont rien à envier à des saphirs. »
Promeneur sous-marin, je mentionne comme évidentes les couleurs interférentielles de nombreux poissons, dont les rouquiers ; on les sort de l'eau, et la dessiccation altère vite les interférences. Du lézard vert aussi. De plusieurs

coléoptères, et je soupçonne plusieurs libellules et demoiselles.

Curieux :
- Mais je ne vois pas le lien avec le sujet d'ici, qui commençait avec les couches anti-reflets et doit aboutir à un anti-reflets sur les électrons. Expliquez, je vous prie.

Z'Yeux Ouverts :
- C'est que si les photons étaient de « très petits grains », ces couleurs interférentielles et leurs changements sous des incidences quasi-rasantes seraient complètement impossibles. Ce sont des phénomènes strictement ondulatoires. L'interférence n'est possible que si l'extension latérale de chaque photon est supérieure à plusieurs fois la trace de la longueur d'onde sur le dioptre d'entrée, et que sa longueur est de plusieurs fois, au moins plusieurs dizaines de fois sa longueur d'onde. Le minorant plus grand dont nous rêvions ci-dessus nous est fourni par la nature depuis au moins le Crétacé, voire depuis largement plus longtemps que cela (depuis le Dévonien pour les poissons ? Mais des coléoptères tels que les cétoines présentent eux aussi de belles couleurs interférentielles ; nous devons faire confiance à des convergences évolutives, au moins depuis le Carbonifère supérieur pour les coléoptères).
Le photon n'est aucune sorte de « *petit grain* », c'est juste la quantité minimale de rayonnement électromagnétique qui peut être émis ou absorbé par quelque système qui ainsi évolue d'un état stationnaire à un autre état stationnaire. Ce sont ces états stationnaires qui sont contraints par le quantum de Planck, via la contrainte de phase.

Curieux :
- Ça ne va pas : vous invoquez des connaissances sur les couleurs et la perception des couleurs que le grand public ne partage pas. Ma femme par exemple va se mettre en colère et éructer son mépris si elle vous lit, mais qu'elle a la désagréable surprise de ne pas comprendre ce qu'elle croit savoir depuis toujours et en tire une autorité qu'elle estime indiscutable.

Professeur Castel-Tenant :
- Il y a trois modes principaux de générations des couleurs.

(1) Les pigments et colorants absorbent une ou plusieurs bandes de fréquences dans le domaine du visible, cela par des résonances fréquencielles qui font passer la molécule ou le cristal dans un état excité – dont ils se désexcitent par des moyens non optiques, mais de préférence thermiques. Par exemple les chlorophylles A et B absorbent chacune dans deux bandes de fréquence, dans le bleu, de 430 à 490

nm[3] , et dans le rouge vers 650 à 695 nm (en agrégation colloïdale in vivo). Nos opsines[4] dans les cônes de la rétine ont elles aussi des absorptions fréquentielles, modérément sélectives.

(2) Des couleurs peuvent résulter d'une fluorescence : une molécule absorbe des ultraviolets, et se désexcite en émettant un ou deux photons dans le visible, ou dans le proche infrarouge. In vivo ou en solution, les chlorophylles présentent une fluorescence rouge.

(3) Enfin celles qui nous occupent ici sont les couleurs interférentielles, comme celles qui irisent les minces couches d'huile sur l'eau, ou qui irisent nos cartes de crédits, des billets de banque ou des « stickers » (étiquettes avec hologrammes) sur nos ordinateurs. Là c'est la longueur d'onde locale qui compte, dans la couche mince traversée avant et après réflexion. Ce que nous percevons est ce qui est réfléchi par cette combinaison mince. En gros les épaisseurs de ces couches minces sont le double des épaisseurs de couches anti-reflets, puisque là il s'agit de renforcer la réflectance du premier dioptre, pour une longueur d'onde. La couleur magenta qui nous avait surpris sur les miroir alaires des sarcelles selon un éclairage rasant provient de deux réflectances au lieu d'une seule, dont une du second ordre. Une encyclopédie en ligne nous donne de nombreux autres détails sur la réalisation par de nombreux insectes, dont les papillons, d'astuces structurales et interférentielles dont le résultat provoque notre admiration.

Ensuite il faut comprendre comment est organisé et câblé notre système visuel. Quand vous regardez les réponses spectrales des opsines qui font notre vision diurne colorée, vous êtes déçus : les résonances dont les pics sont à 419 nm, 531 nm et 559 nm sont fort molles.

Piège dans les habitudes : 419 nm décrit la longueur d'onde dans le vide, au lieu qu'on ait exprimé la fréquence comme on aurait dû le faire : les absorptions sont fréquentielles. Alors que l'opsine est entre deux solutions aqueuses du milieu intracellulaire et extracellulaire, où la longueur d'onde pour la même fréquence est plus courte, d'environ 3/4. Ces résonances absorbantes dans la molécule sont fréquentielles. Traduisons donc en fréquences :

---

3. Par abus usuel, on désigne couramment une fréquence lumineuse par la longueur d'onde de la même radiation dans le vide, alors que pour accéder à la physique de l'absorption, il faut traduire en fréquence, et de là en différence de niveaux d'énergie. Diviser la célérité de la lumière par la longueur d'onde donne la fréquence du photon. Multiplier la fréquence par le quantum de bouclage de Planck h donne la différence de niveaux d'énergie, à l'émission ou à l'absorption.

4. Opsine : protéine photosensible dans les cônes ou les bâtonnets, cellules photosensibles de la rétine.

419 nm ==> 720 THz (térahertz),
531 nm ==> 565 THz,
559 nm ==> 536 THz.

La figure qui suit est extraite du manuel de Neurosciences, par Purves, Augustine, Fitzpatrick, Katz, La Mantia, McNamara aux éditions DeBoeck.

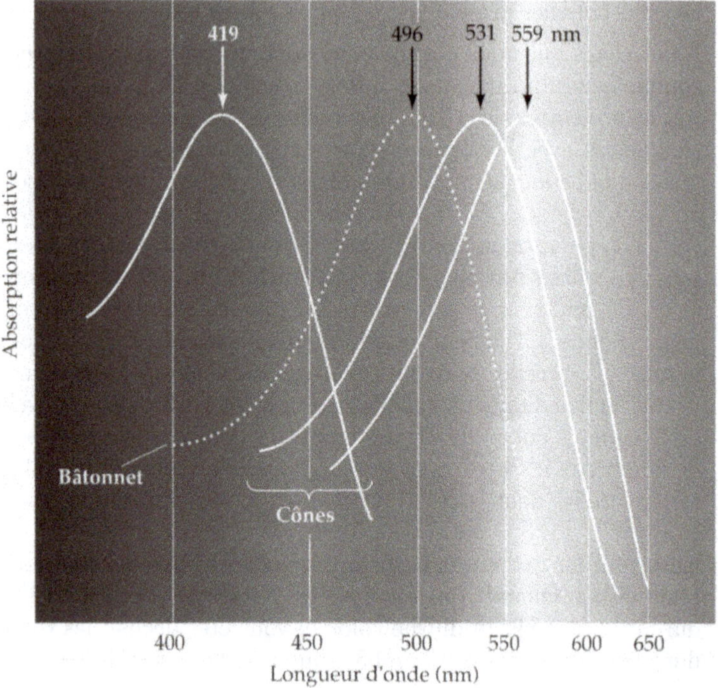

Figure 8.5.

Et il existe de nombreuses figures alternatives sur le Net.

Z'Yeux Ouverts :
- Comment diable avons nous des perceptions colorées si fines, si discriminantes ? Dès la rétine, le câblage neuronal multiplie les astuces pour accentuer les contrastes, cela fait partie de notre héritage génétique. Le prix à payer pour ces rehausses de contraste sont de nombreuses illusions visuelles, qui heureusement interviennent rarement dans la nature (mais qu'on peut mettre en évidence par des artefacts). Ce qui est transmis par le nerf optique vers le thalamus est déjà des soustractions entre réponses de cônes différents, respectivement bleu - (vert + rouge) = bleu – jaune par la voie koniocellulaire, et vert moins rouge par la voie parvocellulaire. Après traitement ancestral

dans les thalami droit et gauche, le signal est envoyé vers le cortex visuel au bout de l'occiput, où des traitements plus élaborés sont effectués.
Aussi le cercle des couleurs où le rouge voisine avec le violet, cher aux professeurs de dessin des collèges, n'a plus rien à voir avec le spectre pur, mais résulte de l'organisation de notre système neuronal visuel.
Un traitement encore plus ancestral est effectué par les colliculi, chargés d'évaluer les vitesses et la coordination avec l'audition pour localiser quelque chose de mobile – soit un insecte chez beaucoup de nos ancêtres au temps où ils étaient insectivores, ou un prédateur éventuel pour la totalité de nos ancêtres.
Les oiseaux n'ont pas notre cortex, mais ont des noyaux gris centraux hyperdeveloppés, dont surtout les deux corps thalamiques. Cette architecture privilégie la vitesse de traitement. Les oiseaux diurnes ont quatre opsines différentes pour la vision diurne, ce qui contribue à un pouvoir discriminant bien supérieur au nôtre. Un aigle repère une couleuvre à deux kilomètres.

Z'Yeux Ouverts :
- Je remercie le professeur Castel-Tenant. A nous deux, nous avons exposé là que l'existence même des couleurs interférentielles, que chacun de nous a sous la main quotidiennement, fournit un minorant moins petit que précédemment pour les largeurs et longueurs de chaque photon.

Curieux :
- Si je vous suis bien, vous avez démontré que jamais le photon ne devient corpuscule : il demeure ondulatoire, une onde électromagnétique du début à la fin. Seules les propriétés de nombreux émetteurs et de nombreux absorbeurs – ceux qui basculent d'un état stable ou quasi-stable à un autre état stable ou quasi-stable - imposent que le photon transfère un quantum de Planck, exactement.

Z'Yeux Ouverts :
- Or justement nos capteurs rétiniens comme du reste tous les capteurs que nous utilisons au laboratoire pour des renseignements fins, appartiennent à la catégorie des absorbeurs quantifiants. Un bolomètre, qui se contente d'absorber et de s'échauffer, est bien moins fin, et ne donne aucun renseignement quantique, ni du reste anti-quantique. Sur nos toits, nous avons des capteurs solaires, qui à la belle saison chauffent nos eaux domestiques ; ils ne nous donnent jamais le moindre renseignement spectral.

8.3. La transparence résonante Ramsauer-Townsend dans des gaz.

Z'Yeux Ouverts :
- Une première décision semble grave, mais la suite prouve qu'elle a peu d'importance : quand on modélise en unidimensionnel la traversée d'un atome par un électron, doit-on représenter l'atome comme un puits de potentiel, ou comme un mur de potentiel ? Autrement dit, donne-t-on la priorité à l'attraction coulombienne par le noyau (chargé +), ou à la répulsion par la charge - des électrons du nuage électronique ?
Toutefois demeure le problème du lien dialectique avec une autre modélisation : le mécanisme de la diffusion élastique des électrons par les atomes ou molécules du gaz. Or c'est cela le mécanisme principal, à étudier avant d'étudier son exception. La mathématisation de cette diffusion remonte à Max Born. De plus nous devons réécrire le modèle de Born pour le rendre compatible avec le rôle des absorbeurs, et c'est un gros changement de perspective et de méthode. Même en se plaçant dans le centre d'inertie du système électron-atome, ce sont là des calculs très au dessus de ce que l'on peut attendre du public de cet ouvrage d'initiation.

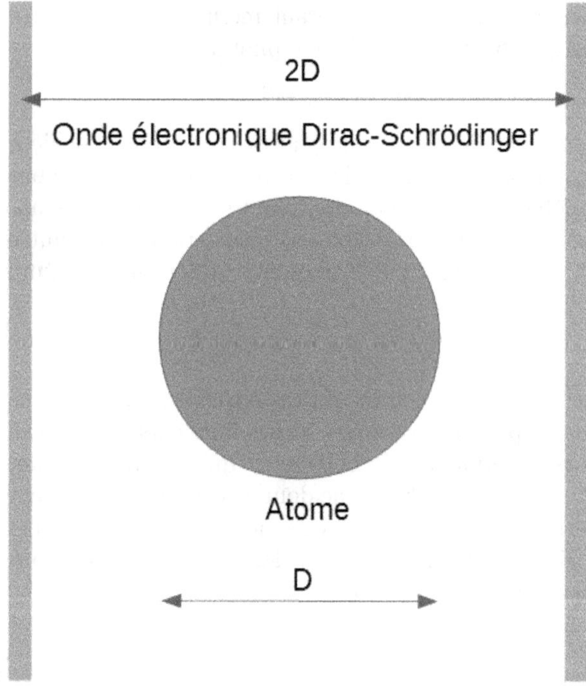

Figure 8.6.

Le résumé de base est qu'on retrouve la même relation métrique qu'en optique photonique pour les couches anti-reflets : il faut que la longueur d'onde broglienne de l'électron soit quatre fois plus longue que le diamètre de l'atome-obstacle. Alors la rétrodiffusion est annulée, et conséquemment la probabilité de diffusion latérale est fortement minimisée. Mais au-delà de cette description géométrique, l'explication physique complète demeure délicate. Notamment le diamètre de ce que voit l'électron (l'onde électronique, c'est la même chose) dans sa propagation, n'est pas évident à définir.

Piège, mais qui ne sera justifié que plus loin, après exposés relativistes : si la longueur d'onde broglienne de l'électron est le quadruple du diamètre, alors la longueur d'onde électromagnétique Dirac-Schrödinger n'est que le double de ce diamètre.

Ordres de grandeur, pour 1 électron-volt :
Vitesse de groupe : 593 m/s
Vitesse de phase : 151,5 . 10^9 m/s.
Longueur d'onde broglienne : 12,25 Å.
Nous en déduisons le diamètre apparent de l'atome vu par l'électron : 3,06 Å, un peu plus grand si la résonance est à une énergie plus faible. Ce qui est le bon ordre de grandeur.
Durée de la traversée de cet atome par l'électron à sa vitesse de groupe : 2 fs (femtosecondes).

Le dessin suivant cède implicitement à la mode corpusculariste : ils représentent l'électron comme très petit comparativement à l'atome. Ce qui n'est supporté par aucun fait expérimental.

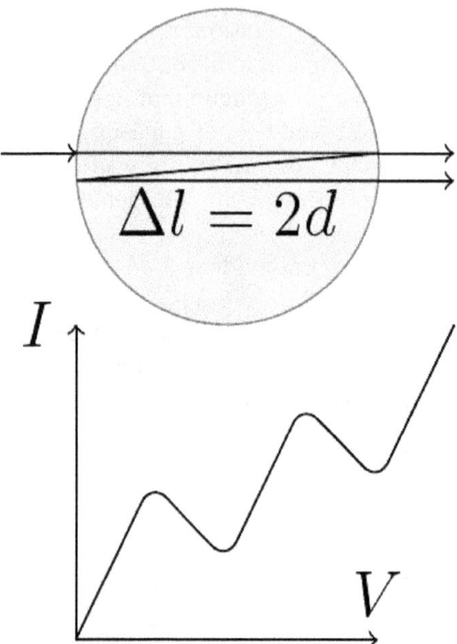

Figure 8.7.

8.3.1. Le dispositif expérimental pratiqué par les étudiants du M.I.T. puis par ceux de l'université du Wisconsin. Description initiale par Stephen G. Kukolich, dans American Journal of Physics, août 1968. Les images qui suivent sont empruntées à Martha Buckley, elle aussi du M.I.T.

Appareillage :

Thyratron à cathode chaude [5] (RCA 2D21). Ce tube est rempli de xénon, et la pression d'origine à l'ambiante est de l'ordre de 0,05 torr.

Ce genre de tube à gaz, une diode à cathode chaude à allumage commandé, a été utilisé par l'industrie avant leurs successeurs en silicium, ou thyristors, pour de la commande de puissance, obligatoirement en alternatif : une fois le tube rendu conducteur par ionisation du gaz, on ne pouvait plus l'éteindre sinon par annulation ou inversion de la tension anodique. Ce RCA 2D21 peut commander 100 mA, sous une tension efficace comprise entre 117 et 400 V. La grille sert à empêcher ou amorcer l'ionisation du gaz dans cette diode commandée. Pourquoi diode ? Parce que seule la cathode était chauffée, et recouverte de matériau thermo-émissif (oxyde de baryum partiellement réduit). Le temps de dés-ionisation du gaz limitait la fréquence à laquelle une

5. Voir par exemple le cours d'électronique industrielle de I. Kaganov. Éditions Mir, 1972.

diode à gaz ou un thyratron pouvaient fonctionner correctement.

Figure 8.8.

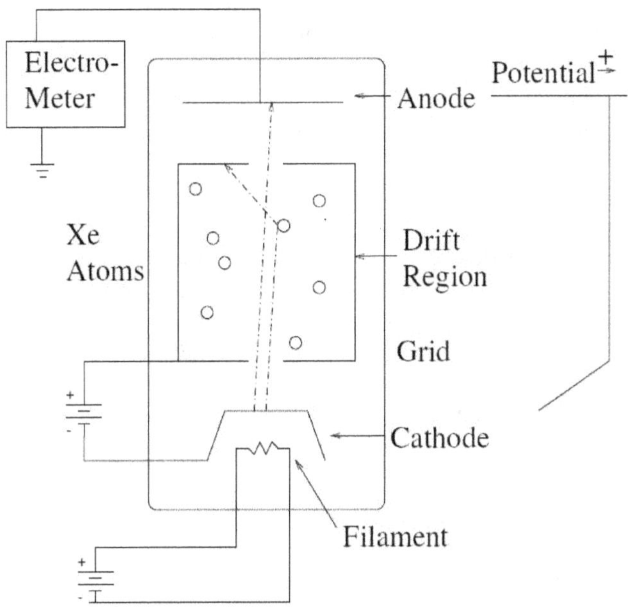

L'usage est ici bien différent de l'usage électronique d'origine.
La tension de chauffage de la cathode a été ramenée de 6,3 V (tension efficace en alternatif) à 4 V, pour diminuer la dispersion thermique des énergies et des vitesses des électrons émis – au prix d'une diminution de l'émissivité.
La tension anodique a été considérablement abaissée, et se situe entre 0 et 13 V (après 12 V, le xénon commence à s'ioniser, ce qui est contraire à la manip, où l'on veut des collisions élastiques).

Donc l'appareillage comprend un transformateur abaisseur à 4 V de tension de sortie, et une alimentation stabilisée réglable, typiquement de 0 à 15 V, qui alimente un potentiomètre diviseur (indispensable pour atteindre avec précision de basses tensions).
Ici ce thyratron est monté tête en bas, avec son brochage en haut, et via un support de hauteur réglable, son corps peut être trempé dans un dewar d'azote liquide – après extinction du chauffage de cathode et un temps de

refroidissement, bien sûr, et en douceur pour limiter le choc thermique.

Une bouteille de Dewar, contenant de l'azote liquide. Elle permet d'éliminer l'essentiel du xénon gazeux en le condensant dans la tête du tube. Ainsi on peut étudier séparément les effets dus à la seule géométrie du tube, et les séparer des effets spécifiques au gaz xénon.

Trois multimètres numériques, pour mesurer la tension anodique et les courants plaque et grille-écran (à travers de résistances de 10 kΩ et 33 Ω).
La boîte écran-grille dans le thyratron est équipotentielle, entre cathode et anode. C'est là et au-delà que se passent les dispersions que l'on veut étudier.

J'adore la simplicité et le pragmatisme du montage pour travaux pratiques des étudiants, avec un thyratron du commerce et des éléments courants dans les laboratoires : un dewar, de l'azote liquide, une alim stabilisée réglable, un transfo 4 V, un potentiomètre, trois multimètres, un support à hauteur réglable. Un proverbe américain recommande que quand vous concevez un prototype, *make it as simple and stupid as possible.*

Le schéma dans le cours de Kaganov (Ed. Mir), pour un thyratron type TG 1-0,1 et suivants :

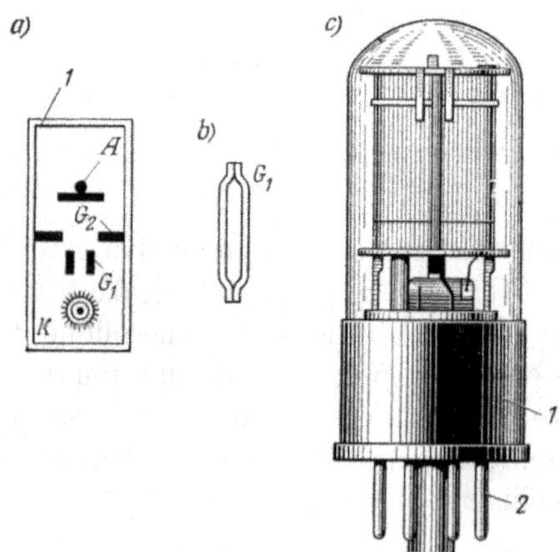

Fig. 6.5. Thyratron à cathode chaude, type ТГ 1-0,1/1,3 :
a—schéma de disposition des électrodes en plan; *b*—construction de la grille; *c*—aspect extérieur

8.3.2. Résultats des mesures.

Figure

Determination of Scattering Cross Section

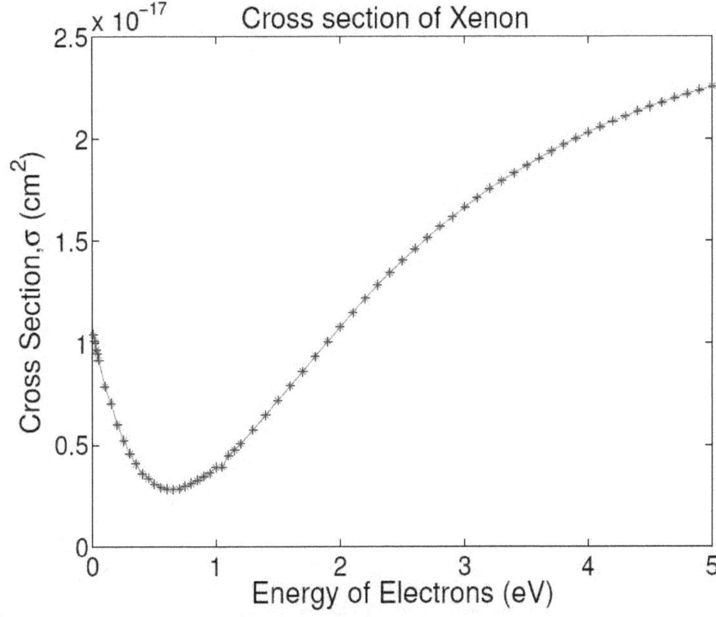

8.10.

On a bien un effacement de l'obstacle constitué par les atomes de xénon, quand les électrons ont une énergie de l'ordre de 0,7 eV.

Comparaison avec l'absence de gaz, quand le xénon est condensé dans la tête du thyratron :

Measured Anode Currents for
Xenon Free and Xenon Frozen
Current (microAmps)
Accelerating Voltage (V)
Xenon Frozen
Xenon Free
0
2
4
6
8
10
12
14
16
0
1
2
3
4
5

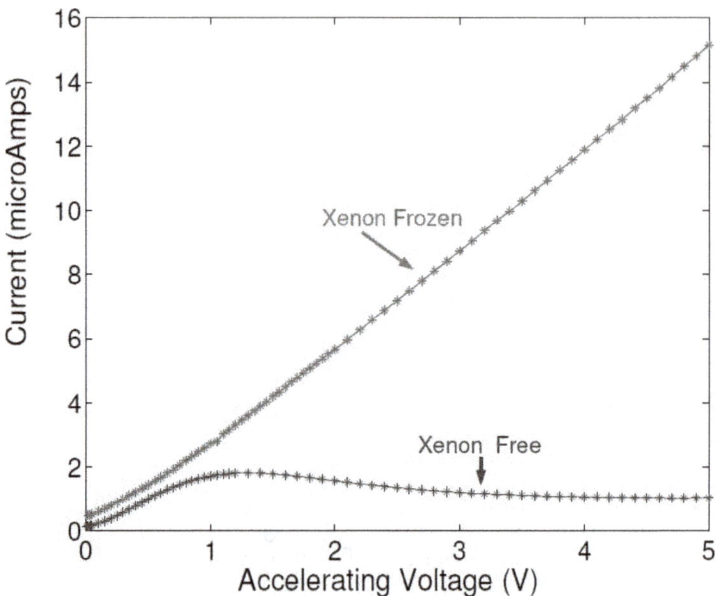

Figure 8.11.

Ainsi il est clair que tant qu'il n'est pas ionisé le gaz est un obstacle qui s'oppose efficacement au courant dans le tube, malgré le chauffage de la cathode. Dans l'industrie, une diode à gaz, à cathode chaude et à anode froide, est de tenue bien supérieure à une diode à vide, à condition que la fréquence soit assez basse pour laisser le temps de la désionisation.

Figure 8.12.

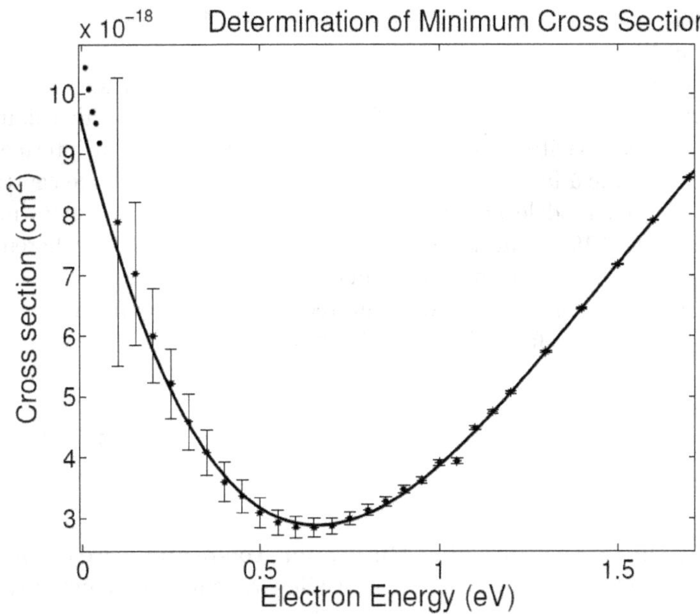

Il est confirmé que le minimum de section efficace du xénon est pour l'énergie électronique de 0,7 eV, soit une longueur d'onde électronique de 14,64 Å, et un diamètre apparent de l'atome de xénon, tel qu'il semble vu par l'électron, de 3,66 Å. A supposer toutefois que les vitesses de propagation de l'onde électronique loin de l'atome de xénon et dans l'atome de xénon, soient les mêmes ; une hypothèse hardie, qui n'a jamais été confirmée.

Curieux :
- Et on peut vérifier la cohérence ?

Z'Yeux Ouverts :
- Justement, c'est « *la croix et la bannière* » (variante estudiantine : « *la croix et la baleinière* ») pour trouver le diamètre de l'atome de xénon dans la littérature. Exception dans un graphique à petite échelle reproduit selon Massalsky dans mon manuel de métallurgie (Bénard, Michel, Philibert et Talbot, chez Masson Ed.) : 2,39 Å de rayon environ, 4,78 Å de diamètre approximatif. Valeur qui dépend de la méthode d'évaluation choisie, et de la question expérimentale qu'elle pose. Prenons une approximation majorante par la densité du liquide à basse température : 3 520 kg/m^3. La masse atomique étant de 131,3 g/mole, nous avons le volume molaire : 3,73 . 10^{-5} m^3. On divise par la constante d'Avogadro pour avoir le volume moyennement

occupé par un atome de xénon : 61,9 Å^3. Si c'était un cube, son arête serait d'environ 3,956 Å. Si c'est une sphère qui occupe ce volume, son rayon est de 2,45 Å, son diamètre est de 4,91 Å.
Toutefois c'est bien un majorant large, car un liquide n'est jamais compact, comporte des lacunes et des interstices. On reprend le calcul en chic-salant un coefficient de compacité du liquide, prenons arbitrairement un intermédiaire entre le cubique à faces centrées (compacité 0,74), et le cubique centré (compacité 0,68) en modèle de sphères dures, soit 0,71. Il vient alors un rayon atomique de 2,19 Å, un diamètre atomique de 4,38 Å, plus cohérent avec le résultat obtenu en interprétant l'effet Ramsauer-Townsend.
Il n'est hélas pas accessible de procéder à un recoupement expérimental plus fin, notamment par les défauts de l'approximation par sphères dures : dans la réalité, les diamètres des atomes sont très flous. Nous l'avions déjà démontré au chapitre 3, en résolvant l'équation de Schrödinger. Chaque méthode expérimentale renverra un résultat différent, selon les questions expérimentales posées.

8.3.3. Les autres cas où l'effet Ramsauer-Townsend a été confirmé.

Historiquement, John S. Townsend et V. A. Bailey avaient expérimenté avec surtout de l'argon et du dihydrogène, puis l'hélium. Carl Ramsauer a investigué avec de l'air, du dihydrogène, du diazote, de l'hélium, de l'argon. Ultérieurement avec du krypton et du xénon, du néon, du dioxyde de carbone CO_2.
Brode a expérimenté sur du méthane CH_4, le dioxygène, le monoxyde de carbone CO, l'oxyde d'azote N_2O, puis sur des vapeurs métalliques monoatomiques : Cd, Zn, Hg, puis avec des vapeurs d'alcalins Na, K, Rb, Cs. Des résultats suivirent dès les années vingt et trente sur des dizaines de molécules organiques, et autres vapeurs monoatomiques, dont le phosphore, dont les ions Cs^+ et Ba^{++}. Plus récemment sur la vapeur de béryllium, aussi bien avec des électrons que des positrons.

On a aussi varié le projectile, et étudié la diffusion de l'hélium dans l'hélium, de l'hydrogène atomique sur des atomes lourds tels que le krypton. Dans tous les cas c'est la description ondulatoire de Louis de Broglie qui a été confirmée par les expériences.

8.3.4. Conclusion : universalité de l'effet Ramsauer-Townsend.

Partout les conclusions sont les mêmes : pour tout obstacle gazeux, il existe une longueur d'onde broglienne du projectile qui lui masque ces obstacles et les lui rend transparents.

La conclusion est inévitable : l'onde broglienne n'est pas d'une nature distincte de l'électron en mouvement, ou de l'atome hydrogène ou de hélium en mouvement. Chacun de ces projectiles est son onde broglienne. L'idéation dualiste est constamment contredite par l'expérience, et le dualisme est une impasse qu'ils auraient dû éliminer dès les années vingt du vingtième siècle (mais qu'ils enseignent toujours, un siècle plus tard).

Curieux :
- Donc selon vous, électron ou onde électronique sont une seule et même chose. Selon vous, c'est parce qu'il en est la preuve, que l'effet Ramsauer-Townsend fait l'objet d'une censure.

8.4. Bibliographie de l'effet Ramsauer-Townsend

J. S. Townsend et V. A. Bailey, « *The motion of electrons in gases* », Philosophical Magazine, vol. S.6, no 42, 1921, p. 873–891

J. S. Townsend et V. A. Bailey, « *The motion of electrons in argon* », Philosophical Magazine, vol. S.6, no 43, 1922, p. 593-600

J. S. Townsend et V. A. Bailey, « *The abnormally long free paths of electrons in argon* », Philosophical Magazine, vol. S.6, no 43, 1922, p. 1127-1128

J. S. Townsend et V. A. Bailey, « *The motion of electrons in argon and in hydrogen* », Philosophical Magazine, vol. S.6, no 44,[1922, p. 1033-1052

J. S. Townsend et V. A. Bailey, « *Motion of electrons in helium* », Philosophical Magazine, vol. S.6, no 46, 1923, p. 657-664

C. Ramsauer, « *Über den Wirkungsquerschnitt der Gasmoleküle gegenüber langsamen Elektronen* », Annalen der Physik, vol. 369, no 6, 1921, p. 513-540 (DOI 10.1002/andp.19213690603)

C. Ramsauer, « *Über den Wirkungsquerschnitt der Gasmoleküle gegenüber langsamen Elektronen. II. Fortsetzung und Schluß* », Annalen der Physik, vol. 377, no 21, 1923, p. 345-352 (DOI 10.1002/andp.19233772103)

MIT Department of Physics, August 28, 2013. *The Franck-Hertz Experiment and the Ramsauer-Townsend Effect : Elastic ans Inelastic Scattering of Electrons by Atoms.*

David Bohm, *Quantum Theory*, Englewood Cliffs, New Jersey, Prentice-Hall, 1951

R. B. Brode, « *The Quantitative Study of the Collisions of Electrons with Atoms* », Rev. Mod. Phys., vol. 5,[200E ?] 1933, p. 257

W. R. Johnson et C. Guet, « *Elastic scattering of electrons from Xe, Cs^{+}, and Ba^{2+}* », Phys. Rev. A, vol. 49,[200E ?] 1994, p. 1041

Nevill Francis Mott, *The Theory of Atomic Collisions*, Oxford, Clarendon Press, 1965, chap. 18

David Whyte, *The Ramsauer–Townsend Effect*, Dublin, Trinity College Dublin, 18 mars 2010
International Journal of Modern Physics A, January 1997, Vol. 12, No. 02 : pp. 305-378

M. W. Lucas, D. H. Jakubaßa-Amundsen, M. Kuzel, and K. O. Groeneveld. *Quasifree Electron Scattering in Atomic Collisions : The Ramsauer–Townsend Effect Revisited.*
(doi : 10.1142/S0217751X97000463)

Ramsauer-Townsend minima in the electron-scattering cross sections of polyatomic gases : methane, ethane, propane, butane, and neopentane. D L McCorkle, L G Christophorou, D V Maxey and J G Carter.
Journal of Physics B : Atomic and Molecular Physics, Volume 11, Number 17

L.G. Christophorou and D.L. McCorkle. *Experimental evidence of the existence of a Ramsauer-Townsend minimuml in liquid CH_4 and Ar (Kr and Xe) and in gazeous C_2H_6 and C_3H_8*. Can. J. Chem. Vol 55. 1977.

F.A. Gianturco, D.G. Thompson. *The Ramsauer-Townsend effect in methane.* Journal of Physics B, At ; Mol. Phys. 9, L383.

W. Aufm Kampe, D.E. Oates 1, W. Schrader, H.G. Bennewitz. *Observation of the atomic Ramsauer-townsend effect in ^4He-^4He scattering.*
Chemical Physics Letters, Volume 18, Issue 3, 1 February 1973, Pages 323-324

W.H. Miller. *Molecular Ramsauer-Townsend effect in very low energy ^4He-^4He scattering.* Chemical Physics Letters. Vol. 10, Issue 1, 1 July 1971, pp.

7-9.

K. Jahankohan, H. Hassanabadi, S. Zarrinkamar. *Relativistic Ramsauer–Townsend effect in minimal length framework.*
Modern Physics Letters A Vol. 30, No. 32, 1550173 (2015)1550173

J. Vahedi, K. Nozari. *The Ramsauer-Townsend Effect in the Presence of a Minimal Length and Maximal Momentum.* Acta Physica Polonica A. Vol 122 (2012) n° 1.

J. Vahedi, K. Nozari, P. Pedram. *Generalized Uncertainty Principle and the Ramsauer-Townsend Effect.* 9 august 2012.

David D. Reid, J.M. Wadehra. *Scattering of low-energy electrons and positrons by atomic beryllium : Ramsauer-Townsend effect.* Aug, 2014. J. Phys. B : At. Mol. Phys.

Stephen G. Kukolich (1968). *Demonstration of the Ramsauer-Townsend Effect in a Xenon Thyratron. American Journal of Physics, 36*(8), 701-703.

David-Alexander Robinson ; Jack Denning ; 08332461. *The Ramsauer-Townsend Effect.* 25 march 2010.

Martha Buckley, MIT Department of Mathematics. *The Ramsauer-Townsend Effect.* December 10, 2002.

M. Kuzel, R. Maier, O. Heil, D.H. Jakubassa-Amundsen, M.W. Lucas, K.O. Groeneveld. *Ramsauer-Townsend Effect in te Electron Loss from H^0 colliding with Heavy Atoms.* Physical Review Letters, volume 71, number 18 ; 1 november 1993.

8.5. Niaisages corpuscularistes.

Z'Yeux Ouverts :

- D'une manière générale, chaque fois qu'un croyant dans le corpuscularisme s'aventure à rendre compte de phénomènes optiques parfaitement ondulatoires, il s'expose à niaiser lourdement. Linus Pauling fut prix Nobel de chimie en 1954. Ce serait donc un impardonnable péché d'orgueil que d'oser mettre en évidence une de ses bourdes – et il en a pondu des belles. Vers la fin de sa vie, Linus Pauling se signala par une campagne forcenée en faveur de la vitamine C à haute dose.

Là, ce fut en 1935, quand il chevauchait le triomphe de la **Knabenphysik**, avec son livre "*Introduction to Quantum Mechanics, with Applications to Chemistry*", que lui et E. Bright Wilson Jr réinventèrent la loi de Bragg à leur façon, sans plus un mot d'ondulatoire, mais en inventant une quantification des impulsions linéaires, astuce nécessaire pour réduire les photons à des corpuscules néo-newtoniens. Je vous laisse déguster ces extraits des pages 34 à 36.

Figure 8.13.

6e. Diffraction by a Crystal Lattice.—Let us consider an infinite crystal lattice, involving a sequence of identical planes spaced with the regular interval d. The allowed states of motion of this crystal along the z axis we assume, in accordance with the rules of the old quantum theory, to be those for which

$$\oint p_z dz = n_z h.$$

For this crystal it is seen that a cycle for the coordinate z is the identity distance d, so that (p_z being constant in the absence of forces acting on the crystal) the quantum rule becomes

$$\int_0^d p_z dz = n_z h, \qquad \text{or} \qquad p_z = \frac{n_z h}{d}. \tag{6–15}$$

Any interaction with another system must be such as to leave p_z quantized; that is, to change it by the amount $\Delta p_z = \Delta n_z h/d$ or nh/d, in which $n = \Delta n_z$ is an integer. One such type of interaction is collision with a photon of frequency ν, represented in Figure 6–4 as impinging at the angle ϑ and being specularly reflected. Since the momentum of a photon is $h\nu/c$, and its component along the z axis $\frac{h\nu}{c}\sin\vartheta$, the momentum transferred to the crystal is $\frac{2h\nu}{c}\sin\vartheta = \frac{2h}{\lambda}\sin\vartheta$. Equating this with the

Figure 8.14.

allowed momentum change of the crystal nh/d, we obtain the expression

$$n\lambda = 2d \sin \vartheta. \qquad (6\text{–}16)$$

This is, however, just the Bragg equation for the diffraction of x-rays by a crystal. This derivation from the corpuscular view of the nature of light was given by Duane and Compton[1] in 1923.

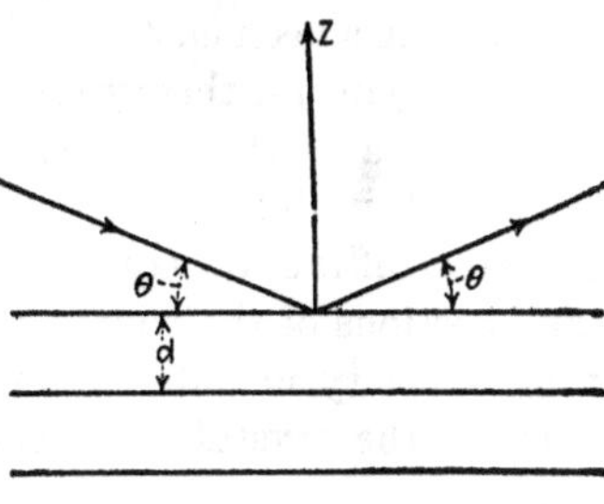

FIG. 6–4.—The reflection of a photon by a crystal.

Let us now consider a particle, say an electron, of mass m similarly reflected by the crystal. The momentum transferred to the crystal will be $2mv \sin \vartheta$, which is equal to a quantum for the crystal when

$$n\frac{h}{mv} = 2d \sin \vartheta. \qquad (6\text{–}17)$$

Thus we see that a particle would be scattered by a crystal only when a diffraction equation similar to the Bragg equation for x-rays is satisfied. The wave length of light is replaced by the expression

$$\lambda = \frac{h}{mv}, \qquad (6\text{–}18)$$

which is indeed the de Broglie expression for the wave length associated with an electron moving with the speed v. This simple consideration, which might have led to the discovery of the wave character of material particles in the days when the old quantum theory had not yet been discarded, was overlooked at that time.

In the above treatment, which is analogous to the Bragg treatment of x-ray diffraction, the assumption of specular reflection is made. This can be avoided by a treatment similar to Laue's derivation of his diffraction equations.

The foregoing considerations provide a simple though perhaps somewhat extreme illustration of the power of the old quantum theory as well as of its indefinite character. That a formal argument of this type leading to diffraction equations usually derived

[1] W. DUANE, *Proc. Nat. Acad. Sci.* **9**, 158 (1923); A. H. COMPTON, *ibid.* **9**, 359 (1923).

by the discussion of interference and reinforcement of waves could be carried through from the corpuscular viewpoint with the old quantum theory, and that a similar treatment could be given the scattering of electrons by a crystal, with the introduction of the de Broglie wave length for the electron, indicates that the gap between the old quantum theory and the new wave mechanics is not so wide as has been customarily assumed. The indefiniteness of the old quantum theory arose from its incompleteness— its inability to deal with any systems except multiply-periodic ones. Thus in this diffraction problem we are able to derive only the simple diffraction equation for an infinite crystal, the interesting questions of the width of the diffracted beam, the distribution of intensity in different diffraction maxima, the effect of finite size of the crystal, etc., being left unanswered.[1]

Figure 8.15.

Toutefois leur postulat de quantification des impulsions linéaires n'a jamais été confirmé expérimentalement : il ne résiste à aucun changement de repère, et surtout pas aux changements relativistes de repère. Un postulat arbitraire, dépourvu de toute base, même théorique.

Mais quand même à la fin un doute les effleure : ils ne peuvent plus rendre compte des effets de la taille des cristallites (loi de Scherrer), de la presque monochromaticité du faisceau incident, des lois des raies éteintes selon le motif de la maille. Tiens ?

Mézalors ? Mais alors ? Ce triomphe écrasant de la nouvelle physique (corpuscalariste) après laquelle il n'y aurait plus d'autres prophètes, sur la "*classical physics*" (Optique physique, Augustin Fresnel, 1819), il n'était pas si écrasant, pas si total que ça ?

Parce que les radiocristallographes n'utilisent que l'optique physique, ondulatoire, celle élaborée par Fresnel, et jamais la *bouleversifiante* quantification des moments linéaires inventée par Wilson and Pauling, pour les besoins du communautarisme copenhaguiste. Or moi, c'est notamment sur la taille des cristallites d'après la finesse des raies des diffractogrammes, que j'ai pu confondre un escroc international :

http ://impostures.deontologic.org/index.php ?topic=133.0

http ://deonto-ethics.org/resources/Corrige_expertise.html

L'ingénieur Gleizes dépêché pour démarrer l'usine a tout de suite buté sur le matériau de carrière, qui n'est pas une argile, qui est un silt [6], et qui est inextrudable. L'usine n'a jamais pu fonctionner.

Lien sur l'équation de Scherrer, 1918 :

6. Silt ou limon : diamètres compris entre 2 µm et 50 µm. Pas de cohésion plastique.

Il s'agit du même Paul Scherrer qui fut avec Piet Debye co-auteur d'un mode opératoire en radiocristallographie, celle des diagrammes de poudre, en 1915.

8.6. L'effet Goos-Hänchen en polarisation plane et l'effet Imbert-Fédorov en polarisation circulaire.

Z'Yeux Ouverts :
- L'effet Goos-Hänchen en polarisation plane et l'effet Imbert-Fédorov en polarisation circulaire sont deux nouvelles preuves de la largeur non négligeable de chaque photon, en donnent des minorants.

http ://journals.aps.org/pr/abstract/10.1103/PhysRev.139.B1443
mais seul le résumé est gratuit.
http ://journals.aps.org/prl/abstract/10.1103/PhysRevLett.96.073903 Idem.
https ://inspirehep.net/record/1203926 ?ln=fr donne une excellente synthèse globale.
https ://imphscience.wordpress.com/revisiting-reflection-ii/ donne un résumé plus succinct.
L'original de Fedorov en russe, puis sa traduction anglaise :
http ://master.basnet.by/congress2011/symposium/spbi.pdf

On va se contenter de résumer, car le détail est au dessus du niveau de ce manuel d'initiation. Il s'agit de légers écarts à la loi donnée par l'optique géométrique (depuis Euclide), dans des cas de réflexion totale, depuis un milieu plus réfringent que le milieu extérieur. Réflexions totales comme par exemple dans un prisme de Porro.
En polarisation plane, le rayon émergent est un peu plus loin que prévu, comme s'il y avait eu une onde évanescente à l'extérieur. L'écart est de l'ordre de grandeur de la longueur d'onde, entre dix fois et le dixième.
En polarisation circulaire, le rayon émergent est un peu plus à droite ou un peu plus à gauche que le plan du rayon incident, selon la polarisation. Là aussi, le décalage est de l'ordre de la longueur d'onde, entre dix fois et le dixième.
Tous les résultats expérimentaux sont donnés en termes de faisceaux, avec une largeur de faisceau ; une relecture complète s'impose pour en tirer des lois à l'échelle individuelle du photon.

Curieux :
- Vous parlez, mais vous ne présentez aucune figure. Qui peut vous suivre ?

Z'Yeux Ouverts :
- Un peu de patience : cette partie là de la science est encore inachevée, mais vous avez des figures dans les articles cités en références. Deux genres de phénomènes réclament chacun une figure, qui est tridimensionnelle dans presque tous les cas de polarisation (circulaire ou plane, ou pire : mixte) : la première détaille les champs dans le faisceau ou dans le photon, et leur évolution par la réflexion. La seconde décrit l'évolution des frontières et de l'axe du faisceau. Or les expériences ont toutes été à l'échelle du faisceau entier, tandis que nous exigeons une loi qui soit à l'échelle individuelle du photon. Cette loi décrit la lumière dans un milieu matériel transparent, donc avec fort couplage avec les nuages électroniques de ce diélectrique transparent.

Chapitre 9

Le cadre relativiste et ses contraintes sur la microphysique.

9.1. La relativité c'est fini ?

Curieux :
- Je viens de lire dans Agoravox que la Relativité c'est fini, qu'ils ne vont pas tarder à trouver vachement mieux. Bigre ! Ont-ils arraché les dents au diable ? Sur Usenet, vous avez aussi d'envahissants farfelus qui jurent qu'ils ont révolutionné tout ça, et qu'Albert Einstein n'était qu'un *zimbécile*... Quelques précisions ?

Z'Yeux Ouverts :
- Fin 17e siècle, Isaac Newton avait toutes les excuses pour s'imaginer qu'un temps absolu, celui de son dieu, ça existait. Il s'imaginait de même qu'il existait un espace et un repère d'espace absolu, toujours ceux de son dieu *à lui qu'il avait.* Trois cents trente ans plus tard, nous n'avons plus aucune de ces excuses. Nous avons *quarante-dix-sept-plus-onze* preuves que d'un endroit à l'autre, d'une particule à l'autre, les écoulements du temps diffèrent, et que les possibilités de mesurer l'espace diffèrent de même.

Curieux :
- Dans ces conditions, avec des preuves partout, la Relativité ne peut être que parfaitement intégrée à la microphysique ! Dame, en cent treize ans !

Z'Yeux Ouverts :
- Justement non, ça n'est toujours pas intégré. Un gros empêchement théorique est le postulat corpusculariste maintenu envers et contre tous les faits expérimentaux. J'ai très longtemps sous-estimé l'autre gros empêchement : pour de bon, leur macro-temps du dieu d'Isaac Newton, divin paramètre ubiquitaire, ils y croient toujours, tous les héritiers de la secte Göttingen-København, et ainsi empêtrés de leur postulat anti-relativiste depuis nonante et un ans, depuis 1927, ils persistent à se prendre les pieds dans la barbe,

sont obligé de faire intervenir de magiques « *collapses* » dont ils ne fourniront jamais la physique. Le dernier article de Roland Omnès persiste à faire appel à ses mystérieux *collapses*, dont les mystères lui résistent autant que la *sainte trinité* demeurait incompréhensible (et pour cause...) à Aurelius Augustinus, évêque d'Hippone (354-430) : *Scheme of a Derivation of Collapse from Quantum Dynamics*. En pdf : 1601.01214.pdf à l'adresse http ://arxiv.org/abs/1601.01214
Je passe charitablement sur les empêchements tribaux, territoriaux, rhétoriques, voire criminels, dont le harceleur Marmotte est un parfait représentant.

9.2. L'expérience de Pound et Rebka, en 1959 à Harvard.

https ://en.wikipedia.org/wiki/Pound%E2%80%93Rebka_experiment
Vous pouvez accéder à la publication originale par le lien suivant :
http ://journals.aps.org/prl/pdf/10.1103/PhysRevLett.3.439
Ce qu'il fallait mettre en évidence est $gh/c^2 = 2.5 \times 10^{-15}$.
Expériences plus récentes et plus précises par Pound et Snider :
http ://journals.aps.org/prl/abstract/10.1103/PhysRevLett.13.539
Vous trouverez aussi un cours fort complet sur la relativité générale impliquée, au lien :
luth2.obspm.fr/IHP06/lectures/mester-vinet/IHP-2GravRedshift.pdf

Professeur Castel-Tenant :
- L'expérience n'a été possible que grâce à la finesse exceptionnelle de la raie gamma, émise ou absorbée par le noyau du fer 57, découverte par Rudolf Mössbauer (à l'époque ce fut sur l'Iridium 191) : demi-largeur relative de 3 . 10^{-13}. Si dans une Bibliothèque Universitaire vous pouvez accéder au cours de Chpolski sur la physique atomique, tome 1, pages 381-391, ou § 129 et 130, vous trouverez là aussi un excellent exposé, en français. Ils commencent par exposer l'utilisation de la raie H_β de l'hydrogène pour vérifier l'effet Doppler du second ordre relativiste, puis ils présentent les contraintes expérimentales, notamment thermostater l'émetteur et l'absorbeur, pour la raie à 14,40 keV du ^{57}Fe.
Les Éditions Mir ont pratiquement disparu en même temps que l'URSS et la plus grande partie de leurs ouvrages sont désormais introuvables. Springer Verlag a racheté le fonds Mir en anglais et en français pour une bouchée de pain, réédite certains succès de librairie pour beaucoup plus cher, et en broché seulement, et a laissé le reste à la critique rongeuse des souris. Ce qui les intéressait était d'éliminer un concurrent. Les volumes encore existants se vendent à des prix de collectionneurs.

Z'Yeux Ouverts :
- Dans cette expérience réalisée à Harvard en 1959, ce qui était mesuré là est l'effet de la différence de potentiel de gravité, sur une hauteur de 21 m, sur l'écoulement du temps, donc la fréquence de résonance du ^{57}Fe. Ce qu'il fallait mettre en évidence est
$gh/c^2 = 2.5 \times 10^{-15}$.
La différence d'altitude - très petite devant le rayon terrestre - multipliée par la gravité moyenne à cette altitude donne une différence de potentiel de gravitation, que nous notons $\Delta\varphi$. D'où la nouvelle fréquence Mössbauer : $\nu' = \nu(1 + \Delta\varphi/c^2)$. Les expérimentateurs montèrent la source de γ au centre du cône d'un grand haut-parleur de basses (un gros *boomer* comme en fabriquait Altec Lansing à cette époque), alimenté en basse fréquence. Il suffisait de repérer la phase à laquelle l'absorption par un filtre en ^{57}Fe se produisait devant le détecteur, pour en déduire la vitesse qui par effet Doppler-Fizeau compensait exactement l'effet du potentiel gravitationnel. L'expérience a été faite dans les deux sens, du haut vers le bas de la tour du laboratoire de physique, et du bas vers le haut. Déjà très convaincante, cette vérification des équations de la Relativité Générale a encore été améliorée depuis, en 1964 par Pound et Snider.
De nombreuses mesures ont été faites aussi en embarquant une horloge atomique sur un avion civil pour de grands parcours, qui ont pleinement confirmé la justesse des corrections prédites par la Relativité restreinte (vitesse) et par la relativité générale (altitude). Certes ce sont de très petites différences, qui ont demandé des moyens métrologiques de grande précision, alors qu'un scénario de fusée intersidérale à des vitesses relativistes nécessaires à la réalisation du paradoxe des jumeaux de Langevin (qui plaît tant à des foules de *cranks*), nécessite un stock de propergols irréalisable, impossible à réunir sur Terre ; du reste la construction de la fusée gigantesque est aussi du domaine de la fiction. On a de nombreuses confirmations que les lois relativistes qui servirent à Langevin, sont très bien vérifiées, sur des cas accessibles et réels. Les expériences de Pound et Rebka, puis de Pound et Snider en 1964 ont été amplement précisées par un maser à hydrogène à la précision de 10^{-4} de la différence relativiste à vérifier.

Curieux :
- Je résume ce que je comprends : Il suffit d'une différence d'altitude de 21 m, à la surface de la Terre, pour que la différence de l'écoulement du temps, du macro-temps soit mesurable ! Mais alors cela implique qu'entre les différentes molécules d'un gaz, qui s'agitent les unes par rapport aux autres à une vitesse du même ordre de grandeur que la vitesse du son, elles ont toutes une "notion du temps" (micro-temps) différente et incompatible aux autres ? C'est donc la conséquence implacable de l'effet Doppler-Fizeau,

pourtant établi au 19e siècle ? C'est bien la première fois qu'on attire mon attention là dessus.

Professeur Castel-Tenant :
- C'est bien pourquoi les raies caractéristiques d'un gaz sont élargies par l'agitation thermique, aussi bien en absorption qu'en émission. On peut utiliser ces largeurs de raies pour estimer la température d'un gaz, à des distances astronomiques.

Z'Yeux Ouverts :
- L'application à la microphysique n'est pas moins surprenante, aux yeux du plus grand nombre. Nous avons vu plus haut les différences d'énergie d'un électron (ou de son atome ou de sa molécule aussi bien) selon qu'il occupe son état de base qui lui soit accessible (c'est à dire non déjà occupé par un électron plus lié), ou un état dit "excité". D'où résulte une divergence dans les micro-temps propres de ces électrons, prédite par la Relativité.

Curieux :
- Mais alors, si je vais jusqu'au bout de vos affirmations, cela implique que pour l'électron le plus lié, le micro-temps s'écoule moins vite que pour l'électron dans un état moins lié, et encore moins par rapport à l'électron libre ? Sans même parler d'un électron dans un accélérateur de particules.

Z'Yeux Ouverts :
- C'est parfait, vous avez assimilé le message. Et la différence de fréquences brogliennes entre ces états est exactement la fréquence emportée par le photon sortant, ou apportée par le photon entrant. C'était déjà décrit par Erwin Schrödinger en 1926, dans son article envoyé en septembre à la Physical Review [1], sauf que dans sa malchance distraite, Schrödinger avait oublié de revenir dans le cadre relativiste pour cette fin d'article, et qu'en conséquence

---

1. Erwin Schrödinger. An Undulatory Theory of the Mechanics of Atoms and Molecules. Phys. Rev. 28, 1049 – Published 1 December 1926.

http ://journals.aps.org/pr/abstract/10.1103/PhysRev.28.1049 Abstract

The paper gives an account of the author's work on a new form of quantum theory.

§ 1. The Hamiltonian analogy between mechanics and optics.

§ 2. The analogy is to be extended to include real "physical" or "undulatory" mechanics instead of mere geometrical mechanics.

§ 3. The significance of wave-length ; macro-mechanical and micro-mechanical problems.

§ 4. The wave-equation and its application to the hydrogen atom.

§ 5. The intrinsic reason for the appearance of discrete characteristic frequencies.

§ 6. Other problems ; intensity of emitted light.

§ 7. The wave-equation derived from a Hamiltonian variation-principle ; generalization to an arbitrary conservative system.

les fréquences initiale et finale de l'électron émetteur étaient fort loin des fréquences brogliennes réelles, et étaient dépourvues de tout sens physique. Cela a suffi pour que cette partie de son travail soit universellement oubliée, au lieu d'être promptement corrigée.

Professeur Castel-Tenant :
- Ces lacunes et malchances dans le travail de Schrödinger sur l'équation d'onde de l'électron ont été corrigées deux ans plus tard, en 1928 par Paul Adrien Maurice Dirac (1902-1984). "The Quantum Theory of the Electron"

,
http ://www.math.ucsd.edu/˜+nwallach/Dirac1928.pdf ou
https ://www.jstor.org/stable/94981

Dirac connaissait déjà une première solution relativiste, celle connue sous le nom de Klein-Gordon - déjà écrite par Schrödinger mais abandonnée en cours de route - et il la trouvait mauvaise pour l'électron ; depuis nous savons qu'elle convient pour des particules sans spin, telles que les pions. Dirac prit la décision de ne plus avoir d'équation quadratique, mais entièrement du premier degré (comme dans la représentation de Liapounov [2] des oscillations non harmoniques).

$$(\beta mc^2 + c(\sum_{n=1}^{3} \alpha_n.p_n))\psi(x,t) = i\hbar\frac{\partial\psi(x,t)}{\partial t}$$

Toutefois la difficulté mathématique fit un grand bond en avant : les coefficients de Dirac α et β sont des matrices carrées 4 x 4, et l'on a quelque misère à les interpréter, quelle que soit la variante adoptée.
Les $\mathbf{p}_1$, $\mathbf{p}_2$ et $\mathbf{p}_3$ sont les coordonnées de l'impulsion, ou quantité de mouvement, en tant qu'opérateurs. **m** est la masse au repos. Désormais la fonction ψ a quatre composantes, on la qualifie de bispineur. Les matrices α et β sont hermitiennes et leur carré est la matrice unité.
$\alpha^2 = \beta^2 = \mathrm{I}_4$
De plus elles anticommutent (i et j distincts) :
$\boldsymbol{\alpha}_\mathbf{i}\ \boldsymbol{\alpha}_\mathbf{j} + \boldsymbol{\alpha}_\mathbf{j}\ \boldsymbol{\alpha}_\mathbf{i} = 0$
$\boldsymbol{\alpha}_\mathbf{i}\ \boldsymbol{\beta} + \boldsymbol{\beta}\ \boldsymbol{\alpha}_\mathbf{i} = 0$

§ 8. The wave-function physically means and determines a continuous distribution of electricity in space, the fluctuations of which determine the radiation by the laws of ordinary electrodynamics.

§ 9. Non-conservative systems. Theory of dispersion and scattering and of the "transitions" between the "stationary states."

§ 10. The question of relativity and the action of a magnetic field. Incompleteness of that part of the theory.

2. Alexandr Mikhaïlovitch Liapounov, mathématicien russe, 1857-1918.

Elles sont des représentantes d'une algèbre de Clifford, créée en 1878 par William Kingdon Clifford (1848-1879).

Z'Yeux Ouverts :
- La première surprise venant de cette invention mathématique par Dirac, fut que le spin de l'électron en était une conséquence naturelle. La seconde surprise vint en 1930 et 1932 par Erwin Schrödinger, qui prouva qu'il en découlait une *Zitterbewegung* ou en français un « Tremblement de Schrödinger » :
La vitesse instantanée d'un électron libre est toujours alternativement $+$ **c** et - **c**, comptée sur l'axe du déplacement.
La fréquence de cette alternance est le double de la fréquence broglienne, soit $\mathbf{2\ mc^2/h}$. Mais le partage entre chaque partie d'alternance dépend de la vitesse de groupe.
L'amplitude de déplacement de cette alternance semble bien être $\mathbf{h/mc}$, ce qui nous laisse avec des problèmes d'interprétation encore douteuse.
Enfin Schrödinger prouva que l'équidistance spatiale Dirac-Schrödinger est celle qui ramène la dispersion de Compton électron-photon exactement à la loi de Bragg. Je l'ai redécouvert en 2011, car le monde entier ignore tout de cette découverte d'Erwin Schrödinger ; seule la conférence Nobel de Dirac en 1933 la mentionne ; silence radio forcené partout ailleurs.

Curieux :
- Et avec une application numérique, qu'on ait une idée claire des ordres de grandeur ?

Z'Yeux Ouverts :
- Je crains que vous ne regrettiez votre demande, car mathématiquement, ça va devenir plus *trapu*, et de nombreux lecteurs auront intérêt à sauter directement au chapitre suivant.

9.3. Instrumentation et contraintes.

Une dissymétrie expérimentale est fondamentale : quand vous et votre laboratoire prétendez décrire la vitesse, le temps et les longueurs de ce qui à vos yeux est le mobile, il vous faut une base de vitesse instrumentée, propre à votre laboratoire. Pour mesurer sa vitesse, il vous faut deux horloges distantes, dans le repère du laboratoire, à distance fixe, qui devront ensuite communiquer ; ces deux horloges distantes et préalablement synchronisées dans votre repère constituent chez vous une base de longueur. Si de plus vous voulez interroger ce que vous voyez en perspective du temps du mobile, il faut une horloge liée au mobile, une seule suffit, qui persiste à indiquer son temps propre. Ainsi ce que vous voyez de ce mobile et de son horloge interne n'est en rien un temps propre mais une vue en perspective. Si en plus vous voulez mesurer ce que deviennent les longueurs propres au mobile, mais vues en perspective relativiste, il faut que ce mobile dispose lui aussi d'une base de longueur, et si en plus vous voulez réaliser l'opération inverse, où c'est le mobile qui mesure votre laboratoire, il lui faut lui aussi deux horloges synchronisées dans son repère.

Voici une base de vitesse en marine, telle que décrite par les Instructions Nautiques (Service hydrographique de la Marine) :

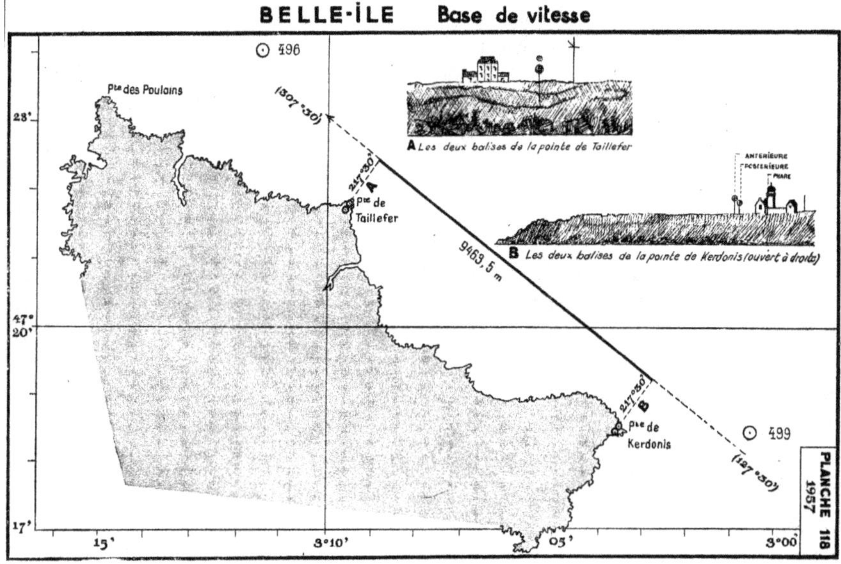

Figure 9.1.

La différence est que le chronomètre est à bord de votre navire, pour mesurer l'intervalle de temps entre les deux alignements, Kerdonis et Taillefer, alors que pour un labo qui étudie la trajectoire d'une particule élémentaire, les horloges sont sur ces alignements terminaux. Application en microphysique : l'horloge propre au mobile s'il est un fermion est sa fréquence intrinsèque Dirac-Schrödinger $\mathbf{2\ mc^2/h}$ dans son repère moyen, lissé, mais il n'a été réalisé que récemment d'y accéder en vrai. Aucune particule élémentaire ne transporte de base de longueur.

Professeur Castel-Tenant :
- On a toutefois une vérification étonnante et quotidienne de la perspective relativiste des longueurs : ce sont les effets magnétiques des courants

électriques, qui sont connus depuis Œrsted, en 1820, et dont André-Marie Ampère fut le premier à donner les lois.
La force magnétique est une correction relativiste en **(v / c)²** à la force de Coulomb.
D'abord le raisonnement qualitatif avec les mains, qui suffit pour deux intensités de même sens,
Prenons deux brins parallèles A et B, parcourus par la même intensité **i**, et dans le même sens. On va les dessiner tous deux horizontaux au tableau noir, avec l'intensité vers la gauche.
Le réseau d'ions cuivre en A voit le réseau d'ions cuivre en B immobile par rapport à lui. Mais il voit les électrons de conduction de B en dérive moyenne vers la droite, à la vitesse moyenne de quelques dizaines de micromètres par seconde. Donc la correction de longueur relativiste s'applique à eux, il les "*voit*" plus denses que les charges plus des ions cuivre. Donc il est attiré par ces charges "-" davantage qu'il n'est repoussé par les charges "+" du réseau cuivre B, et réciproquement, il les attire.
Et tu recommences sur la "*vision*" des ions cuivre de B par les électrons moyens de A.
Au total, par cette perspective relativiste, les conducteurs A et B sont attirés entre eux si les intensités sont de même sens. Repoussés si les intensités sont en sens contraire ? Là il faut calculer pour de bon.

Prenons le cas métrologique de principe :
Deux conducteurs indéfinis, dont l'élément mesure un mètre, distants de un mètre, parcourus par une intensité de un ampère.
i.dl = 1 A * 1 m = Q.v
La répartition entre **Q** et **v** dépend de la densité de courant et de la section, mais on peut fixer **v** à une vitesse électrotechnique raisonnable : 10^{-4} m/s.
D'où **Q** (par mètre) = 10^4 C (dix mille coulombs).
La contraction des longueurs, au premier ordre du développement limité de la racine :
$1 - \frac{1}{2}\frac{v^2}{c^2}$.
Soit F la force de Coulomb entre tous les ions cuivre de A, et tous les ions cuivre de B, répulsive.
Entre deux charges ponctuelles Q et Q' à la distance R : F = $\frac{1}{4\pi\varepsilon_0}\frac{Q.Q'}{R^2}$
Entre deux fils d'épaisseurs négligeables, d'élément de longueur **dl**, de charge linéique λ, soit une charge réelle dQ, à distance **R** :
dF = $\frac{1}{2\pi\varepsilon_0}\frac{\lambda.dQ}{R}$
Sommée sur un mètre de fil :
F = $\frac{1}{2\pi\varepsilon_0}\frac{\lambda.Q}{R}$
F = $\frac{1}{2\pi\varepsilon_0}\frac{Q^2}{R.1m}$

Et à la distance d'un mètre :
F $= \frac{1}{2\pi\varepsilon_0}\frac{Q^2}{1m^2}$
Entre les ions cuivre de A et les électrons de B : -F. $(1 + \frac{1}{2}\frac{v^2}{c^2})$ (attractive).
Entre les électrons de A et les ions cuivre de B : -F. $(1 + \frac{1}{2}\frac{v^2}{c^2})$
Entre les électrons conduction de A et les électrons de conduction de B (vitesse 2v) :
F. $(1 + \frac{4}{2}\frac{v^2}{c^2})$ (répulsive)
C'est ce terme là, 2 $\frac{v^2}{c^2}$, qui est nouveau dans le cas de figure avec intensités opposées.
Force électromagnétique finale, toujours au premier ordre : Fe = F. $\frac{v^2}{c^2}$.
Alors qu'on avait -F. $\frac{v^2}{c^2}$ avec intensités de même sens.
On a donc bien les bons signes.
A-t-on la bonne dépendance au degré de l'intensité ?
La force est justement proportionnelle à l'intensité dans un conducteur, et à celle dans l'autre, donc à **i²** si ces deux intensités sont égales en valeur absolue.
Il ne reste plus qu'à vérifier que la grandeur prédite est aussi correcte, avec le bon coefficient.
|Fe| = F. $\frac{v^2}{c^2}$ avec F $= \frac{1}{2\pi\varepsilon_0}\frac{Q^2}{R.1m^2}$
|Fe| $= \frac{1}{2\pi\varepsilon_0.c^2}\frac{(v.Q)^2}{1m^2}$

Or ε_0.c^2 $= \mu_0$ et v.Q = i.L

|Fe| $= \frac{i^2}{2\pi.\mu_0}$
Ou dans le cas plus général sur une longueur **l** de fils, écartés de la distance **d.**
|Fe| $= \frac{i^2}{2\pi\mu_0}\frac{l}{d}$

Et par la définition même de l'ampère, 4 $\pi.\mu_0$ = 10^{-7} H.m^{-1}.

Démonstration terminée.

Curieux :
- J'objecte là à votre démonstration de magie : Vous avez utilisé la vitesse de dérive moyenne des électrons, alors que les corrections de Lorentz sont quadratiques en v^2/c^2 et non pas linéaires, et que ces électrons n'en finissent pas de s'agiter à la vitesse de Fermi, dont vous avez déjà dit qu'elle est de l'ordre de 1 570 km/s pour le cuivre.

Professeur Castel-Tenant :
- C'est une très bonne question ! Merci de l'avoir posée.
Une seconde manière de poser votre question, est de demander si la neutralité électrique de chaque conducteur ne serait pas un mythe, vu par un mirage relativiste.
Une troisième manière serait de demander si les vitesses de Fermi ne sont pas mythiques. Et pourtant les lois macrophysiques établies au 19e siècle demeurent inattaquables, parfaitement robustes.

Curieux :
- Mais vous n'avez pas répondu !

Z'Yeux Ouverts :
- Pour se simplifier un problème de physique, il faut regarder les symétries. Les deux conducteurs sont le siège des vitesses de Fermi électroniques, mais elles n'ont aucun effet macrophysique.
Coupez le courant, autrement dit ramenez à zéro la dérive moyenne des électrons, et toutes les forces d'origine magnétique deviennent nulles. Il ne reste que la gravité, les contraintes élastiques, et les dilatations et retraits thermiques. Quand un transformateur de puissance alimente une usine en plein travail, le bruit qu'il émet est intense : les bobines vibrent, et les tôles du circuit magnétique vibrent. Usine arrêtée, plus guère de courant au secondaire, et le bruit devient bien plus supportable : le circuit primaire n'alimente plus que les pertes fer. Coupez aussi le primaire, et le bruit devient nul.
Nous concluons que les vitesses de Fermi peuvent intéresser le métallurgiste, intéressent certainement le physicien de l'état solide, mais ne concernent en rien l'électrotechnicien.

A titre très personnel, j'ajoute que l'explication relativiste a traité en plan les problèmes plans, sans jamais s'encombrer d'un folklorique « *vecteur* » dans la troisième dimension. La relativité respecte les symétries physiques, elle ; tandis qu'elle ne respecte pas les traditions en « *produit vectoriel* » que nous devons à Oliver Heaviside (1888), traditions qui ne respectent ni la physique ni la cohérence mathématique.

9.4. La transformation de Lorentz.

Professeur Castel-Tenant :
- La transformation de Lorentz n'est rien de plus que la relation de Pythagore, dans un espace qui n'est plus euclidien, mais de métrique pseudo-euclidienne ; la conservation de la vitesse de la lumière dans tous les référentiels s'écrit par la constance de la relation de distance en métrique de

Minkowski), ici simplifiée en prenant **x'Ox** le long de la vitesse relative des deux référentiels :
$ds^2 = dx^2 + d(ict)^2 = dx^2 - c^2\, dt^2 = - c^2\left(1 - \frac{v^2}{c^2}\right) dt^2$
D'où la transformation du temps propre d'un référentiel à l'autre :
$t_1 = \frac{t'_1+\frac{v\Delta x'}{c^2}}{\sqrt{1-\frac{v^2}{c^2}}}$ et $t_2 = \frac{t'_2+\frac{v\Delta x'}{c^2}}{\sqrt{1-\frac{v^2}{c^2}}}$ d'où la différence :
$\Delta t = \frac{\Delta t'}{\sqrt{1-\frac{v^2}{c^2}}}$
On peut compacter les formulations en posant d'abord $\beta = \frac{v}{c}$. C'est un nombre, sans dimension.
Puis la rapidité $\varphi = \text{Argtanh}\ \frac{v}{c} = \text{Argtanh}\ \beta$. Cette grandeur φ sans dimension est souvent considérée comme un « angle hyperbolique ».
puis $\gamma = \frac{1}{\sqrt{1-\frac{v^2}{c^2}}} = \frac{1}{\sqrt{1-\beta^2}} = \cosh(\varphi)$
Alors qu'en Relativité les vitesses ne sont plus additives, les rapidités φ le restent.
On peut écrire $\Delta t = \gamma\ \Delta t'$

Et la transformation des longueurs, dans le sens de la vitesse relative :
$\Delta x' = \frac{\Delta x - v\Delta t}{\sqrt{1-\frac{v^2}{c^2}}} = \frac{\Delta x}{\sqrt{1-\frac{v^2}{c^2}}} = \frac{\Delta x}{\sqrt{1-\beta^2}} = \gamma\ \Delta x$
Les longueurs se contractent alors que le temps se dilate, vus depuis l'observateur qui voit passer le mobile. La dissymétrie expérimentale reste fondamentale : quand vous prétendez décrire la vitesse, le temps et les longueurs de ce qui à vos yeux est le mobile, il vous faut une base de vitesse instrumentée liée à votre labo.

Z'Yeux Ouverts :
- En raison du signe moins sous le radical, on comprend qu'au lieu des sinus et cosinus qui interviennent dans les isométries de notre espace ordinaire R^3 (c'est à dire les rotations, les iosmétries de signature +1), en relativité il faut utiliser des cosinus hyperboliques, des sinus hyperboliques et tangentes hyperboliques, et leurs inverses. Ensuite on pourra utiliser toutes les facilités de l'algèbre linéaire.

Professeur Castel-Tenant :
- Avant l'algèbre linéaire en dimension 4, commençons par un exercice : convertissez les 6 GeV communiqués à chaque électron par l'accélérateur de l'ESRF en longueur d'onde du dit électron.

9.5. Exercice de dynamique relativiste

Problème : les électrons qui tournent dans l'ESRF ont une énergie de 6 GeV chacun. Votre mission est de donner leur longueur d'onde dans notre repère, fixe.
Formulaire donné :
Énergie E $= \frac{m.c^2}{\sqrt{1-\frac{v^2}{c^2}}} = \gamma.m.c^2$
Impulsion **p** : $m^2c^4 = E^2 - p^2c^2$,
d'où $|\mathbf{p}| = E/c\ \sqrt{1-(\frac{mc^2}{E})^2} = \gamma mv = \frac{v.E}{c^2}$
D'où l'impulsion : $p^2 = [(6\text{ GeV})^2 - (511\text{ keV})^2] / c^2 = (E/c)^2. (1- 7{,}25 . 10^{-9})$.
D'où **p** $= 6$ GeV / c $= 961{,}3 . 10^{-12}$ J / c $= 3{,}206 . 10^{-18}$ kg.m/s
Or on a déjà vu la loi de Broglie : **λ = h /p = 206,6 am** (attomètres). Ce qui est fort loin de l'échelle humaine, et même de l'échelle atomique. En revanche c'est de taille à provoquer une réaction nucléaire. Aussi durant des semaines après un arrêt de l'anneau, les matériaux de l'appareillage demeurent radioactifs sous les à-côté de ce bombardement.

Et que devient leur fréquence d'horloge intrinsèque, vue de notre repère ?
6 GeV / c $= 3{,}206 . 10^{-18}$ kg.m/s
Divisé par la masse au repos de l'électron : 03,52010. 10^{12} m/s = 11 741,8 **c**
D'où la rapidité φ (nombre sans dimension, rapporté à l'unité **c**) :
φ = Argsinh(11 741,8) = 10,06406
D'où le facteur gamma : γ = cosh φ = **11 741,8** (à ces hautes énergies, le cosinus hyperbolique et le sinus hyperbolique de la rapidité sont presque égaux).
Rappel de la fréquence broglienne intrinsèque de l'électron ($\frac{m \cdot c^2}{h}$ au repos) : 1,235 59 . 10^{20} Hz
Ralentissement apparent de l'horloge interne de Broglie : $\frac{1}{\cosh(\varphi)} = \frac{1}{\gamma}$
D'où la fréquence apparente vue depuis le laboratoire :
1,235 59 . 10^{20} Hz / γ = **10,523 001 . 10^{15} Hz**$_{\text{laboratoire}}$
La seconde fréquence intrinsèque, celle de Dirac-Schrödinger, qui intervient dans les phénomènes électromagnétiques telles que la dispersion Compton, est le double de la précédente : 21,046 003 . 10^{15} Hz$_{\text{laboratoire}}$
La période broglienne dans le repère du laboratoire, inverse de la fréquence : 95,02992 . 10^{-18} secondes par cycle.
Hé non, vous ne pouvez pas multiplier cette période apparente par la vitesse apparente pour obtenir la longueur d'onde. Ce serait faux !

Curieux :

- Alors selon vous, il me suffit de repasser cette leçon pour être devenu un distingué relativiste ?

Professeur Castel-Tenant :
- En tout cas vous disposez à présent d'un formulaire suffisant, et de deux exemples du mode d'emploi. On vous donnera plus loin un autre exemple, celui de la mesure expérimentale de la fréquence Dirac-Schrödinger dans le repère de l'Accélérateur Linéaire de Saclay (ALS).

9.6. La transformation de Lorentz diagonalisée.

Z'Yeux Ouverts :
- Je vais aggraver mon cas en montrant que si par discipline d'algébriste on cherche les directions propres dans lesquelles la matrice de transformation de Lorentz est diagonale, le résultat est très humiliant envers notre anthropocentrisme : les directions propres sont toutes sur le cône de lumière. Or nous, nous n'y serons jamais, sur le cône de lumière. Nous serons toujours des observateurs impropres : nous avons une masse, et tous nos instruments aussi.

9.6.1. Les directions propres sont toutes sur le cône de lumière.

Donnons à la coordonnée temps le numéro d'indice zéro, ce qui laisse inchangé tout ce que nous savions faire sur les indices d'espace 1, 2 et 3, en dimension 3. Sacrifions aussi à l'habitude dangereuse de faire $\mathbf{c} = 1$.
La particularité de l'espace-temps de Minkowski, est que pour tout événement ayant quelque relation au genre propagation d'onde électromagnétique (et plus généralement, au genre propagation d'onde sans masse), la métrique compétente, valide depuis des repères macroscopiques et massifs, est pseudo-euclidienne :
$ds^2 = dt^2 - dx^2 - dy^2 - dz^2 = (dt\,;\,dx\,;\,dy\,;\,dz)\,.g\,.\ t(dt\,;\,dx\,;\,dy\,;\,dz)$
où l'unité physique est omise : $\mathbf{m^2}$ ou $\mathbf{s^2}$, et où $\mathbf{g}$ est le tenseur métrique.
Nous ne savons rien en déduire de la métrique propre à un photon, notamment comment il voit son étalement sur quelques dix périodes (laser femtoseconde), à plusieurs millions de périodes (cas plus courant).
Coordonnées du tenseur métrique minkowskien dans une de nos bases humaines :

$$g = \begin{pmatrix} 1 & 0 & 0 & 0 \\ 0 & -1 & 0 & 0 \\ 0 & 0 & -1 & 0 \\ 0 & 0 & 0 & -1 \end{pmatrix}$$

Toute propagation de ce genre photon, et qui soit à masse nulle, a la propriété que son temps propre est nul.
En plus des rotations déjà connues sur le sous-espace d'étendue (sans le temps), nous trouvons trois nouvelles isométries minkowskiennes (notées M-isométries) élémentaires. Écrivons ainsi la matrice décrivant une translation uniforme selon l'axe x, à la vitesse c.tanh(φ) :

$$\text{R01}(\varphi) = \begin{pmatrix} ch\varphi & sh\varphi & 0 & 0 \\ sh\varphi & ch\varphi & 0 & 0 \\ 0 & 0 & 1 & 0 \\ 0 & 0 & 0 & 1 \end{pmatrix}$$ qui se diagonalise en :

$$\begin{pmatrix} e^{\varphi} & 0 & 0 & 0 \\ 0 & e^{-\varphi} & 0 & 0 \\ 0 & 0 & 1 & 0 \\ 0 & 0 & 0 & 1 \end{pmatrix}$$ sur la base caractéristique de cette direction de propagation. Matrice de cette base appropriée :

$$\frac{1}{\sqrt{2}} \begin{pmatrix} 1 & 1 & 0 & 0 \\ 1 & -1 & 0 & 0 \\ 0 & 0 & \sqrt{2} & 0 \\ 0 & 0 & 0 & \sqrt{2} \end{pmatrix}$$ que l'on peut aussi écrire ainsi : $$\begin{pmatrix} \frac{1}{\sqrt{2}} & \frac{1}{\sqrt{2}} & 0 & 0 \\ \frac{1}{\sqrt{2}} & -\frac{1}{\sqrt{2}} & 0 & 0 \\ 0 & 0 & 1 & 0 \\ 0 & 0 & 0 & 1 \end{pmatrix}$$

, indépendante de la rapidité φ.
Attention ! Ces valeurs propres $\mathbf{e}^{\varphi}$ et $\mathbf{e}^{-\varphi}$ ne sont pas à multiplier par **c** pour obtenir des célérités : ce ne sont que des proportions de chaque propagation instantanée, la majoritaire dans le sens de dérive générale de la particule, la minoritaire en sens opposé, à reculons, et toutes à la célérité c.
Prenons l'exemple des électrons d'un tube de télévision couleur, accélérés sous 24 kV. Le quotient (énergie totale / énergie au repos), égal à $\mathbf{ch}(\varphi)$, vaut 1,0469668. L'argument φ vaut donc Argch(1,0469668) = 0,305230. La vitesse **v** de l'électron dans le repère du téléviseur vaut 88 784 827 m/s, en moyenne macroscopique. Elle se compose d'un mouvement luminique direct, sur une durée (comptée dans le repère du téléviseur) proportionnelle à $\mathbf{e}^{\varphi}$= 1,35703, et d'un mouvement rétroluminique, sur une durée proportionnelle à $\mathbf{e}^{-\varphi}$ = 0,73690.
Cela contraste avec la vitesse de phase broglienne sur l'axe de propagation, obtenue par une inversion dont le rayon est la célérité de la lumière. Pour ces mêmes électrons, la vitesse de phase de leur onde, largement supraluminique, vaut c^2/v = c.coth(φ) = 3,37662 .c (la longueur d'onde broglienne vaut alors 8,193 pm, ou 8193 fm).

Il est remarquable que là, la base de diagonalisation est entièrement réelle. Mais ses deux premiers vecteurs de base sont M-isotropes car tous deux sur le cône de lumière : $\frac{1}{\sqrt{2}}.\begin{pmatrix}1\\1\\0\\0\end{pmatrix}$ et $\frac{1}{\sqrt{2}}.\begin{pmatrix}1\\-1\\0\\0\end{pmatrix}$ Ils sont tous deux de M-module nul, donc tous deux du genre lumière, et de célérités opposées : s'ils sont dans la même direction d'espace, l'un est orthochrone, l'autre antichrone.
Alternativement, on peut les considérer tous deux orthochrones (ou tous deux antichrones) mais de direction de propagation opposée. Jusqu'à présent, on a aveuglément privilégié une seule de ces orientations, sans fournir d'argumentation expérimentale.
Ces deux vecteurs de base propre sont intrinsèques à cette direction (spatiale) de propagation, et indépendants de la vitesse de propagation.
Ils sont tous deux sur le cône de lumière. Ces axes intrinsèques sont les asymptotes des deux branches d'hyperboles équilatères contenant les événements à distance ordinaire (humaine) finie.

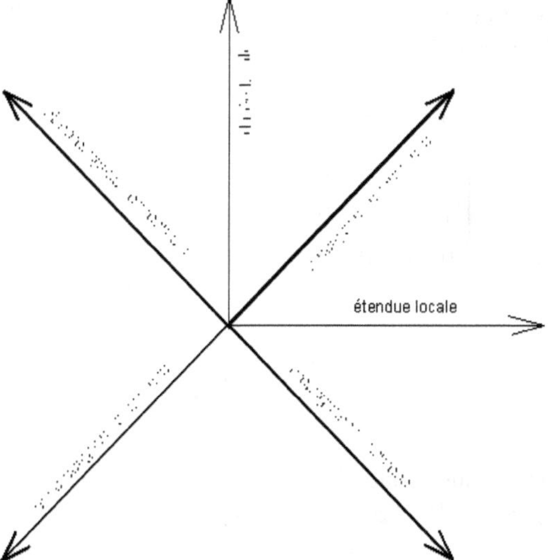

Figure 9.2. Cette figure est provisoirement incomplète.

Par développement limité, on obtient l'opérateur différentiel, donc le générateur :

$dR_{01} = d\varphi. \begin{pmatrix} 0 & 1 & 0 & 0 \\ 1 & 0 & 0 & 0 \\ 0 & 0 & 0 & 0 \\ 0 & 0 & 0 & 0 \end{pmatrix}$, diagonalisable sur la même base biluminique,

en $\begin{pmatrix} 1 & 0 & 0 & 0 \\ 0 & -1 & 0 & 0 \\ 0 & 0 & 0 & 0 \\ 0 & 0 & 0 & 0 \end{pmatrix}$ que multiplie $d\varphi$ ($d\varphi$ et φ réels, pour les isométries propres).

Les trois paires de vectoroïdes-propres (nous avons explicité une seule) appartiennent au "cône de lumière", ou cône M-isotrope, en ce sens que tous les vecteurs y sont de "M-longueur" nulle, au sens de la norme pseudo-euclidienne de Minkowski.
Nous concluons que les trois prolongements des gyreurs de rotation d'étendue, sont complétés par trois autres opérateurs symétriques de base (comment les dénommer ? "coupleurs étendue-durée" ?, "coupleurs luminiques" ?, "célérifères" ?), formant une base des directions de propagation d'une onde électromagnétique :

$$\mathbf{J_{01}} = \begin{pmatrix} 0 & 1 & 0 & 0 \\ 1 & 0 & 0 & 0 \\ 0 & 0 & 0 & 0 \\ 0 & 0 & 0 & 0 \end{pmatrix}, \quad \mathbf{J_{02}} = \begin{pmatrix} 0 & 0 & 1 & 0 \\ 0 & 0 & 0 & 0 \\ 1 & 0 & 0 & 0 \\ 0 & 0 & 0 & 0 \end{pmatrix},$$

$$\mathbf{J_{03}} = \begin{pmatrix} 0 & 0 & 0 & 1 \\ 0 & 0 & 0 & 0 \\ 0 & 0 & 0 & 0 \\ 1 & 0 & 0 & 0 \end{pmatrix}.$$

Comme pour les rotations dans le sous-espace R^3, nous continuons d'observer la relation d'exponentiation : $R_{01}(\varphi) = \exp(\varphi.J_{01})$.

Professeur Castel-Tenant :
- Ah ? Première nouvelle. C'était comment dans le sous-espace R^3 ? Ce serait chouette si vous en profitiez pour faire apparaître la nécessité du spin.
Comme vous alliez l'oublier, je précise à nos lecteurs que l'exponentielle d'une matrice φJ s'exprime en série de Taylor (qui a le bon goût de converger rapidement) :

$\varphi J \mapsto e^{\varphi J} = \sum \frac{\varphi^k}{k!} J^k$

Z'Yeux Ouverts :

9.6.2. - Les rotations en espace euclidien de dimension 2. Toute matrice de rotation d'angle ϑ, R = $\begin{pmatrix} cos\,(\theta) & -sin\,(\theta) \\ sin\,(\theta) & cos\,(\theta) \end{pmatrix}$, peut s'écrire comme l'exponentielle matricielle exp(ϑJ) du gyreur J dϑ. Une rotation infinitésimale s'exprime comme 1 + J dϑ. Le gyreur J, générateur des rotations est donc le coefficient de l'angle infinitésimal dϑ, dans une rotation infinitésimale 1 + J dϑ.

$J = \left(\frac{\partial R(\theta)}{\partial \theta}\right) = \begin{pmatrix} 0 & -1 \\ 1 & 0 \end{pmatrix}.$

Le polynôme caractéristique de R vaut : (λ^2 + 1 -2 λ cos ϑ), dont les racines λ = cos ϑ ± i.sin ϑ, sont les valeurs propres de R. Si l'on excepte le cas particulier où l'angle ϑ est nul (mod π), et où en toutes bases, R se réduit à ± l'identité, R ne se diagonalise que sur une base complexe, dont les directions propres sont des **isotropes**. Ainsi, sur la base propre $\frac{1}{\sqrt{2}}\begin{pmatrix} 1 \\ i \end{pmatrix}$, $\frac{1}{\sqrt{2}}\begin{pmatrix} i \\ 1 \end{pmatrix}$, J prend la forme diagonale : $\begin{pmatrix} -i & 0 \\ 0 & i \end{pmatrix}$, et R prend la forme : $\begin{pmatrix} e^{i\vartheta} & 0 \\ 0 & e^{-i\vartheta} \end{pmatrix}$.

Son invariant d'ordre 1, ou trace : $R^i{}_i$ = 2 cos ϑ (convention de sommation d'Einstein).

Son invariant d'ordre 2 est ici le déterminant : $R^1{}_1 . R^2{}_2 - R^2{}_1 . R^1{}_2 = 1$.

En dimension deux, la rotation d'angle droit, et de sens positif, est indiscernable de son générateur J.

Ces directions propres complexes isotropes sont en relation directe avec la factorisation de la métrique euclidienne, sur le corps des complexes : $ds^2 = dx^2 + dy^2$ = (dx + idy)(dx-idy), exprimée pour la simplicité sur une base canonique, orthonormée (où le tenseur métrique est donc unitaire). Unité physique omise : m^2.

Nous ne traiterons pas ici de la décomposition des rotations en un couple de réflexions.

9.6.3. Les rotations en espace euclidien de dimension 3. Toute rotation peut s'exprimer dans une base appropriée, dont une direction est alignée avec sa droite invariante, et sa matrice prend alors la forme simplifiée par blocs, dont voici trois formes :

$$\mathrm{R_{xy}}(\vartheta) = \begin{pmatrix} cos\,(\theta) & -sin\,(\theta) & 0 \\ sin\,(\theta) & cos\,(\theta) & 0 \\ 0 & 0 & 1 \end{pmatrix}.\ \mathrm{R_{zx}}(\vartheta) = \begin{pmatrix} cos\,(\theta) & 0 & sin\,(\theta) \\ 0 & 1 & 0 \\ -sin\,(\theta) & 0 & cos\,(\theta) \end{pmatrix}.$$

$$\mathrm{R_{yz}}(\vartheta) = \begin{pmatrix} 1 & 0 & 0 \\ 0 & cos\,(\theta) & -sin\,(\theta) \\ 0 & sin\,(\theta) & cos\,(\theta) \end{pmatrix}.$$

La relation d'exponentiation est similaire : $\mathrm{J_{xy}}\ d\vartheta$ est le générateur de la rotation $\mathrm{R_{xy}}(\vartheta)$.

Définissant le gyreur $\mathrm{J_{xy}}$ par : $\mathrm{J_{xy}} = \left(\frac{\partial \mathrm{R}(\theta)}{\partial\theta}\right) = \begin{pmatrix} 0 & -1 & 0 \\ 1 & 0 & 0 \\ 0 & 0 & 0 \end{pmatrix}$, alors : $\mathrm{R_{xy}}(\vartheta)$ $= \exp\,(\vartheta \mathrm{J_{xy}})$.

Le gyreur n'est plus identique à une rotation d'angle droit, mais est le composé d'une rotation d'angle droit, par le projecteur orthogonal sur l'équiplan stable de R. Ce projecteur a pour noyau (préimage de zéro) l'équidroite invariante de R. Toute rotation commute avec son projecteur associé à son sous-espace stable.

La diagonalisation est en prolongement de celle déjà vue en dimension 2 : sur la base complexe dont la matrice est

$\frac{1}{\sqrt{2}}\begin{pmatrix} 1 & i & 0 \\ i & 1 & 0 \\ 0 & 0 & \sqrt{2} \end{pmatrix}$, $\mathrm{J_{xy}}$ prend la forme $\begin{pmatrix} i & 0 & 0 \\ 0 & -i & 0 \\ 0 & 0 & 0 \end{pmatrix}$, et $\mathrm{R_{xy}}(\vartheta)$ prend la forme diagonale $\begin{pmatrix} e^{i\theta} & 0 & 0 \\ 0 & e^{-i\theta} & 0 \\ 0 & 0 & 1 \end{pmatrix}$.

Cette base est utilisée sous le nom de « base standard » en mécanique quantique. On rappelle qu'en dimension supérieure à 2, les rotations ne sont plus commutatives. Pourtant, pour deux matrices de rotations d'angle infinitésimal $d\vartheta$, leurs deux produits, à droite et à gauche, ne diffèrent plus que d'un infiniment petit du second ordre, en $d^2\vartheta$. C'est ce qui justifie l'omniprésente utilité des gyreurs en mécanique et en électromagnétisme : vitesse angulaire, moment angulaire, couple de forces, champ magnétique, moment magnétique, etc.

Nous ne traiterons pas ici des factorisations de la forme métrique en dimension 3, par des quaternions ou par des spinorielles de Pauli.

9.6.4. Réécriture de la métrique dans la base appropriée. Nous voulons ré-exprimer ds^2 dans la base propre à la propagation, ici particularisée par la direction x, toujours avec la convention d'écriture, $c = 1$.
Dans la base propre à la direction dx/dt, le tenseur métrique **g** prend la forme :

$$\begin{pmatrix} 0 & 1 & 0 & 0 \\ 1 & 0 & 0 & 0 \\ 0 & 0 & -1 & 0 \\ 0 & 0 & 0 & -1 \end{pmatrix}$$

Désignons par e et f, les nouveaux vecteurs de base orthonormaux (conservant l'unité physique), respectivement e pour l'orthochrone (avec "e" comme Einstein, qui ne croyait qu'à la causalité strictement orthochrone), et f pour l'antichrone (avec "f" comme Feynman, qui ne s'est pas privé de dessiner la causalité antichrone dans ses diagrammes). Désignons par o et a les coordonnées sur les nouveaux vecteurs de base, respectivement o pour orthochrone, et a pour antichrone. Leur traitement est désormais symétrique.

Écrivons alors la M-distance : $\mathbf{ds^2 = 2do.da - dy^2 - dz^2}$. Et sur la direction de propagation, dy et dz sont nuls, il ne reste plus que la factorisation : $\mathbf{ds^2 = 2do.da}$ (unité physique toujours omise).
La transformation continue entre cette forme propre du tenseur métrique, et la forme connue dans une base massique, telle que la base du laboratoire, est lorentzienne complexe, d'argument $i\frac{\pi}{4}$(rapidité imaginaire pure). Alors qu'une transformation de Lorentz à coefficients réels (de rapidité réelle) n'est compétente que pour passer d'une base massique à une autre base massique. Elle laisse invariant le tenseur métrique, et elle est incapable d'atteindre une base propre, biluminique. Par anthropocentrisme abusif, on s'était précipité d'oublier les bases propres et la métrique propre, sous l'accusation de "non physiques", à traduire en « non anthropocentriques ».

Curieux :
- Cette base propre, que vous dites « *biluminique* », est-elle accessible à l'expérimentation humaine ?

Z'Yeux Ouverts :
- Inaccessible à l'expérimentation à notre échelle humaine, mais incontournable pour le théoricien. A moins qu'il préfère faire du travail de singe. Vous aurez la même objection à faire au § 10.8, quand nous ré-examinerons la dispersion Compton d'un photon X par un électron peu lié, dans le repère du centre d'inertie, qui est imprévisible pour l'expérimentateur.

Curieux :
- Vous êtes dur, vous ! Vous vous réclamez d'une discipline expérimentale rigoureuse, mais exigez le privilège d'utiliser des concepts dont vous précisez qu'ils sont inaccessibles à l'expérimentation !

Z'Yeux Ouverts :
- Concédez-moi que je mets cartes sur table : j'annonce quoi est par nature inaccessible à l'expérimentation, et quoi ne relève que des rumeurs tribales dans quelque tribale tribu.

Professeur Castel-Tenant :
- Mais alors, M. z'Yeux Ouverts, quelle est selon vous la bonne microphysique, ou au moins une moins mauvaise ? Jusqu'à présent, je vous ai laissé glisser en douce vos modifications. A présent jetez-vous à l'eau !

Z'Yeux Ouverts :
- Avant, voyons les pittoresques griefs d'un collègue de Jussieu, contre la vulgarisation et les vulgarisateurs.

9.7. La vulgarisation est-elle l'ennemie de la science ?

9.7.1. Pourquoi ces ronchonnements ? Vulgariser est une tâche difficile, dont les résultats sont rarement probants. On va donner la parole à un chercheur qui est complètement dégoûté de toute vulgarisation. Je trouve qu'il exagère, mais c'est à lui la parole.
Intervention précédente sur Usenet, forum fr.sci.physique, le 4 décembre 2004 :
> *Ce que je sais, c'est que la question de la vulgarisation scientifique*
> *n'est pas une question oiseuse. Sauf erreur, c'est même une dimension qui*
> *fait partie de la mission des chercheurs du CNRS, par exemple.*

Autre Professeur Castel-Tenant :
- *Oui et c'est un scandale patent. Il y a des chercheurs au CNRS qui font carrière entièrement dans la vulgarisation, sont des professionnels de la vulgarisation, et trouvent encore le moyen de se faire mousser et promouvoir avec ça. Ou avec l'administration ou toute autre fadaise qui font que la seule chose qui finit par ne plus compter c'est les résultats scientifiques. La vulgarisation est et a toujours été une activité parfaitement inutile, et pour ma part je ne vais pas jeter la pierre aux Bogdanoff s'ils ont dit des conneries dans leur bouquin, car tous les bouquins de vulgarisation ne contiennent que des conneries du début à la fin. C'est déjà bien assez difficile de ne pas faire trop d'erreurs dans un livre ou un article sérieux, arriver à dire quelque chose de*

sensé compréhensible par le mythique "honnête homme" c'est radicalement impossible.

Norbert R. (vulgarisateur en astronomie) :
- C'est de l'humour à prendre au second degré, ou tu le penses vraiment ?

Autre Professeur Castel-Tenant :
Je suis très con, je le pense vraiment.
Celui qui veut apprendre la mécanique quantique, prend un bon bouquin, comme le Dirac, ou le Feynman, et il aura beaucoup plus vite fait d'apprendre quelque chose qu'en écoutant les divagations d'un vulgarisateur. Chaque fois que j'ai eu la bêtise d'ouvrir la Recherche, je n'ai rien compris quand c'était dans un domaine que je ne connaissais pas, et j'ai trouvé des erreurs partout quand c'était dans un domaine que je connais. C'est pas parce que M. le ministre de mes 2 ou le directeur du CNRS (*) a décrété que la vulgarisation était une mission de l'organisme que ça changera quoi que ce soit à la nature des choses. Je n'ai jamais vu des chercheurs réellement de talent faire de la vulgarisation, je suis désolé de te le dire, sauf un très ambitieux qui voyait ça comme moyen de réussir plus vite.

(*) *les directeurs successifs ont trouvé toutes sortes de missions absolument essentielles, telles que repeupler la province, se livrer à des tâches administratives, faire de l'enseignement, faire de la vulgarisation, faire des dossiers européens, passer des brevets et j'en oublie sûrement. Au passage c'est la recherche qui prend l'eau de toutes parts.*

[Pseudonyme] :
Rangez-vous également la mission d'enseignement des enseignants-chercheurs au registre de ces fadaises ?

Autre Professeur Castel-Tenant :
- *On parlait du CNRS il me semble, les enseignants de la Fac ont une mission essentielle qui est d'enseigner. Je suis très réticent à ces missions multiples, qui en général se traduisent par le fait que rien n'est fait correctement.*

Fin de citations.
Z'Yeux Ouverts :
- J'abrège, vous pouvez voir toute la discussion à
https ://groups.google.com/forum/ ?hl=fr# !topic/
fr.sci.physique/7EuUwzJxbbY[101-125]
Sur d'autres fils de discussion il donne un tour encore plus amer et méprisant à son réquisitoire contre la vulgarisation, qu'il accuse de favoriser la paresse

du public et son outrecuidance. Hélas, les exemples abondent, qui justifient son pessimisme. Or nous sommes d'avis opposés, aussi je vais poursuivre.
Problème : cette hargne contre la vulgarisation est spécifique à la quantique, elle est en soi un symptôme qui fait remuer les oreilles du clinicien. On ne rencontre rien de semblable dans aucune des disciplines de la biologie, ni des géosciences, ni en chimie, ni en astronomie, ni même en mécanique, qui pourtant elle aussi est une discipline fortement mathématisée... En revanche on entend des réticences et des ruses comparables chez les psychanalystes, les freudiens qui eux aussi cultivent les obscurités volontaires, les parlances déceptives et carabistouillées ; secte ombrageuse...
J'ai entendu un maître de conférences à Lyon 1 qui en réunion pédagogique réclamait avec véhémence qu'on interdise les études de physique "*aux esprits farfelus*". Oh, sa bête noire c'était moi : je lui avais posé une question inattendue (une seule), et affolé, il m'avait répliqué que je "*devais lire des livres !*". Il se trouve que je les avais lus, les livres, que je les avais chez moi, et que ni leurs fautes de méthode, ni leurs affirmations farfelues et contradictoires ne me satisfaisaient. Ces fautes de méthode qui passent inaperçus à la plupart des jeunes étudiants, sautent aux yeux d'un ingénieur de recherches expérimenté. Quant à ceux des jeunes étudiants qui perçoivent ces fautes de méthode et ces contradictions spécifiques à la secte, écœurés ils changent de discipline et vont vers des travaux plus sains.
Au fil des années, et à mesure que je me documentais sur l'histoire de cette discipline, j'ai fini par comprendre que cette hargne contre la vulgarisation provient de ce que cette tribale tribu (cette secte si vous préférez) a beaucoup d'inavouables à cacher, dont des squelettes dans ses placards. En psychologie clinique nous connaissons les pathologies gouvernées par un ou plusieurs secrets de famille, dont la toxicité perdure au fil des générations. Ici aussi, c'est un cas clinique collectif. Sur le plan professionnel, ils sont prisonniers d'un artefact qui leur masque les réalités : les contes de fées en guise de sémantique et d'axiomes physiques, que leurs grands ancêtres leur ont légués, suite à leur coup d'état victorieux de 1927.

Chapitre 10

Mais alors quelle est selon vous la microphysique correcte ?

Z'Yeux Ouverts : :
- Nous vous exposons la physique quantique rénovée et remise les pieds en bas et la tête en haut, c'est à dire avec des transactions entre émetteurs et absorbeurs, et nous présentons des développements originaux, dont nous soutenons que les enjeux en valent largement la peine. En quelques mots, fini de croire qu'un photon (l'unité de lumière) serait quelque corpuscule fantasque : il est une transaction électromagnétique réussie entre un émetteur, un absorbeur et l'espace ou les milieux et dispositifs optiques qui les séparent. Même si le photon a été émis il y a quatorze milliards d'années humaines, même s'il ne rencontrera son absorbeur que dans soixante-cinq milliards d'années humaines. Que cela soit humiliant pour notre égocentrisme ne nous intéresse pas. Le photon demeure unité de lumière en ce sens qu'il a un seul émetteur et un seul destinataire, mais jamais ne cesse d'être une onde soumise à l'optique physique de Fresnel (1819) et aux équations de Maxwell (1873), modifiées bosons depuis. Aucune sorte de "*corpuscule*" ni de "*aspect corpusculaire*", ni de "*dualité onde-corpuscule*" n'ont plus cours en microphysique transactionnelle, ne reste que l'ondulatoire, souvent quantifié, mais pas toujours. Plus haut, nous avions précisé que nous mettions fin à la confusion entre onde individuelle et collectif d'ondes. La physique macroscopique n'avait à connaître que les collectifs.

Aux sources de la physique transactionnelle, se trouvent deux découvertes très délaissées et méprisées : ces deux fréquences intrinsèques telles que découvertes en 1923 par Louis de Broglie et en 1930 par Erwin Schrödinger, respectivement 123,56 . 10^{18} Hz et 247,12 . 10^{18} Hz pour l'électron (deux cent quarante sept milliards de milliards de cycles par seconde). En tenir compte permet de s'épargner des volumes de calculs monstrueux qui depuis soixante ans sont considérés comme le nec plus ultra de la physique. En effet si vous tenez compte des fréquences, vous constatez que le transfert d'un photon ou de toute autre "particule" n'occupe qu'un mince et raide faisceau, sans aller se répandre partout comme Feynman et tant d'autres répéteurs l'ont répété.

Fréquences intrinsèques pour toute particule dotée de masse. La largeur de ce fuseau de Fermat et son angle au cône tangent (aux deux extrémités) ont de nombreuses applications en astronomie et en instrumentation. Enfin nous prédisons que le rendement d'enseignement sera largement amélioré quand on aura abandonné les contradictions de la sémantique "copenhaguiste" actuellement enseignée partout, figée en 1927, et dont nous constatons qu'elle est un boulet.

Nous ne plaçons pas du tout le hasard et les statistiques au même endroit que les copenhaguistes : les hasards du bruit de fond déclenchent les transactions, mais ils perdent le plus gros de leur influence pendant le transfert du photon, du neutrino, de l'électron, etc. Au contraire, bien des copenhaguistes – fussent-ils primés Nobel – prétendent sans jamais le prouver des trajectoires zigzagantes et tortillonnantes, exorbitantes de toutes les lois physiques.

Que nous tenions compte du bruit de fond broglien, cadre obligé de l'établissement des transactions, est une innovation majeure, de rupture.

10.1. "Peut-être jusqu'à Jupiter et retour" ? Jusqu'où Hawking osera-t-il ?

Ici nous allons laisser les anti-transactionnistes développer leurs errements et contradictions là où ils ont tous les pouvoirs. L'échange est traduit et abrégé de l'anglais. Ici le curieux n'est pas vous-même mais un anglophone qui lit de la vulgarisation. Vous verrez que la violence est l'ultime refuge de l'incompétence.

Curieux :
- Je suis en train d'inhaler "*The great Design*" de Hawking et Mlodinow, et je suis planté dans le chapitre de l'expérience de la double fente avec des billes. J'ai un problème à comprendre ce qu'affirment les auteurs que dans le cas de cette expérience, une particule peut prendre n'importe quel chemin ("peut-être jusqu'à Jupiter et retour"), ce que Feynman dépeint comme addition des vecteurs en un vecteur-résultat, à ce que j'ai compris. Néanmoins, je me demande si cela est bien réel car la bille (ou le photon) a une vitesse définie **v** (ou **c**) sur le chemin du vecteur résultant. Mais dans le cas où la particule prend le chemin "*jusqu'à Jupiter et retour*", la longueur du chemin parcouru ne tient pas avec la vitesse de la particule sur le vecteur-résultat, d'où il découle la supposition (qui me semble fausse) qu'elle a une vitesse supérieure à **v** (ou **c**).

Z'Yeux Ouverts (à part) :
- Ici le curieux désigne par "**v**" la vitesse moyenne du centre d'inertie de la particule dotée de masse, telle qu'un électron, vitesse conforme à ce qui a toujours été enseigné et vérifié en physique macroscopique. Le physicien transactionnel rappelle que Jupiter est en moyenne à 43 minutes-lumière d'ici, entre 35 et 51 minutes selon la saison et l'année. D'où il résulte que quand Hawking fait de la vulgarisation, il se met en grosse contravention avec les lois de la relativité.

American Professor Marmot
(Un dirigeant de Physics Forum, anti-transactionniste) :
- Je crois qu'un livre que j'avais lu sur la QM (Mécanique Quantique) établissait que presque tous les parcours s'annulent l'un l'autre en probabilités, aussi rien de semblable ne peut exister.

Z'Yeux Ouverts (à part) :
- Ce début de dialogue est à l'adresse
https ://www.physicsforums.com/threads/

feynman-paths-and-double-slit-experiment.513139/ . Aucun des anti-transactionnistes ne relève le vocabulaire contradictoire "*trajet du vecteur*".
Pour le lecteur curieux, on va insérer ici trois figures extraites du cours de Feynman à Caltech, dont nous avons déjà rejeté le postulat anti-<limite atomique> :
Le quatorzième postulat clandestin dénie la limite atomique en ondulatoire, et prescrit de confondre entre elles toutes sortes de « ondes », chaque onde individuelle avec tout collectif d'ondes, et ces collectifs avec des ondes de gravité ou d'élasticité dans une collectivité, et identifier mathématiquement les trois, l'individuel, le collectif et les ondes de collectivité.

Figure 10.1.

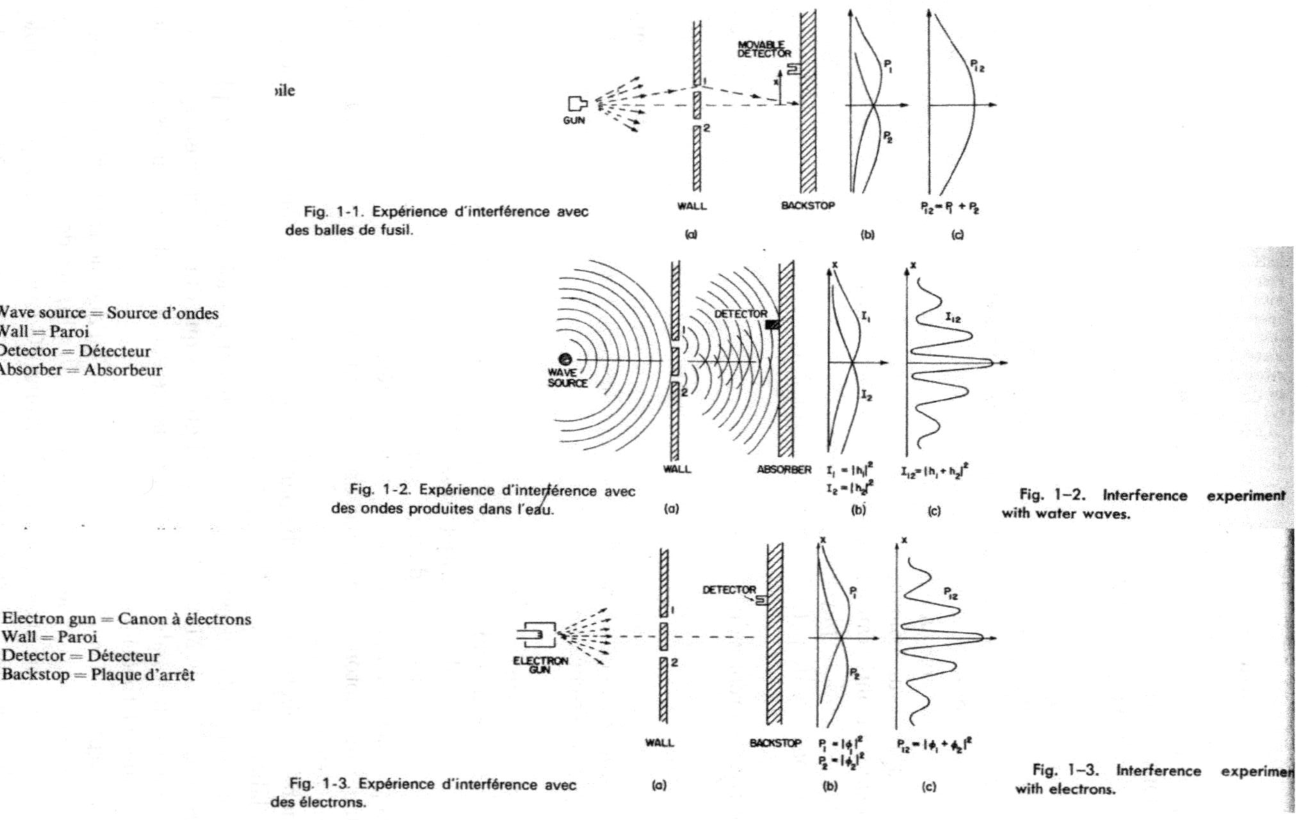

Fig. 1-1. Expérience d'interférence avec des balles de fusil.

Wave source = Source d'ondes
Wall = Paroi
Detector = Détecteur
Absorber = Absorbeur

Fig. 1-2. Expérience d'interférence avec des ondes produites dans l'eau.

Fig. 1–2. Interference experiment with water waves.

Electron gun = Canon à électrons
Wall = Paroi
Detector = Détecteur
Backstop = Plaque d'arrêt

Fig. 1-3. Expérience d'interférence avec des électrons.

Fig. 1–3. Interference experimen with electrons.

Curieux :
- Ainsi les particules qui vont jusqu'à Jupiter interfèrent avec elles-mêmes, mais ne vont pas à vitesse supérieure à **v** (ou **c**). C'est cela ?
Si je suppose que tous les chemins impliquant une vitesse supérieure à **v** (ou **c**) doivent être éliminés, il ne reste plus que le trajet direct. Mais alors ? Il ne devrait pas y avoir d'interférences ? Si ?

American Professor Marmot :
- Non, j'entends que les chemins possibles interfèrent entre eux à la façon de l'interférence dans l'expérience des deux fentes d'Young. Là où les interférences sont destructives il y a bien moins de chances que la particule passe par ce trajet, voire aucune chance.
Interruption du dialogue par z'Yeux ouverts : j'attire votre attention sur le fait que cet anti-transactionniste Professeur Marmotte utilise des raisonnements de l'optique physique de Fresnel (1819), pour annoncer des statistiques sur le passage de petites billes. Telle est la contradiction au pouvoir depuis 1927.
Laissons-les reprendre :

Curieux :
- Je ne suis pas bien sûr d'avoir compris votre réponse. Cela signifie-t-il qu'il y aurait certaines particules voyageant jusqu'à Jupiter et retour en conformité avec le schéma d'interférence ?

Z'Yeux Ouverts :
- Vous êtes en train de rêver avec des rêves, rien de mieux. Le théoricien peut bien calculer un trajet aussi aberrant, mais au final la contribution résultante ne sera rien d'autre que nulle. Alors quel est l'intérêt d'exhiber des phrases magiques, quand le résultat réel est nul ?
Quand un photon est émis par un émetteur, son histoire commence, vue du laboratoire.
Quand un photon est absorbé par un absorbeur, son histoire se termine, vue du laboratoire.
Dans l'intervalle, il est étroitement tenu par les lois de l'optique physique (les équations de Maxwell), aussi longtemps que dure le transfert synchrone de l'émetteur à l'absorbeur. Cela ne laisse guère de place pour les fantaisies magiques et théoriques.
Plus surprenant est le bruit de fond avant qu'aucune transaction réussisse, mais hélas c'est au delà de la portée de la plupart des expérimentations. Toutefois l'espoir n'est pas nul : certains (Georges Lochak par exemple) revendiquent avoir mesuré que certains taux de désintégrations nucléaires dépendent de conditions externes. Restons dans l'attente d'une confirmation

par d'autres expérimentateurs.

Curieux :
- ... Dans ce chapitre, les différentes histoires de la particule sont prises comme argument pour expliquer que l'Univers a une infinité d'histoires, et peut-être une infinité de futurs. Et les auteurs disent que c'est très important de comprendre cela, pour comprendre les chapitres suivants.
Sinon, ce livre de Hawking et Mlodinow, c'est de la science-fiction ?

American Professor Marmot :
- D'après ma lecture rapide du fil, le but est de vous faire comprendre les intégrales de chemin de Feynman. A moins d'avoir des capacités de communications extraordinaires, tenter d'expliquer ce principe est presque impossible sur un public tel que celui de ce forum. Essayez ce lien qui donne une introduction aux intégrales de chemin de Feynman,
http ://scitation.aip.org/getpdf/ser...d=
CPHYE2000012000002000190000001&idtype=cvips

Z'Yeux Ouverts :
- Ce travail fameux de Feynman réinventait la roue, mais en moins pratique, avec des monceaux de fatigue mathématique inutile. Pour un américain arrogant, ce qui n'est pas publié en anglais n'existe pas. Aussi Feynman ignorait tout du caractère périodique de tout quanton qui a une masse, et ses deux fréquences caractéristiques : la fréquence de Broglie pour tous, mc^2/h, prouvée en 1924 mais publiée en français, et la fréquence électromagnétique de Dirac et Schrödinger $2mc^2/h$ pour les fermions, prouvée en 1930, mais publiée en allemand. Ce fait, la fréquence intrinsèque de Broglie réduit drastiquement les chemins alternatifs à explorer mathématiquement, là où il deviennent non-physiques, car les interférences deviennent destructives.
Correction : en fait si, il y a bien une fréquence dans ce texte de Feynman réexpliqué par Taylor, Vokos et O'Meara, mais elle est énormément inférieure, non relativiste, non intrinsèque :
This fundamental and underived postulate tells us that the frequency f with which the electron stopwatch rotates as it explores each path is given by the expression : $f=(KE-PE)/h$
Où KE dénote l'énergie cinétique et PE l'énergie potentielle. Avec cet outil inapproprié, Feynman explore des chemins bien plus larges que nécessaire, beaucoup plus larges et tortueux que les chemins physiques réels.

American Professor Marmot :
- Il semble que vous avez un problème avec Feynman et son travail, et non avec le fait qu'il soit correct ou pas.

...

Observation z'Yeux ouverts : par la suite de la discussion, jamais aucun des anti-transactionnistes n'aura remarqué l'apparition de ces mots-clés, trop étrangers à leur catéchisme : "transfert synchrone de l'émetteur à l'absorbeur, bruit de fond, transaction". Nous faisons d'ores et déjà une toute autre physique qu'eux, et eux ne s'en aperçoivent jamais ; trop arrogants dans la posture de "*Nous les initiés qui savons*", trop imbus de leur supériorité intrinsèque de meute sur le restant du monde, méprisé à titre de "*la plèbe des profanes qui ne savent pas*". Les anti-transactionnistes préfèrent se réfugier dans l'attaque à la personne, à outrance, et dans la répression, elle aussi à outrance.
Le lecteur peut aller vérifier de plus près la discussion originelle, et la montée de la violence et de la mauvaise foi contre le savanturier bientôt banni, à l'adresse https://www.physicsforums.com/threads/
feynman-paths-and-double-slit-experiment.513139
En effet, la violence est l'ultime refuge de l'incompétence.
Ce qu'il y a de grave dans cette querelle, est que la situation est expérimentalement très connue, c'est celle que nous pratiquons dans tous les oscilloscopes cathodiques, tous les tubes radar ou TV cathodiques, tous les microscopes électroniques, dans l'afficheur "œil magique" des récepteurs radio à lampes de mon enfance, dans tous les graveurs de circuits intégrés, les microsondes de Castaing, les MEB ou microscopes électroniques à balayage, etc. Aucun de ces dispositifs ne pourraient fonctionner avec le conte de fées de Hawking et Mlodinow. Voici un des appareils de démonstration en classe du principe de l'oscilloscope cathodique, utilisable pour mesurer le rapport **q/m** de l'électron, par sa déviation par un champ électrostatique :

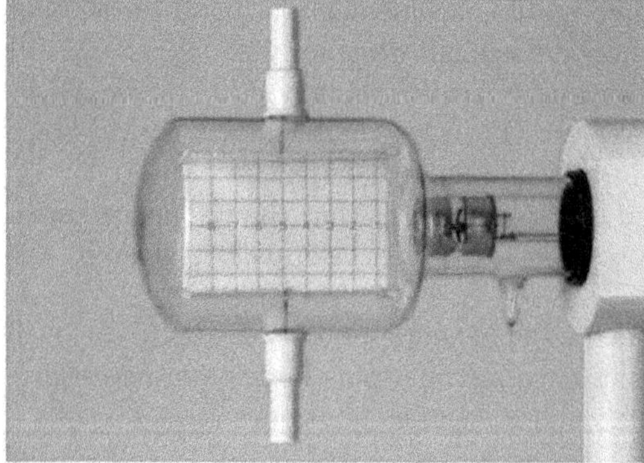

Figure 10.2.

Dans tous les manuels de physique de terminale, vous avez une photo de cette déviation avec appareil allumé.
Quant à la déviation des rayons cathodiques par un champ magnétique, ici constant, voici :

Figure 10.3.

Le faisceau d'électrons est dévié selon un arc de cercle exactement dans le même sens de rotation que celui du courant électrique dans les bobines inductrices.
Ici plus de détails sur le canon à électrons dans l'ampoule de dihydrogène raréfié :

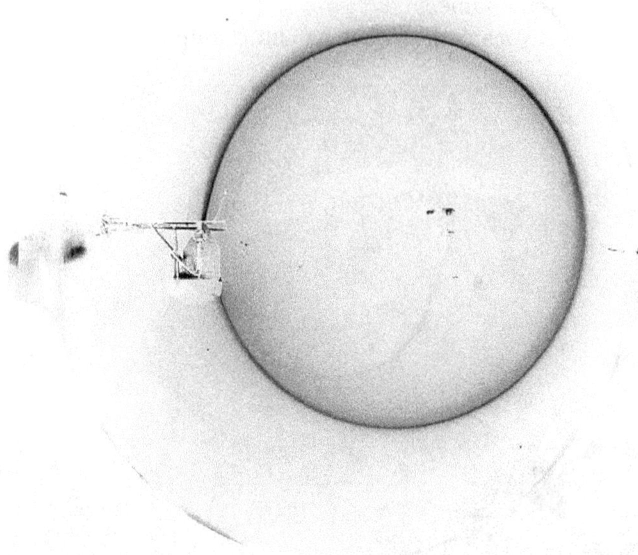

Figure 10.4.

Dans un microscope électronique, les lentilles sont magnétiques car avec elles on peut obtenir moindrement d'aberrations optiques qu'avec des lentilles électrostatiques ; leurs champs sont inclinés par rapport à l'axe de propagation, alors que dans la photo ci-dessus, la vitesse initiale est comprise dans l'équiplan du champ magnétique (le plan de la page) pour avoir une trajectoire circulaire et non hélicoïdale. Dans un microscope électronique, où les champs sont hétérogènes le long de l'axe, les lentilles magnétiques déterminent des trajectoires approximativement hélicoïdales mais selon des génératrices convergentes. Aussi quand on change le grandissement ou la mise au point, toute l'image tourne sur l'écran. Cela ne dérange guère les biologistes (sauf peut-être les embryologistes ?) qui sont le plus gros du marché de la microscopie électronique puissante, mais c'est beaucoup plus gênant pour les métallurgistes qui sont amenés à étudier des textures de laminage, ou de forgeage, que de n'avoir aucun goniomètre à leur disposition sur le microscope.

Plus loin dans la discussion très envenimée (la violence est l'ultime refuge de l'incompétence), un des caciques se met à hurler contre les exemples donnés de diffraction électronique dans un cristal ou dans une poudre polycristalline, selon les méthodes soit de von Laue, soit de Debye[1] et Scherrer :

1. Comment prononce-t-on "Debye" ? Cela dépend si on considère qu'il est né néerlandais, sous la graphie Debije, que l'on prononce comme Débeillé, ou qu'il est mort

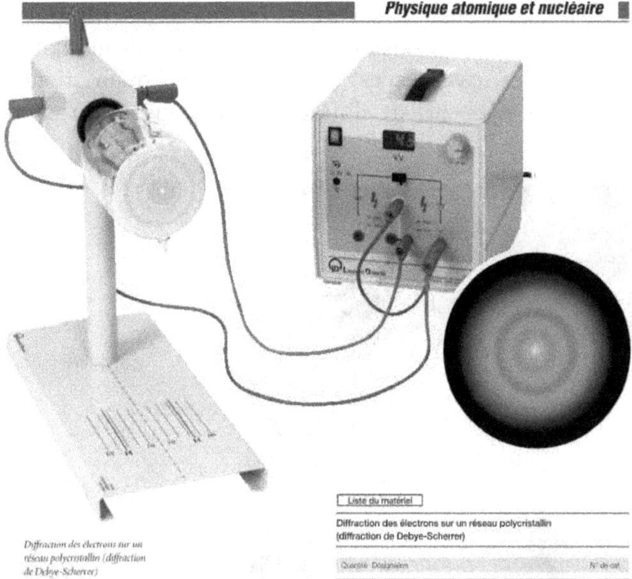

Figure 10.5.
Ceci est un appareillage destiné à faire une démonstration de diffraction électronique devant la classe. La cible traversée est polycristalline, avec sensiblement toutes les orientations représentées. Le faisceau électronique est trop large pour des mesures cristallographiques fines, mais il leur fallait illuminer une aire appréciable de la cible métallique. Ce qui est minimisé par ce dispositif sont le prix, le danger, l'encombrement, comparativement à une installation professionnelle de radiocristallographie par rayons X.

Reprise des citations :

American Professor Marmot :
- Ce que vous décrivez n'a rien à voir la QM d'aucune sorte, quand on travaille avec des électrons libres, la plupart des phénomènes ressortissent de la description CLASSIQUE !

Z'Yeux Ouverts :
- Mhouais. Voici des diffractions électroniques réalisées sur un microscope électronique par transmission. Ici ce sont des diffractogrammes Laue (Max von Laue, 1879-1960), obtenus en amenant la cristallite ou l'inclusion au

---

américain, et on prononce Dibaille.
Peter Joseph Wilhelm Debye (né Petrus Josephus Wilhelmus Debije 24 mars 1884 à Maastricht - 2 novembre 1966 à Ithaca, New York, États-Unis) fut un physicien et chimiste néerlandais. Il est lauréat du prix Nobel de chimie en 1936

centre du faisceau, en diaphragmant dessus, puis en changeant la mise au point vers l'infini, et en modulant la tension d'accélération pour moduler la longueur d'onde des électrons, car on n'est pas maîtres de l'orientation du cristal, contrairement à un dispositif de diffraction sur poudres ou cristal tournant :

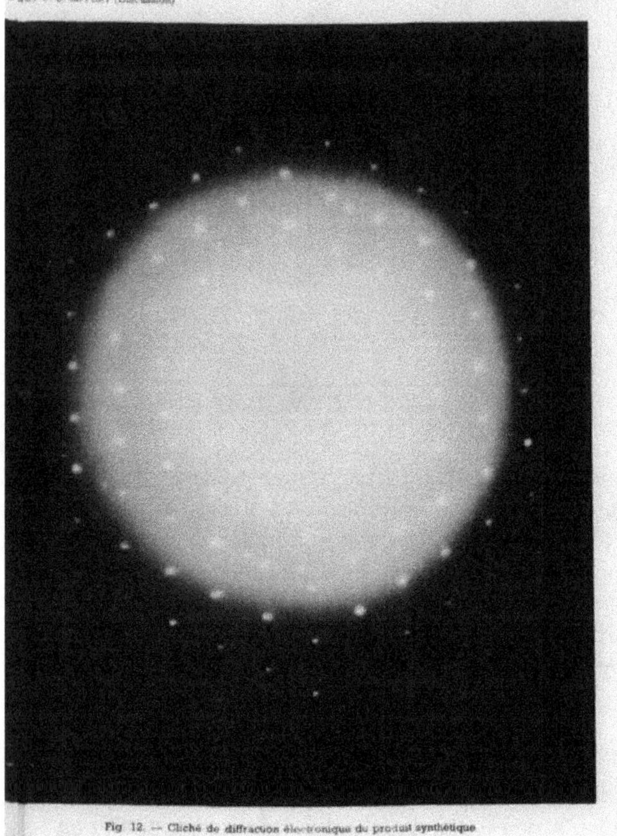

Figure 10.6.

On peut lire que ces diffractogrammes sont obtenus par Gastuche et De Kimpe, ici sur des matériaux argileux, de symétrie sensiblement hexagonale.

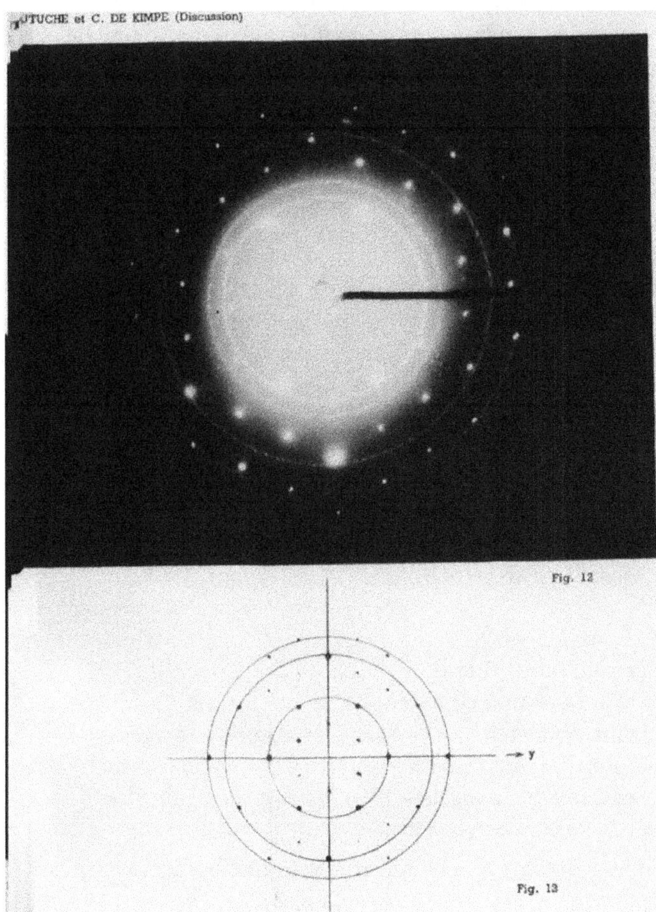

Figure 10.7.
A l'INSTN, nous avions obtenu des diffractogrammes similaires sur des inclusions de carbure (symétrie cubique) dans un acier, en lame mince.
Ces anti-transactionnistes américains n'ont jamais réussi à démontrer que ces diffractogrammes, qui reposent sur les propriétés ondulatoires de chaque électron, pourraient bien être "*classical*". Les petits chefs de la meute ont donc banni celui qui ne croyait pas à leur catéchisme. C'est plus simple quand on interdit de parole celui qui n'est pas d'accord avec les croyances des chefs de la meute.
La guerre est affrontement de volontés. Nos soldats dans l'Adrar des Ifoghas en savent quelque chose. En principe la science c'est tout le contraire : coopération des intelligences, par delà les distances géographiques, par delà

les distances culturelles, par delà les croyances et affectivités, par delà les générations. Là cette tribu (localement physicsforum.com) et bien d'autres encore ont fourni les preuves que l'affrontement des volontés, la guerre, demeurent ce qui tient lieu de débats scientifiques, or cela dure comme cela depuis... Depuis décembre 1926, l'affrontement du plus combatif contre le moins combatif, Niels Bohr contre Erwin Schrödinger. Voir le récit par Werner Heisenberg :
http ://citoyens.deontolog.org/index.php/topic,1141.0.html :

Le récit est dû à Werner Heisenberg lui-même, qui pourtant avait tout à gagner à ce qu'Erwin Schrödinger fut battu, que le combat fut loyal ou déloyal.
Source : Franco Selleri. *Le grand débat de la physique quantique.* Champs Flammarion, paris 1986. Page 96. Et ce récit est confirmé de seconde main par Emilio Segrè, dans *Les physiciens modernes et leurs découvertes.* Fayard, Paris 1984 pour la traduction française.
Selleri citait la source originale du courrier de Heisenberg :
S. Rozenthal, éd. *Niels Bohr.* North Holland, Amsterdam, 1968.
Citation

> Schrödinger dut livrer une difficile bataille à Copenhague. Bohr l'invita à faire une conférence à la fin de 1926 "*et lui demanda, non seulement de faire un exposé sur sa mécanique ondulatoire, mais aussi de rester à Copenhague assez longtemps pour avoir la possibilité de discuter de l'interprétation de la théorie quantique*".
>
> Heisenberg décrit ainsi l'intensité de la discussion :
>
> "*... Bien que Bohr fut quelqu'un de particulièrement obligeant et attentionné, il était capable, dans de telles discussions concernant les problèmes épistémologiques qu'il considérait comme d'importance vitale, d'insister fanatiquement et avec une inflexibilité presque terrifiante, sur la complète clarté de tous les arguments. Après des heures de lutte, il ne voulut pas se résigner, devant Schrödinger, à admettre que son interprétation fut insuffisante et incapable même d'expliquer la loi de Planck. Toute tentative de la part de Schrödinger d'évoquer ce fâcheux résultat était réfutée, lentement, point par point, dans des discussions laborieuses et interminables. C'est sans doute par la suite du surmenage, qu'après quelques jours, Schrödinger tomba malade et dut garder le lit chez Bohr. Même là, il était difficile de tenir Bohr éloigné du lit de Schrödinger ...*"

> Et Heisenberg conclut : "*Finalement, Schrödinger quitta Copenhague plutôt découragé, tandis qu'à l'Institut de Bohr, nous sentions qu'au moins, nous étions débarrassés de l'interprétation donnée par Schrödinger à la théorie quantique, interprétation trop hâtivement arrivée à utiliser les théories ondulatoires classiques pour modèles...*"

Voilà comment ont été traitées les questions fondamentales, et comment un groupuscule est devenu hégémonique : par violence pure. Depuis 1927, il est toujours hégémonique, sans avoir fait ses preuves plus sérieusement que par le combat à la personne contre quelques innovateurs minoritaires.

10.2. Quand deux sommités niaisent à pleins tubes

Quand des sommités oublient de se cramponner au formalisme mathématique, et révèlent le fond de leurs idées... Hé bien c'est du pas triste !

Il s'agit ici du livre "**Soyez savants, devenez prophètes**", de Georges Charpak et Roland Omnès, dans une série répétitive parue chez Odile Jacob. On ne soulignera jamais assez la responsabilité de l'éditeur, en matière de vulgarisation scientifique. Bien trop souvent, celui-ci se conduit en margoulin, irrespectueux envers son public, et se contente de lui resservir ce qui s'est déjà bien vendu.
A sa décharge, bien vulgariser est difficile... Difficile, en ne partant que de la culture du journaliste ou de l'éditeur, de ne pas se laisser bluffer par l'argument d'autorité. On a même vu quelques collègues qui tempêtent contre toute vulgarisation, puisqu'elle dispense le public des efforts et du travail nécessaires. Ils poussent le bouchon bien trop loin, mais le problème de la bonne place de la vulgarisation reste entier.

Renvoyons en annexe J car sinon il casserait le rythme, le cas de Bernard d'Espagnat et de ses xx versions de « réel voilé », un dossier encore alourdi par Jean Staune et la John Templeton Foundation. La réalité microphysique "*n'en a rien à faire*" de nos états d'âme, de nos poignants sentiments de *cruelle incertitude*... Par argument d'autorité que personne n'a le cran de descendre en flammes, Niels Bohr et Eugen Wigner ont joué le plus sale des tours à la postérité, quand ils ont mis l'observateur macroscopique humain et ses états d'âme au centre du tableau. Et c'est toujours enseigné... Il n'y a pas de physique là dedans, il n'y a que de l'autothéorie transféro-transférentielle, de la fuite derrière les mots creux.
Charpak et Omnès se vendent bien, donc Odile Jacob nous en ressert, et c'est consternant de malhonnêteté et d'incompétence, pour ne pas dire pis, ce "**Soyez savants, devenez prophètes**", de Georges Charpak et Roland Omnès.
Pour l'essentiel, ils sont hors de leur domaine de compétence. Bien sûr, ils ont le droit de prendre ce risque. Nous prenons tous des risques, gens des sciences dures, quand nous traitons d'histoire des sciences et de leur insertion dans les affaires politiques des royaumes : nous ne sommes pas historiens, pas sociologues, nous n'avons pas eu le temps de chercher toutes les sources et d'en faire la critique comparée. Avons-nous tort de prendre ces risques ? Non, parce que les historiens de profession n'ont pas nos compétences pour tout comprendre de l'histoire des sciences. La coopération et le dialogue interprofessionnels sont donc indispensables.

Et là, ces deux sommités se sont-elles fait contrôler par un historien qui puisse les interrompre et leur dire de refaire leur copie ? Non. Ils se sont fait plaisir à deux, pour composer leurs contes de fées, et se prétendre qu'ils allaient jouer là un rôle social salvateur. Le devoir de l'éditeur était de leur crier casse-cou, mais elle ne l'a pas fait.

Professeur Marmotte :
- Halte-là ! Il est si rare de voir des sommités condescendre à vulgariser, et un éditeur prendre le risque de publier une vulgarisation ! Je vous interdis de critiquer cela !

Z'Yeux Ouverts :
- Et dans leur spécialité, au moins, la quantique ? C'est tout aussi consternant. Voici une pièce à conviction parmi d'autres, leur figure page 87 :

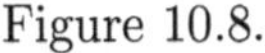
Figure 10.8.

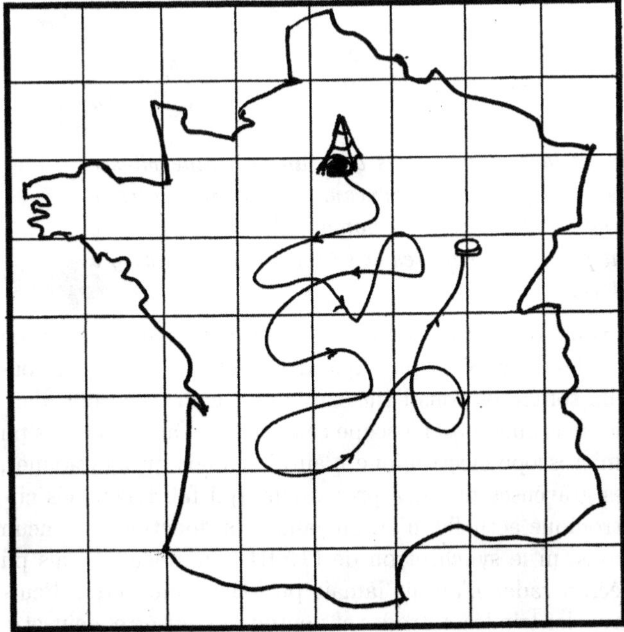

Le mouvement erratique d'un clone de particule.

Et tout le reste est à l'avenant. Évidemment, on peut argumenter qu'ils ont été trahis par leur dessinateur, tout comme Olaf Magnus a été trahi par son dessinateur qui, lui, n'avait jamais vu en Italie de skis des lapons et des suédois. Alors voici la suite :

Figure 10.9.

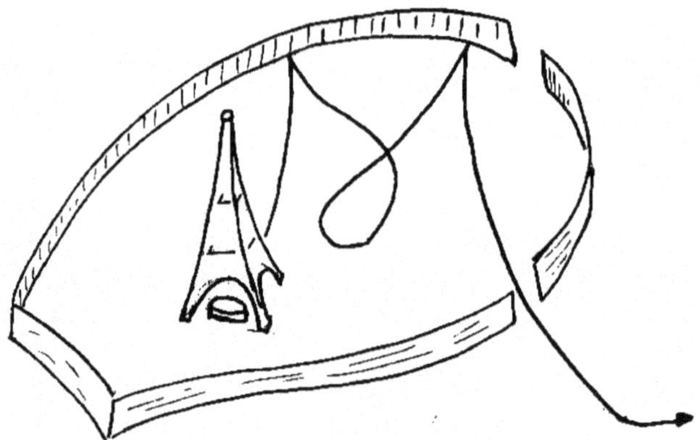

Le mur murant l'image de Paris ne laisse que deux ouvertures pour le passage d'une particule (on voit ici le mouvement d'un clone).

Et le texte, qui vaut son pesant de cacahuètes :
Citation

> *La particule est lâchée, cette fois avec une certaine vitesse et les clones se dispersent à nouveau, se cognent contre le mur et rebondissent un certain nombre de fois jusqu'à ce qu'ils sortent par une des portes et se répandent en zigzag à travers la place.*

Or, vous aviez chez vous, dans votre salon, la contre-expérience : le canon à électrons de votre téléviseur. Si la physique des électrons était tortillonnante comme ces deux sommités vous l'ont expliqué, aucun téléviseur n'aurait jamais pu fonctionner, aucun oscilloscope cathodique n'aurait jamais pu fonctionner, aucun microscope électronique n'aurait jamais pu fonctionner, aucune des machines graveuses de microprocesseurs qui fabriquent les circuits de toute l'électronique actuelle, n'aurait jamais pu fonctionner, aucun accélérateur d'électrons, ni le synchrotron de l'ESRF n'auraient jamais pu fonctionner, aucun écran radar n'aurait jamais pu fonctionner, etc... Peut-être on aurait pu sauver les triodes, tétrodes et pentodes, peut-être, peut-être aurait-on pu sauver les tubes générateurs de rayons X auxquels nous devons une large partie de la médecine et toute la radiocristallographie, peut-être avec beaucoup de chance, et en changeant la géométrie des anticathodes, mais c'est toute l'architecture de la collimation du faisceau X qui serait très différente, etc...

Professeur Marmotte :
- C'est quand même quelque chose, ça ! Un simple petit *savanturier* de rien du tout, qui se permet de dire que des sommités écrivent des énormités !

Z'Yeux Ouverts :
- Mais alors pourquoi ces deux sommités vous ont-ils asséné de pareilles énormités ? Parce qu'ils sont sûrs que vous n'êtes pas de niveau pour pouffer de rire devant leurs supercheries. Ils sont sûrs de ne pas être pris la main dans ce pot de confiture. Leur vertu scientifique est tout aussi folâtre que la vertu tout court de Dorabella et de Fiordiligi : elle dépend du regard des autres et du **qu'en dira-t-on**.
Cosi fan tutti !
Oui, pourra-t-on objecter, *Mais à l'extérieur de l'enceinte, leurs électrons volent en ligne droite, conformément à l'optique connue depuis Newton ; ce n'est qu'à l'intérieur de l'enceinte mystique qu'ils ont un comportement mystique et farfadique !* Donc comme cela, il y aurait à nouveau deux physiques, comme avant Galilée et Kepler : une physique terrestre, connaissable expérimentalement, et une métaphysique céleste, accessible aux seuls théologiens... Admirez le progrès !
Admirez l'autre victoire de la théologie : en dehors de l'enceinte, leurs électrons demeurent des corpuscules, mais persistent à obéir aux lois de l'optique, avec franges d'interférences... Oui, mais c'est mystique, ce qui prouve encore une fois la supériorité du théologien sur le profane...
Quand ils calculent dans le cadre de leur métier, ces deux sommités emploient le formalisme standard, qui, ouf, demeure ondulatoire et déterministe. Mais quand il s'agit de se faire mousser, et de duper le public, qu'il s'agisse des étudiants ou du grand public, les contes de fées reviennent immédiatement : La "*particule*" redevient clairement un corpuscule, avec trajectoire définie, sauf que pour faire hasardeux, la trajectoire se tortille vers toutes les directions, afin d'être la plus longue possible.
Charpak et Omnès expliquent que c'est comme cela qu'ils ont compris Feynman et le principe de moindre action. Or dès 1924, un certain Louis Victor de Broglie avait fait l'union entre le principe de moindre action de Hamilton (en mécanique) avec le principe de Fermat (en optique) : si toute "*particule*" est ondulatoire, alors le trajet de moindre action est aussi celui qui est isophase, où tous les trajets voisins au premier ordre, arrivent en phase, au premier ordre au moins.
Exception à cet énoncé simplifié : si deux ou plus de deux branches de trajet non simplement connexes sont **simultanément** empruntées par le quanton (photon, électron, atomes d'hélium neutre, fullerène, molécule d'insuline, etc.) alors ce qui compte est d'arriver en phase, à une ou plusieurs périodes près. Depuis Young et Fresnel, cela s'appelle des interférences.

Visiblement, Omnès et Charpak oublient les apports de Broglie, vieux d'octante ans au moment où ils écrivent, sans doute bien trop récents pour eux... Ah oui, mais depuis le coup d'état de 1927, il n'y a plus en physique que des vainqueurs et des vaincus, et comme de Broglie et Schrödinger furent vaincus en 1927, au congrès Solvay, leurs résultats sont passés au *Trou de Mémoire* par les vainqueurs... L'équation de Schrödinger est soigneusement dé-Schrödinguér-isée, entre autres : le terme périodique de sa solution disparaît au tout début des manuels après une fugitive apparition limitée à une seule ligne.
Et puis dans la foulée, Omnès et Charpak oublient les apports de la physique du début du 19e siècle, les Thomas Young et Augustin Fresnel déjà cités.
A leur décharge, Feynman aussi l'avait oublié. Jeune étudiant en Licence (ancien régime), j'étais en 1964-1965 de ceux qui se jetaient en Bibliothèque Universitaire sur les Feynman tout nouveaux, et encore jamais traduits. Comme tous les autres, j'étais fasciné par la conférence spéciale sur le minimum d'action.
Je ne suis plus un jeune débutant, et la faille me saute aux yeux : ce principe de moindre action reste un miracle mathématique tant qu'on ne le rattache pas à l'optique des ondes brogliennes. Il devient alors une évidence physique, simple prolongement des travaux de Christiaan Huyghens et Pierre de Fermat au 17e siècle.
J'insiste pour les débutants : "*Quantique*", ça désigne "périodique, ondulatoire et transactionnel", tout en le cachant au maximum.
C'est juste codé ainsi pour éviter que vous compreniez quelque chose d'aussi simple. Pourquoi ce codage secret ? Pour que la frontière entre "*Nous les initiés qui savons*" et "*Vous les profanes qui ne savez pas*" reste bien étanche. Le narcissisme de meute a ses raisons que la raison ne partage pas.
Le chercheur à Jussieu, qui précédemment tempêtait contre la vulgarisation (il est irrité par les *cranks* qui nous bassinent sur Usenet), m'oppose volontiers l'argument suivant : "*Oh ! Mais je connais un physicien de haut niveau qui ne fait pas la confusion que tu dénonces ! Donc personne ne pratique cette confusion dans l'enseignement, voyons !*" Voilà, on a désormais la preuve imprimée que même des physiciens de haut niveau, dont l'un était prix Nobel, pratiquent et enseignent des confusions que je déplore depuis pas mal d'années. Alors des profs d'IUFM, j'vous raconte pas...

Curieux :
- Vous êtes sûr que ce n'est pas une aberration isolée, par deux grands vieillards ?

Z'Yeux Ouverts :

- Bon, on tient le coupable premier. Hélas, c'était bien Feynman lui-même. L'article original de 1948 : "*Space-Time approach to Non-Relativistic Quantum Mechanics*", occupe les pages 321 à 341 du recueil par Julian Schwinger "*Selected Papers on Quantum Electrodynamics*", Dover ed.
La mauvaise nouvelle est que les loupes sont indispensables pour lire : c'est vraiment imprimé très réduit.
Les hypothèses de Feynman ne sont pas explicitées et sont soigneusement ensevelies sous le formalisme lagrangien. En fait le mérite de Taylor, Vokos et O'Meara est justement de les avoir mises en évidence, et là seulement leur irréalisme saute aux yeux.

Citation :
This fundamental and underived postulate tells us that the frequency f with which the electron stopwatch rotates as it explores each path is given by the expression : $\mathrm{f} = \frac{kE-pE}{h}$.

Or cette fréquence, explicite chez ces auteurs - merci à eux -, implicite chez Feynman, est totalement fictive, immensément variable, et des milliards de fois plus lente que la fréquence réelle, intrinsèque. Or Feynman, interné dans la pensée de groupe issue de la meute de Copenhague, était persuadé que l'onde électronique était fictive, juste un magique artifice de calcul : corpusculistes, ils croyaient aux corpuscules, juste dotés de pouvoirs magiques. Fréquence fictive et irréaliste pour une onde supposée fictive... Le résultat est que les trajets imaginables par Feynman et ses lecteurs étaient bien trop mous et peu exigeants, étaient exorbitants de toute loi physique, et que leurs calculs devaient embrasser des espaces gigantesques pour un résultat parfaitement nul. Pas étonnant qu'ils se soient battus avec des intégrales toutes divergentes, bien que condamnées à donner zéro...

Harceleur Marmotte :
- Tout ça, c'est juste parce que vous êtes jaloux des succès féminins de Feynman !

Z'Yeux Ouverts :
- Finalement les tortillonnasses de Charpak et Omnès ne sont que les symptômes poussés au delà des limites de l'absurde, d'une maladie collective.
Un électron réel ou un neutron réel ont des propriétés bien plus contraignantes que celles postulées par ce genre d'auteurs.
Voici deux illustrations scannées du Greiner :
Figure 10.10.

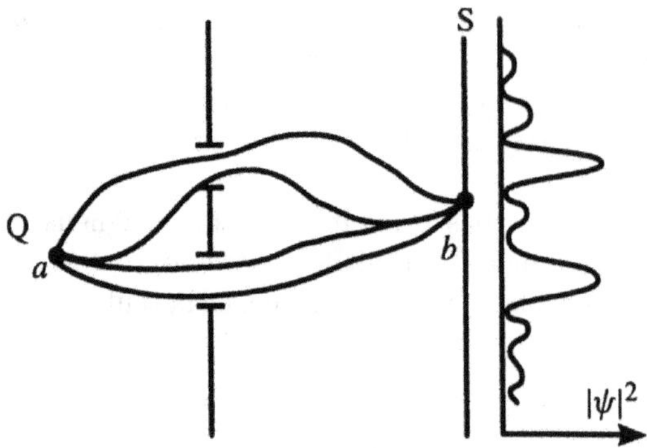

Walter Greiner. *Quantum Mechanics, special chapters.* Springer Verlag 1989. Chapitre 13.1 *Action Functionnal in Classical Mechanics and Schrödinger's Wave Mechanics.*
Greiner non plus n'explicite pas la fréquence fictive utilisée par Feynman. Et là sont dessinées des tortillonnasses en guise de trajectoire :
Figure 10.11.

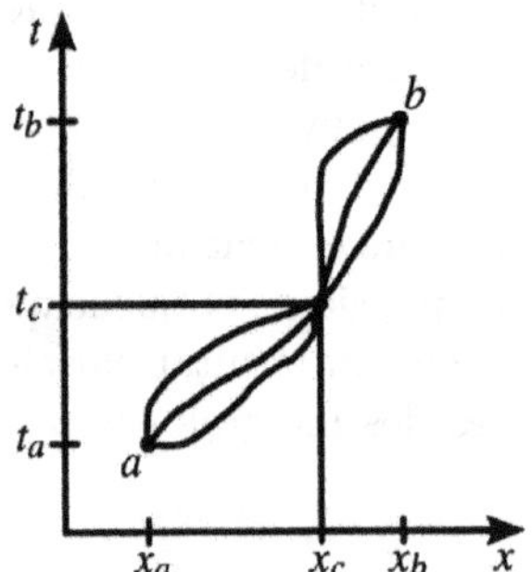

Fig. 13.4. Two successive events (x_c, t_c) and (x_b, t_b) and the corresponding paths

Cet irréalisme total découle du choix initial fait par Feynman d'une "onde *fictive*", à l'horloge fictive, où il confondait vitesse de phase et vitesse de groupe.
Mais bon, il avait été élevé en tribu corpuscularistе... A Joseph Louis Lagrange, qui travaillait au 18e siècle, on pardonnera volontiers d'avoir élaboré un formalisme non relativiste... Richard Feynman est moins pardonnable d'être retourné au formalisme lagrangien, corpuscularistе et non relativiste donc, qui lui donnait une fréquence donc des contraintes de Huyghens et de Fermat totalement irréalistes, si contraires à l'expérience. C'est la conséquence d'avoir été élevé chez les corpuscularistes.

Harceleur Marmotte :
- Tout ça, c'est juste parce que vous êtes jaloux des succès féminins de Feynman à Cornell ! Comment osez-vous contester un prix Nobel ?

Professeur Castel-Tenant :
- Pas d'idées claires sans un exercice correctement chiffré. On va prendre un rayonnement alpha, émis par un isotope lourd instable. Lequel préférez-vous ? Un isotope de longue durée d'uranium, de thorium ou de radium ?

Curieux :
- Prenons le thorium.

Professeur Castel-Tenant :
- Le thorium 232 est l'isotope à plus longue durée de demi-vie : 1,41 . 10^{10} années. Au bout de quatorze milliards d'années, il n'en reste plus que la moitié. Or l'implosion de supernova qui a synthétisé les noyaux d'atomes lourds qu'on trouve dans le Système Solaire a environ cinq milliards d'années d'âge. Il nous reste donc largement la majorité du thorium qui fut synthétisé et éjecté alors.
Il émet un alpha, ou noyau d'hélium 4, d'énergie 3,994 MeV dans 77 % des cas, d'énergie légèrement moindre dans 23 % des cas. On écrit la réaction nucléaire :
${}^{232}{}_{90}\mathrm{Th} \rightarrow {}^{228}{}_{88}\mathrm{Ra} + {}^{4}{}_{2}\alpha + 4{,}08\ \mathrm{MeV}$
Le noyau α n'emporte pas toute l'énergie dégagée : d'une part le recul de l'atome émetteur n'est sans doute pas négligeable, ensuite le nouveau noyau de radium 228 est probablement dans un état excité, et se désexcitera ensuite en émettant un gamma. Sans compter que cet atome de radium est ionisé, et qu'il lui faut perdre deux électrons et réorganiser son nuage électronique.
Nous allons calculer la vitesse de fuite du noyau α en commençant par présumer qu'elle n'est pas relativiste.
1 AMU (Unité de masse atomique) = 931,48125 MeV = 1,6605656 . 10^{-27} kg.
Masse de l'hélium : 4,00260 AMU = 6,64658 . 10^{-27} kg.
Masse de l'alpha : Masse de l'hélium neutre moins celle de deux électrons = 6,64658 . 10^{-27} kg – 2 x 9,1093897 . 10^{-31} kg = 6,64476 . 10^{-27} kg
On ne chipotera pas sur l'énergie de liaison de l'atome neutre d'hélium. Pour explorer, on se contentera de l'approximation non relativiste : on suppose que l'énergie emportée par l'alpha est cinétique et calculable par la mécanique newtonienne.
3,994 MeV = 3,994 . 10^{6} x 1,6020 . 10^{-19} J = 6,398 . 10^{-13} J.

D'où la vitesse de fuite du noyau alpha : 13 877 060 m/s, soit 4 % de la vitesse de la lumière. Aussi on conserve l'approximation non relativiste.

Z'Yeux Ouverts :
- Or quelle est la fréquence broglienne de cet alpha ? $\mathbf{mc^2/h}$, soit ici 9,012886 . 10^{23} Hz.
Rappelons le résultat universel intermédiaire du calcul : $\mathbf{c^2/h}$ vaut 1,35639 . 10^{50} kg^{-1} .s^{-1}.
Nous calculons l'impulsion initiale : 6,64476 . 10^{-27} kg . 13 877 060 m/s = 9,2210 . 10^{-20} kg.m/s.
Et de là la **longueur d'onde** de Broglie **h/p** de cet α :
6,6260755 . 10^{-34} joule.seconde/cycle / 9,2210 . 10^{-20} kg.m/s = 7,1821 . 10^{-15} m/cycle = **7,1821 fm/cycle**.
A mesure que cette impulsion diminuera dans le milieu freinant, la longueur d'onde augmentera à l'inverse, c'est à dire bien peu durant la traversée d'une chambre à brouillard ou à bulles, bien davantage dans un blindage anti-radiations, jusqu'à l'arrêt complet. La longueur d'onde de l'alpha émergeant est proche du diamètre de l'interaction forte du noyau émetteur : voilà de la physique plutôt cohérente. Toutes les énergies d'alphas émergents sont du même ordre.

Professeur Castel-Tenant :
- Et pour cause ! Il s'agit en large majorité de la répulsion électrostatique entre les protons : les deux protons partant avec le noyau alpha, et les protons dans le noyau résiduel. La nature du noyau émetteur et son excès d'énergie interne n'interviennent principalement que sur la probabilité statistique qu'un sous-noyau alpha s'individualise le temps de franchir la barrière de potentiel d'interaction forte. L'effet sur l'énergie de l'alpha émis est minoritaire.

Z'Yeux Ouverts :
- Merci !
Et maintenant ami lecteur, essayez d'imaginer comment cet alpha oscillant à 9,012886 . 10^{23} Hz et à la propagation constamment perpendiculaire à ses fronts d'onde espacés de 7,1821 fm pourrait se débrouiller pour avoir une trajectoire non raide, molle, folâtre et tortillonnnante comme dans les dessins de Walter Greiner, Roland Omnès et Georges Charpak, reproduits ci-dessus. Les lois de la propagation imposent qu'elle soit très raide. Ce que le calcul n'a pas fourni, ce sont la longueur et la largeur de cette onde α. Il faudra d'autres investigations, de préférence expérimentales.
Mettons une image de trajectoires et de deux réactions, obtenue en chambre à bulles :

Figure 10.12.

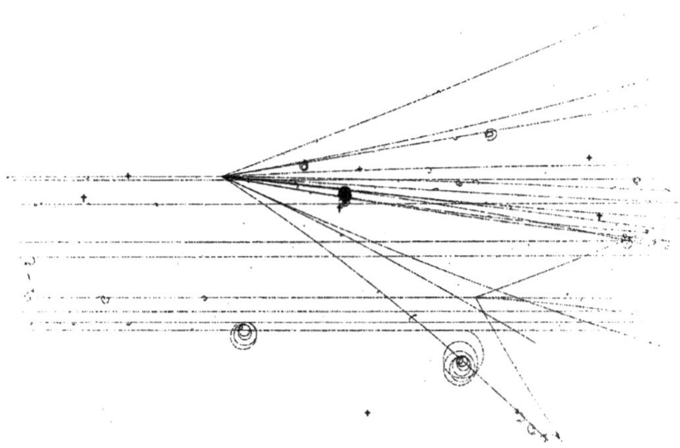

Voyons la vitesse de phase de cet alpha :
$V = c^2/v = (299\ 792\ 580\ m/s)^2\ /\ 13\ 877\ 060\ m/s = 9\ 476\ 558\ 510\ m/s$, soit 603 fois plus rapide que la vitesse de groupe. J'ai déjà observé, quand des vagues de sillage de navire arrivent à la côte, que la vitesse de phase soit plus grande que la vitesse de groupe : chaque onde naît dans l'arrière du train, et rattrape et dépasse le train en s'évanouissant à l'avant. Pour un rayon α, ce phénomène est très accentué.

Curieux :
- Mais vous ne savez pas la longueur réelle d'un train d'onde α ?

Z'Yeux Ouverts :
- Si, presque, car nous savons l'incertitude expérimentale sur son énergie cinétique : 1 / 4 000. Or celle-ci est quadratique par rapport à la vitesse, d'où l'incertitude sur la vitesse et l'impulsion : 1 / 8 000. Là dessus, il faut tenir compte de notre ignorance du protocole opératoire, et penser que la valeur donnée pourrait être une moyenne de mesures plus dispersées voire indéfinies. Prudence, nous multiplions par quatre pour obtenir l'indéfinition individuelle.
Nous en déduisons que l'ordre de grandeur du train d'ondes, en long, est au moins deux mille longueurs d'ondes, soit au moins 14 pm, ou 0,14 Å, ce qui approche l'ordre de grandeur du rayon de l'atome d'hydrogène.

Professeur Castel-Tenant :

- Et pour la durée du train d'onde α selon ces hypothèses, on divise cette longueur 14 pm par la vitesse de groupe 13 877 060 m/s, soit 1 as (attoseconde : 10^{-18} s). C'est toujours une approximation.

Professeur Marmotte :
- Vos calculs sont complètement invraisemblables. Quand un noyau alpha arrive au bord du puits de potentiel nucléaire et bascule de l'autre côté, il est tout petit, et ne peut jamais atteindre la longueur ni la durée que vous venez d'affirmer.

Z'Yeux Ouverts :
- C'est vrai qu'en 1928 le raisonnement historique de George Gamow reposait sur un présupposé corpusculaire, et qu'il est passé chez vous au rang de vérité intangible, au dessus de tout soupçon. Sauf qu'en septembre 1926, Erwin Schrödinger avait donné le bon modèle, qui est passé inaperçu de la communauté des physiciens : un photon est émis par le battement entre les fréquences brogliennes de l'état final et l'état initial dans l'atome ou la molécule émettrice. Et même battement à l'absorption spectrale résonante. Pour le noyau lourd émetteur alpha, là aussi il y a battement entre un état final et un état initial, tous deux durablement stables ou métastables, et ce battement a une durée non négligeable, dont nous avons donné l'ordre de grandeur : l'attoseconde. L'état final et l'état initial étant de longue stabilité, donc très bien définis en énergie, leur différence est certes moins définie en erreur relative, mais quand même remarquablement définie elle aussi. Le paradoxe expérimental est que la précision connue est meilleure pour la partie emportée par l'alpha, que sur l'énergie totale, alpha + radium 228. Une vexation comme tant d'autres, à accepter calmement.

Professeur Castel-Tenant :
- Mais vous faites alors l'hypothèse que les ondes brogliennes règlent à elles seules la physique du noyau ?

Z'Yeux Ouverts :
- Non, certainement pas à elles seules. Mais je prétends qu'il est farfelu d'écarter leur réalité, juste parce que Schrödinger et de Broglie furent vaincus au congrès Solvay de 1927 par la clique Göttingen-København, clique hégémonique depuis. Cette victoire acquise par violence de meute n'est pas un argument scientifique recevable.

Professeur Castel-Tenant :

- N'oubliez pas d'apporter des preuves expérimentales, ou au moins des indices.

Z'Yeux Ouverts :
- Pour qu'un α ionise des molécules sur son trajet, il sera préférable qu'il ait des dimensions, surtout en long, comparables au diamètre de la molécule de dihydrogène (voire de la molécule de butane) liquide qui remplissait les chambres à bulles. Combien de molécules un α peut-il ioniser, avant d'avoir épuisé son énergie cinétique ?
On va prendre l'énergie d'ionisation d'un atome d'hydrogène : E = 13,53 eV. Pour dilapider 3,994 MeV, il faut 295 196 ionisations, c'est une approximation. En tout cas c'est bien l'ordre de grandeur de la finesse des photos prises en chambre à bulles.

Curieux :
- Et peut-on imaginer que ces environ trois cents mille chocs dévient sensiblement la trajectoire, comme l'ont dessiné Greiner, Charpak et Omnès ?

Z'Yeux Ouverts :
- Pas du tout comme ils les ont dessinées, avec des courbures continues notables. Ce n'est pas une pétanque où l'on pourrait faire un carreau ; les lois du choc élastique sont inapplicables ici, où toute ionisation est inélastique. Les chocs moléculaires inélastiques vers la droite et vers la gauche, vers le haut ou vers le bas sont équiprobables, sont incapables de dévier avec des courbures si artistiques la trajectoire de l'alpha. De plus, il n'y a nulle équipartition de la quantité de mouvement. Le capital initial de 9,2210 . 10^{-20} kg.m/s, grandeur vectorielle, n'est pas facile à dilapider en tous sens. La molécule ionisée n'a pas plus de prises sur l'alpha que l'énergie d'ionisation, plus une faible énergie cinétique communiquée avant tout à l'électron arraché.

Professeur Marmotte :
- Vous êtes cuit par vos contradictions ! Tout à l'heure vous disiez qu'une particule a un seul absorbeur et un seul émetteur, et là vous vous retrouvez avec presque 300 000 absorbeurs- réémetteurs !

Z'Yeux Ouverts :
- Vous avez marqué votre point : le destin d'un alpha dans la matière, ou du reste d'un e^- ou d'un e^+ dans la matière est fort différent de celui d'un photon dans le vide. Nous nous trouvons devant le problème de la transitivité éventuelle de chaque réaction lors de chaque apex d'ionisation. Or affirmatif, il y a quasi-conservation de la fréquence et localement de la phase, à chacun de ces apex. Tandis que globalement, sur l'ensemble du trajet, c'est bien à

une décohérence que nous assistons. Aucune des ionisations de molécule par la particule rapide et ionisante ne peut être considérée comme réversible en temps : espérer accélérer un noyau alpha par dé-ionisation d'une molécule, c'est irréalisable de façon répétitive, et quasi impossible même une seule fois.

Curieux :
- Monsieur z'Yeux Ouverts, vous vous êtes laissé emporter par votre sujet, aussi c'est moi qui vais résumer.
Vous ne croyez plus aux corpuscules, vous prétendez qu'ils n'existent jamais (sauf peut-être les noyaux atomiques, mais il faudra y revenir), mais qu'il n'y a que des ondes, progressives ou stationnaires. J'ai bon ?
Vous ne croyez plus à la flèche du temps, du macro-temps, au moins à l'échelle quantique. A cette échelle vous ne voyez que des équations symétriques par rapport au micro-temps.
Du coup, à la fois vous êtes relativiste et vous ne l'êtes pas, puisque vous admettez des actions à rebrousse-temps, qu'on n'admet pas en relativité. Vous donnez à l'absorbeur une importance que vos concurrents ignorent. A vos yeux, l'absorbeur est aussi causal que l'émetteur, pour tout photon ou toute particule lancée et transférée.

Z'Yeux Ouverts :
- Votre résumé est excellent. C'est un plaisir que d'avoir en face un curieux aussi curieux que vous, et dont la patience soit au niveau du nécessaire pour tout comprendre.
De 1905 à 1923, la relativité est une théorie strictement macroscopique. Il fallut attendre de Broglie en 1923-1924 et surtout Dirac en 1928 pour que l'intégration à la quantique se fasse. Et grâce à Dirac, apparaissent explicitement les composantes à rebrousse-temps, à fréquences négatives et énergies négatives, considérées avec répugnance et méfiance par le restant de la peuplade.
Une autre différence est fondamentale : nous ne plaçons pas du tout le hasard au même endroit. Les copenhaguistes le placent durant la trajectoire. A leurs yeux le quanton n'est soumis individuellement à aucune loi physique durant tout le temps qu'on ne le regarde pas, mais ne s'y soumet que statistiquement, sur les grands nombres. C'est magique !
A mes yeux, il faut ajouter que le macro-temps n'est qu'une émergence statistique, il a la propriété de s'écouler dans le même sens que l'entropie – elle aussi émergence statistique. Au cours des 19e et 20e siècle, on avait pris l'habitude de considérer le macro-temps comme paramètre fondamental, alors que ce n'est toujours pas fondé. Il n'est toujours pas causal en microphysique.

Curieux :

- Vous n'avez pas réussi à m'expliquer le spin, qui reste un grand mystère pour moi. Vous aviez promis d'expliquer plus tard les matériaux ferromagnétiques et ferrimagnétiques. Et il faut nous expliquer plus clairement ce que sont les organisations atomiques et moléculaires, puisque vous avez descendu en flammes les modèles planétaires, mais pas expliqué quoi au juste à la place.

Z'Yeux Ouverts :
- Hé ! Pas si simple de vous donner aujourd'hui les bonnes formules et les bons diagrammes, même pour l'atome d'hydrogène, car toutes les sources externes sont affligées du même vice : ils ont codé au fer à souder la thèse de Max Born dans leurs calculs, comme quoi la solution de Schrödinger doit être camouflée sous son carré hermitien (défini positif) afin de ne plus donner que "la probabilité de présence du corpuscule". Depuis 1927, l'idéation de Max Born et Werner Heisenberg est devenue la Novlangue obligatoire de la physique théorique. Il faut vraiment tout refaire pour grapher ce qu'il faut, avec mise en évidence des zones de changement de signe de la phase d'onde stationnaire, dont les copenhaguistes nient l'intérêt pourtant majeur. Or tout refaire... plus vite dit que fait !
Toutefois, une expérience existe, qui porte sur la molécule de diazote N_2, qui dans un état excité exhibe bien les surfaces de changement de phase :

10.3. L'expérience a tranché : les domaines de phase des orbitales sont observés.

Fin de la récré, l'expérience a tranché, donc l'expérience a tort !
Références : Itatani et al. Nature 432,867, 2004.S. Haessler et al. Nature, citées par les Dossiers de la Recherche, n° 38, février 2010, pages 63 et 64 : "**Des flashes toujours plus courts**". Page 63, la figure n° 2 porte sur une molécule de diazote dans un état excité, et montre les domaines de phase positive et de phase négative des électrons les plus externes dans la molécule. Figure 10.13.

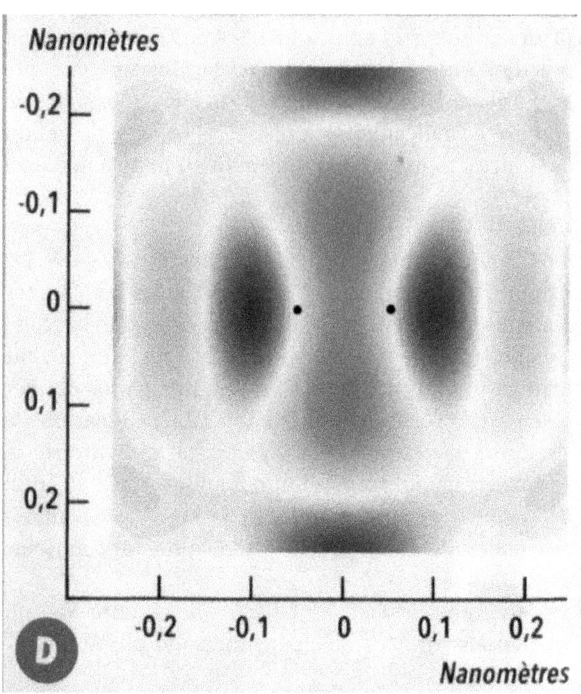

Bien sûr, le message est submergé par les baratins habituels en "probabilité de présence", sans lesquels les auteurs seraient exclus du club.
Mais c'est trop tard : l'objection faite (Michel Talon) selon laquelle les domaines de phase opposés, bien calculés dans le cas de l'atome d'hydrogène, n'existeraient plus pour les atomes ou molécules plus compliqués, sous prétexte que le truc n'est plus mathématiquement intégrable, est démentie et ruinée. Il n'avait pas saisi qu'on ne passe d'une phase + à une phase - qu'en franchissant une frontière à densité électronique identiquement nulle, que ces contraintes topologiques sont indépendantes du caractère intégrable ou non des équations.
En conclusion, c'est bien feu Erwin Schrödinger qui avait raison face à ses vainqueurs de l'époque : l'équation de Schrödinger (perfectionnée Pauli puis Dirac) décrit directement la densité électronique, de l'onde électronique, ici onde stationnaire, et non pas la complication inextricable en "*probabilité d'apparitions de corpuscule farfadique*".

Figure 10.14.

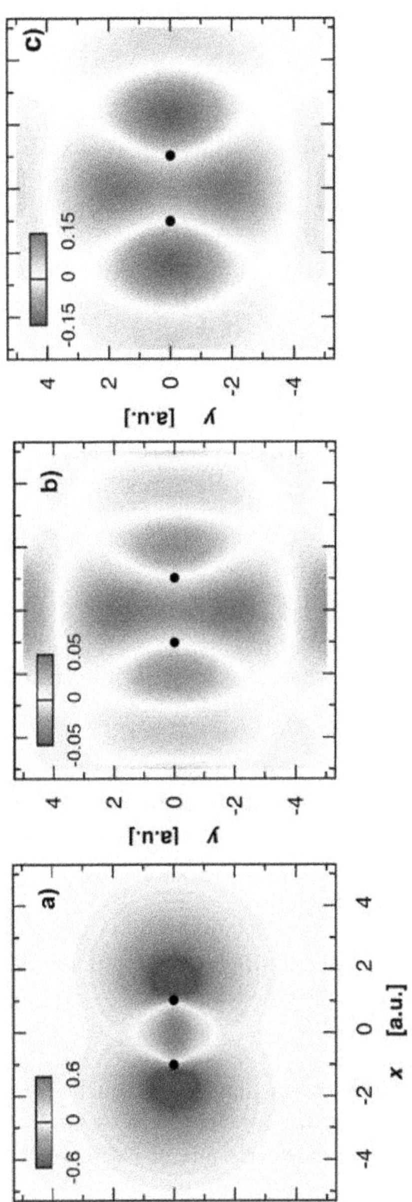

Références :
http ://tel.archives-ouvertes.fr/docs/00/44/01/90/PDF/thesis_DrStefanHaessler.pdf
,

http ://ira-
mis.cea.fr/spam/MEC/ast_visu.php ?num=101&keyw=Atto%20Physique&lang=fr
,
http ://ira-
mis.cea.fr/spam/Phocea/Vie_des_labos/Ast/ast.php ?t=fait_marquant&id_ast=1550
,
http ://iramis.cea.fr/Phocea/file.php ?file=Ast/1550/CP-Photographie_electron__3_-vCNRS.pdf
,

Orbitale HOMO de la molécule diazote N_2,

a) calculée exactement (Hartree-Fock) à l'état de base,

b) excitée, reconstruite expérimentalement par la technique tomographique (re-collision du paquet d'ondes électronique en champ laser),

c) reconstruite théoriquement dans les conditions de b).

L'orbitale reconstruite b) présente la structure caractéristique, en amplitude et en signe, de la HOMO exacte.
http ://iramis.cea.fr/Images/astImg/1550_4.jpg
Crédit : Nature Physics.

Auteurs : S. Haessler, J. Caillat, W. Boutu, C. Giovanetti-Teixeira, T. Ruchon, T. Auguste, Z. Diveki, P. Breger, A. Maquet, B. Carré, R. Taïeb & P. Salières,

Précisons que la figure de gauche, a), est pour l'état fondamental, et que la figure expérimentale et le calcul de confirmation sont pour un état excité, à plus haute énergie, donc avec des changement spatiaux de phase sont les figure b) et c).

Professeur Castel-Tenant :
- Ah non ! Ça n'est pas possible ! Personne ne peut obtenir expérimentalement la phase et le signe de la phase ! Comment ont-ils fait ?

Z'Yeux Ouverts :
- Les chimistes eux, ne crachent surtout pas sur la phase sur laquelle vous crachez. Cela et le spin leur donnent justement la nature et la force des liaisons chimiques, dans les molécules comme dans les cristaux et les verres.

Curieux :
- Après ce message très technique, vous avez la tête de quelqu'un qui voudrait ajouter quelque chose, mais je vous vois hésiter.

Z'Yeux Ouverts :

- Oui, les copenhaguistes tel que ce chercheur à Jussieu déjà cité interrogent très suspicieusement comment les auteurs ont fait pour interroger directement la phase et les domaines de phase. Ils prétendent que rien de semblable n'existe, puisque la phase "*n'est pas un observable*" et n'a aucune importance expérimentale, selon eux. Vous trouverez la discussion à l'adresse
http ://deontologic.org/quantic/index.php ?title=Les_surfaces_ infranchissables_au_%22corpuscule%22_pr%C3%A9tendu
Puisque pour eux ces solutions de Schrödinger ne servent qu'à être élevées au carré hermitien pour donner la "*probabilité de présence*" du corpuscule, et que la géométrie de spire du modèle planétaire des année 1911-1913 est infirmée, ils en viennent à affirmer que le corpuscule-électron zigzague en tous sens dans ce domaine atomique, afin de remplir statistiquement juste ce qu'il devrait. Dans les états fondamentaux, ce n'est pas trop grave, car le domaine est connexe. Mais dans les états excités à $n > 1$, ils se séparent en zones de phases opposées non connexes, avec annulation de l'amplitude électronique sur des surfaces de transition. Comment fait donc le corpuscule farfadique pour franchir les zones où sa densité est identiquement nulle ? Pouvez-vous passer la moitié de votre temps dans le lit de votre concubine Zeinab et l'autre moitié dans le lit de votre concubine Zobéïde sans passer une fraction de votre temps dans le couloir qui sépare leurs deux chambres ? Ah oui, c'est vrai, vous êtes un prophète doté de pouvoirs surnaturels...

Curieux :
- Je comprends que quand vous faites des objections de ce genre, vous vous faites beaucoup d'ennemis !

Z'Yeux Ouverts :
- Bien plus que vous ne pensez. Il y a même un des harceleurs de boucs émissaires, totalement nul en physique mais très prétentieux et despotique, qui m'accuse d'être "*jaloux des performances sexuelles du prophète*" (ou du cinquième évangéliste ? On s'y perd). Il est lui-même une tarlouze, d'obsession scatologique...
Et ce n'est pas tout ! Je prétends que leur idéation de l'électron-corpuscule complètement *zinzin* autour de l'atome ou de la molécule est incompatible avec la finesse et la stabilité des raies que les spectroscopistes étudient depuis le 19e siècle. Les théoriciens copenhaguistes n'ont jamais obtenu ni dépouillé de spectre. C'est une manip lourde, qui n'est pratiquée qu'en chimie analytique, et les copenhaguistes n'ont jamais pratiqué de chimie analytique. Six mille raies du fer dans le visible et l'ultraviolet sont tabulées, et sur chaque film que nous impressionnons, nous réservons une moitié à un spectre du fer pur pour étalonnage du film. Un électron-corpuscule farfadique et zinzin interdirait cette fiabilité, cette finesse et cette fidélité des raies spectrales, il

n'en finirait pas de brouiller les lignes.

10.4. "Personne ne comprend la mécanique quantique". Voici le procédé employé pour...

Z'Yeux Ouverts :
- "*Personne ne comprend la Mécanique Quantique*". Il est de bon ton de rappeler souvent cet aveu de Richard Feynman, afin d'accuser de péché d'orgueil ceux qui ne sont pas satisfaits par cette obscurité.
Voici le procédé employé pour ne pas comprendre, et vous avez vu les figures au début de l'article.
Référence : "**The Feynman Lectures on Physics**", T.3 "**Quantum Mechanics**", chapter 1.
Feynman prétend expliquer le comportement des électrons par le comportement des balles de fusil. Voyons cela.
A la Loubianka, la menace courante au long des interrogatoires était les "*neuf grammes de plomb*". On se contentera d'une balle de cinq grammes. Soit 5 moles de nucléons, trois millions de milliards de milliards de nucléons. Cinq milliards cinq cent mille millions de milliards de milliards de fois plus lourd qu'un électron. Vous êtes bien sûr(e) que c'est représentatif ?
Quand la balle s'écrase sur le blindage ou sur la cible, cela fait des milliards de milliards de milliards de milliards de milliards de réactions quantiques. Vous êtes bien sûr(e) que c'est représentatif ?
Un électron n'a qu'une seule réaction quantique à son émission, qu'une seule réaction quantique à son absorption.
Après la balle macroscopique, Feynman prend soit un flot macroscopique de lumière, soit les trains de vagues sur une cuve à ondes de gravité. L'eau et ses vagues peuvent-elles être représentatives d'un électron ?
Prière de nous expliquer ce que pourrait bien être la fréquence intrinsèque de l'eau où nous produisons des vagues dans la cuve à ondes. Prière de nous expliquer quelle pourrait bien être la réaction d'absorption qui met fin au trajet de la vague, et surtout prière de nous expliquer en quoi l'émetteur et l'absorbeur de vagues seraient contraints par des conditions de stationnarité de l'onde électronique, donc quantifiés par états discrets comme le sont un atome ou une molécule.
Tout au long de l'exposé de ce pédagogue historique, pas la moindre idée, ni quantitative, ni qualitative, de ce qui sépare notre monde macroscopique du monde quantique. Il n'y a pas lieu de s'ébahir que dans de telles conditions, "*Nobody understands Quantum Mechanics*" : ils ont pris les moyens qu'il faut pour parvenir à un tel résultat. C'est fort regrettable, et ça coûte un

prix inavouable, exorbitant, en perte de rendement pédagogique de l'enseignement des sciences.

Sciences exactes... Vous avez dit "*exactes*" ? Bizarre, bizarre !

Curieux
- Dites monsieur z'Yeux Ouverts, vous devez en avoir accumulé gros sur la patate au cours des vingt dernières années, car vous avez encore développé ce que eux, ceux que vous appelez "*les copenhaguistes*" font de mal, au lieu d'exposer ce que vous, vous faites de bien.

Z'Yeux Ouverts :
- Vous avez raison, il est temps de vous expliquer ma découverte personnelle, les fuseaux de Fermat, bien que leur calcul exact soit resté inachevé. Du moins un calcul approché et majorant existe, et a résisté à l'épreuve du temps. Les fuseaux de Fermat font tout ce qu'il y a à faire.

10.5. En propagation, les fuseaux de Fermat.

Z'Yeux Ouverts :
- Je rappelle le principe de Fermat (1657), son explication par Augustin Fresnel puis par Rowan Hamilton et l'exploitation des résultats de Hamilton par Louis de Broglie.
Fermat a résumé la loi du dioptre de Snellius et Descartes, et la loi de la réflexion : tout trajet suivi par la lumière est de longueur optique stationnaire, le plus souvent minimale, par rapport aux trajets immédiatement voisins.
En élaborant l'optique physique (1819), avec longueur d'onde et polarisation transversale, Fresnel précisa : Hé parbleu ! La lumière se propage perpendiculairement aux fronts d'onde. Un trajet réel respecte localement les fronts d'onde.
Vers 1834, Hamilton élabora un formalisme de la mécanique qui la fait ressembler étonnamment à l'optique, à ceci près que les fronts d'onde sont remplacés par des surfaces iso-action, où l'action considérée est la circulation de la quantité de mouvement.
En 1924 Louis de Broglie résolut le mystère de cette ressemblance, en découvrant que ces surfaces iso-action de la mécanique hamiltonienne sont justement des fronts d'onde, où l'onde à considérer est la broglienne, de fréquence intrinsèque $\mathbf{mc^2/h}$ pour toute particule ayant une masse, notée "$\mathbf{m}$".

Curieux :
- Mais ? Onde de quoi ?

Z'Yeux Ouverts :
- On a déjà eu des dizaines d'heures de disputes stériles, notamment avec Florent M. qui voulait à toute force nous imposer une définition hyper-restrictive de "onde", imposer que ce fut sans le moindre transport de matière, mais décrit par quelque grandeur intensive déjà bien connue de la physique macroscopique, et puisque qu'il imposait que ce fut macrophysique, alors on aurait dû la mesurer. Il vous faut accepter que l'onde électronique, c'est de l'électron, et c'est bien matériel, cela transporte une charge électrique, une masse, un moment magnétique et un spin ; accepter que l'onde neutronique, qui est fort appréciée en expériences de physique fondamentale des cristaux, c'est du neutron, et pas autre chose, cela transporte un spin, un moment magnétique, une masse et quelques autres bricoles (hadroniques). Il vous faut accepter que l'électron n'a aucune autre existence qu'ondulatoire, même lorsqu'il est stationnaire autour d'un atome ou d'une molécule. Il vous faut accepter que vous ne disposerez d'aucun instrument qui vous donnerait quelque renseignement genre $\mathbf{a\ sin(\omega t)}$ sur le trajet de l'électron : l'électron est vraiment élémentaire, et ni nous ni nos instruments ne le sommes, très loin s'en faut. Quand on en pose les équations, nous sommes un ou plusieurs pas au delà de la finesse accessible à l'expérimentation. C'est là une malédiction définitive, et il faut faire avec : nous ne sommes pas à l'échelle de l'électron, et il faut donc innover dans notre outillage de théoriciens.

Curieux :
- Au fait ! Votre procédé ?

Z'Yeux Ouverts :
- Je mets face à face et parallèles deux antennes dipolaires électriques, telles que la molécule de monoxyde de carbone mentionnée plus haut, ou telles qu'un atome qui oscille entre une configuration orbitale oblongue et une sphérique. L'une est réputée émettrice, l'autre réceptrice, accordées à la même fréquence. Toute l'énergie émise par l'une est absorbée par l'autre, et leur distance est largement plus grande que la longueur d'onde. Alors et en l'absence de dispositifs interférentiels, la région d'espace où l'énergie se transfère est limitée par le déphasage maximal admissible à l'arrivée : moins d'un quart de période. Il en résulte une largeur maximale tout au long du fuseau de transmission, et le problème est de calculer cette largeur maximale au centre du fuseau dans un vide parfait, et son évolution en fonction de l'abscisse. Au delà de ce fuseau, la puissance transmise est nulle ou quasi-nulle. Avec dispositifs interférentiels, il faut tenir compte des différentes branches du trajet, et envisager des phases à un nombre entier de périodes près, donc autant de fuseaux de Fermat qu'il y a de phases entières présentes dans l'interférence.

A titre provisoire et à défaut du calcul rigoureux, on se contentera d'une approximation majorante trouvée en mai 1998. On fait l'approximation (toujours dans le vide ou un milieu parfaitement homogène) que les trajets d'onde concurrents sont tous des arcs de cercle, autrement dit à courbure constante, ce qui sous-estime le diamètre du fuseau près de l'émetteur et du récepteur, mais le surestime en son milieu. Puis on se contente du second ordre du développement limité, ce qui revient à approximer l'arc de cercle par un arc de parabole, donc à aggraver le caractère majorant de l'approximation au milieu du fuseau. Durant dix-sept ans, j'avais gardé une mauvaise opinion de cette approximation en arcs de cercle des fuseaux de Fermat. En applications astronomiques, il me semble avoir été beaucoup trop pessimiste et sévère. Disons qu'à 20 diamètres de source ou d'absorbeur, nous sommes en champ lointain, et l'approximation semble devenir fiable, notamment en astronomie.
Figure 10.15.

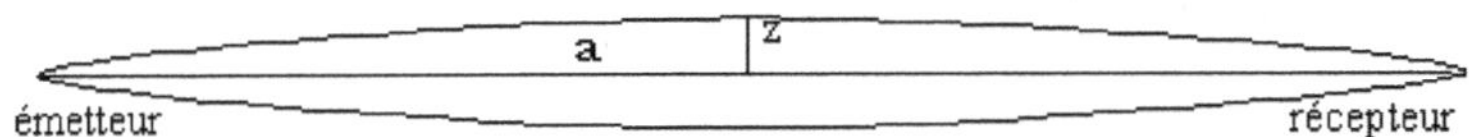

Schématisé pour les cotes : Figure 10.16.

a z
émetteur récepteur

La condition des fuseaux de Fermat s'écrit : $2\ \alpha\ \mathrm{R} - 2\ \mathrm{R}\ \sin(\ \alpha) < \frac{\lambda}{4}$
Soit au premier ordre : $\alpha^3 < \frac{\lambda}{4R}$
or a = R.sin(α), ce qui au premier terme pour les très petits angles se résume à **R.**α.
On peut alors éliminer le rayon **R** de l'arc de cercle, et au premier terme non nul du développement limité il reste : $\mathrm{z}^{\mathbf{2}} = 3/16\ \mathrm{a}.\lambda$ où λ est la longueur d'onde.
On en prend la racine carrée : $\mathbf{z} = \sqrt{3a\lambda}\ /\ 4$
L'exprimer par rapport à la longueur d'onde : $\frac{z}{\lambda} = \sqrt{\frac{3a}{16\lambda}}$
On va aussi avoir besoin du demi-angle au sommet du cône tangent, près des réactions d'émission ou d'absorption (mais à plus de vingt diamètres de la réaction), ou angle de Fermat : $\alpha = \sqrt{\frac{3\lambda}{4a}}$

Exemples numériques :
A. Le photon infra-rouge résonant avec la vibration longitudinale de la molécule de monoxyde de carbone CO, de longueur d'onde 4,6 µm.
On prend un trajet de 20 cm entre ampoule et molécule, soit a = 0,1 m.
a . λ = 4,6 . 10^{-7} $\mathrm{m}^{\mathbf{2}}$.
$\sqrt{3a\lambda}$ = 1,17 mm.

A diviser par 2 pour avoir le diamètre maximal du fuseau de Fermat : 0,59 mm. C'est tout sauf négligeable, mais ça redonne tout ce qu'on savait déjà depuis Fresnel sur la diffraction par un bord ou un trou ou un obstacle.

B. Voici un dispositif optique qui approxime une onde stationnaire devant un miroir. Prenons $\lambda = 500$ nm, a = 1 m.
Quelle est la largeur de l'onde quasi-stationnaire devant le miroir, à l'échelle individuelle d'un seul photon ?
Il faut ajouter des hypothèses :
Diamètres de la réaction d'émission et aussi de la réaction d'absorption = 1 µm.
Angle de légère bascule d'émetteur et de capteur par rapport à la normale = arcsin(0,01) = 34'.
1 – cos(arcsin(0,01)) = 5 . 10^{-5}.
$\frac{z}{\lambda} = 2\sqrt{\frac{3a}{16\lambda}} = 1224$. C'est le nombre de longueurs d'ondes dans la largeur du fuseau là, en plus de la somme des rayons d'émetteur et d'absorbeur.
Ce diamètre en unités métriques : (1224 + 2) λ = 0,62 mm.
Alors avec cet angle de bascule, les traces des fronts d'onde se décalent latéralement, dans la direction centrifuge.
Combien de longueurs d'onde dans la largeur de cette trace ? 1226 *5 . 10^{-5} = 0,06.

C. On va calculer le miroir, réputé *tremblant*, qui permettrait d'expérimenter les affirmations d'Elitzur et Vaidman.
http ://www.agoravox.fr/culture-loisirs/culture/
article/contrafactualite-penrose-elitzur-155565
Première étape : élargissement du fuseau de Fermat sur cette distance :
rayon z = $\sqrt{3a\lambda}$ / 4
où on va compter 50 cm d'émetteur à absorbeur, optique re-focalisante comprise. Soit a = 0,25 m.
On prend du visible : λ = 0,5 µm.
3 . a . λ = 375 nm^2
$\sqrt{3a\lambda}$= 612 µm * rayon z = 153 µm = 0,153 mm. ==> Diamètre : 0,306 mm.
A quoi il faut ajouter la moyenne des rayons physiques d'émetteur et d'absorbeur, plus l'allongement uni-axe du diamètre du fuseau par le miroir semi-réfléchissant. Posons l'influence du semi-réfléchissant à 4λ, soit 2 µm, ce qui est négligeable devant le ventre du fuseau de Fermat.
Soit un fuseau de Fermat large au niveau du miroir d'environ 0,4 à 0,6 mm.
La réflexion totale par un miroir sans diffraction impose un miroir nettement plus large que le photon, tel que le déplacement d'électrons de conduction

sous l'influence électromagnétique soit toujours loin des bords. On aboutit à un miroir elliptique de 1 mm sur 1,4 mm, minimum. Les choses seraient moins pires dans le proche UV : en divisant la longueur d'onde par 4, l'impulsion serait multipliée par 4, et le ventre du fuseau de Fermat divisé par 2, d'où un miroir plus petit, sous réserve que la taille de la source et de la zone efficace de l'absorbeur aussi puissent être réduits. Mais même ainsi, on demeure fort loin de ce qui pourrait être mis en évidence : le miroir est beaucoup trop lourd, de huit ou neuf ordres de grandeur, pour être rendu "*tremblant*" par un seul photon.
Conclusion : nous ne faisons plus du tout la même physique que les sorciers copenhaguistes. Nous, nous pouvons dimensionner cet appareillage expérimental, eux ne le peuvent pas, et ne voient pas l'erreur.

10.6. La géométrie des fuseaux de Fermat appliquée en astronomie

L'astronomie fournit des moyens puissants pour tester la validité de la géométrie des fuseaux de Fermat. C'est donc là qu'il faut prendre des risques en priorité.

10.6.1. Astronomie interférentielle à large base, et "effet Hanbury Brown et Twiss", caractère bosonique des photons. Quand on calcule ces diamètres de fuseaux de Fermat sur des distances astronomiques, on trouve des diamètres qui eux aussi deviennent presque astronomiques. Du coup devient limpide la raison pour laquelle l'astronomie interférentielle à large base est possible : ces photons qui arrivent pourtant dans des détecteurs éloignés de dizaines de kilomètre sur Terre, ont eu tout le temps de se synchroniser durant leurs trajets de conserve, où ils partageaient largement leurs largeurs de propagation, pouvant dépasser le diamètre d'une étoile, voire d'une unité astronomique.

Prenons l'étoile la plus proche, celle qui donne des coups de soleil.
La mélanine de la peau est un copolymère de poids élevé et mal connu. On ne fera pas d'erreur de principe mais une approximation raisonnable en prenant 300 nm de diamètre, et en étudiant la propagation d'un photon UV de 300 nm de longueur d'onde, depuis le Soleil.
Le Soleil est en moyenne à environ 149,6 millions de km. On fera grâce du rayon terrestre, on retranche quand même les trois quarts du rayon solaire, il reste $1{,}492 \,.\, 10^{11}$ m. A 6 µm de la macromolécule de mélanine, on est dans la bonne approximation du champ lointain, et l'angle au cône de Fermat vaut environ 0,8 µrad. La largeur maxi du fuseau de Fermat, sous réserve que l'émetteur soit de petite taille, atteint quand même 192 m. Le caractère

bosonique des photons solaires est amplement justifié.

Prenons de la lumière en provenance de la grande galaxie d'Andromède (ou M31 du catalogue Messier), qui se trouve à une distance de 2,2 millions d'années-lumière. Une digression hors-sujet, sur l'âge duquel cette lumière nous parvient : il y a 2,2 Ma, c'était le Pliocène supérieur, début de la glaciation de Donau.
2,2 M al $= 20 \cdot 10^{21}$ m.
Radiation à 0,55 µm $= 5{,}5 \cdot 10^{-7}$ m
$3 \cdot a \cdot \lambda = 33 \cdot 10^{16}$ m^2
$\sqrt{3a\lambda} = 4{,}54 \cdot 10^7$ m. Soit un diamètre de fuseau de 22 700 km, de l'ordre du douzième de seconde-lumière, ou un petit tiers de l'altitude de l'orbite géostationnaire terrestre, ce qui reste très petit comparé au diamètre de cette galaxie, voire d'une étoile : moins de la moitié du rayon du Soleil.

Voyons à présent pour des objets astronomiques beaucoup plus lointains. On sait au moins un quasar dont l'image optique nous est dédoublée, par une galaxie qui fait là office de lentille gravitationnelle. OK, lentille gravitationnelle pour l'ensemble des photons qui nous en parviennent, mais y a t-il des photons qui seraient dédoublés par cette lentille là ? Il faut donc calculer la largeur normale de ces fuseaux de Fermat individuels depuis ce quasar.
Prenons ce double quasar 0957+561. Image à
https ://upload.wikimedia.org/wikipedia/commons/9/9d/QSO_B0957%2B0561.jpg .
Les distances à considérer sont estimées par le décalage vers le rouge, selon l'hypothèse de Hubble. Le quasar serait donc à la distance de 8,7 milliards d'années lumière (deux fois plus âgé que le système solaire), et la galaxie alignée qui fait lentille gravitationnelle à 3,7 Gly. Plus de détails à
https ://en.wikipedia.org/wiki/Twin_Quasar . Précisons tout de suite que la question que l'on se pose est oiseuse pour ce quasar-là, car l'on a acquis au cours des 30 dernières années la certitude que les deux trajets optiques A et B diffèrent de 417 jours. Aucun espoir d'observer la moindre trace d'interférences : il eût fallu ne guère dépasser les dix mille longueurs d'onde (ou périodes) en différence de marche. Surtout que l'astuce du fil chargé négativement, diviseur d'électrons présent en avant du micro-solénoïde dans une expérience type Aharanov-Bohm n'existe pas en astronomie pour des photons.
Persistons néanmoins à poser le problème théorique simplifié, en supposant l'absence totale d'aucune optique interposée (ni gravitationnelle ni autre).
Choix de longueur d'onde : 500 nm.
8,7 Gly $= 82 \cdot 10^{24}$ m, d'où
$3 \cdot a \cdot \lambda = 62 \cdot 10^{18}$ m^2. et $\sqrt{3a\lambda} = 7{,}9$ Gm, et un diamètre de 3,9 Gm.
Ce n'est que 2,5 % d'une unité astronomique ; à l'échelle galactique c'est

microscopique. En revanche, pour l'efficacité de l'astronomie interférentielle à large base par la synchronisation et l'accord en fréquence et en phase des photons de même origine, c'est fort précieux.
Pour la corrélation en intensité sur une base de 6 m à la réception, voir Hanbury Brown et Twiss :
https ://en.wikipedia.org/wiki/Hanbury_Brown_and_Twiss_effect.
Cela leur a permis de mesurer le diamètre apparent de Sirius.
Encyclopédie à https ://en.wikipedia.org/wiki/Astronomical_interferometer.
Ces faits démontrent une causalité rétrochrone du milieu traversé vers les émetteurs. Cela ne ressemble plus à la causalité séquentielle comme celle léguée par l'artillerie : la charge explose dans le canon, le coup part, puis l'air et les vents interviennent dans la course, puis l'obus explose et disperse ses débris. En microphysique les conditions de propagation et d'interaction des photons dans l'espace vide régissent en partie les émissions.
On retrouve cette rétroaction du milieu laser sur les émetteurs atomiques individuels, prédite par les coefficients d'Einstein de 1916. Aucun des atomes potentiellement émetteurs ne "*décide*" individuellement de quand, ni à quelle fréquence précise, ni sur quelle durée, ni à quelle phase il émet son photon : c'est une affaire collective, en résonance sur la longueur de la cavité entre les deux miroirs terminaux. Sur la distance après sortie, les effets collatéraux bosoniques perdent de leur emprise, et les destins finaux des photons sont largement indépendants sur des cibles éloignées (par exemple la Lune : tous les photons ne sont pas renvoyés par les miroirs, une majorité est absorbée par la régolite lunaire).

Professeur Castel-Tenant :
- Dommage, votre raisonnement est faux sur un point : oui il est cohérent sur la largeur des photons selon la largeur de votre fuseau de Fermat, mais rien ne peut obliger les photons à se rallonger durant le trajet, or dans le domaine visible, leur longueur de cohérence plafonne autour du mètre, et la longueur de cohérence est de l'ordre de grandeur de la longueur totale du photon, quoiqu'elle leur soit inférieure de probablement la moitié. Il faut donc que les photons se trouvent leurs compagnons de voyage avec qui bosonner ensemble, sur une bien petite longueur d'interaction, autrement dit sur un très court décalage temporel l'un à l'autre. Cette objection n'est pas dirimante, mais il faudra quand même affiner le modèle, et examiner les caractéristiques du « *bunching* » (le regroupement des photons en paquets). Je présume que l'on doit observer un bon *bunching* depuis les étoiles intrinsèquement très brillantes, et ne plus rien observer de tel dans le rayonnement de gaz interstellaire, dont l'émission est bien plus raréfiée.

Z'Yeux Ouverts :

- Travail à faire, en effet.
Toutefois, notre raisonnement simplifié imaginait des photons de trajets exactement parallèles. Cette hypothèse implicite est peu réaliste à l'échelle astronomique. Si les trajectoires initiales sont légèrement croisées, chaque photon va avoir des chances de croiser sous un angle très faible, un jumeau possible. Et leur interaction bosonique va regrouper leurs vecteurs impulsion en même temps que leur fréquence. Autrement dit ils se forgent un destin commun, et une destination quasi-commune. Voilà pourquoi, sur un trajet astronomique, ils finissent dans une proportion notable à arriver par pelotons groupés sur nos instruments.

Z'Yeux Ouverts :
- Réflexion faite, votre objection est fort judicieuse : elle implique que l'attraction bosonique intervient sur les émetteurs et les absorbeurs pour les aider à transiger des émissions qui seront les mieux synchronisées, les mieux jumelés possibles. Oser envisager cette perspective est révolutionnaire.

10.6.2. Géométrie des fuseaux de Fermat et scintillement des étoiles.

10.6.2.1. *Scintillement et turbulence.*

Curieux :
- Commencez je vous prie par nous définir ce qu'est ce scintillement des étoiles.

Professeur Castel-Tenant :
- Il s'agit d'un des effets de la turbulence atmosphérique, et c'est le seul qui est facilement détecté à l'œil nu de nuit. Par ciel clair, et surtout en début de nuit quand le sol est encore chaud, la lumière des étoiles nous semble clignoter de façon irrégulière : leur éclat varie rapidement. Dans les cas de turbulence forte, plus près de l'horizon, des étoiles brillantes telles que Capella semblent clignoter aussi de couleur ; il arrive même que Jupiter soit perçue comme scintillante, près de l'horizon quand la turbulence est forte.

Curieux :
- Près de l'horizon ? Pourquoi ?

Professeur Castel-Tenant :
- Plus le trajet lumineux est près de l'horizon, plus il traverse une plus grande longueur d'atmosphère encore dense. Cette turbulence peut avoir deux causes principales : des convections dues à des irrégularités de température au sol, d'où des ascendances là où le sol est plus chaud, compensées

par des descendances. Et de la turbulence de vent, causées par les reliefs. Et le tout peut se combiner.
Même aberration par convection quand le Soleil tape fort sur une route goudronnée : l'air chauffé qui monte de façon irrégulière nous donne en lumière rasante l'impression que la route est liquide et agitée. Selon sa température et sa densité, l'indice de réfraction optique de l'air change, et cela dans des cellules de convection mouvantes, et la déviation lumineuse est fluctuante.

Z'Yeux Ouverts :
- Les autres gros effets de la turbulence s'observent via des lunettes d'approche ou des télescopes. Dans mon ancien logement, j'apprenais à régler mon instrument en visant une enseigne lumineuse au sommet d'un immeuble à 3 km de distance. Toutefois, l'échappement thermique d'une usine entre nous venait facilement tout brouiller, selon le sens du vent. A moins grande distance, viser un panneau flanquant une porte d'immeuble industriel pouvait révéler que la lecture était impossible aux heures ensoleillées et chaudes, où la convection était intense, et que l'air entre nous ne se calmait qu'avec la lumière rasante du couchant.
La nuit, la turbulence de vent pouvait déchiqueter la silhouette de la Lune assez pour que j'observe de dix à quinze créneaux découpés dans un diamètre lunaire. Référence de fréquence ? Dans les 2 à 3 Hz, mais ça n'a aucune régularité. J'ai tenté des photos de l'étoile Polaire, avec l'appareil au foyer de la lunette : elle gigote, cette Polaire ! Ou du moins son image sur l'écran zoomant, ce qui faisait un grandissement d'environ 480. On peut en conclure que si au lieu d'avoir une image complète, mais en diaphragmant sur juste un ou peu de pixels sur le bord de la Lune, ou de l'étoile Polaire fortement grossie, ces pixels auraient enregistré de la lumière scintillante.

Il nous reste à comprendre en quoi notre vision d'une étoile à l'œil nu ressemble à ces pixels au bord d'une image fluctuante.

Professeur Castel-Tenant :
- Pas d'histoires ! On sait qu'il suffit d'agrandir la pupille d'entrée du récepteur (avec un télescope) pour diminuer voire éliminer la scintillation. Mais on ne supprime pas pour autant les mouvements erratiques rapides de chaque morceau d'image, aussi en astronomie les optiques adaptatives ont apporté un soulagement et une amélioration de la netteté très appréciée.

Là il est nécessaire d'aller chercher des enregistrements photographiques de ce scintillement :
Images dues autrefois à

http ://www.je-comprends-enfin.fr/index.php ?/Notions-sur-la-lumiere/ pourquoi-les-etoiles-scintillent-elles-et-pas-les-planetes/id-menu-73.html
Problème : depuis, ce nom de domaine a été racheté par une toute autre activité, et les auteurs réels de ces remarquables images sont inconnus.
Mais je récuse leurs explications à bases « *moléculaires* », qui se trompent radicalement d'échelle pour l'optique. La réfraction à l'échelle astronomique même proche, se passe sur des largeurs des millions de fois plus grosses que des molécules.

Figure 10.17.

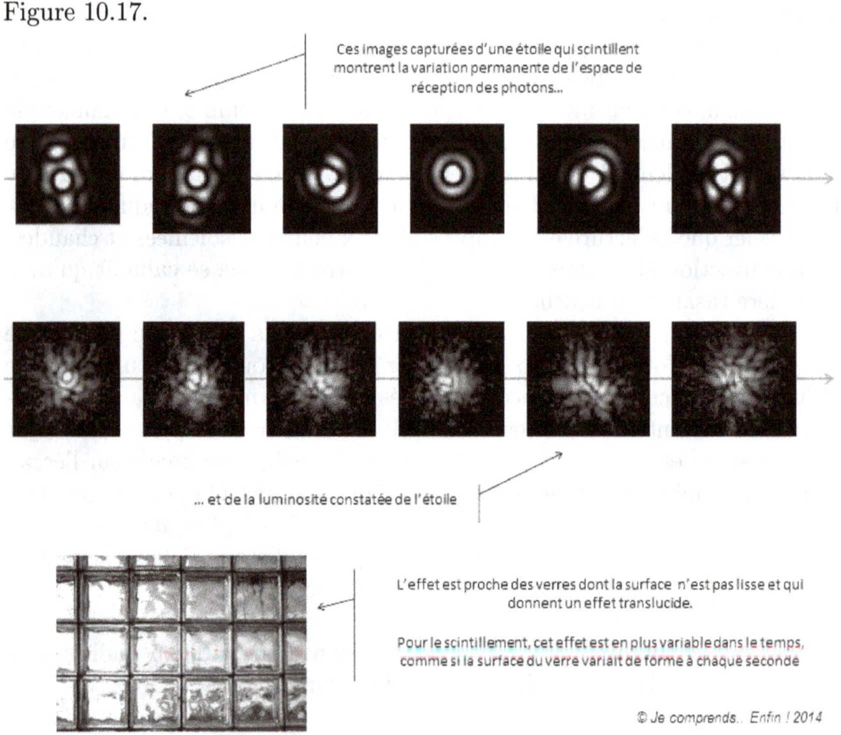

La preuve par l'optique adaptative :

Figure 10.18.

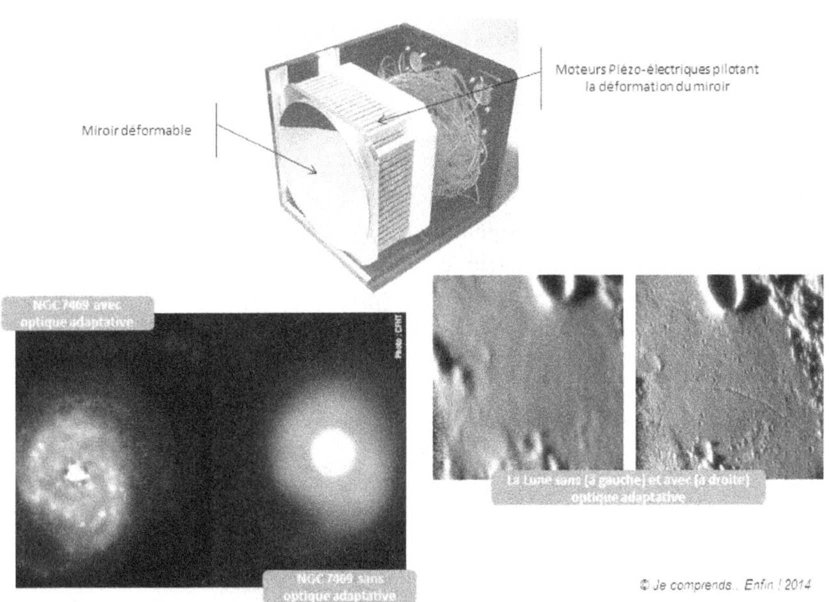

http ://www.je-comprends-enfin.fr/images/stories/restreinte/
big/2014-NDC-RELATIVITE-RESTREINTE-0009.jpg

Les deux sites qui donnaient l'un d'excellentes images, l'autre une vidéo ne précisent ni l'optique ni le capteur utilisés.
http ://www.je-comprends-enfin.fr/index.php ?/Notions-sur-la-lumiere/
pourquoi-les-etoiles-scintillent-elles-et-pas-les-planetes/id-menu-73.html
(lien périmé). Et
https ://intra-science.anaisequey.com/physique/categories-phys/
34-astronomie/316-etoiles-scintillation#r%C3%A9ponse-avanc%C3%A9e

Z'Yeux Ouverts :
- Mais pas si simple pour la vision humaine. Parce qu'en fait il y a deux sortes de pupilles à considérer ici. La seule modélisation qu'on trouve dans la littérature est à l'échelle de la foule de photons et de la foule d'absorbeurs. Donc ils construisent un long cône géométrique s'appuyant sur le diamètre d'étoile côté source, et notre pupille d'œil côté capteur. Exemple :
http ://elib.dlr.de/7341/1/LASE2004-5338-29_
Perlot_ApAv_measur_HANDOUT.pdf
Or une opsine et son rétinal travaillent à l'échelle du photon. Ce qui est nouveau en MQT (Microphysique Quantique Transactionnelle) est de travailler à l'échelle individuelle. On s'intéresse donc non seulement à la pupille d'entrée avant le cristallin, mais aussi au maillage de molécules photosensibles sur la rétine. Notre sclérotique de primates est absorbante et opaque : une

lignée d'animaux diurnes depuis au moins 58 Ma – disons depuis l'ancêtre qui est commun à nous mêmes et au tarsier spectre.
Mais la sclérotique des Laurasiathériens qui nous sont familiers démontre une excellente réflexion, donc à peine 10 % d'absorption à l'aller, et 10 % au retour (plus peut-être 5 % perdus à la réflexion sur le *tapetum lucidum*).
Laurasiathériens : La cohorte de mammifères placentaires dont les ancêtres voici 95 millions d'années vivaient sur le continent du Nord, ou Laurasia, qui comprenait l'actuelle Amérique du Nord, la Terre de Baffin, le Grønland et l'Eurasie. Par opposition au Gondwana au Sud, d'où se sont ensuite détachés l'Amérique du Sud, l'Afrique, l'Antarctique, l'Inde, Madagascar et l'Australie. Nos ancêtres des primates, des dermoptères, des tupayes, des lagomorphes et des rongeurs, ou Euarchontoglires étaient sur le Gondwana.

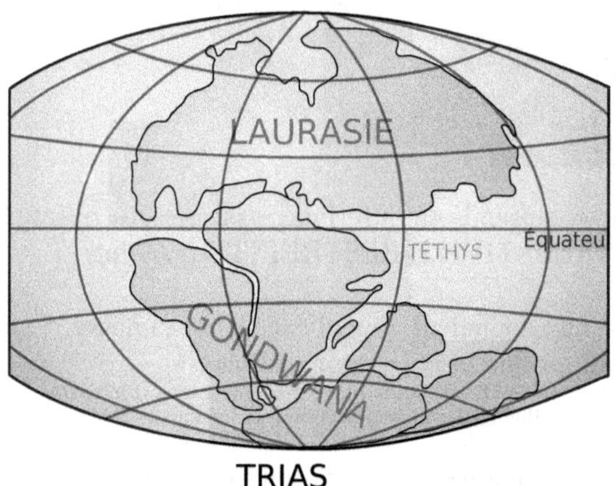

Figure 10.19.

Professeur Castel-Tenant :
- Objection ! Les laurasiathériens n'ont pas tous la même structure de *tapetum lucidum*, et de plus la grande majorité des strepsirrhiniens (prosimiens non tarsiers) ont eux aussi un *tapetum lucidum* derrière la rétine. Chez les carnivora, les rongeurs et les cétacés, le *tapetum lucidum* est constitué de cellules contenant une organisation de cristaux très réfringents, agissant en cataphotes. Chez les bovidés, équidés et ovins, le *tapetum lucidum* est constitué de fibres extracellulaires. Ils ont en commun d'être généralement iridescents.

Z'Yeux Ouverts :

- Nos connaissances sont également insuffisantes sur le caractère transitoire ou durable de cette relative transparence des pigments rétiniens. L'expérience familière de l'éclairage fort vers les yeux de nos animaux domestiques nous donne une image fallacieuse, de ce qu'a pu être l'efficacité de capture par le pigment quand il était en très faible lumière, surtout vers sa fréquence de résonance. Jusqu'au premier photon capturé, l'opsine était bien « noire » (rose en fait, d'où le nom de rhodopsine, « noire » à la fréquence de résonance 604 THz), et qu'après, dans les picosecondes après la capture, et jusqu'au temps que la cellule photosensible se dépolarise et resynthétise l'association opsine-rétinal dans toutes ses opsines dissociées par la lumière, elle est transparente – et l'animal est aveuglé. L'expérience familière ne nous montre donc que l'état transparent, aveuglé, qui peut durer plusieurs dizaines de minutes.

Curieux :
- Mais là vous parlez des cônes ou des bâtonnets ? Des bâtonnets je présume ?

Z'Yeux Ouverts :
- Sauf que quand l'amateur d'astronomie nous parle de scintillation en couleur, cela donne une certitude et une question : la certitude que l'illumination est suffisante pour exciter des cônes. Ensuite vient la question : est-ce que l'image rétinienne est assez petite et mobile pour tantôt toucher un cône pour une couleur et tantôt celui d'une autre couleur ? Ou y avait-il déjà une séparation chromatique avant l'arrivée à la cornée ? Je penche pour la première réponse : l'image de l'étoile se balade sur des cônes différents.

Professeur Castel-Tenant :
- Si on ouvre une encyclopédie, ils construisent un cône s'appuyant à l'arrivée sur la pupille de notre œil, et au départ sur le les bords de l'astre, étoile ou planète. En êtes vous d'accord ?

Z'Yeux Ouverts :
- Pas vraiment, pour deux raisons : eux pensent foule d'émetteurs, foule de photons, foule d'absorbeurs dans notre rétine. Ce qui n'est pas faux mais doit être confronté à la géométrie individuelle du photon qui arrive sur une cellule photosensible et y est absorbé. Là on retrouve la même question qui avait été posée à propos des très grands télescopes comme celui du Mont Palomar : Le photon de 5 m de diamètre à l'entrée existe-t-il ? Le photon qui a 3 à 7 mm de diamètre à l'arrivée sur notre cornée existe-t-il ? Alors que ces systèmes optiques à grande ouverture ont des défauts, de l'astigmatisme, des aberrations géométriques, une distance focale qui dépend de la distance à l'axe du rayon entrant... Nous devons tenir compte de la condition d'Abbe,

même si elle est imprécise : ne pourront converger entièrement sur une opsine dont la profondeur est faible que des photons qui auront traversé la cornée et le cristallin sous une faible ouverture. Hélas nous en sommes réduits à conjecturer l'ouverture photonique efficace. Posons provisoirement et arbitrairement son rayon à 0,5 mm, ce qui donne un disque de 1 mm de diamètre comme pupille-rapportée-à-l'opsine-efficace. Contre 3 à 7 mm de pupille anatomique, à rapporter à des foules de photons pour une foule de cônes et bâtonnets. Ultérieurement, quand nous étudierons l'arc en ciel, nous aurons de quoi critiquer ce choix, et proposer une pupille-d'opsine-diurne-rapportée-à-la-cornée encore plus réduite.

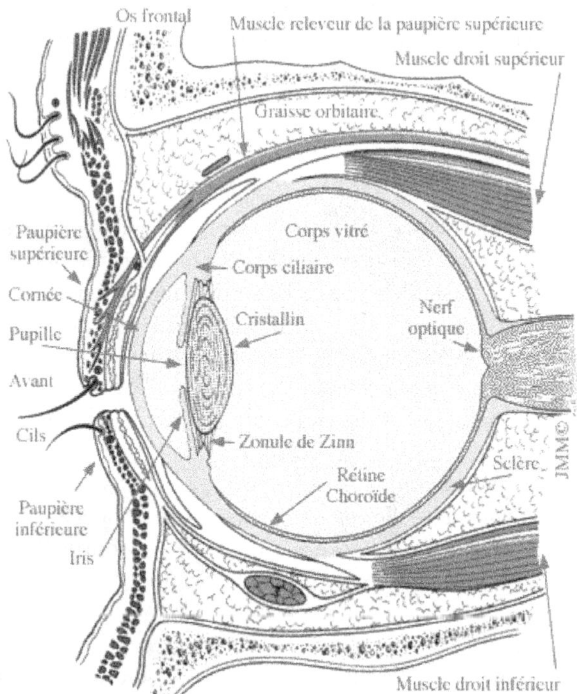

Figure 10.20.

Curieux :
- Et vous avez des preuves, pour votre sub-pupille, limitée par la qualité de l'optique oculaire ou astronomique ?
Et ma seconde question : quelle est l'importance de la profondeur de champ dans l'espace-image ? Si nous regardons les formes des cônes et des bâtonnets, ils semblent être adaptés à des convergences étalées en profondeur.

Figure 10.21.

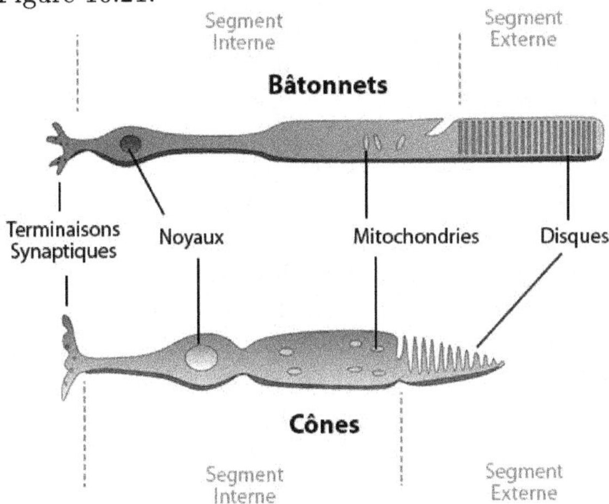

Attention, les disques photosensibles sont au plus proches de la membrane opaque, la sclérotique ; ils ne reçoivent de lumière que celle qui a déjà traversé les couches de neurones. Les yeux des céphalopodes ont la disposition inverse : cellules photosensibles en avant, interconnexion neuronale en arrière.

Figure 10.22.

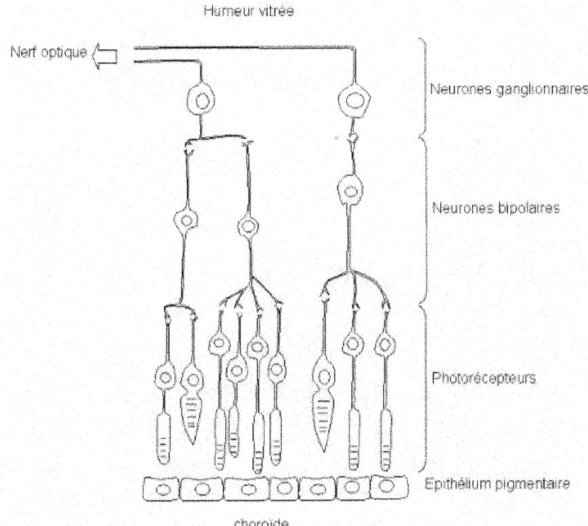

Z'Yeux Ouverts :
- Sub-pupille, preuve ? C'est ce qu'il s'agit d'établir maintenant.

Quelle grandeur angulaire est significative dans le fuseau de Fermat, vu depuis l'absorbeur ? La première idée donne 2z/a, soit l'angle sous lequel se présente depuis l'astronome, le diamètre maximal du fuseau de Fermat qui lui parviendrait d'une seule source ponctuelle. Hélas, c'est un inobservable. Toutefois le théorème des arcs capables (ou angles inscrits) nous dit que cet angle inscrit sur la moitié de l'arc est égal à l'angle au centre de la totalité de l'arc, ainsi qu'égal à la moitié de l'angle total du cône tangent, soit égal aussi à l'angle de Fermat, du cône tangent à son axe de visée. En classe de seconde vous aviez travaillé les arcs capables ou angles inscrits, c'est tout ce qu'il faut ici, dans l'approximation du trajet en arc de cercle, de petit angle.
Mais que devient l'évolution de ce diamètre localement cônique quand la lumière d'une étoile traverse l'atmosphère ? On visait là l'explication du scintillement des étoiles quand la lumière franchit notre pupille, et pourquoi ni Saturne ni la nébuleuse d'Andromède ne scintillent dans notre œil, tandis qu'aucune de ces lumières ne scintille dans un télescope d'amateur, disons dans un 130 mm.
Nous allons calculer pour un type de récepteurs : le 11-cis-rétinal de nos rhodopsines des bâtonnets dans nos rétines.
Le 11-cis-rétinal de nos rhodopsines des bâtonnets mesure dans les 18 Å de grand axe, dans les 5 à 10 Å de petit axe. On est donc en champ lointain à 36 nm de la rhodopsine, soit encore dans l'humeur vitreuse et fort loin de la pupille.
On peut donc calculer l'angle α du cône tangent pour chaque photon de chaque étoile. Ou plutôt angle du cône à son axe, qui est exactement l'angle au centre du demi-arc, d'apex à ventre. L'idée initiale à l'origine du calcul était d'élaborer une théorie quantitative de la scintillation des étoiles.

Professeur Marmotte :
- Et vous échouâtes ?

Z'Yeux Ouverts :
- **Point n'est besoin d'espérer pour entreprendre, ni de réussir pour persévérer.**
(Guillaume le Taciturne).
$\alpha = \sqrt{\frac{3\lambda}{4a}}$ Calculons ce demi-angle de cône de Fermat pour Sirius, à 8,6 Al, et longueur d'onde centrale 480 nm : 8,6 Al = 81,36 . 10^{15} m.
$\alpha^2 < 8{,}85 \cdot 10^{-24} \Rightarrow \alpha < 2{,}97$ prad. Moins de trois picoradians.
Sous cet angle, 0,5 mm de rayon de pupille n'aurait son apex absorbeur qu'à la distance de 168 100 000 m, dans le vide, environ 0,561 secondes-lumière, environ 43 % de la distance à la Lune.

Professeur Castel-Tenant :
- Non ! Casse-cou ! La rétine est au fond de l'œil, dans l'humeur vitreuse, au bout donc d'un appareil optique, comme une forte loupe dont la vergence est de 58,6 à 70,6 dioptries pour l'œil dit normal. Votre angle de cône n'est correct qu'à l'extérieur de l'œil, mais nous avons à calculer ce qu'il devient dans l'humeur vitreuse, pour savoir quelle est la largeur vue du côté image, au voisinage de la cornée, de la molécule absorbeuse.

Figure 10.23.

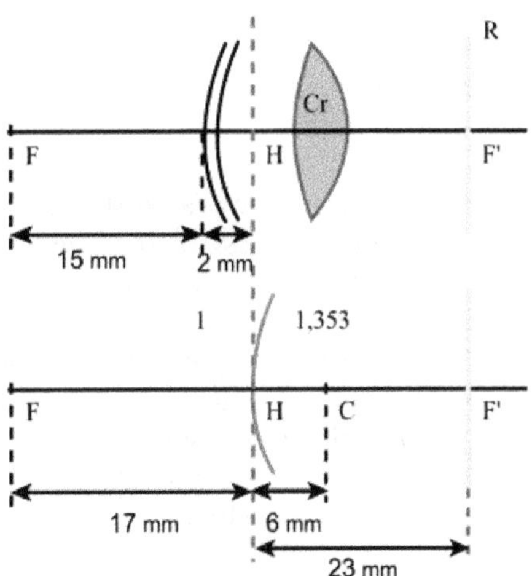

Z'Yeux Ouverts :
- 58,6 dioptries correspondent à 17 mm de distance focale côté air, mais 23 mm côté rétine dans une humeur vitreuse d'indice 1,336. Je voudrais en déduire l'image pupillaire de l'objet molécule rétinal par le système optique œil, et le résultat est dépourvu de sens.

Curieux :
- Vous tournez en rond, là, les physiciens. Il vous manque trop de leçons de physiologie de la vision. Je me suis renseigné, et je peux vous apprendre ceci :
L'opsine est une molécule transmembranaire, elle ferme un canal à ions mais de façon indirecte, via deux transmetteurs successifs. Il y a environ cent mille à cent cinquante mille opsines par disque de bâtonnet ou de cône.
Figure 10.24.

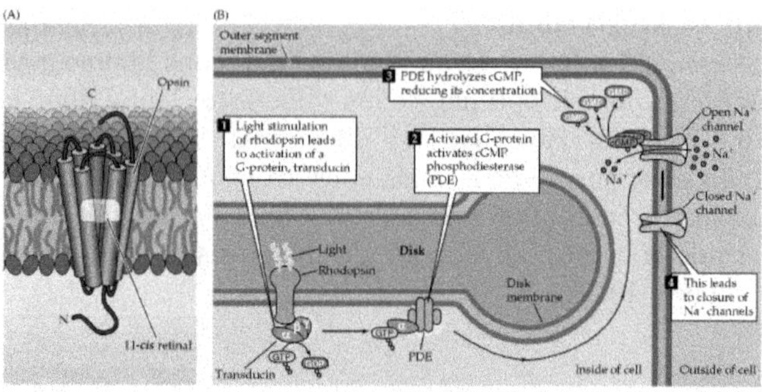

Les bâtonnets sont sensibles à la lumière du fait de la présence d'un pigment, la rhodopsine (rhodo : rose, opsis : vision) qui présente la particularité d'absorber des photons, avec résonance dans le bleu-vert, vers 498 nm (602 THz).

Il y a environ 10^8 (cent millions) molécules de rhodopsine dans le segment externe de chaque bâtonnet soit dans les 10^5 (cent mille) par disque.

Chacune molécule de rhodopsine, comme tous les photo-pigments, contient deux éléments : une glycoprotéine (l'opsine) et un petit lipide dérivé de la vitamine A, le rétinal. Seul le rétinal interagit physiquement avec la lumière. Le rétinal présente la particularité de pouvoir exister sous deux formes, chacune intervient pour une phase du cycle visuel. Dans l'obscurité, le rétinal a une forme repliée, on l'appelle alors cis-rétinal. A la capture d'un photon, le cis-rétinal se déplie et prend une nouvelle forme appelée trans-rétinal et se décolle de l'opsine.

Figure 10.25.

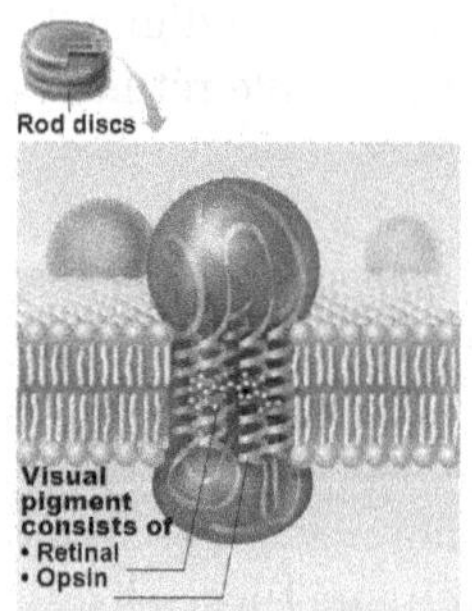

(b) Rhodopsin, the visual pigment in rods, is embedded in the membrane that forms discs in the outer segment.

Figure 15.15b

Pour être réutilisé, le trans-rétinal doit être ré-isomérisé en cis, et cela se fait à l'extérieur du bâtonnet, dans l'épithélium scléral.
Cette photo-isomérisation suffit à initier la cascade d'évènements biochimiques qui conduit à la production d'un signal électrique, le potentiel récepteur, à travers la membrane du photorécepteur.
Après une exposition prolongée à une lumière intense, la plus grande partie de la rhodopsine a été dissociée, amenant les molécules de trans-rétinal dans l'épithélium pour reconstituer du cis-rétinal ; cela rend les bâtonnets moins sensibles à la lumière.
Après exposition à une lumière très intense, lorsque la rhodopsine des bâtonnets a été dissociée, cela prend presque une heure pour re-synthétiser l'ensemble de la rhodopsine (http ://slideplayer.fr/slide/501777/#).

Il y a un millier de disque actifs dans un seul bâtonnet, d'environ 25 nm de large, 10 nm d'épaisseur. Les disques sont formés par replis membranaires près du corps interne à un rythme d'un à quatre par heure (rythme variable dans la journée). En fin de vie, au bout d'une dizaine de jours, ils se détachent et sont phagocytés par les cellules épithéliales pigmentaires.

Z'Yeux Ouverts :
- J'ai l'impression que vous êtes tombé dans un piège polysémique : « disque » a tour à tour deux sens dans les textes à notre disposition. Tantôt c'est un disque interne, qui porte les molécules d'opsine transmembranaires (mais je ne discerne pas bien quel est son métabolisme), tantôt c'est la partie de structure cellulaire qui l'entoure, qui est en contact avec le liquide extracellulaire, ou humeur vitreuse, et qui elle va s'hyperpolariser négativement par fermeture des canaux sodium.

10.6.2.2. *Encadré.* (https ://www.bioinformatics.org/oeil-couleur/dossier /photoreception.html#COURANT-OBSCURITE)
Chaque sorte de photorécepteurs est plus sensible pour une partie du spectre. La décomposition et la régénération des pigments des cônes semblent analogues à celles de la rhodopsine mais d'une façon beaucoup plus rapide.

Le courant d'obscurité. Regardons en premier lieu ce qui se passe dans la cellule lorsque celle-ci n'est pas éclairée. L'état des photorécepteurs est opposé à celui des neurones normaux : les cônes sont *dépolarisés* lorsqu'ils se trouvent à l'obscurité. Ceci signifie qu'il y a présence d'un courant permanent qui traverse les cellules photoréceptrices, le potentiel de récepteur[2] étant de -40 mV par rapport au milieu extérieur. Celui-ci est créé par

2. Message nerveux codé en amplitude, propagé sur de faibles distances (cellules intra-rétiniennes).

une inégalité dans la répartition de charges positives et négatives entre le milieu extracellulaire et le milieu intracellulaire.

Mais quelle est l'origine de ce courant ? En fait, dans les cônes comme dans les autres cellules nerveuses, le courant est créé par un déplacement de cations, avec une prédominance de l'ion sodium Na^+ pour les cônes, avec aussi un passage d'ions calcium Ca^{2+} et magnésium Mg^{2+}. Ces ions proviennent du corps vitré. Pour permettre leur passage par la membrane plasmique, il est nécessaire d'avoir des pores cationiques ouverts, qui laissent passer les cations venant du milieu extérieur. Ceux-ci sont maintenus ouverts par un nucléotide cyclique, le guanosyl monophosphate cyclique (GMPc), agissant sur la face interne de la membrane plasmique. Sa concentration doit rester suffisante afin de garder les pores ouverts : sinon le courant devient plus faible. Les cations entrés dans la cellule sont ensuite évacués au niveau du segment interne, par un mécanisme de pompe pour les ions Na^+ et un mécanisme d'échange de Na^+ contre Ca^{2+} et K^+. On voit donc qu'à l'obscurité, grâce au GMPc, les photorécepteurs sont traversés en permanence par un courant de cations.

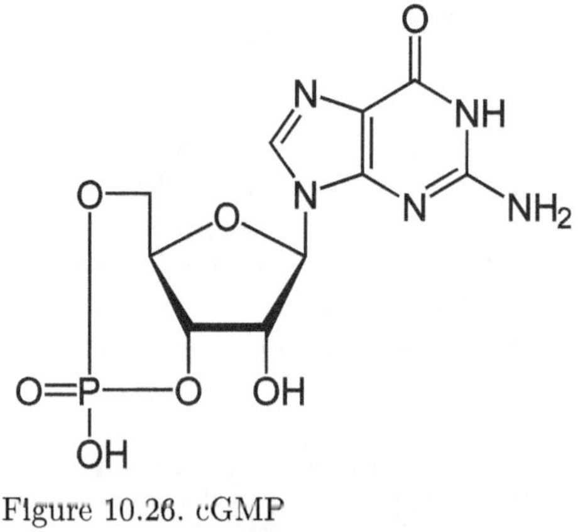

Figure 10.26. cGMP

L'hyperpolarisation du cône. Figure 10.27

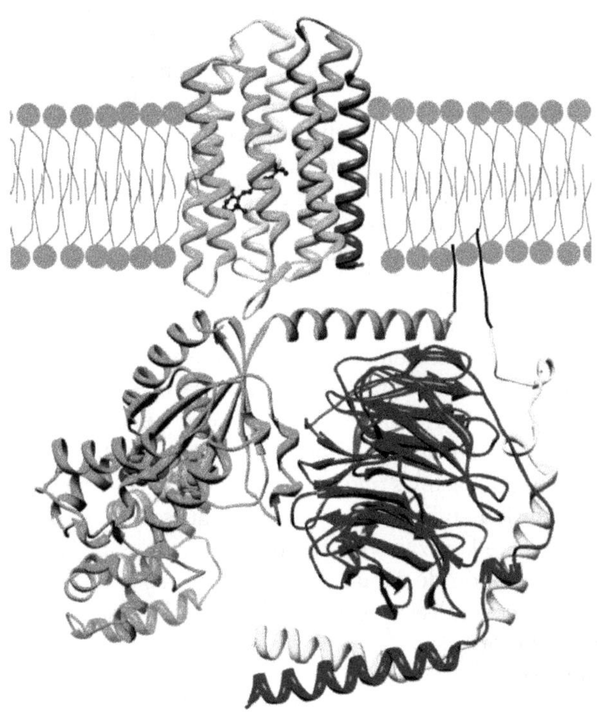

Iodopsine et transducine

L'arrivée d'un photon entraîne un changement de conformation de la iodopsine, et donc un changement de sa fonction. Là commence la transduction. L'iodopsine, maintenant activée, passe par un grand nombre de formes intermédiaires de dissociation. La métaiodopsine active la transducine, une protéine du groupe G [3], qui sert de médiateur de l'activation. Celle-ci va entraîner l'activité de la phosphodiestérase, qui hydrolyse le GMPc. La concentration en GMPc dans la cellule chute donc rapidement, ce qui entraîne la fermeture rapide des canaux d'ions.
La fermeture des canaux d'ions entraîne une augmentation de la résistance de la membrane cellulaire. Cela réduit voire coupe le courant passant par le photorécepteur : ceci est une *hyperpolarisation*. Le potentiel de récepteur passe d'une valeur de -40 mV à des valeurs pouvant atteindre -80 mV, en raison d'une plus forte concentration en cations dans le milieu extérieur.

3. Groupe de protéines impliqués dans la réception de signaux extérieurs (lumière, olfactif, etc.)

Nous avons donc maintenant un message nerveux : le potentiel de récepteur, qui se propagera le long de la membrane plasmique et atteindra l'extrémité synaptique où la sécrétion de transmetteur glutamate est alors inhibée. Déclenchée par le photon capturé, de l'énergie potentielle emmagasinée dans la cellule transforme un signal lumineux en signal nerveux. Il n'y a pas "*transformation de l'énergie lumineuse en énergie nerveuse*".
Un point essentiel de cette transduction : *l'amplification en énergie.* L'énergie d'un photon est de plusieurs ordres de grandeur inférieure à celle d'un message nerveux notable. L'amplification se fait en deux étapes. Premièrement, une seule molécule d'opsine activée peut activer plusieurs centaines de molécules de transducine. Puis, lors de l'hydrolyse du GMPc, une molécule de GMPc hydrolysée entraînera la fermeture de 10^6 canaux sodium (chiffre à vérifier). Or les photorécepteurs ne reçoivent pas nécessairement plusieurs photons à la fois ; donner un message assez fort pour être transmis par une synapse dépend de l'amplification en hyperpolarisation. Les cônes sont beaucoup moins sensibles que les bâtonnets, un cône ne peut pas donner une hyperpolarisation suffisante à l'arrivée d'un seul photon, il lui faut en cumuler de l'ordre de la dizaine en temps limité.
Il y a bien accumulation de signal dans les cônes sous forme d'hyperpolarisations partielles accumulées à mesure que des iodopsines sont décomposées par capture de photons.
Fin de l'encadré.

Professeur Castel-Tenant :
- Nous en retenons que dans un œil vivant, les activités métaboliques sont intenses. Donc terriblement fragiles aux perturbations, et aux carences alimentaires et vitaminiques. Sans même parler de parasites redoutables tels que l'onchocerque transmis par la simulie.

Z'Yeux Ouverts :
- Vous me rappelez un souvenir quasi-personnel. Quand la guerre d'Algérie s'intensifia, le docteur Mohammed Bénabid, médecin à Bordj Bou Arreridj, envoya sa femme et ses trois fils se réfugier à Grenoble, aux bon soins d'amis grenoblois. Puis il fut enlevé par le FLN, qui avait grand besoin d'un médecin au maquis. Capturé par l'armée française, il fit semblant de lire dans sa cellule, afin de cacher à l'armée que la malnutrition au maquis l'avait alors rendu aveugle.

Curieux :
- Et comment le savez-vous ?

Z'Yeux Ouverts :

- Le colonel Georges Buis est intervenu pour le faire libérer, et il a été assigné à résidence à Grenoble. Papa est rapidement devenu l'ami de la famille Benabid, et il a emmené clandestinement Benabid à Genève rencontrer Ferhat Abbas. Leur second fils Jean-Claude était dans ma classe, en quatrième.

Professeur Castel-Tenant :
- Ajoutons qu'il n'y a pas qu'un bâtonnet impliqué dans la réception : d'une part ils sont groupés à plusieurs par le câblage rétinien, plusieurs dizaines autour de l'axe optique hors-fovéa à plusieurs centaines en périphérie, d'autre part les molécules photosensibles semblent loin de tapisser à 100 %, mais semblent laisser de l'espace insensible entre elles. C'est bien pourquoi les mammifères de lignées laurasiathériennes, dont par exemple les loups ou les moutons, ont une paroi miroir derrière, pour doubler le rendement photonique dans la nuit : le *tapetum lucidum*. Je suspecte que le diamètre du rétinal peut ne pas être la grandeur judicieuse. Nous devons nous intéresser à la chance de tomber ou pas sur un rétinal comme absorbeur rétinien.

Z'Yeux Ouverts :
- Ou sur la chance de tomber ou pas dans notre pupille, selon la turbulence atmosphérique.

10.6.2.3. *Scintillation, conclusion.* Considérant le caractère collectif de la réception sur un cône via une dizaine sur des centaines de millions d'opsines, ou sur un collectif de plusieurs dizaines ou centaines de bâtonnets pour déclencher un signal neuronal vers les corps géniculés latéraux, il nous est absurde de se focaliser sur l'échelle photonique individuelle, du moins pour traiter de la scintillation des étoiles, comme j'en avais pris l'habitude. L'échelle photonique individuelle est expérimentalement hors d'atteinte. Vers quel rétinal converge tel photon est une question futile : pour un seul bâtonnet, si l'œil était dans l'obscurité et parvenu à son maximum de sensibilité, au moins un milliard de molécules de rétinal sont en concurrence pour faire l'affaire.

Toutefois l'astigmatisme de la cornée pose un défi beaucoup plus sérieux. En temps newtonien et causalité newtonienne, l'astigmatisme interdit juste que la convergence d'un photon aboutisse à une même opsine, à une profondeur précise dans la zone sensible de la rétine. La logique exige donc que la rétrocausalité agisse sur la géométrie du fuseau de Fermat, via une « fonction d'attractivité de l'absorbeur » dont je n'avais rien imaginé quand j'avais commencé à travailler la géométrie d'un fuseau de Fermat, au printemps 1998.

En optique macroscopique avec des foules de photons sur des foules d'absorbeurs, pas d'histoires : sur un axe transversal de l'astigmatisme, la convergence depuis la surface d'une étoile est réalisée moins loin que selon l'axe perpendiculaire, et entre ces deux convergences partielles, l'image est floue. Oui mais, alors comment la convergence est réalisée sur un seul rétinal d'une seule opsine dans un seul disque, pour un photon, onde individuelle ?
Selon les lois newtoniennes qui forment le fond de notre culture, c'est juste impossible. Or il est impossible de réaliser la réaction quantique sur un rétinal sans qu'il absorbe à lui seul tout le photon.
Dès l'instant qu'on accepte l'existence des absorbeurs en quantique, nous voilà contraints de considérer comment l'astigmatisme de l'œil aboutit à modifier la géométrie du fuseau de Fermat de chaque photon entrant, à lui faire ajuster ses angles d'entrée dans l'œil selon une répartition elliptique. Autrement dit, il faut partir de l'absorbeur et calculer la géométrie de l'anti-photon qu'il émet à rebrousse-temps, énergie négative et fréquence négative, calculer quel profil de cône tangent est impliqué à l'entrée dans la cornée astigmate, pour aboutir dans l'œil à la convergence parfaite sur le rétinal.
Statistiquement, cela sur chacun des photons qui vont donner une réaction quantique précise sur les photopigments rétiniens, ou tout autre absorbeur dans l'œil.
Cela peut-il se tester expérimentalement ? En principe toute vérification directe est impossible. Aucun moyen de vérification indirecte n'est encore connu.
Revenons aux conditions géométriques de la scintillation.
Rappel des préfixes : µ pour micro. Un microradian est un millionième de radian.
n pour nano. Un nanoradian est un milliardième de radian.
p pour pico. Un picoradian est un millième de milliardième de radian.

Pour Sirius, à 8,6 Al = 81,6 Pm, et longueur d'onde représentative 480 nm.
Rayon : 1,711 rayon solaire = 1,711 x 696 000 km = 1 190 856 km environ.
⇒ diamètre angulaire : 29,27 nanoradians.
Autre source : Diamètre angulaire : 5,936 millisecondes d'arc = 28,8 nrad.
Retenir 29 nrad est amplement suffisant. 14,5 nrad pour le demi-angle de cône.
A comparer au demi-angle de cône tangent au fuseau de Fermat, $\alpha = \sqrt{\frac{3\lambda}{4a}}$
Sirius : $\alpha^2 < 8{,}85 \cdot 10^{-24} \Rightarrow \alpha < 2{,}97$ prad.
Nous comparons 2,97 prad (cône de Fermat) à 14,5 nrad (cône géométrique appuyé sur l'astre et notre pupille) qui est 4 920 fois plus grand.

Il en résulte que notre théorie transactionnelle (avec géométrie d'un fuseau de Fermat) n'apporte rien à la théorie de la scintillation des étoiles en atmosphère turbulente : les calculs classiques déjà faits par les astronomes font tout ce qu'il y avait à faire, au moins dans le domaine du visible.
Pour Saturne considérée au moment où elle culmine à minuit vrai, elle est distante de 1300 Gm, blanche blafarde, on va prendre la moyenne de sa lumière à 550 nm.
Saturne : $\alpha^2 < 3{,}17 \,.\, 10^{-16} \Rightarrow \alpha <$ 17,8 nrad. Sur-largeur du cône du photon à 3000 m de distance : 1 mm (+ diamètre sub-pupillaire à déterminer).
Sous quel angle géométrique voit-on Saturne ? Rayon polaire de Saturne : **55 225 km**, rayon équatorial **60 268 km** km, on prend le plus grand $\Rightarrow$ 46,4 µrad.
Plus de trois mille fois plus grand que le rayon apparent de Sirius.
Soit à 3000 m : 139 mm, la demi-largeur du cône macroscopique appuyé sur le disque ayant le diamètre de Saturne. Autrement dit, tant que la turbulence ne déplace pas de plus d'une dizaine de centimètres le trajet atmosphérique qui va de la planète à notre œil, le photon déplacé et perdu de trajet trouve des remplaçants. L'image de la planète peut trembloter dans le télescope, l'œil nu reçoit un éclairement assez constant depuis la planète.
Conclusion : non, la géométrie des fuseaux de Fermat ne fournit pas une théorie quantitative de la scintillation des étoiles, elle lui est juste compatible. Elle a franchi cette étape sans être remise en cause : elle est compatible avec ces faits expérimentaux. Les documents graphiques révèlent que la théorie optique nécessaire ne dépasse pas les méthodes de l'optique géométrique, mais dans un milieu turbulent, fort difficile à simuler numériquement.
Curieux :
- Pouvez vous, à vue de nez, estimer à quelle surestimation de diamètre se situe votre approximation des fuseaux de Fermat par courbure constante ?

Z'Yeux Ouverts :
- Je m'attendais à un facteur de surestimation compris entre 1,2 et 2. L'estimation devenant meilleure dans les grandes distances a/λ. Se familiariser avec les applications astronomiques augmente ma confiance dans la qualité en champ lointain de cette approximation.
Dans une prochaine édition, on étudiera un majorant présumé qui pourrait provenir des propriétés détaillées des arcs en ciel. Beaucoup de données factuelles à recueillir encore pour cela.

Professeur Marmotte :
- Dix-huit pages pour ce sous-chapitre, et pas un seul résultat ! Mais quel *crank* !

Curieux :
- Vous oubliez que dans ce parcours, M. z'Yeux Ouverts a ouvert une question inédite : comment un photon peut-il converger entièrement sur une molécule de cis-rétinal malgré les défauts de focalisation et de stigmatisme de l'œil ? Il a ainsi marqué son point en faveur de sa rétrocausalité depuis l'absorbeur vers le faisceau individuel avant l'œil. Vos objections ?

10.7. Rayonnement et polarisation des ondes donc des photons.

Z'Yeux Ouverts :
- La radiocristallographie fonctionne avec des ondes et l'optique de Fresnel, 1819, pas avec des corpuscules.

Curieux :
- Avez-vous d'autres preuves anti-corpuscules ?

Z'Yeux Ouverts :
- Beaucoup : toute la radiocristallographie, que l'on a refaite avec des électrons ou des neutrons en lieu de rayons X. Ci-dessous la géométrie de la loi de Bragg :

Figure 10.28.

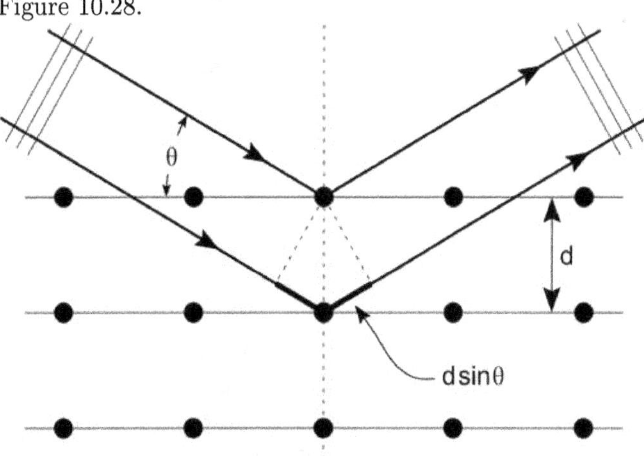

Le rayon réfléchi par le second plan atomique a une longueur d'onde de retard sur celui réfléchi par le premier plan atomique ; deux longueurs de retard pour la réflexion sur le troisième plan, etc. D'où la formule de Bragg : $n\lambda = 2\ d\ \sin(\theta)$.
Pour la simplicité du tracé, ici on a dessiné un réseau qui serait un cubique simple, réseau qui n'existe pas dans la nature, car trop peu compact. Toutefois dans le cristal de sel gemme NaCl, les anions Cl^- et les cations Na^+ occupent tour à tour les sommets d'un réseau cubique simple.
Et ici l'application de la loi de Bragg en radiocristallographie électronique, en démonstration pour une salle de classe sur un matériau polycristallin mince, interposé sur le trajet des rayons cathodiques, à peu près monochromatiques (la vitesse des électrons est réglée par le potentiel d'accélération, mais sujette au bruit thermique de la cathode émettrice) :

Figure 10.5 déjà donnée.

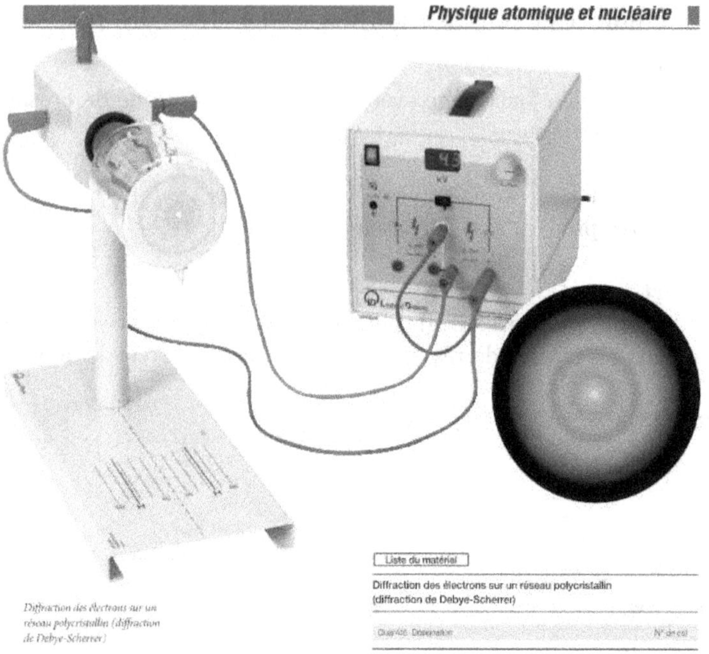

Comparé avec ce que l'on utilise en rayons X au laboratoire de métallurgie (avec une anticathode de molybdène) ou de minéralogie (anticathode de cuivre ou de cobalt), ici la précision est lamentable, mais le prix, l'encombrement et le danger ne sont pas comparables non plus.

Nous savons faire aussi des diffractogrammes de Laue dans le grand microscope électronique (qui occupe trois étages du laboratoire), en diaphragmant sur l'inclusion qui nous intrigue dans une lame métallique mince, en modulant la tension d'accélération, et en changeant la mise au point pour l'infini.

Un article historique d'Einstein de 1916, démontrait la parfaite directivité de chaque émission de photon dans un gaz à l'équilibre thermique, ce qui est incompatible avec la très très faible directivité que l'on pourrait obtenir du seul atome émetteur, sans l'atome absorbeur. *Quantentheorie der Strahlung* (*On the Quantum Theory of Radiation*) Mitteilungen der Physikalischen Gesellschaft, Zürich, 16, 47–62.

Mais les théoriciens copenhaguistes n'avaient pas d'expérience en radiocristallographie, qui s'est développée ultérieurement ; la radiocristallographie n'intéresse que les métallurgistes, les minéralogistes et la physique de l'état solide ; tandis que les radars et les faisceaux hertziens, ça n'est pas non plus leur truc, aux copenhaguistes.

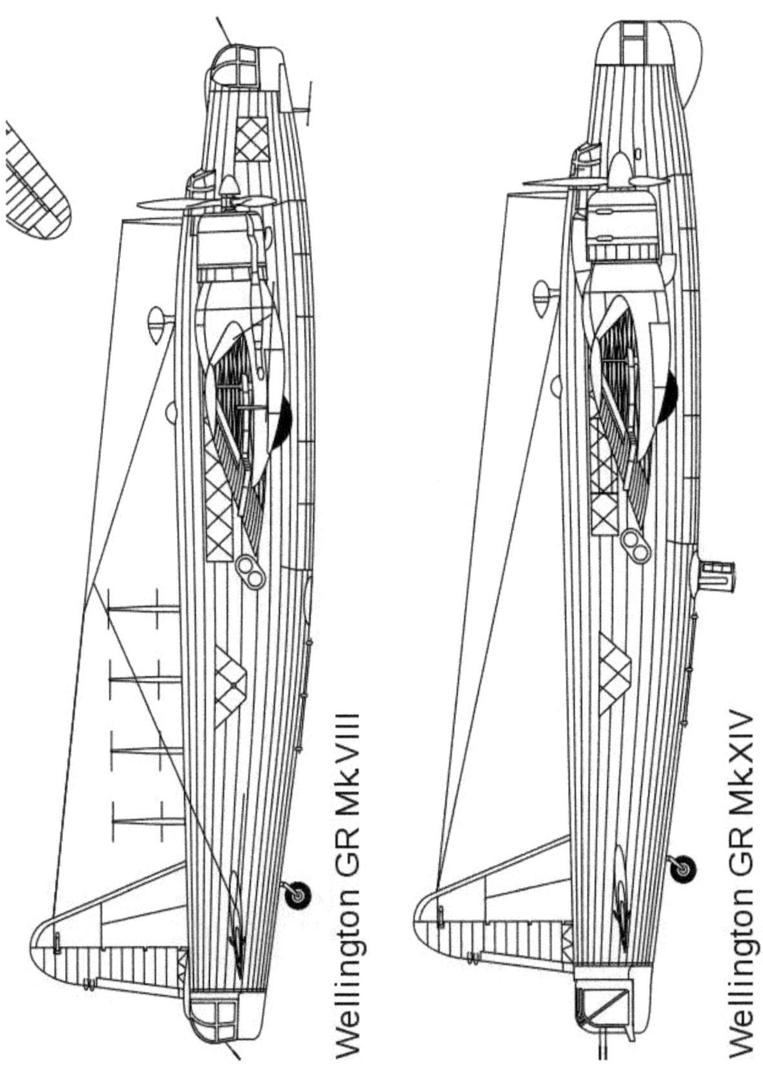

Figure 10.29.

Comparez la difficulté à avoir une directivité utilisable avec un radar quand les alliés n'avaient que la longueur d'onde 1,7 m utilisable, et ce que ce même avion de détection et chasse anti-sous-marine est devenu quand ils ont disposé de radars à 9,1 cm de longueur d'onde, dont la directivité était maîtrisée grâce à des paraboloïdes de diamètre au moins quinze fois la longueur d'onde. La directivité d'un photon émis par un atome dans un gaz est incompatible avec l'axiome "*L'émetteur, l'émetteur seul, rien que l'émetteur*" : un petit atome est très loin des dimensions d'antenne nécessaires pour diriger un photon. Seule l'association émetteur-absorbeur peut obtenir cette directivité, dans un transfert synchrone. Tel est le fondement de la reformulation transactionnelle de la quantique.

Professeur Marmotte :
- Vous noyez le poisson, là ! La cristallographie et la métallurgie, ça n'est que de la basse cuisine ! Ça n'est pas purement mathématiques hermétiques, au contraire tout le monde peut comprendre, donc ça n'est pas de la vraie science !

Z'Yeux Ouverts :
- Je suis encore loin d'avoir exploité tout ce que la radiocristallographie apporte comme preuves anti-corpusculaires. En sédimentométrie principalement, la finesse ou l'élargissement des raies de chaque espèce donne une idée claire de la finesse des cristallites : plus larges sont les raies, plus petites sont les cristallites.
C'est la relation de Scherrer, publiée en 1918 : P. Scherrer, "*Bestimmung der Grösse und der inneren Struktur von Kolloidteilchen mittels Röntgenstrahlen*", Nachr. Ges. Wiss. Göttingen 26 (1918) pp 98–100. L'élargissement commence à être visible pour des cristallites faisant moins de 1 µm. Cette loi est incompatible avec toute représentation corpusculaire des rayons X, des radiations électromagnétiques en général.

Application : comparez la largeur des raies de l'argile de Saint-Jacut du Menez (kaolinite et glauconie lacustres, d'excellente plasticité), avec la finesse des raies de ce limon alluvial-loessique, pris dans la plaine alluviale, 40 km au Sud de Qazvin (Iran), probablement à 35° 50' 11" N, 50° 07' 34" E. Altitude 1200 m, un limon qui n'a jamais eu les propriétés d'une argile :

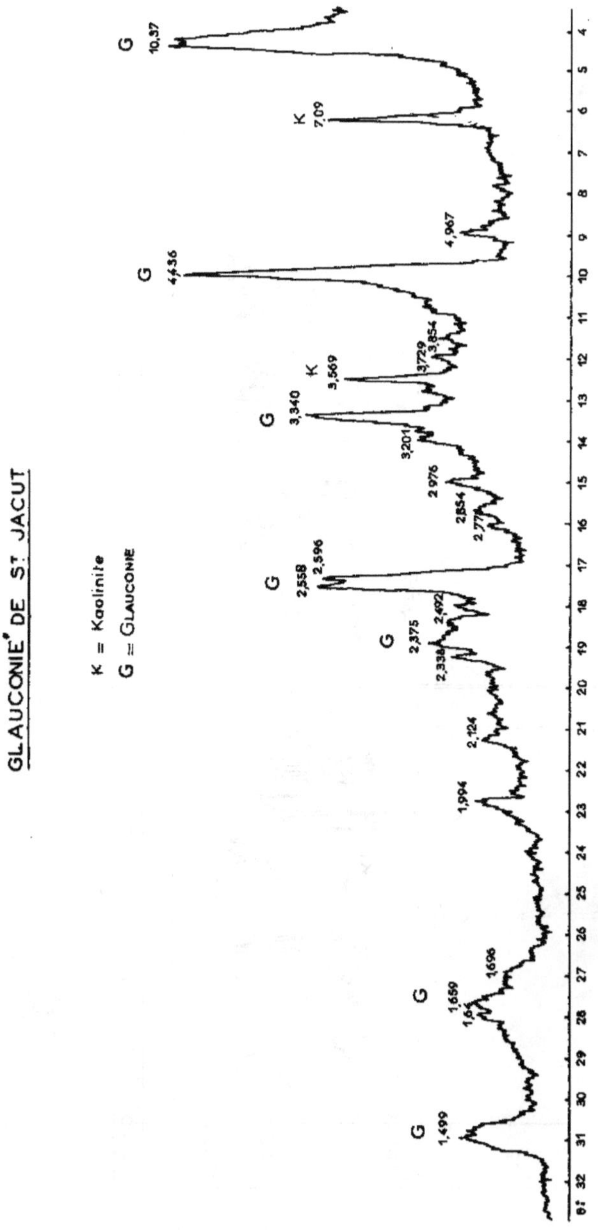

GLAUCONIE DE ST JACUT
K = Kaolinite
G = Glauconie

Figure 10.30.

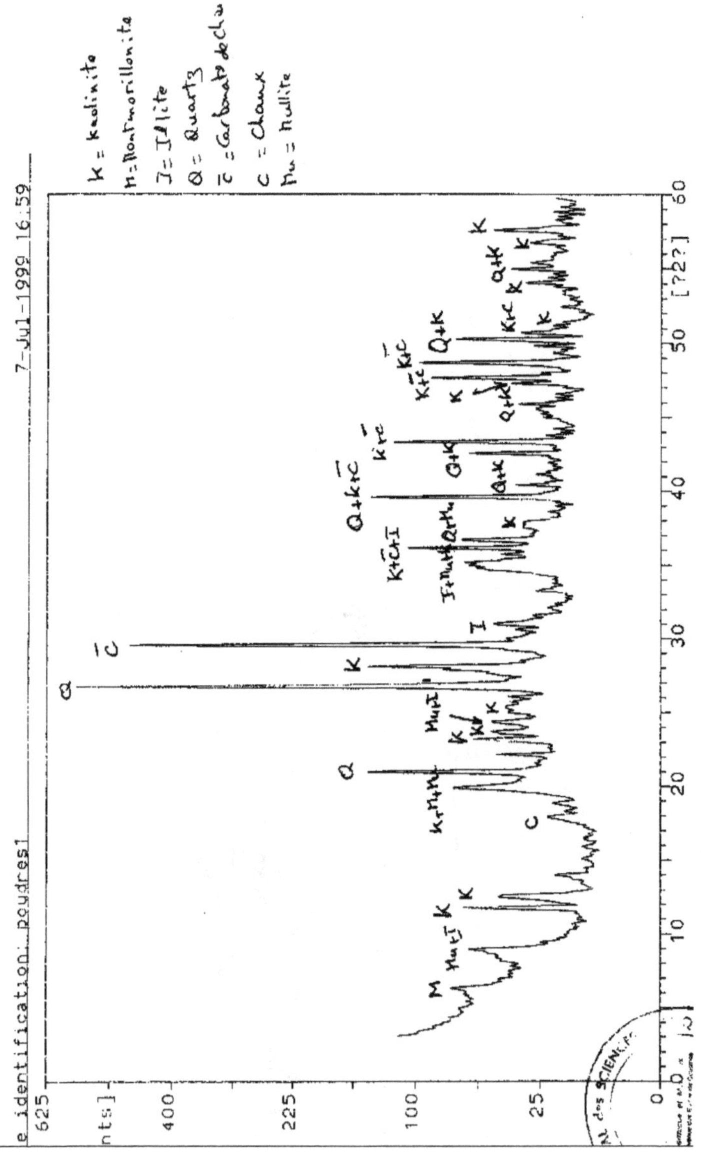

Figure 10.31.

Il ne faut pas s'ébahir si le matériau de cette carrière que Michel Laquerbe fit acheter à son ex-collègue et escroqué iranien, n'a jamais été une argile, n'a jamais eu la plasticité requise, n'a jamais été extrudable, et si l'usine n'a jamais pu fonctionner. Voir les photos prises par Jean-Louis Gleizes, l'ingénieur chargé du démarrage de l'usine :

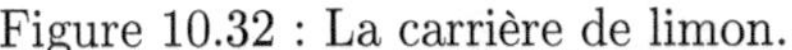
Figure 10.32 : La carrière de limon.

Puis Gleizes a fait creuser à plus de trois mètres de profondeur. Ils ont alors trouvé un matériau plus plastique, mais dont vous allez voir sur les photos suivantes, qu'il était encore loin du compte. Certes par lessivage, les éléments fins descendent dans le profil pédologique, mais sur cette plaine d'altitude, c'est un climat de pluviosité modérée, avec lessivage faible. Au pied des montagnes à Takestan, la ressource économique est principalement fruitière, avec du raisin de table.

Figure 10.33 :
Le produit extrudé n'a aucune cohésion, se déchire immédiatement.

Inextrudable ! Pas de cohésion plastique.

Figure 10.34.

Curieux :
- Je n'ai pas tout compris. Quel est le lien ?

Z'Yeux Ouverts :
- Si la finesse des réflexions sur les plans atomiques est si sensible à la finesse des grains ou cristallites, c'est que la largeur de chaque photon au niveau du cristal est comparable à celle des cristallites, et la réflexion selon la loi de Bragg dépend de ce que ce photon rencontre beaucoup de bon cristal et peu de bords. Un micromètre, c'est un diamètre assez normal pour une kaolinite très bien cristallisée, mais dix à cent fois plus grand qu'une particule argileuse plastique. Tandis que c'est petit par rapport aux grains d'un limon, ici ce limon de la plaine au Sud de Qazvin, vers Bo'hin. Une autre mesure discriminante, qui dans un laboratoire des Ponts et Chaussées est menée en vingt minutes, avec juste une pipette, un bécher et un agitateur magnétique, est la mesure de surface massique anionique, par l'adsorption de bleu de méthylène. Mais ça aussi, Michel Laquerbe l'ignorait. Il ignorait que la plasticité d'une argile est due à l'énormité de la surface des fines micelles argileuses (macro-anions) entourées d'eau et de cations alcalins hydratés : entre 20 et 650 m^2/g. Les céramistes le savent, les scientifiques des sols, risques géologiques, fondations et BTP le savent, mais pas Laquerbe qui pourtant enseignait en génie civil, béton uniquement, sans rien savoir des fondations ni de l'hydromécanique des sols (pas plus loin qu'un étage au dessus dans le même bâtiment sur le campus de Cesson-Sévigné).

10.7.1. Parenthèse en granulométrie. Professeur Castel-Tenant :

- Non, ça ne va pas, car notre élève a fait semblant de comprendre, quand vous avez parlé granulométrie, opposant silt ou limon à « argile ». Seuls des céramistes, ou des gens de laboratoire des Ponts et Chaussées, ou des sédimentologues ou des pédologues sont au fait des réalités granulométriques. Une célébrité comme Laurent Nottale fait carrière sur un délire, son « *invariance d'échelle* », ce qui donne la mesure de l'ignorance crasse de son public pourtant réputé savant. Il faut donner au lecteur un viatique en granulométrie.

Z'Yeux Ouverts :
- Une autre industrie a des notions de granulométrie précises : ceux qui fabriquent des charges pour les polymères, caoutchoucs et peintures. Vos pneumatiques seraient dangereux sans ces gens là. Les sables de fonderie aussi, doivent répondre à des critères granulométriques pour avoir la cohésion requise.
Tableau tiré du André Vatan, Manuel de Sédimentologie, Éditions Technip :

L. Cayeux	C.K. Wentworth	J. Bourcart
Blocs : 20 cm	Boulder: 256 mm	Cailloux ou ballast :
Galets : 5 cm	Cobble: 256 to 64 mm	1 m à 2 mm
Graviers : 5 mm	Pebble: 64 to 4 mm	
	Granule: 4 to 2 mm	
	Very coarse sand: 2 to 1 mm	
	Coarse sand: 1 - 1/2 mm	Sables : 2 à 0,2 mm
Sables : 0,5 mm	Medium sand: 1/2 - 1/4 mm	
	Fine sand: 1/4 - 1/8 mm	Poudres : 200 à 1 µm
Poussières, boues	Very fine sand: 1/8 - 1/16 mm	Précolloïdes :
< 0,05 mm	Silt: 1/16 to 1/256 mm	1µm à 0,1 µm
	Clay: below	Colloïdes

Deux tableaux dus à Stéphane Hénin, Cours de physique du sol, tome 1, ORSTOM-Editest.

Diamètres des éléments en mm	Terminologie normale	Terminologie d'Atterberg	Terminologie des sédimentologues
> 20	cailloux		rudites
2 à 20	graviers		
0.2 à 2	sable grossier		arénites
		50 µm to 200 µm	
0.02 à 0.2	sable fin	limon grossier	pélites
		20 µm to 50 µm	
0.002 à 0.02	limon		
< 0.002	argile	argile grossière	
		0.5 to 2 µm	
		argile fine	
		< 0.5 µm	

Propriétés des classes de constituants

	absorption	rétention	perméabilité	Propriétés
	des ions	d'eau		mécaniques
argile	forte	forte	faible	à sec : cohérent
				humide : pâteux
limon	faible	moyenne	faible	à sec : pas cohérent
				humide : pâteux
Sable fin	nulle	faible	forte	à sec : pas cohérent, rugueux
Sable grossier	nulle	nulle	forte	Très rugueux, à sec comme humide

10.7.2. Retour à l'optique des rayons X en cristallographie. Précisons mieux : la largeur de chaque photon non absorbé par le cristal, mais réfléchi par lui, et absorbé plus loin, historiquement par le film photographique, ou de nos jours par le capteur photosensible du goniomètre, ne dépend que de la géométrie, de la longueur de ce parcours, et de la longueur d'onde, elle est proportionnelle à la racine carrée du produit longueur d'onde x longueur du trajet].

Curieux :
- Donc le lien avec le sujet de ce livre, c'est la largeur des faisceaux de rayons X et notamment de chaque photon X, ou de chaque électron, ou de chaque neutron, là où il rencontre ce cristal qui ne l'absorbe pas mais le réfléchit ? J'ai bien résumé ?

Z'Yeux Ouverts :
- Voilà. Votre résumé est parfait.

10.8. Dispersion Compton d'un photon X par un électron libre : la *Zitterbewegung* est indispensable.

La dispersion Compton d'un photon X ou γ par un électron libre, cela prouve que le photon est corpusculaire ? Ou que l'électron est ondulatoire ?

L'article de Arthur Holy Compton, achevé en décembre 1922, parut en mai 1923 dans la Physical Review : *A Quantum Theory of the Scattering of X-Rays by Light Elements*. Compton utilisait la raie Kα du molybdène, en réalité un doublet, de longueur d'onde moyenne 0,070926 nm. Compton concluait qu'il avait ruiné la théorie du grand électron, de taille comparable à la longueur d'onde du photon incident, mais qu'il avait prouvé, six ans après Einstein qui l'avait déjà prouvé en 1916, que le photon avait une quantité de mouvement définie, et que donc, le photon était un petit corpuscule. En revanche, on n'a jamais eu de théorie de la section de capture Compton selon cette idéation des petits corpuscules. Encore de nos jours l'enseignement et la vulgarisation serinent que la dispersion Compton est *la preuve de la nature corpusculaire de la lumière*. Je vais prouver que cette preuve est invalide, mais j'ai eu la surprise que là, la longueur d'onde de Broglie n'atteint pas la cible, il faut la longueur d'onde Dirac-Schrödinger de l'électron, deux fois plus courte. Lien :
http ://deontologic.org/quantic/index.php
?title=Calcul_diffusion_Compton
_et_Zitterbewegung

10.8.1. Calcul relativiste dans le repère du laboratoire.

Calcul relativiste d'après Walter Greiner, *Quantum Mechanics, an Introduction* : p 3,

Conservation de l'énergie : $h\nu = h\nu' + m_0c^2 \left(\frac{1}{\sqrt{1-\frac{v^2}{c^2}}} - 1 \right)$

Conservation de la quantité de mouvement selon l'axe du photon incident :

$$\frac{h\nu}{c} = \frac{h\nu'}{c}\cos\theta + m_0c\left(\frac{1}{\sqrt{1-\frac{v^2}{c^2}}} - 1\right)\cos\varphi$$

et selon l'axe perpendiculaire où la quantité de mouvement est nulle

$$0 = \frac{h\nu'}{c}\sin\theta - m_0c\left(\frac{1}{\sqrt{1-\frac{v^2}{c^2}}} - 1\right)\sin\varphi$$

En résolvant ces équations, on obtient $\lambda - \lambda' = \frac{h}{m_0}\sin^2\frac{\theta}{2}$

... Fin de l'emprunt.

On la refait, mais cette fois dans le repère du centre d'inertie, même s'il est expérimentalement irréalisable d'expérimenter dans ce repère, dont l'occurrence est aléatoire : on ne choisit pas à l'avance l'angle de diffusion, on reste prisonniers du repère du laboratoire.

10.8.2. Dans le repère du centre d'inertie

. Figure 10.35.

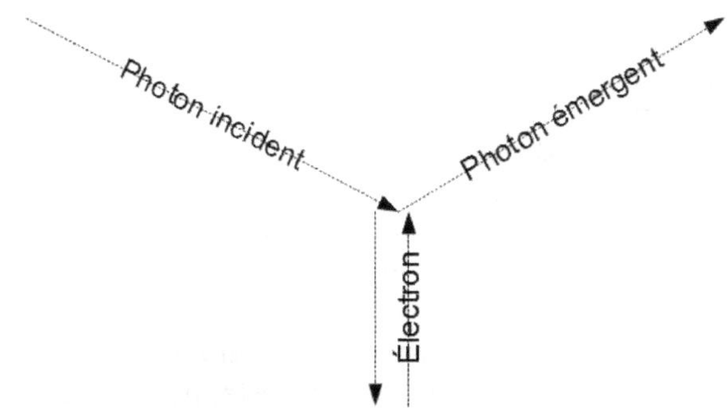

Là les calculs se simplifient puisque le photon ne change ni de fréquence ni d'énergie, juste de direction. Fixons qu'il arrive de la gauche, en descendant d'un angle $\alpha = \frac{\theta}{2}$, et continue en remontant du même angle. L'électron ne change pas d'énergie, mais juste de sens de la vitesse. On néglige l'énergie de liaison initiale de l'électron au solide.
Impulsion selon z'z transmise par le photon à l'électron : - $\frac{h.\nu}{c} \cdot 2.\sin(\alpha)$ (signe - : descendante si l'axe z'z est vertical montant).
Équilibrée par le changement de celle de l'électron : $2m_e.v$ (premier calcul non relativiste)
$2m_e c\left(\frac{1}{\sqrt{1-\frac{v^2}{c^2}}} - 1\right)$ forme relativiste.
D'où la vitesse d'arrivée et de fuite de l'électron : $v = \frac{h.\nu}{m_e c} \cdot \sin(\alpha)$ (premier calcul non relativiste)
On en déduit sa vitesse de phase : $V = \frac{c^2}{v} = \frac{m_e c^3}{h.\nu \sin(\alpha)}$
Or on connaît bien la période intrinsèque de l'électron, $T_e = \frac{h}{m_e \cdot c^2}$
D'où sa longueur d'onde broglienne : $\lambda_e = V.T_e = \frac{V}{\nu_e} = \frac{m_e c^3}{h\nu.\sin(\alpha)} \cdot \frac{h}{m_e.c^2} = \frac{c}{\nu \sin(\alpha)}$
On remarque que cette longueur d'onde ne dépend pas du tout de la masse de l'électron, et serait la même pour toute autre particule (chargée ou même pas chargée) sujette à diffusion Compton. Elle ne dépend pas non plus de la

constante de Planck. Elle ne dépend que l'angle de déviation du photon, et de sa période ou de sa longueur d'onde avant et après la diffusion.
Guidés par ce que nous savons déjà faire en réfraction et réflexion sur un dioptre, il nous faut calculer l'émission du miroir à photon, qu'a constitué cet électron.
La partie horizontale, selon l'axe x'x, est invariante. Sa longueur d'onde est $\frac{\lambda}{\cos(\alpha)}$.
La longueur d'onde de la partie pénétrante, et aussi bien de la partie réfléchie du photon est
$\frac{\lambda}{\sin(\alpha)} = \frac{c}{\nu.\sin(\alpha)}$

Ces deux longueurs d'onde, celle de l'électron rebondissant, et de la partie réfléchie du photon, sont égales.
Il ne reste plus qu'à choisir entre les deux énoncés :
"La diffusion Compton prouve le caractère corpusculaire du photon", ou
"La diffusion Compton prouve le caractère ondulatoire de l'électron".
Or cette émission de photon partiel montant, et absorption de photon partiel descendant, est bien due à l'*accélération* de l'électron selon l'axe z.
Jusqu'ici, le calcul n'a pas pu donner l'ordre de grandeur des extensions spatiales du photon X et de l'électron. On sait juste, pour avoir assez utilisé la raie Kα du molybdène en radiocristallographie des métaux, que sa longueur d'onde est comparable avec les distances interatomiques dans les métaux, et que les électrons de la liaison métallique sont peu liés, et surtout peu localisés, s'étendant sur une à plusieurs dizaines de distances interatomiques. Cela joint aux exigences géométriques de la diffraction sur des plans interatomiques, amène à conclure que et le photon, et l'électron sont larges et profonds de quelques dizaines de distances interatomiques tout au long de leur interaction Compton.

10.8.3. Application numérique pour la raie K_α moyenne du molybdène : Prenons un cas de forte déviation du photon, deux fois 30°, soit $\sin\alpha = \frac{1}{2}$
La longueur d'onde moyenne de la raie incidente est 0,070926 nm.
D'où la projection sur la direction de propagation de l'électron : $\lambda_{\text{Broglie}} =$ 0,070926 nm x 2 = 0,141852 nm.
D'où l'on tire la vitesse de l'électron : $\mathbf{v} = \frac{\lambda_{Compton}}{\lambda_{Broglie}} \cdot c = \frac{2.42631}{141.852}$.299,792,458 m/s = 5,1278. 10^6 m/s
Soit une vitesse non relativiste, 1,7% de **c**. Et ce serait encore moins relativiste aux basses déviations.

Dans le repère de l'électron entrant, qui sera assimilé à celui du labo, l'on doit retrouver les formules expérimentales d'Arthur H. Compton.

10.8.4. Avec toutefois les sources d'erreurs suivantes :

(1) L'électron n'était pas au repos mais à l'énergie de Fermi donc à la vitesse de Fermi dans le métal.

(2) Le procédé de calcul a négligé son énergie de liaison, métallique.

C'est le n° 1, le niveau de Fermi, la source la plus grosse d'élargissement des raies Compton, en plus du fait que la raie Kα est un doublet.
Composante verticale du vecteur d'onde gamma entrant = vecteur d'onde électronique sortante.
Composante verticale du vecteur d'onde gamma sortant = vecteur d'onde électronique entrante.
Mais à ce stade du calcul, la physique de l'interaction nous est encore inconnue.
L'échec est garanti si l'on tente d'étendre à ce domaine la modélisation en objet massif qui ralentit, puis repart dans l'autre sens, avec une accélération moyenne finie durant le temps de l'interaction. En 1926 (Schrödinger 1926) Erwin Schrödinger nous avait montré le chemin en montrant que l'émission d'un photon est le résultat du battement d'une onde électronique entre son état final et son état initial. Ici aussi, il faut faire battre entre eux l'état initial "montant" et l'état final "descendant" (selon le sens choisi pour la figure). Durant ce battement, un état intermédiaire contient une onde broglienne stationnaire.
Il apparaît une autre contrainte, dont nous ne savons pas si elle a été expérimentalement vérifiée : la polarisation électrique est nécessairement dans le plan de la figure.
Confirmation par la polarisation plane du rayonnement synchrotron dans le plan du virage : globalement c'est le même mécanisme, sauf que le calcul est nécessairement relativiste, avec transformations relativistes des champs.
Condition de Bragg en radiocristallographie : Si **d** est la distance interréticulaire, $\alpha = \theta/2$ est l'angle du rayon incident sur le plan réticulaire, ou moitié de l'angle de déviation totale, $\boldsymbol{\lambda}$ la longueur d'onde du rayonnement incident, et **n** un entier, ordre de la réflexion : 2d.sinα = n λ
Preuve : arrivant sous l'angle α sur les plans réticulaires AB etc., l'onde monochromatique réfléchie par le plan suivant présente une différence de marche égale à BC - HC. La première réflexion n'existe que si BC - HC vaut exactement une longueur d'onde. Dans le triangle isocèle ABC, **d** = AB sin α = BC sin α
Tandis que dans le triangle rectangle BCH, CH = BC cos (2α).

Figure 10.36

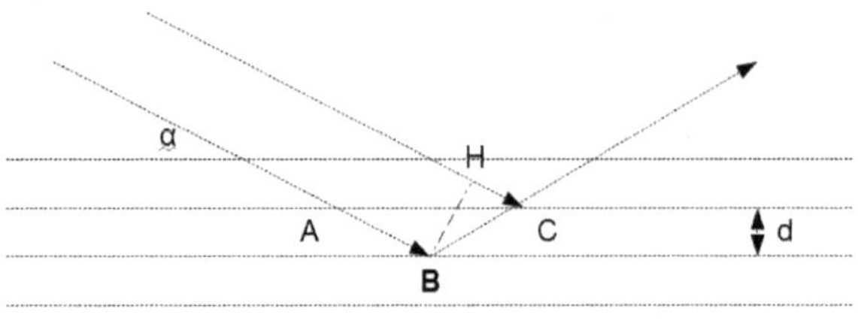

La différence de marche entre les deux ondes est
BC - CH = BC (1-cos 2 α) = 2 BC . sin (2 α) = 2 d sin α = n.λ.γ
Un électron de valence n'est pas au repos, mais au niveau de Fermi, et à la vitesse de Fermi dans le métal.
Et l'objection de principe reste qu'on a juste constaté l'échange des vecteurs d'onde, sans faire la physique de l'interaction

10.8.5. Condition de Bragg et Zitterbewegung. Or la longueur d'onde broglienne calculée ci-dessus ne nous donne que la réflexion d'ordre deux : $\lambda_\text{e} = \frac{\lambda_\gamma}{\sin \alpha}$
Une réflexion de faible intensité, tandis que devrait apparaître à l'expérience l'autre réflexion, d'ordre 1, forte, qui n'est jamais observée (et qui violerait les lois de conservation de l'impulsion-énergie)... C'est donc l'onde électromagnétique stationnaire à fréquence temporelle et à fréquence spatiale doublée, la *Zitterbewegung*, ou Tremblement de Schrödinger conforme à l'équation de Dirac, qui donne la bonne équidistance réticulaire de Bragg, exactement **d** !
d = $\frac{\lambda_e}{2} = \frac{T_e}{2v_e} = \frac{h}{2m_e v_e} = \frac{\lambda_\gamma}{2\sin\alpha}$

Figure 10.37

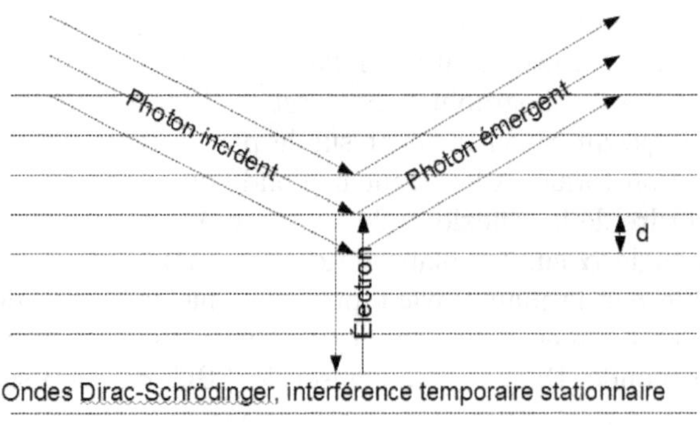

Quod Erat Demonstrandum !
C'est bien la fréquence spatiale du Tremblement de Schrödinger, stationnaire durant la réflexion de l'électron sur le photon, qui satisfait à la condition de Bragg pour un réflexe au premier ordre, donnant exactement la diffusion Compton du photon incident.
On se proposait de mettre en évidence le mécanisme physique et ondulatoire qui rendrait compte de la diffusion Compton. Mission accomplie : c'est l'équidistance des ondes temporairement stationnaires de Dirac-Schrödinger qui satisfait à la condition de Bragg, pour la diffusion au premier ordre.

10.8.6. Bibliographie et références. E. Schrödinger. Über den Comptoneffect. Annalen der Physik. IV. Folge, 62.
http ://www.apocalyptism.ru/Compton-Schrodinger.htm
J. Strnad. The Compton effect — Schödinger's treatment. Eur. J. Phys. 7 (1986).
http ://www.apocalyptism.ru/Compton-effect.htm
Adresses signalés par : Lev Lvovitch Regelson. Compton effect : Schrödinger's treatment in : The Science Forum - Scientific Discussion and Debate.
http ://www.thescienceforum.com/viewtopic.php ?p=235655
Lien changé :
http ://www.thescienceforum.com/physics/18025-compton-effect-schroedingers-treatment.html
P.A.M. Dirac. The Principles of Quantum Mechanics. Oxford University Press, ed 1958.
W. Greiner. Relativistic Quantum Mechanics ; Wave Equations. Springer 1997.

10.8.7. Diamètre et longueur de l'apex réactionnel.

Professeur Castel-Tenant :
- Ah non ! Ça ne va pas, cela : vous avez oublié vos objectifs initiaux. Tout à la joie d'avoir mis en évidence la période spatiale Dirac-Schrödinger, vous avez complètement oublié de donner le diamètre de l'apex réactionnel : électron + gamma ⇒ électron + gamma. Comme les grands ancêtres copenhaguistes – Compton inclus - n'avaient aucune idée du mécanisme physique à l'œuvre - et vous venez de démontrer qu'il est ondulatoire, ce qu'ils refusaient a priori - ils ont postulé que tout ça, c'était plus petit que petit, corpusculaire voire ponctuel, dans le domaine du femtomètre. Vous semblez avoir la preuve du contraire, mais il faut la dérouler complètement, cette preuve.

Z'Yeux Ouverts :

- Vous avez raison. Nous avions passé du temps sur l'état métallique, et sur les collisions entre phonons et électrons de conduction, et en avions déduit les dimensions probables des électrons de conduction. Libre parcours de l'ordre de 200 Å. Un phonon est toujours échantillonné sur plusieurs atomes, un grand nombre d'atomes, il ne peut jamais devenir petit. C'est une des raisons qui nous font comprendre qu'un électron de conduction non plus ne peut jamais être petit ; chacun est grand de plusieurs distances interatomiques, voire dizaines de distances interatomiques. Combien ?
Maille cubique du cuivre, de côté 362 pm (approchée), d'où une distance interatomique de 256 pm.
Mettons 25 distances interatomiques, soit 6,4 nm ou 64 Å, environ le tiers d'un libre parcours moyen à l'ambiante. Compton utilisait le doublet K_α du molybdène, de longueur d'onde moyenne 0,070926 nm. Nous en concluons que la réaction Compton s'étend sur $\frac{6400nm}{0{,}070926nm} = 90\ 243$ longueurs d'onde de la raie K_α du molybdène. En quoi serait-ce « *petit* », corpusculaire ?

Curieux :
- Mais là vous parlez de longueur ou de largeur de la réaction ?

Z'Yeux Ouverts :
- Ni l'un ni l'autre précisément, ou les deux simultanément, car on sait qu'il y a des angles entre les deux trajectoires, celle du photon, et celle de l'électron. Disons que la longueur moyenne de l'électron de conduction, environ 64 Å, et laissons lui le flou nécessaire, soit de l'ordre de 3 à 10 nm, est aussi globalement un diamètre approximatif de la réaction. Nous ne pouvons pas être plus précis, n'ayant pas les moyens d'investiguer finement. C'est largement au delà de nos moyens fins à présent.

10.9. Le milieu de transmission, les cas de changements de polarisation.

Transaction à trois partenaires, disions-nous. Ici intervient le troisième : le milieu de propagation.

Z'Yeux Ouverts :
- Je vais reprendre la parole pour évoquer une vulnérabilité dans notre première modélisation des fuseaux de Fermat des photons, en août 1997 et mai 1998, et confronter notre modèle transaction photonique aux propriétés des polariseurs en lumière polarisée plane.
Pour rendre possible le calcul exact - calcul qui ne fut pas terminé en mai 1998 - je supposais un parfait alignement des polarisations émetteur et récepteur, vus comme antennes dipolaires. Oui, mais quand on a des expériences en lumière polarisée avec nicols ou polaroïds partiellement croisés ? Or nous sommes les premiers depuis 1927 à songer assujettir CHAQUE photon à des lois physiques, quand toute la littérature se contente de statistiques sur les grands nombres de photons. La vulgate est que CHAQUE quanton est exempté de toutes lois physiques, MAIS en grand nombre finit par vérifier des statistiques prévues par le calcul formel. Il fallait comprendre la physique fine des cristaux anisotropes, et les effets sur la polarisation. "Transmettre un photon" n'a pas le même sens chez feu Richard Feynman, pourtant inventeur des diagrammes de Feynman, que celui dont nous avons besoin pour avancer. Plus terre à terre et expérimentaux, les manuels russes sont inappréciables. "Transmettre" ? Avec la polarisation d'origine, ou avec celle du dernier polariseur interposé ? En 1963, Feynman s'en foutait bien.
Réglé : le polariseur impose son plan de polarisation (à une faible erreur près), donc est capable en champ proche de tordre le plan de polarisation. La vulnérabilité théorique est levée. Certes il y a un coût en impédance à ces torsions de plan de polarisation.

Professeur Castel-Tenant :
- Impédance ? Avez vous formalisé cette notion, qui ici est nouvelle ?

Z'Yeux Ouverts :
- Disons brièvement qu'une solution de l'équation de Schrödinger dépendante du temps et en trois dimensions, ce que eux appellent une « *fonction d'onde* », ou une solution traditionnelle et renormalisée des équations de Maxwell (traditionnelle : avec seulement des conditions initiales mais aucune condition finale), est le quotient d'une transmittance (l'inverse d'une impédance) par une fonction de concurrence entre absorbeurs potentiels. A l'échelle du laboratoire, cette fonction de concurrence entre absorbeurs est en

r2, au moins en première approximation. A l'échelle astronomique ou dans la brume, il faudra ajouter un terme volumique.
Dans ces conditions, la transmittance ou l'impédance sont indépendantes de la distance, le vide est une impédance itérative parfaite, à moins qu'on démontre un jour la validité de la conjecture de « *fatigue de la lumière* ». La transmittance a quelques propriétés de plus que les solutions traditionnelles : elle dépend des polarisations et des spins, de leurs alignements entre émetteur et absorbeur, et ni au 19e siècle ni en 1926, personne ne songeait à cela.

Si en champ libre et en l'absence de champ magnétique rien ne peut tordre un plan de polarisation de la lumière, il en va différemment en champ proche, dans la matière et notamment dans les cristaux anisotropes ou les molécules chirales.
Entre un premier polariseur orienté en 2 h - 8 h et le second orienté en 3 h - 9 h, l'hypothèse la plus économique est qu'ils se partagent la tâche de torsion du plan de polarisation, et qu'en champ libre intermédiaire, le photon est polarisé en 2 h 30 - 8 h 30, du moins pour ceux des photons qui sont, "transmis" vers un absorbeur plus lointain. Non expérimentable par principe, mais du moins c'est économe et sans contradictions.
Pour le quart des photons qui seront absorbés par le second polariseur, il faut envisager une torsion à 1 h - 7 h en sortie du premier, qui seront absorbés en 0 h - 6 h par le second polariseur. Chacun prend en charge 30° ou un peu moins, de torsion. Chacune de ces torsions coûte en impédance, d'où le partage statistique par cosinus.
Cet état de la théorie soulage amplement une vulnérabilité explicite de la modélisation d'une transaction photonique, où pour la simplicité du calcul je posais depuis 19 ans que l'antenne émettrice et l'antenne absorbeuse étaient parfaitement alignées en polarisation. Ce que les polariseurs nous ont appris là est qu'un cristal anisotrope sait tordre un plan de polarisation, par le même procédé qu'une solution de molécules optiquement chirales (biréfringence circulaire, avec vitesses de phases différentes). Même en molécules de gaz, les possibilités de recul hélicoïdal devraient rattraper de légers désalignements de polarisations.
Il reste à comprendre dans le domaine quantique comment l'émission d'un photon selon une règle de sélection magnétique est reçue selon une règle de sélection dipolaire électrique et vice versa. C'est une conversion qui implique que les reculs des atomes concernés diffèrent d'un moment angulaire h. Or elle est réalisée couramment dans des filtres (macrophysiques), dits "quart d'onde" et là, il va vous falloir vous conduire dans un sérieux détour par l'optique de la lumière polarisée, notamment dans les cristaux anisotropes. Pour cela, nous avons inclus en annexe un cours de rattrapage sur la structure d'une onde polarisée plane, celle d'une polarisée circulairement, pour vous

expliquer comment on peut convertir de l'une à l'autre. Voir ci-dessous : **Annexe C. Rayonnement et propagation des ondes électromagnétiques. Polarisation.**

Curieux :
- Jusqu'ici votre exposé pro-ondes est déterministe. Or les autres parlent toujours de probabilités. Mais alors, avez-vous des solutions nouvelles pour répondre à la controverse "Dieu ne joue pas aux dés !" ? Avez-vous des explications au caractère évidemment hasardeux des événements quantiques ?

10.10. Quel hasard et où ? La transformation de Fourier frauduleusement ré-étiquetée.

Ici le hasard et chaque quanton retrouvent leur juste place, et les quantons cessent d'être exemptés des lois physiques.

Z'Yeux Ouverts :
- Il faut distinguer deux faits distincts, qui sont présentés aux étudiants comme un seul principe d'indéterminisme ou d'incertitude.
Le premier est la dissimulation des propriétés de la transformation de Fourier ré-étiquetées comme principe d'incertitude de Heisenberg. Le vocabulaire employé aussi est fallacieux et égocentrique. C'est d'indéfinition qu'il s'agit : si un photon est très bien défini en fréquence, alors il est très long, et c'est sa position qui est mal définie. Et inversement, s'il est concentré dans le temps et l'espace, alors c'est sa fréquence qui est plus floue. Le produit de ces deux indéfinitions est donné par les propriétés de la transformation de Fourier et de son inverse.

Curieux :
- Vous ne vous en tirerez pas sans expliquer cette transformation de Fourier.

Z'Yeux Ouverts :
- Prêt à y passer du temps ? Au lycée, vous avez manipé avec une tension alternative et un oscilloscope. De préférence avec un générateur basse fréquence ou avec un transformateur abaisseur dont le secondaire est bien isolé du secteur. Vous aviez vu une sinusoïde perpétuelle en suivant la tension en fonction du temps. Si ça dure comme cela depuis longtemps et pour longtemps, alors quel est le centre du paquet d'onde ? Où il vous plaira : n'importe quel instant loin de la manœuvre de l'interrupteur, ou n'importe quel lieu dans la course d'un faisceau laser continu fait bien l'affaire, est aussi mauvais que tous les autres. Au contraire un photon a un début et

une fin, il ne transmet qu'une énergie et une impulsions finies. Si vous voulez qu'il soit bref, que sa date de départ et sa date d'arrivée soient définies avec une grande précision, alors c'est son spectre qui s'étale : il n'est plus bien défini en fréquence. Pour définir une fréquence, il faut du temps, or c'est la fréquence vue dans un repère qui définit l'impulsion et l'énergie d'un photon dans ce repère. Dans le cas mathématiquement le plus simple, la transformée d'une gaussienne est une gaussienne, et le produit des largeurs de chacune est le quantum de Planck. Il ne s'agit donc non pas d'une cruelle incertitude comme dans la cruelle histoire de cocuage qui se transmettait entre potaches, mais d'une définition inévitablement floue pour tout ce qui est paquet ondulatoire. Cela ne pouvait être traduit en "incertitude" qu'à condition d'admettre que la particule était un corpuscule, hypothèse insoutenable mais alors admise.

Professeur Castel-Tenant :
- Vous exagérez ! Vous ne lui avez donné encore aucune mathématique, je comble votre lacune :
Soit **f(x)** une fonction à valeurs réelles ou complexes, de la variable réelle **x**.
On appelle transformée de Fourier (ou couramment spectre en langage de physiciens) de **f(x)** la fonction complexe de variable réelle ν
$\widehat{f}(\nu) = \int f(x).e^{-2i\pi\nu x}dx$
On écrira symboliquement $\widehat{f} = \mathrm{F(f)}$.
Théorème : Toute fonction f(x) sommable a une transformée de Fourier $\widehat{f}(\nu)$. Elle est continue, bornée, tendant vers zéro lorsque ν tend vers l'infini.
La transformée inverse : f(x) $= \int \widehat{f}(\nu).e^{2i\pi\nu x}d\nu$ que l'on écrira symboliquement : f(x) $= F[\widehat{f}]$.

Z'Yeux Ouverts :
- Merci ! Certains de nos élèves ont à utiliser plusieurs T.F. dans leur vie professionnelle ; ils utilisent des analyseurs de spectre. Un signal périodique carré a pour spectre une somme de cosinus ou de sinus, harmoniques qui peuvent être tous pairs ou tous impairs selon la position origine bien choisie.
La T.F. d'une impulsion carrée est un sinus cardinal :
$\prod(x) \overset{TF}{\rightarrow} \frac{\sin(\pi\nu)}{\pi\nu}$

La transformée d'une gaussienne est une gaussienne, et le produit de leurs largeurs est constant : $e^{-px^2} \overset{TF}{\rightarrow} e^{-\pi\nu^2}$
Quelques propriétés encore : pair $\overset{TF}{\rightarrow}$ impair
Impair $\overset{TF}{\rightarrow}$ pair
Réel $\overset{TF}{\rightarrow}$Hermitien (la fonction est aussi la transposée de sa conjuguée)

Imaginaire pur $\overset{TF}{\rightarrow}$ antihermitien (la fonction est aussi l'opposée de la transposée de sa conjuguée)
Propriétés de la transformation de Fourier :
Elle est linéaire, puisque l'intégration l'est :
F [λ.f(x) + μ.g(x)] = $\lambda.\hat{f}\,(\nu) + \mu.\hat{g}\,(\nu)$
Je saute la transposition et la conjugaison, pour passer au changement d'échelle : F [f(a.x)] = $\frac{1}{|a|}\hat{f}(\frac{\nu}{a})$
Si vous étalez la pré-image, la transformée spectrale est plus concentrée.
Je saute la translation, la modulation, les dérivations, la convolution, et la relation de Parseval-Plancherel : reportez-vous au cours (niveau Licence). En édition en papier, je recommande François Roddier chez McGraw-Hill. Vous trouverez des substituts en ligne.
Conséquence des propriétés incontournables de la transformation de Fourier : Puisque toutes mesures que vous prendrez pour bien définir une "position" de ce paquet d'onde que les copenhaguistes appellent "particule" et pensent "corpuscule" aboutissent à moins définir sa fréquence, et donc sa quantité de mouvement, vous pouvez vous raconter que la nature conspire à vous maintenir dans une cruelle incertitude sur le comportement de ce corpuscule. Ça c'était la partie folklorique du conte de fées hégémonique.

Curieux :
- Résumons : Vous jetez la terminologie et seulement la terminologie « *Principe d'incertitude de Heisenberg* » en arguant que c'était déjà publié noir sur blanc un siècle plus tôt par Joseph Fourier.
Toutefois vous ne jetez nullement la relation minorant le produit des indéterminations de positions et d'impulsion, elle est seulement conséquence de la transformation de Fourier appliquée à un train d'onde pour chaque photon et par extension pour chaque quanton, tous fermions inclusivement.

Z'Yeux Ouverts :
- Non pas « *indéterminations* », qui demeure bien trop anthropocentrique, mais « indéfinition ». Le produit des étalements en fréquence et en position du photon ou de n'importe quel autre quanton n'est pas à notre disposition, il est borné inférieurement par **h**.

Le second indéterminisme, lui est fondamental. Il était un axiome en sémantique copenhaguiste, alors qu'il est une conséquence inévitable pour nous physiciens transactionnels.

Professeur Castel-Tenant :

- Holà ! Pas si vite ! Notre lecteur ne va pas se sauver comme ça sans faire quelques exercices de base ! Le théorème d'Emmy Noether énonce trois couples de variables liées par la constante de Planck :
le couple position – impulsion,
le couple angle - moment_angulaire,
le couple durée – énergie.
Principe du jeu : je vous donne la durée de vie de l'état initial (métastable), la durée de vie de l'état final (souvent infini), en déduire la longueur du train d'onde constituant le photon émis.

Curieux :
- Objection : mathématiquement je ne sais pas faire cela.

Z'Yeux Ouverts :
- Et seconde objection hélas : votre énoncé ne tient compte ni des propriétés des absorbeurs, ni des propriétés de l'espace ni l'optique intermédiaire, où des photons pourraient bosonner ensemble.
Quels que soient ses mérites, votre problème dépasse les limites du présent ouvrage.

10.11. Le bruit de fond Dirac-de-Broglie, et l'impossibilité de délimiter un système quantique.

C'est la faille logique de nos adversaires les anti-transactionnistes : ils s'imaginent tout de bon qu'il suffit d'y croire pour qu'un système quantique soit délimité et isolé du reste du monde.

10.11.1. Prendre les propriétés de nos artefacts pour celles de ce qu'on prétend décrire. Prendre les propriétés de nos artefacts pour celles de ce qu'on prétend décrire est un piège hélas classique en sciences - et c'est bien pis encore en non-sciences -, et les mésaventures qu'on préfère cacher sous le tapis sont nombreuses. Sans parler de l'aspect du tapis, fort boursouflé.
La langue : premier artefact piégeux.
Certains exemples sont célèbres depuis longtemps. Les grecs de l'antiquité aimaient raisonner, mais ceux dont les écrits nous sont parvenus méprisaient expérimenter, comme ils méprisaient les artisans, eux les aristocrates. Aussi nous ont-ils laissé une belle brochette de bourdes dues à leur adoration pour la langue grecque. Aristote par exemple a projeté les catégories de la langue sur la physique : les graves tombaient car c'est leur nature. Le résultat, la mécanique d'Aristote, n'est vraiment pas bon, c'est une projection d'adjectifs.

Zénon d'Elée a brocardé dans des "paradoxes" les contradictions où menait la confusion de la nature avec la langue grecque : Achille ne rattrapera jamais la tortue, car cela peut se décrire par un nombre de phrases grecques infini.

Les pièges des artefacts feuille de papier et ligne de machine à écrire.

Voici quelques cinquante ans, Joseph Davidovits s'était aperçu que nos enseignements et nos manuels de chimie macromoléculaire sont abusés par les propriétés de la machine à écrire : nous écrivons en ligne droite, et des lignes minces, et l'imprimeur aussi travaille ligne à ligne. La croyance commune en déduisait silencieusement que les macromolécules issues d'une synthèse linéaire par addition en bout de chaîne en solution dans un solvant, devaient demeurer déroulées, en ligne droite ou peu s'en faut. Encore de nos jours tous les manuels de chimie macromoléculaire exhibent des dessins de plats de nouilles déroulées. Or Davidovits, en bon chimiste, s'aperçut vite que la molécule déroulée, nécessite beaucoup plus d'énergie dans le solvant que la molécule repliée, puis pelotonnée à mesure de sa croissance ; après quoi, chaque micelle peut bien être déformée lors du passage dans la filière pour obtenir du fil tissable ou tressable, elle demeure micellaire, ne se déroule jamais ; ce sont les contacts entre micelles qui prennent en charge tous les cisaillements. Son modèle était apparemment le seul à prédire nombre de propriétés macroscopiques, dont la plus notable à ses yeux était l'entropie de fusion, mais aussi la viscosité. Après quoi Davidovits eut la malchance d'exagérer la régularité géométrique de la macromolécule pelotonnée, lui aussi entraîné par l'artefact de la feuille de papier par laquelle nous communiquons entre nous, il a donc modélisé les micelles macromoléculaires en raquettes planes ; ce qui était une erreur. Paul John Flory fit l'exagération inverse : pour lui les macromolécules étaient exclusivement statistiques dans leur géométrie, donc globalement sphériques, sans distinction entre grand axe, et petits axes. Mon expérience de mécanicien en laboratoire donnait toutefois raison au modèle de micelles ellipsoïdal, avec grand axe bien marqué : nous avions tractionné une éprouvette de ruban de Nylatron, polyamide chargé de bisulfure de molybdène. De même, les marins à voile achètent des drisses de polyester pré-étirées (plus chères), où les grands axes micellaires sont alignées avec la traction sur la fibre. Tout au contraire, les alpinistes utilisent des cordes dont le polyamide est recuit (les grands axes micellaires sont dans tous les sens), et peut absorber l'énergie d'une chute, mais une seule fois : quand les grands axes micellaires sont alignés par la contrainte de choc, la corde n'est plus utilisable en alpinisme, bonne à jeter une fois qu'ils sont redescendus dans la vallée. Ou à être recyclée dans des usages qui ne sont plus de l'alpinisme. Flory eut le Nobel pour ses micelles. Davidovits s'était recyclé à faire autre chose, travaillant pour l'industrie.

J'ai eu dans mes rayons un mémoire du Laboratoire Central des Ponts et Chaussées, qui fait la modélisation des bitumes par micelles, globalement sphériques, avec succès. La genèse des bitumes ne réclamait pas une géométrie oblongue, comme celle que nous observons dans les polyamides dont nous nous servons quotidiennement.

Professeur Marmotte :
- Vous noyez le poisson, là ! La chimie et les bitumes, ça n'est que de la basse cuisine ! Ça n'est pas des maths ! Ça prouve combien ce savanturier est un *crank*, nul en maths !

10.11.2. En mécanique à notre échelle, l'économie de variables et d'équations est fondée.

Z'Yeux Ouverts :
- En astronomie, le calcul des mouvements par gravité de trois corps est déjà incalculable. On comprend qu'astronomes et ingénieurs soient friands de simplification et d'économie. Sans simplicité ou simplifications, il est juste impossible de faire le travail. En mécanique macroscopique, à notre échelle, il est sensé de penser pouvoir isoler un système. L'artillerie avec résistance de l'air et des vents mal connus et irréguliers, c'est déjà compliqué, mais si on peut supprimer l'air tout est simplifié, et devient bien plus facile à calculer. Telle est la mécanique constatée dans l'espace, qui certes contraste avec nos expériences quotidiennes de terriens, où il y a des frottements partout. Un compas gyroscopique, certes c'est compliqué et coûteux à fabriquer, il faut un vide pour minimiser la perturbation par les frottements fluides, et de grandes précautions aussi contre les frottements solides. Au final ça marche bien, avec une précision et une stabilité sans commune mesure avec ce que donne le compas magnétique de secours.
Si par la pensée et même expérimentalement on peut délimiter et isoler un système mécanique qui est à notre échelle, le danger intellectuel était d'extrapoler aveuglément vers la microphysique, en postulant sans preuves ni vérification, que ça marcherait aussi bien. Ce piège a bien fonctionné, hélas.

10.12. Frontières sûres et reconnues ? Quelques mises en garde dans d'autres métiers.

De quoi se compose un système quantique ? Le physicien dans la chapelle dominante n'a aucun doute que sa liste d'objets quantiques qu'il met en équations est une liste sûre et complète. C'est contre cette certitude qui nous semble hâtive et incorrecte que nous allons argumenter. Mais dans ce sous-chapitre préalable, nous allons faire un retour sur les pathologies découlant d'une délimitation psychique défaillante chez des sujets.

Professeur Castel-Tenant :
- Oh ! Alors accrochez-vous à la table ! Vous ne soupçonnez pas à quoi vous attendre...

Z'Yeux Ouverts :
- Quand on enseigne les premiers rudiments de mécanique, soit la mécanique statique élémentaire, à des élèves de seconde, une de leurs difficultés est frappante : beaucoup ont un mal de chien à délimiter un système mécanique, à poser ses frontières, et lister les actions entrantes et les actions sortantes. Si cette étape n'est pas acquise, le reste du bâtiment est fondé sur de la vase, tout s'écroule bientôt.
Cette pathologie est exacerbée chez les inventeurs de mouvements perpétuels, ou autres machines "surunitaires" : ils ne sont jamais au clair avec les frontières de leur cafouillazibule, avec les intrants et les sortants. Quand on discute avec eux, ils ne tardent guère à exhiber de nombreux symptômes psychotiques ; leur délire technique est projeté depuis leurs propres malformations et infirmités acquises.
On sera éberlués par le tragique cas "AIXOGEN MOTORS" :
http ://deonto-ethics.org/impostures/index.php ?board=33.0

La célèbre controverse des années trente entre Niels Bohr et Albert Einstein met en évidence le contraste entre un Einstein sûr de ses frontières psychiques, et un Bohr demeuré envahi d'irrationalités maternelles :
A ma gauche, le champion Albert Einstein, qui proclame : « *Mon papa, il est rationnel et légaliste, il ne joue pas aux dés, lui !* ».
A ma droite, le champion Niels Bohr, qui lui réplique : « *Ma maman, elle n'a jamais été rationnelle ni prévisible. Nous devons nous borner à ne lui poser que les questions qui lui agréent, et qui ne nous valent pas une paire de claques !* », et surtout pas d'où viennent les bébés !
A ma gauche, Einstein reprend : "*Mon papa, il n'est pas méchant, mais il est trop subtil pour ta maman !*" (*Subtle is the Lord*).
Vous aurez tous reconnus le débat qui opposait depuis le congrès Solvay de 1927, Albert Einstein à "l'école de Copenhague", initiée par Born et Heisenberg, reprise par Bohr. Point culminant de la controverse en 1935, par l'article d'Einstein, Podoslky et Rosen, connu sous le nom de "paradoxe EPR".
Je pourrais hélas donner d'autres exemples plus tragiques, tels que les dégâts produits sur mon fils à mesure qu'il était envahi par une mère devenue paranoïaque, et de plus en plus envahissante et despotique, alors qu'à moins

de trois ans, il était encore autorisé et capable de poser ses frontières : "*Toi tu veux que je sois sage, mais moi j'aime pas être sage* !". Sous la loi de la corruption, les fruits n'ont pas tenu les promesses des fleurs.

10.12.1. Délimiter un système quantique ? Si c'est une illusion, il serait temps de le savoir. Il a déjà été amplement prouvé, par toutes les variantes d'expériences « à choix retardé », à voir en annexe E, que le rêve que l'émetteur de deux photons corrélés soit isolé des absorbeurs, est fallacieux. L'émetteur et les deux absorbeurs demeurent liés jusqu'à ce que soit terminée la dernière absorption, donc l'isolation vers l'avenir n'existe pas à l'échelle individuelle. Ce qu'on va démontrer à présent c'est qu'une isolation latérale et une délimitation d'un système n'existent pas non plus. Une image poétique de cette intrusion permanente par le reste du monde fut fournie par la mise en scène par la Fura Del Baus, en février 2007 à l'opéra Garnier de A Kékszakállú Herceg Vára (le Château de Barbe-Bleue), avec Willard White dans le rôle du duc Kékszakállú et Béatrice Uria-Monzon dans le rôle de Judit : l'impossible lit de leur impossible amour, harcelé de toutes les mains et de tous les corps furtifs des trois précédentes épouses de Kékszakállú.
https ://www.youtube.com/watch ?NR=1
&v=wDaIe-vWmp8&feature=endscreen à 4' 10".

Dans une note à l'Académie des sciences en septembre 1923, confirmée par sa thèse en 1924, Louis de Broglie établissait son théorème de l'harmonie des phases, où il démontrait que la célérité de phase valait $\frac{c^2}{v}$, où v est la vitesse de groupe, identique à la vitesse usuelle en macrophysique. D'où il découle que dans le repère propre de l'électron, où sa vitesse est évidemment nulle, la vitesse de phase est infinie, dans toute son étendue spatiale, l'électron est partout en phase. Par ailleurs, pour qu'un "observateur" puisse observer la transformation lorentzienne de la fréquence intrinsèque de l'électron $\frac{m \cdot c^2}{h}$, il est nécessaire que cette onde, soit l'électron lui-même, ait une étendue non négligeable, à la fois finie et intrinsèquement floue.
De Broglie ne pouvait en déduire les conséquences importantes, car il ne parvenait pas à conclure que cette onde est l'électron : il persistait dans l'illusion corpusculariste, et ne donnait à l'onde qu'un rôle de pilote du mythique corpuscule.
La conséquence de cette étendue spatiale non négligeable et de cette vitesse de phase localement infinie, est qu'au moins dans de la matière condensée, et probablement en toutes circonstances, tout quanton, tout fermion notamment est constamment baigné par les battements, le clapotis si vous préférez, des ondes brogliennes de tous ses voisins, sans qu'on sache précisément dresser la liste de qui est voisin, et qui ne l'est pas. Tel est le bruit de fond

broglien.
En 1928, Dirac a révolutionné tout cela de façon définitive, en prouvant que l'onde électronique n'a pas une seule composante mais quatre, dont deux sont à rebrousse-temps. Du coup, il devenait discutable d'extrapoler vers la microphysique quantique, la propriété d'irréversibilité du macro-temps, pourtant si bien démontrée et vérifiée en physique macroscopique. Non, nous n'allons pas faire ici l'algèbre des tenseurs d'ordre 2 sur un espace de dimension 4 ; nous ne faisons ici que la vulgarisation.
Dans les années 30 et suivantes, Schrödinger a prouvé que selon l'équation de Dirac, pour les interactions électromagnétiques il faut considérer une seconde fréquence intrinsèque, $2\frac{m \cdot c^2}{h}$, et que la fréquence spatiale Dirac-Schrödinger de l'électron est celle qui ramène les lois quantitatives de la dispersion Compton à la loi de Bragg, fondement de la radiocristallographie.
En 1941, John Archibald Wheeler et Richard Feynman ont exploité ce succès de Dirac et de Schrödinger avec une théorie de l'absorbeur, ils ont calculé que toute la masse de l'électron provenait de sa masse électromagnétique, provenant de toutes ses interactions vers le futur et vers le passé avec toutes les autres charges électriques de l'Univers. Comme s'il pouvait crier *"A moi ! La légion ! On m'accélère !"*... Ce qui laisse entier le mystère de l'origine du restant de masse des deux électrons lourds : le muon et le tauon.
Lien : http ://authors.library.caltech.edu/11095/1/WHErmp45.pdf
Or peut-on écranter le bruit de fond Broglie-Dirac ? Rien du tout, pas plus qu'on ne peut écranter la gravité. Avec tout ce clapotis d'ondes brogliennes, qu'il est impossible de suivre par aucune instrumentation, il est impossible de prédire quand et quelle transaction émetteur-milieu-absorbeur va se produire. En aucun cas les frontières d'un système quantique réel ne sont à notre disposition : elles sont intrinsèquement lointaines, floues et fluctuantes. La désexcitation d'un atome, ou de son noyau s'il est instable ne peuvent être prédites que de manière statistique, sur les grands nombres. Seul le grand nombre peut statistiquement effacer les fluctuations du bruit de fond broglien. Seuls les grands nombres mettent en évidence que la plupart des très très nombreux absorbeurs potentiels sont d'impédance équivalente, vus des émetteurs, excepté s'ils présentent des résonances fréquentielles précisément accordées sur la fréquence qu'on émet vers eux. Or, malédiction des astronomes (!), la thermodynamique implique que les émetteurs sont beaucoup moins nombreux et bien plus facilement repérables que ne le sont les absorbeurs. C'est ce qui excuse le déni des absorbeurs par la chapelle dominante des anti-transactionnistes. Excuse un peu faible quand même, depuis qu'on connaît avec Fraunhofer les raies sombres ou raies d'absorption dans la couronne solaire, et leur interprétation par Kirchhoff, toujours au 19e siècle ; ce qui fut formalisé ultérieurement par les coefficients d'Einstein, en 1916.

Ce débat avait déjà eu lieu sur Usenet (les noms des intervenants sont sur le wiki :
http ://quantic.deonto-ethique.eu/index.php
?title="Probabilité_de_présence"_qu%27ils_disaient...)
en décembre 2003, mai 2004, janvier 2008, juin 2008...
On résume : fin de l'illusion, vous ne pouvez pas délimiter ni isoler un système à l'échelle microphysique, ou quantique. La complexité sauvage de son environnement persistera à déjouer nos ruses d'expérimentateur.

Les espoirs de manipuler suffisamment l'environnement pour au moins mettre en évidence cette affirmation sont minces : les fréquences impliquées dans le bruit de fond broglien sont largement au delà de nos moyens expérimentaux. De plus, le théorème de la variété nécessaire d'Ashby prouve qu'on n'aura pas d'accès expérimental au détail du bruit de fond broglien. Nous sommes très très loin du compte, et à jamais.

Une seule mesure directe de la fréquence électromagnétique de l'électron existe, menée à l'ALS de Saclay :

10.12.2. Experimental observation compatible with the particle internal clock, by M. Gouanère, M. Spighel, N. Cue, M.J. Gaillard, R. Genre, R. Kirsch, J.C. Poizat, J. Remillieux, P. Catillon, L. Roussel. http ://aflb.ensmp.fr/AFLB-331/aflb331m625.pdf
http ://aflb.ensmp.fr/AFLB-301/aflb301m416.pdf
Naturellement quand on rappelle ces faits, on est couverts d'insultes et de mépris par les croyants à l'esprit tubé. Exemple :
https ://www.researchgate.net/post/Is_a_subquantal_structure_possible_which_is_compatible_with_relativity_and_free_will
Les physiciens sont des animaux territoriaux comme les autres, aussi teigneux et de mauvaise foi que les autres dès qu'ils sont inquiets pour la domination sur leur territoire.

J'avais publié cet article de vulgarisation :

10.12.2.1. *Coluche nous avait expliqué pourquoi l'expérience de Gouanère & al. ne sera jamais refaite.* à l'adresse
http ://www.agoravox.fr/culture-loisirs/culture/article
/coluche-nous-avait-explique-154321
(avec du reste l'étourderie : j'avais rebaptisé l'ALS en « SLAC »)
L'expérience de l'équipe menée par Michel Gouanère, à ALS (Accélérateur linéaire) de Saclay, en 2004, aflb.ensmp.fr/AFLB-301/aflb301m416.pdf publiée en mai 2005, ne sera jamais refaite, car son résultat dérange bien trop de gens, et oblige à réformer la totalité de l'enseignement de la quantique

tel qu'il est hégémonique depuis 1927. « *On ne peut quand même pas dire la vérité à la télévision, car il y a trop de gens qui la regardent.* »

10.12.2.2. *Sur les conditions expérimentales :* Cette expérience "administrativement semi-clandestine", faite dans une période de maintenance où l'ALS ne pouvait travailler qu'à puissance très réduite, donnait la preuve directe de la seconde fréquence intrinsèque $\upsilon DS = 2\frac{m \cdot c^2}{h}$ de l'électron, celle de Dirac-Schrödinger, soit le double de la fréquence intrinsèque broglienne $\upsilon = \frac{m \cdot c^2}{h}$.
La fréquence intrinsèque broglienne est valide pour toute particule avec masse, dont l'électron ; Louis de Broglie l'avait déduite en 1923, en réunissant la formule de Planck du quantum d'action ($\mathbf{E} = \mathbf{h}.\upsilon$) établie en décembre 1900 (mais qui n'était établie que pour la lumière), et celle d'Einstein de 1905 : $\mathbf{E} = \mathbf{m.c^2}$.
Notations :
m est la masse de la particule,
c est la célérité de la lumière dans le vide.
h est le quantum d'action par cycle (ou de moment angulaire) de Planck, soit 6,6260755 . 10^{-34} joule.seconde/cycle.
υ (prononcer : "nu") est la fréquence intrinsèque de la particule dotée de masse, fréquence établie par Louis de Broglie.
E est l'énergie de la particule, comptée dans un repère à spécifier au coup par coup, ici le repère de la particule si elle a une masse.
En mouvement, il en résulte une fréquence spatiale, ou son inverse la longueur d'onde, dont les évidences expérimentales sont très nombreuses, notamment dans toutes les expériences de diffraction d'électrons ou de neutrons dans un cristal, et cela depuis 1925.
Pour un électron, cette fréquence broglienne intrinsèque est donc de 1,23559 . 10^{20} Hz (ou cycles par seconde).
La seconde fréquence intrinsèque de ces oscillateurs perpétuels, mise en évidence en 1930 par Erwin Schrödinger sur l'équation de Dirac (1928), ne concerne que les particules de spin 1/2, ou fermions, dont les électrons, les protons, et les neutrons. La période broglienne intervient dans toutes les interférences de l'électron (ou toute autre particule dotée de masse) avec lui-même, par exemple les franges d'interférences dans les expériences autour d'un micro-solénoïde, du type Aharanov-Bohm. La fréquence Dirac-Schrödinger intervient dans les interactions électromagnétiques du fermion avec l'entourage ; par exemple c'est elle qui a été mise en évidence dans l'expérience par l'équipe dirigée par Michel Gouanère ; c'est elle aussi qui explique la dispersion Compton (Compton scattering dans les publications en anglais) d'un photon X incident, sur un électron de conduction d'un métal, donc quasi-libre, selon la loi de diffraction de Bragg.

Les dix expérimentateurs ont trouvé la résonance d'absorption (attendue pour un « mouvement en rosette", et sous une représentation corpusculaire de l'électron) à k = 81,1 MeV/c, ce qui est ultra-relativiste. D'où il résulte que vus par nous la vitesse de phase et la vitesse de groupe diffèrent peu de **c**. C'est très éloigné des calculs qui nous sont familiers en diffraction électronique, par exemple à
http ://citoyens.deontolog.org/index.php/topic,1570.0.html
En effet, en diffraction électronique, c'est l'onde de phase broglienne qui intervient, amplement supraluminique sous les ddp de 10 à 400 V qui nous intéressent.
Là, en promenant l'horloge électronique dans le cristal, c'est la vitesse de groupe qui intervient, et 384 pm de distance interatomique, c'est déjà grand. Autrement dit, la variable d'ajustement est le ralentissement apparent relativiste de l'horloge électronique. Voilà pourquoi il faut ici un vrai accélérateur d'électrons.
Convertissons les unités, en faisant comme si l'électron était seul, et dans le vide.
1 MeV/c = 534,4288314 . 10^{-24} kg.m/s
162,2 MeV/c = 86,68435646 . 10^{-21} kg.m/s
Divisé par la masse au repos de l'électron : 95,159358 . 10^{9} m/s = 317,41741 **c**
D'où la rapidité φ, exprimée en unité **c** :
φ = Argsh(317,4174) = 6,453367289
cosh(φ) = 317,4190
Ralentissement apparent de l'horloge interne Dirac-Schrödinger ($2\frac{m \cdot c^2}{h}$ au repos) : $\frac{1}{\cosh(\varphi)}$
D'où sa période apparente dans le repère du laboratoire :
$\frac{h}{2m \cdot c^2}$ .cosh(φ) = 4,04665 . 10^{-21} s/cycle * 317,4190 = 1,28448 . 10^{-18} s/cycle.
Cela parcouru à la vitesse c.th(φ) = 0,9999950374 c = 299 790970 m/s fait une période spatiale de 385,1 pm. Seulement ces calculs ont été faits comme si l'électron était seul dans le vide, tandis que dans le cristal c'est une charge habillée, de masse effective différente. Donc son horloge interne aussi est modifiée par l'environnement.
On pourrait rêver d'une méthode plus rapide et moins coûteuse pour mesurer cette variation de masse effective... D'autant que l'échauffement du cristal (et donc sa dilatation thermique) sous le bombardement électronique pourrait bien ne pas avoir été calibré.

10.12.2.3. *Ce qu'il faudra perfectionner dans la confirmation de l'expérience de Gouanère & al. ?* Les auteurs (déroulons les tous enfin : M. GOUANÈRE, M. SPIGHEL, N. CUE, M.J. GAILLARD, R. GENRE, R. KIRSCH,

J.C. POIZAT, J. REMILLIEUX, P. CATILLON, L. ROUSSEL) se sont inquiétés d'un léger écart : résonance trouvée à k = 81,1 MeV/c quand ils attendaient 80,874 MeV/c, soit un écart de 0,28 %. Une aussi faible variation de la masse effective de l'électron, par l'interaction avec le cristal, n'a pas de quoi bouleverser la physique de l'état solide, mais ils aimeraient bien que l'expérience soit refaite, et dans de meilleures conditions.

En échange de cette complexification inattendue du domaine théorique de principe, nous obtenons un grand allègement des calculs, quand nous tenons compte du fait que tout fermion a une fréquence intrinsèque $\frac{m \cdot c^2}{h}$, donc une longueur d'onde en vol, laquelle contraint sévèrement la largeur du fuseau de Fermat de la propagation. Hors du fuseau de Fermat (fermion ou photon), la contribution est nulle. Évidemment, les configurations interférentielles ménagent plusieurs branches de fuseaux de Fermat, qui diffèrent en longueur optique d'un nombre entier de longueurs d'onde, et cela pour le même quanton, photon, électron ou neutron, voire molécule.

10.13. Jeu de deux équations dynamiques de Schrödinger.

Ça ne tient pas la route en traditionnel, tel que le firent Yakir Aharonov, Peter Bergmann et Joel Lebowitz en 1964 : Pas de fréquence intrinsèque du fermion (électron par exemple), longueur d'onde traitée par dessus la jambe, raideur de la trajectoire jetée par dessus les moulins. Il n'en tirèrent du reste que des conclusions statistiques. Ce qui est fort peu. Ces gens étaient dressés à ne jamais aller jusqu'au bout de leur idée.

10.14. Les fluctuations quantiques du vide.

En général, les croyants nous lancent à la figure que ces fluctuations brogliennes, qu'ils n'enseignent pas, sont donc *de l'imaginature* (selon le vocabulaire pittoresque de Mathurin Popeye). Sauf que de nombreux autres croyants diplômés travaillent sur les fluctuations quantique du vide, inclusivement l'effet Casimir qui a été expérimentalement prouvé avec une précision de 1 %, qui sont essentiellement la même chose, sauf qu'ils ne les regardent que du point de vue du vide, et pas de celui des émetteurs et absorbeurs potentiels, pouvant transiger grâce à la hasardeuse faveur de quelque *rogue wave* (vague scélérate, bien plus haute que les autres).

10.15. Antiparticules, leur part dans la microphysique transactionnelle

Ainsi que cela avait déjà été évoqué par John Archibald Wheeler, au moins à l'oral, ce qui fut rapporté par Richard Feynman, l'unité – de charge notamment - des électrons peut s'interpréter comme s'il n'y en avait qu'un en tout, n'en finissant pas de rebondir le long du temps et à rebrousse-temps. Mais quel est l'effet des champs sur ces antiparticules ?
Principe d'équivalence : que l'on considère les particules ordinaires ou les antiparticules qui remontent le temps, ce ne sont que deux représentations complémentaires de la même physique.

Ainsi, à un photon qui est dévié par la gravité d'une masse d'étoile ou de galaxie dans son trajet depuis l'étoile ou le quasar, correspond un anti-photon d'énergie négative, qui est dévié de la même façon par le champ de gravité. C'est la même trajectoire large qui est décrite, le même fuseau de Fermat.

Plus haut nous avions décrit une expérience d'interférence électronique dans sa variante avec champ magnétique, expérience type Aharonov-Bohm. L'anti-électron émis par l'absorbeur subit le même effet par les lentilles électrostatiques, pour converger dans le wehnelt du canon à électrons.
Même identité de courbures de trajectoires par les plaques électrostatiques d'un oscilloscope cathodique, ou d'un graveur de circuits, ou d'un microscope électronique à balayage ; même courbures imposées par les lentilles magnétiques, pour un tube de télévision ou un microscope électronique par transmission. Masse négative, certes, mais charge inversée, et surtout écoulement du temps inversé.

Professeur Marmotte :
- Mais là vous êtes coincé ! Quand il fait le parcours inverse, votre anti-électron de charge + devrait être repoussé par la lentille électrostatique de charge -. Vous violez les lois de l'électrostatique !

Z'Yeux Ouverts :
- Vous oubliez que le sens de l'écoulement du temps, du micro-temps, est inversé aussi. L'invariance des lois de l'électromagnétisme est préservée.

Curieux :
- Vous postulez une seconde sorte d'antiparticules : masse négative, énergie négative, charge inversée, écoulement temporel inversé ?

Z'Yeux Ouverts :

- Mais cela ne désigne pas d'être nouveaux. Ce n'est que la seconde manière de représenter les mêmes trajectoires et les mêmes transactions, manière complémentaire de la façon antérieurement connue. Alors que le positron découvert expérimentalement en 1932 était bien un être nouveau.

Professeur Castel-Tenant : Voici la photo historique prise en chambre à brouillard par l'équipe de Carl David Anderson en août 1932.
Figure 10.38.

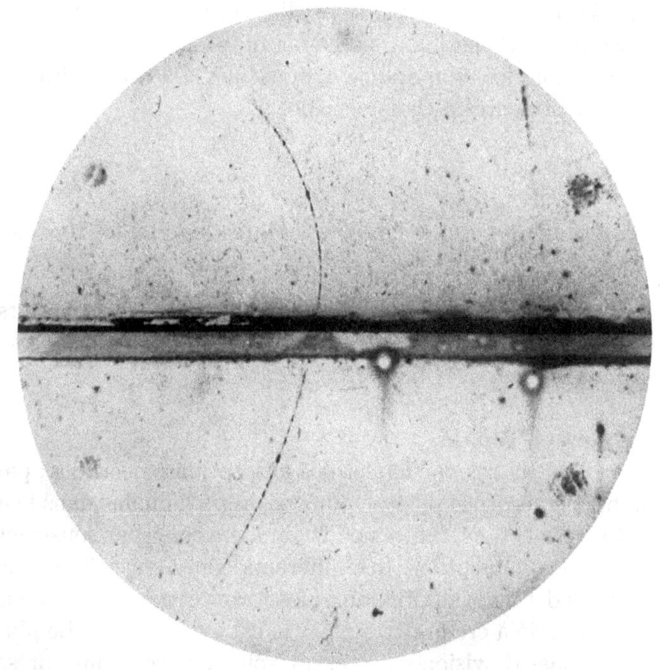

Anderson, Carl D. (1933). "The Positive Electron". Physical Review 43 (6) : 491–494. DOI :10.1103/PhysRev.43.491

Dans les résultats d'une collision par un rayon cosmique, on voit une trace dont les paramètres – courbure dans le champ magnétique, et longueur de trace – sont incompatibles avec ceux d'un proton, mais désignent un électron, de charge +. Ce positron observé est bien de masse positive, d'énergie positive, il se comporte comme une charge + ordinaire du monde matériel ordinaire ; pour lui l'écoulement des micro-temps le long de son trajet est dans le même sens que celui de notre macro-temps. La preuve du sens de parcours est fournie par la traversée de la petite plaque de plomb : le positron a perdu de l'énergie et du moment linéaire (ou impulsion) dans cette traversée, aussi le rayon de courbure de sa trajectoire par le champ magnétique, est plus serré.

Z'Yeux Ouverts :
- Pour en revenir à la radioactivité alpha, les conditions de synthèse d'un noyau de thorium 232 sont plutôt rares : une implosion de supernova, nous n'en reverrons pas ici sur Terre. L'émission d'un alpha, puis l'amortissement de cet alpha dans la matière rencontrée, présentent tous les caractères de l'irréversibilité, à notre échelle. Il est plus qu'improbable de synthétiser un thorium 232 à partir d'un alpha et d'un radium 228, processus endothermique. Et il est impossible d'accélérer un alpha en lui communiquant l'énergie d'ionisation des atomes qu'il a bousculés. La thermalisation et l'irréversibilité sont présentes à chaque étape.

10.16. Les colorants : extension spatiale des électrons résonants.

Curieux :
- Au début vous aviez annoncé des développements sur les colorants et leur chimie électronique. Vous n'avez pas encore ni tenu votre promesse, ni expliqué pourquoi vous en avez besoin.

Professeur Castel-Tenant :
- Les colorants sont un cas particulier des absorptions spectrales ; particulier en ce que la bande absorbée se situe pour des yeux humains dans le domaine du visible. Nos rétines sont câblées de façon à exagérer par soustractions les contrastes entre les perceptions des différents cônes spécialisés. Ce qui est acheminé vers les deux noyaux thalamiques (droit et gauche), et de là vers le cortex visuel V1, a déjà été pré-traité par le câblage rétinien. Le plus ancien système de neurones de vision colorée, dit voie koniocellulaire, présent chez tous les mammifères, envoie au thalamus le signal [bleu – jaune], soit chez nous [bleu – (rouge + vert)].
Plus récente, moins de quarante millions d'années et seulement chez les singes de l'Ancien Monde, notre voie parvocellulaire envoie la différence [vert – rouge].
Si dans nos rétines nous avions des opsines très différentes, ainsi les oiseaux diurnes et la plupart des poissons qui ont quatre opsines diurnes, les couleurs que nous percevrions seraient fort différentes.
Voici deux colorants bien connus :
Le bleu de méthylène, qui est un grand cation à plat.

Figure 10.39

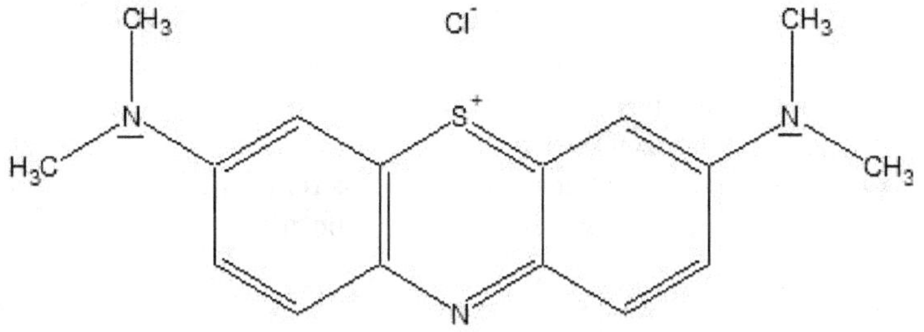

Figure 10.40, Le jaune d'alizarine R :

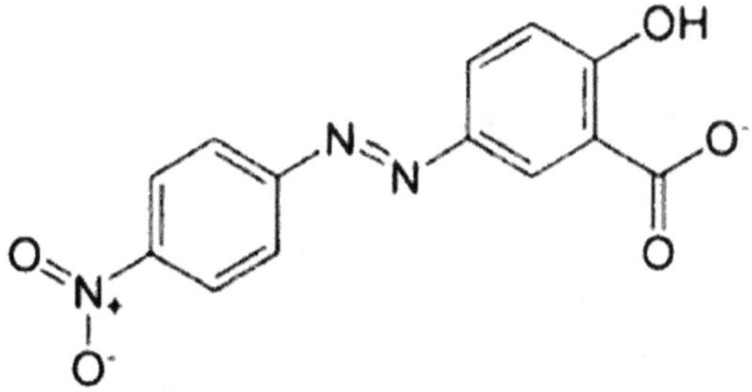

Ces absorptions dans le visible sont dues à un mode propre d'oscillation électronique dans la molécule. Un électron est assez délocalisé pour s'accumuler tantôt à une extrémité de la molécule, tantôt à l'autre, et il oscille entre ces positions extrêmes. Il peut osciller car le chemin à parcourir lui offre des doubles liaisons conjuguées, dont les propriétés en font un conducteur, au moins pour lui, électron assez peu lié, ou plutôt dont la liaison est amplement partagée.

Z'Yeux Ouverts :
- « *Doubles liaisons conjuguées* ». Ce vocabulaire spécifique aux chimistes a été figé dans un passé assez lointain, remontant en gros à Kekulé (1829-1896) et à sa solution pour la formule du benzène, puis à Thiele (1865-1918). En réalité il implique des électrons qui ne sont plus confinés à la seule liaison de proche en proche (soit la liaison covalente de base), mais qui sont plus largement partagés. Ainsi pour le benzène, ce sont trois électrons délocalisés qui forment la liaison phène, répartie sur ses six atomes de carbone. La présence de doubles liaisons conjuguées influe fortement sur certaines propriétés physiques des corps. Ainsi la réfraction molaire est anormalement élevée, ce qui atteste d'un fort couplage avec les radiations électromagnétiques. Cela au point que la mesure de l'indice de réfraction a historiquement permis de déceler des doubles liaisons conjuguées dans des molécules.

Un autre vocabulaire de chimiste pour ces liaisons conjuguées est chromophores (théorie des chromophores de Witt, 1876). Plus la chaîne conjuguée est longue, plus l'absorption se déplace vers les fréquences plus basses, de l'ultraviolet (cas du benzène) jusqu'au rouge.
Outre la double liaison C=C, les chromophores remarquables sont le groupe carbonyle C=O, le groupe azo N=N, le groupe nitroso N=O et le groupe nitro $-NO_2$.
Les extrémités du parcours oscillatoire de l'électron sont dites auxochromes. Les auxochromes types : - NH_2, -OH, $-N(CH_3)_2$. Les groupes acides $-SO_3H$ et -COOH ne sont que faiblement auxochromes mais polaires, ils donnent aux colorants la solubilité dans l'eau et l'affinité pour les fibres de laine et de soie.

Curieux :
- Et quel est l'intérêt en physique quantique ?

Z'Yeux Ouverts :
- Le grand diamètre de ces molécules, ici en gros d'un atome d'azote à un autre, est un minorant approximatif de l'extension spatiale de l'électron.
Ce qui peut être délicat, est d'apprécier ce grand diamètre de molécule. Nous sommes induits en erreur par l'artéfact de la représentation plane sur papier.

Classiquement, on représente la seconde liaison dans l'éthène, soit la liaison π, comme autour de la liaison forte σ, au dessus et au dessous du plan de la molécule. Chacune des deux liaisons est constituée de deux électrons, de spins opposés. Je n'ai pas personnellement procédé à la résolution numérique de l'équation de Schrödinger correspondante ; nous savions que la molécule d'éthène est plane, ce qui implique que la liaison π n'a pas une symétrie de révolution, mais une symétrie plane.
Je reste insatisfait de ce qu'on nous donne dans les manuels de chimie organique ; je suspecte qu'en résolution complète, les liaisons σ et π sont hybridées entre elles. Quant aux liaisons conjuguées, alternances de liaison simple et de liaisons doubles selon les habitudes graphiques des chimistes, j'ai encore moins vérifié les configurations électroniques calculables. On nous avait appris qu'il pouvait y avoir oscillation entre ces deux configurations alternatives, et j'ignore encore si c'est la description la plus juste. Si oui, on devrait en trouver une preuve spectrographique. La principale résonance d'absorption du benzène est dans l'ultraviolet à 185 nm, mais je n'ai pas de renseignements sur les modes propres de ni de cette résonance principale, ni des deux plus faibles à 204 nm et triplet à 260 nm.

Professeur Castel-Tenant :
- Exploitons immédiatement.

Longueur d'onde $\lambda = 185$ nm, d'où fréquence $\nu = c/\ \lambda = 1{,}620$ PHz.
Énergie du photon capturé à cette fréquence : E = h $\nu = 1{,}074$ attojoules = 6,7 eV.
Énergie de zéro de cet oscillateur perpétuel : 537 zJ par molécule.
Soit pour une mole 323 kilojoules.
Or l'énergie de liaison aromatique du benzène est évaluée à 150 kJ par mole, soit 249 zJ par molécule. Cela comparé à la formule originale de Kekulé, sans oscillation de la position des doubles liaisons.

Z'Yeux Ouverts :
- Stop ! Nous ignorons tout du mode propre excité par ce photon ni la polarisation. Nous ne pouvons en déduire le mode de zéro. Si c'est un mode de rotation des électrons autour de l'anneau à partir d'une polarisation circulaire, la propriété du mode de zéro à h/2 ne lui est pas applicable, alors qu'elle serait valide pour un vrai colorant, qui absorbe en polarisation plane. Attendons donc d'être mieux renseignés pour déduire. Aussi je mets votre dernière idée en mode biffé : le calcul est juste, son interprétation est invalide.

Figure 10.41.
Figure tirée du Organic Chemistry, de K. Peter C. Vollhardt. W.H. Freeman and Company. Double liaison de l'éthène.

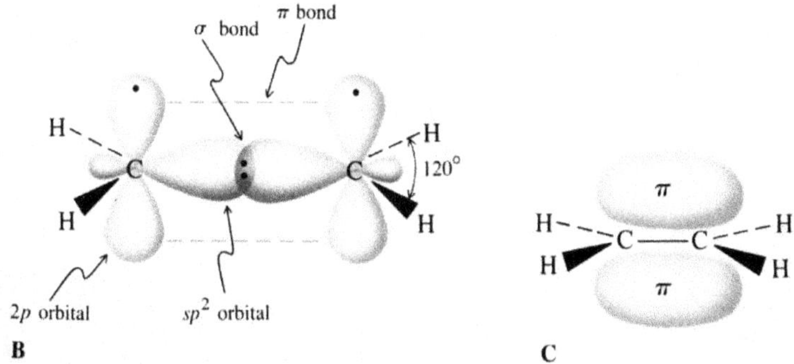

Une modélisation ultra-simple du comportement de l'électron dans une molécule résonante, que ce soit dans le domaine visible pour donner une coloration visible, ou dans le domaine ultraviolet plus généralement, est celle de la boîte à deux compartiment : tantôt l'électron est dans la boîte A, tantôt dans la boîte B, et le hamiltonien (l'énergie) est calculable. Or cet oscillateur ne peut descendre en dessous d'un demi-quantum d'action. Qu'arrive-t-il quand ce colorant absorbe un photon à la fréquence de résonance ? L'oscillation augmente en intensité, mais pas le nombre d'électrons disponibles, c'est le même qui oscille davantage : quand il y en a 1,414 dans un compartiment, il y en a -0,414 dans l'autre.

Et encore un photon de plus ? Quand il y en a 1,732 dans un compartiment, il y en a -0,732 dans l'autre. Résultats selon le formalisme, et définitivement incompatibles avec l'idéation corpusculaire.

Professeur Castel-Tenant :
- Rappelons que pour que ce soit un colorant ou une molécule colorée sans fluorescence, il faut que la désexcitation soit non optique, pas ou très peu par réémission du photon, mais mécaniquement, par chocs ou phonons, c'est à dire une désexcitation thermique : le corps ou le gaz chauffe. La pratique des lasers à colorants démontre qu'une excitation élevée des modes propres de ces molécules en décompose une fraction notable. La décomposition de la molécule hyper-excitée devient probable. La plupart des colorants organiques, encres et peintures sont pâlis par l'exposition au soleil.

Z'Yeux Ouverts :
- Ici se termine notre chapitre consacré à l'exposé de la théorie microphysique transactionnelle. Ce sous-chapitre sur les colorants a confirmé la défaite de toute idéation corpusculariste, que ce soit pour les photons ou les électrons. C'est bien en onde que l'électron oscillant d'un colorant oscille dans la molécule. La convergence d'un photon sur la molécule résonante ou l'atome qui va l'absorber était déjà précédemment bien établie. La révision sur les colorants rappelle juste que c'est un fait rencontré tout au long de la journée de chacun.

Chapitre 11

L'effet photo-électrique revisité, lois de Lenard (1900)...

Professeur Castel-Tenant :
- Non, vous ne vous en tirerez pas comme cela. Vous avez jeté l'interprétation de l'effet photo-électrique par Albert Einstein (1905), sans reprendre à la base la physique de l'effet photo-électrique, tel que découvert par Heinrich Hertz (1887) et précisé par Philipp Lenard (1900).
Résumé : La lumière peut arracher des électrons à un métal, toutefois il y a un seuil de fréquence indispensable à franchir, sinon elle est inefficace. Pour le zinc, métal de la découverte historique décrite par Hertz, le seuil est dans l'ultra-violet. Les électrons ne sont émis que si la fréquence de la lumière est suffisamment élevée et dépasse une fréquence limite appelée fréquence seuil.

(1) Cette fréquence seuil dépend du matériau et est directement liée à l'énergie de liaison des électrons qui peuvent être émis. Elle varie selon la face cristallographique du monocristal illuminé.

(2) Le nombre d'électrons émis lors de l'exposition à la lumière, qui détermine l'intensité du courant électrique, est proportionnel à l'intensité de la source lumineuse.

(3) La vitesse des électrons émis ne dépend pas de l'intensité de la source lumineuse.

(4) L'énergie cinétique des électrons émis est proportionnelle à la différence : fréquence de la lumière incidente – fréquence du seuil.

(5) Le phénomène d'émission photoélectrique se produit dans un délai extrêmement court, inférieur à 10^{-9} s après l'éclairage ; c'est un phénomène quasi instantané.

Figure 11.1.

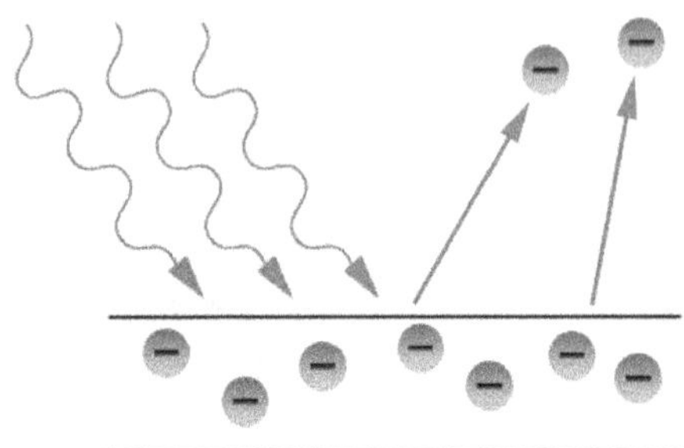

Références de ces travaux fondateurs :
Heinrich Hertz : Ueber den Einfluss des ultravioletten Lichtes auf die electrische Entladung. Annalen der Physik 267 (8), S. 983-1000, 1887.
doi : 10.1002/andp.18872670827
En ligne (mais payant) à
http ://onlinelibrary.wiley.com/doi/10.1002/andp.18872670827/abstract

P. Lenard : Erzeugung von Kathodenstrahlen durch ultraviolettes Licht. In: Annalen der Physik. 307, Nr. 6, 1900, S. 359–375. doi :10.1002/andp.19003070611.
http ://onlinelibrary.wiley.com/doi/10.1002/andp.19003070611/
abstract ;jsessionid=E4385DBD654732F7AE8429461F56284F.f01t01

A. Einstein : Ueber einen die Erzeugung und Verwandlung des Lichtes betreffenden heuristischen Gesichtspunkt. In: Annalen der Physik. 322, Nr. 6, 1905, S. 132–148. doi :10.1002/andp.19053220607.

Z'Yeux Ouverts :
- Très volontiers, mais ça nous replonge dans la physique de l'état solide qu'au tout début vous vouliez rejeter hors de la discussion. En 1905, Einstein avait admis le postulat des électrons indépendants, et en ce temps là, il était admis partout que l'électron était une petite sphère. Poincaré calculait son aplatissement en palet aux vitesses relativistes. A présent on en sait davantage : ils sont organisés en plasmons, ondes du gaz d'électrons élastiquement lié au réseau d'ions métalliques ; leurs couplages avec des photons sont appelés polaritons. Autant de quasi-particules, qui ont bien une mathématisation quantique, sans la moindre référence corpusculaire possible. La question de la taille de l'absorbeur ne se posait pas du temps d'Einstein, puisqu'il présumait que le photon était déjà et toujours pré-concentré en « petit grain », ponctuel. En physique transactionnelle, nous savons qu'un photon réfléchi par le métal n'a aucune raison d'y être déjà concentré, et que tant

que le miroir est plan (exceptons là les optiques à miroir concave ou convexe, notamment celles d'un télescope) la réflexion métallique ne change rien à la géométrie générale du fuseau de Fermat : un photon ne se concentre que sur la réaction d'absorption, dont le diamètre total détermine le diamètre final du photon (ces deux diamètres sont intrinsèquement flous). Certes durant le trajet, une optique convergente ou divergente change les angles de convergence d'un fuseau de Fermat, pour chaque photon. Tandis qu'un photon absorbé par le métal y arrive toujours concentré au diamètre de la réaction d'absorption qui l'attend. Que cette absorption déclenche un électron secondaire ou pas. Telles sont les implications de la transaction. Notre tâche nouvelle est d'identifier ces réactions d'absorption, et d'en donner la physique fine.

Que ce soit par effet photo-électrique ou en émission thermo-ionique pour faire les cathodes des tubes à vide, le travail de sortie d'un électron dépend du métal ou de l'alliage. Voici une table de résultats moyens (variations de l'ordre de 5 % au moins selon la méthode de mesure ou la face cristalline, non détaillée), extraite du Ashcroft & Mermin, Solid State Physics :

Travail de sortie de métaux typiques

Métal	W (eV)	Métal	W (eV)	Métal	W (eV)
Li	2.38	Ca	2.80	In	3.8
Na	2.35	Sr	2.35	Ga	3.92
K	2.22	Ba	2.49	Tl	3.7
Rb	2.16	Nb	3.99	Sn	4.38
Cs	1.81	Fe	4.31	Pb	4.0
Cu	4.4	Mn	3.83	Bi	4.4
Ag	4.3	Zn	4.24	Sb	4.08
Au	4.3	Cd	4.1	W	4.5
Be	3.92	Hg	4.52	Ta	4.1
Mg	3.64	Al	4.25	Mo	4.3

Source : V.S. Fomenko. Handbook of Thermionic Properties. G.V. Samsanov, ed., Plenum Press Data Division, New York, 1996. Compilation de nombreuses déterminations expérimentales.
Autre source (H. J. Reich) : Thorium sur tungstène, 2,63 eV.

La différence d'affinité électronique selon les métaux est aussi exploitée dans les thermocouples, outil de choix pour la mesure des températures.

Le travail de sortie des électrons du métal dépend de l'état cristallin (bon cristal ou mauvais cristal), et de l'orientation cristalline de la face éclairée : 4,26 eV pour de l'argent polycristallin, mais 4,74 eV sur la face (1 1 1) d'un monocristal, 4,64 eV sur une face (1 0 0) et 4,52 eV sur une face (1 1 0) [1]. Donc au moins pour l'argent, les zones les plus émissives du métal polycristallin, sont les joints de grains : zones à énergie plus élevée, dont nous avions vu plus haut en métallographie, qu'elles sont largement éliminées par recuit. Or ça n'est pas large, un joint de grain : deux à trois atomes. Voilà à moitié résolu notre problème de la convergence du photon éjecteur vers son absorbeur, la petite zone fugitivement candidate à émettre un électron. De plus les plans (1 1 1) d'un métal cubique à faces centrées sont des plans atomiques denses, les plus denses de tous, et (1 1 0) est le moins dense des trois où le travail de sortie a été mesuré.

L'émission thermo-ionique était une question cruciale pour les fabricants de tubes électroniques. Les technologies vraiment utilisables étaient peu nombreuses :
* Les cathodes en tungstène pur, pour les gros tubes d'émission à très haute tension, plus de 3 500 V. Tandis que les cathodes en tantale n'ont guère été pratiquées.
* Les cathodes en tungstène thorié, moyennant un processus d'activation thermo-électrique complexe (anodique), aboutissant à une couche monoatomique de thorium sur le tungstène.
* Et de loin la technologie la plus courante au moment où le livre de Herbert J. Reich (**Principles of Electron Tubes**) a été traduit en français aux Éditions Radio (**Techniques et applications des tubes électroniques**), soit 1951 : les cathodes à chauffage indirect, où un filament de tungstène chauffe un tube en feuille de nickel, recouvert d'oxydes de baryum et strontium. Là encore l'activation est complexe, passant des carbonates aux oxydes, puis à une réduction superficielle anodique des oxydes. Selon la température de chauffe (1 000 K à 1 300 K), l'affinité électronique obtenue est dans la plage des 0,5 à 1,5 V. La durée de vie de ces cathodes à oxydes était de quelques milliers d'heures; comme toutes les cathodes à activer, elles étaient hypersensibles à toute trace d'arrivée de gaz.

Professeur Castel-Tenant :
- Vous n'avez pas résolu votre problème du confinement de l'absorbeur photoélectrique, afin qu'il relâche cet électron et pas un autre, sous l'énergie incidente de ce photon et pas un autre.

1. . Dweydari, A. W., Mee, C. H. B. (1975). "Work function measurements on (100) and (110) surfaces of silver". Physica Status Solidi (a) 27 : 223.

Z'Yeux Ouverts :
- Les électrons sont indistinguables entre eux ; les photons sont indistinguables.
On va déjà expliquer pourquoi en dessous de cette énergie-fréquence de seuil, rien de photo-électrique ne se passe : ce sont des métaux, à l'état métallique. Donc presque chaque photon incident suffisamment lent en période, trouve devant lui un miroir d'électrons de conduction. Sauf une minorité qui sont absorbés par un autre mécanisme (à étudier séparément), ils sont réfléchis, ne pénètrent pas vraiment le métal. Nous avons vu par les nombreux exemples ci-dessus, que les cathodes les plus émissives sont celles dans le plus mauvais cristal, avec défauts plans – les joints de grains – et avec défauts ponctuels : impuretés et lacunes. Pas d'études visibles sur l'effet des traces en surface de défauts linéaires, les dislocations. Tout défaut de surface ou émergeant à la surface gêne le développement du polariton, est un obstacle à la perfection du miroir.
Quel est l'effet des absorptions de photons qui ne donnent pas d'électrons secondaires émis ? Elles augmentent la température du métal d'abord en augmentant l'énergie des plasmons (ondes élastiques d'électrons) qui à leur tour transfèrent de l'énergie aux phonons.
Il nous manque un sérieux jeu de données indispensables : les absorbances spectrales d'au moins quelques-uns de ces métaux, ainsi que les mécanismes d'absorption. Un résumé fait en 1966 :
François Cabannes : Facteurs de réflexion et d'émission des métaux. HAL-Inria
https://hal.inria.fr/file/index/docid/206511/filename/ajp-jphys_1967_28_2_235_0.pdf
C'était un résumé de la pénurie en données fiables dans ce domaine.

Là dessus, je conjecture jusqu'à existence d'une étude plus fine, que l'absorbeur Lenard-Einstein d'un photon qui donnera émission électronique, est un défaut peu étendu en surface ou très proche de la surface qui empêche le déploiement du polariton qui ordinairement aurait réfléchi le photon. Et cela est d'autant plus sensible que ce polariton doit être rapide, excité par un photon de grande fréquence. Ce défaut peut être totalement fugace, par collision ou concentration de phonons. Et à ce jour rien encore n'indique que la nature du défaut absorbant ait radicalement changé au franchissement du seuil d'émission photo-électrique ; on n'a la preuve que d'un changement de son efficacité.

Professeur Castel-Tenant :
- Vous ne couvrez pas ainsi les lois de Lenard de l'émission photo-électrique.

Z'Yeux Ouverts :
- Mais si ! Le seuil d'extraction d'un électron persiste à ne dépendre que du métal et de son état de surface plus ou moins cristallin, et de la température, questions bien connues depuis 118 ans. Le problème que j'avais à résoudre est celui de la taille du défaut qui peut concentrer le photon pour éjecter un électron. La question de la taille de l'absorbeur ne se posait pas du temps d'Einstein : il présumait que le photon était toujours pré-concentré en « petit grain ». La pratique des tubes à vides a amplement démontré la dépendance du travail de sortie à la température de cette cathode, ce qui va dans le sens des défauts fugaces par concentration fugace de phonons et plasmons. Encore qu'il faille vérifier si cette fugacité n'est pas trop brève pour la longueur de cohérence du photon incident.
Il me reste à résoudre la question du signal rétrochrone vers l'émetteur, permettant à la transaction d'aboutir, et provoquant la convergence d'un photon vers le défaut, a priori bien moins large que ne pourrait l'être le photon réfléchi, en cours de route vers d'autres absorbeurs. Pour la molécule de monoxyde de carbone, il suffisait de regarder la fréquence de la vibration irréductible de zéro, à un demi-quantum.

Professeur Marmotte :
- Bref : vous voilà coincé à nouveau !

Z'Yeux Ouverts :
- Bah non ! C'est évident, il suffit de lire les longs paragraphes que H. J. Reich a consacrés à la charge d'espace autour des cathodes thermo-émissives, § 2.8 à 2.13 dans l'édition que j'ai là. Le métal cathodique n'en finit pas d'émettre et ravaler des électrons, à plus ou moins courte distance. Or la combinaison de la réflexion et de l'effet photo-électrique n'est pas résonante, mais seulement optiquement passe-bas, on ne peut en attendre un spectre de fréquences qui soient des signaux clairs. Des données spectrales et de physique des surfaces semblent manquer. Toutefois, pour tirer des données spectrales du passe-bas [réflexion + photo-électrique], il faut avoir des sources déjà spectralement contraintes.
Ici on doit conclure que les photons absorbés à fréquence encore trop basse parviennent quand même à augmenter et dilater la charge d'espace, ce que l'appareillage de Lenard fin 19e siècle ne pouvait évidemment pas investiguer. Au dessus du seuil, la charge d'espace est déchirée : certains électrons parmi les moins liés très proches de l'impact sur absorbeur prennent leur liberté. Développements en spectrométrie en photoémission UV, employée pour l'étude des espèces adsorbées.

Professeur Castel-Tenant :
- Pour notre lecteur Curieux qui n'a pas d'expérience de la physico-chimie des surfaces, précisons que des atomes d'azote ou d'oxygène qui restent en surface d'un solide sont dits adsorbés. Alors que le photon qui pourtant ne pénètre guère est dit absorbé car il est mangé : c'était sa fin de course.

Je vous arrête sur un point : la charge d'espace est une notion développée en électronique et physique des tubes à vide, à cathode chauffée, donc à émission thermo-ionique. Elle n'est guère extrapolable à la température ambiante, sauf bombardement par du rayonnement à fréquences au dessus du seuil Lenard-Einstein. Les photodiodes à vide ont existé et ont été exploitées en leur temps.

Z'Yeux Ouverts :
- Mmh... Pourtant en électrochimie, on nous enseigne une physico-chimie des doubles couches qui y ressemble bien. D'autre part, les contacts électriques fonctionnent bien par extension des électrons hors de l'extension spatiale du cristal métallique : dans un simple contact électrique comme vous en avez des dizaines chez vous, la charge d'espace fonctionne, cela sans demander l'autorisation des professeurs de MQ. Les thermocouples aussi fonctionnent très bien : chaque électron de conduction s'étend aisément au-delà du joint de soudure.
De plus la charge d'espace intervient bien dans le fonctionnement des tubes à gaz, tels que les thyratrons déjà utilisés pour les travaux pratiques d'étudiants sur l'effet Ramsauer-Townsend, plus haut dans le sous-chapitre 7.3. Reportez-vous aux cours d'il y a septante à quarante ans, sur les tubes à vide et les tubes à gaz, par exemple celui de Kaganov déjà cité. La charge d'espace intervient bien et à la cathode, et autour de la grille de commande.

Professeur Castel-Tenant :
- A mon grand regret, car j'aurais préféré conclure ici au match nul, je dois concéder que là aussi, vous avez pris un léger avantage au final : on n'a rien pu prouver contre vous, tandis que vous avez pu prouver des défauts dans la théorisation standard. Selon vous, on n'en sait pas du tout assez, et nous aurions été présomptueux, endormis sur les lauriers des Grands Ancêtres.

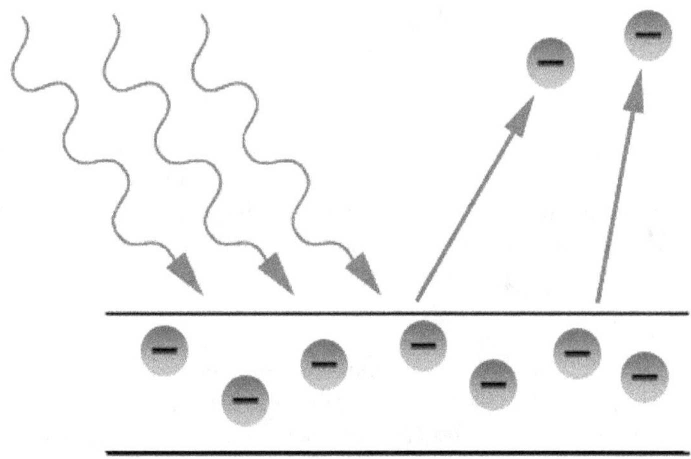

Chapitre 12

Des animaux territoriaux comme les autres... La concurrence des contes de fées. Principe du « *plomb dans l'organisme* ».

Ingénieur Marmotte :

- *Cet article est nul, sur le plan scientifique. C'est une escroquerie,comme on en voit de plus en plus dans la presse. Je ne conteste évidemment pas le fait que l'auteur ait un point de vue différent de celui de Bohr sur l'interprétation de la Mécanique Quantique, car il y a presque autant d'interprétations de la MQ qu'il y a de physiciens.*

La MQ, en effet, n'est pas une théorie, c'est un modèle. Aussi bien l'équation de Schrödinger que celle de Dirac n'ont aucune base théorique, si ce n'est des principes élémentaires de statistique et de symétrie. Chacun est libre d'interpréter ce modèle comme il l'entend, pourvu que, dans son travail, il en respecte les règles, auquel cas, les prédictions sont étonnamment bonnes.

Comme si la nature jouait un grand tour aux blablateurs et bonimenteurs professionnels : il y a un modèle, c'est à dire une façon de décrire les choses, qui est étonnamment juste, et qui ne peut se réduire à aucun discours. Mais qui en revanche implique un gros arsenal mathématique et de lourds calculs. Ainsi, sur la définition d'un état quantique. Ce n'est pas la peine de faire du baratin. Un état quantique, c'est une fonction propre de l'équation de Schrödinger, et une observable, c'est un opérateur qui agit dans un espace fermé d'état propres. Ce sont donc des applications mathématiques du modèle. Point final. Les livres comme celui de Messiah, Cohen-Tannoudji et al, et Landau et Lifchitz traitent avec une grande rigueur (et une grande modestie) de tous ces aspects et de leur lien avec la notion de mesure. Mais c'est profond : quand j'étais étudiant (dans les années 60-70), j'avais passé trois semaines pour lire 20 pages du Landau sur la notion de mesure.

Si la formulation du modèle est ultra-simple, que ce soit pour Schrödinger (H x Psi = E x Psi) ou Dirac (H = alpha x P + beta x M), les calculs sont très lourds, même pour un cas simple.

Par exemple, pour une collision de protons sur des noyaux (protons de 1 Gev, accélérateur Saturne II, 1976), la section efficace de collision est donnée (approximation de Born des ondes distordues) par une intégrale de recouvrement des ondes distordues entrante et sortante avec un potentiel. Les résultats montrent un accord d'une précision incroyable entre la théorie et l'expérience ! Mais le prix à payer est élevé en terme de lourd labeur. J'en sais quelque chose, puisque c'était l'objet de ma thèse : cinq ans de calculs et de développement du code de calcul !
C'est ce côté « travail de laboureur » qui rebute les grands penseurs de notre époque.
http ://www.agoravox.fr/commentaire4224498
Dans mes jeunes années, j'ai eu Bernard d'Espagnat comme professeur. A l'époque, et je l'en remercie, il faisait de la MQ à l'ancienne : modestie, espaces de Hilbert, vecteurs propres et intégrales de recouvrement. J'ai travaillé une bonne partie de ma vie en Mécanique Quantique et j'ai obtenu, comme beaucoup de physiciens, des résultats remarquables (pas grâce à moi, mais grâce à la MQ). Et pourtant, je n'ai pas la prétention de comprendre et d'expliquer ses fondements.
Aussi, j'espère que vous comprendrez que ma réaction à votre article n'est pas liée au fait que vous ayez un point de vue différent. Elle est liée à la méthode, habituelle sur ce site : un flot ininterrompu de liens et d'affirmations péremptoires, que l'on veut faire passer pour des démonstrations et surtout, la position démagogique, bien en vogue dans notre pays, que l'on peut tout comprendre, y compris la MQ, sans faire d'efforts, et que l'on a un point de vue sur tout qui fait autorité (démocratie participative oblige).
L'œuvre de destruction de notre pays entreprise par les franc maçons et la bourgeoisie implique la destruction de la poésie, de la musique, de la culture et en particulier de la culture scientifique, et des mathématiques, qui sont l'ennemi number one, car l'apprentissage de la liberté. Comme faire croire que l'on peut dominer un problème aussi profond quc la MQ uniquement à partir de baratin conceptuel.
http ://www.agoravox.fr/commentaire4224527

Curieux :
- Et vous vous laissez dire des choses pareilles, M. le savanturier ?

Z'Yeux Ouverts :
- Le Professeur Marmotte est un assemblage composite de citations de plusieurs personnes, aussi il n'est pas étonnant qu'ils se contredisent d'une intervention à l'autre. Dans celle-ci, qui malgré sa sévérité est respectable, il vient d'avouer que "*la MQ n'est pas une théorie*", bien que la plupart de

ses thuriféraires soient convaincus du contraire. Il ne s'agit que d'une phénoménologie mathématique, rien de plus, plus ou moins bien fagotée ; par chance, le formalisme est ondulatoire et déterministe dans son essence, ce qui a permis à l'ingénieur Marmotte d'obtenir les succès numériques dont il est fier. Quant au Landau et Lifchitz, hé bien j'en pense plutôt du mal : presque partout, et surtout dans les tomes 3 et 4 qui nous concernent ici, est à l'œuvre le célèbre sadisme de Lev Davidovitch Landau, qui faisait exprès d'être obscur et le moins utilisable possible. Alors que, toujours aux éditions Mir, j'ai au contraire énormément de bien à dire de la Physique atomique de Chpolski, des deux volumes d'Optique de Sivoukhine, ou des Fondements de la physique des cristaux, de Sirotine et Chaskolaskaïa. Quant aux vingt pages sur la notion de mesure, il s'agit des paragraphes 1 et 7, pages 9 à 14, 32 à 36, dix pages en tout, mais embellies par le souvenir héroïque. Depuis le début, je vous expose que si l'exposé MQ classique, c'est à dire selon la tribu Göttingen-Copenhague est si obscur et difficile, c'est qu'il est corpusculiste à cœur donc contradictoire avec le formalisme qui est ondulatoire et déterministe, et que par conséquent ça n'a ni queue ni tête ; il n'y a aucune "*subtile profondeur à comprendre*", mais un salmigondis bon à jeter, pour reconstruire à zéro sur des bases saines ; même si la phénoménologie mathématique et le formalisme sont corrects, la sémantique dont ils l'enrobent est à jeter aux poules.

Professeur Marmotte :
- "*à jeter aux poules*" ? Et pour qui vous prenez vous ?

Z'Yeux Ouverts :
- L'humoriste hongrois Frigyes Karinthy avait écrit la nouvelle "*Halandjah*" (ce pseudo-mot n'est peut-être qu'une transposition française, publiée par Pierre Daninos) : une gouape a inventé une pseudo-langue obscure pour obscurcir l'esprit de sa victime au point qu'il réussit toujours à lui *taper* cinq couronnes : "*Donnez les moi, je vais les porter tout de suite*". Forte ressemblance avec les ruses hégémoniques en MQ façon Göttingen-København, ruses d'hypnotiseur qui occupe l'esprit de sa victime avec un maximum d'obscurités et d'absurdités, mais tant que la victime a confiance...
Cet ingénieur Marmotte ne rend guère service aux illustres défunts, Landau et Lifchitz, car on leur donne un tour de manège. En bas de la page 12 et début de la page 13, 3e édition (1975) :
"*Soient effectuées dans des intervalles de temps déterminés* Δt *les mesures successives des coordonnées de l'électron. En général leurs résultats ne viendront pas matérialiser une courbe régulière. Au contraire, plus les mesures seront précises, plus les résultats révèlent un cours chaotique, des ressauts, la notion de trajectoire n'existant pas pour l'électron. Une trajectoire plus ou*

moins continue ne s'obtient que si l'on mesure les coordonnées de l'électron avec un faible degré de précision, par exemple par condensation des gouttelettes de vapeur dans la chambre de Wilson.
Mais si, tout en conservant la précision des mesures, l'on réduit les intervalles Δt *des mesures voisines donneront, bien entendu, des valeurs vosines des coordonnées. Toutefois, les résultats d'une série de mesures successives, bien que situées dans une petite région de l'espace, seront dispersées dans cette région d'une manière absolument chaotique, ne s'alignant pas sur une courbe régulière. Notamment, faisant tendre* Δl *vers zéro, les résultats de mesures voisines n'auront nullement tendance à s'aligner sur une droite.*".
Fin de citation.
Les auteurs ont intégralement confondu le sort d'un seul électron avec les propriétés d'une foule d'électrons dont on ne maîtrisera jamais les conditions initiales, ni finales non plus. Chaque électron de la foule a des conditions initiales et finales chaotiques, sous l'emprise du bruit de fond broglien, qui nous échappe à jamais.
Leur affirmation de la trajectoire individuelle de chien fou, est un bluff éhonté, aucune expérience de ce genre sous idéologie corpuscularise ne peut se réaliser. Ils ont juste parié qu'aucun étudiant ne sera assez audacieux pour demander des preuves. La conservation de l'impulsion appliquée à une particule relativiste sortant de l'accélérateur et/ou d'une collision lui interdit le comportement erratique postulé par Landau et Lifchitz ; les lois de l'optique physique de Fresnel (1819) l'interdisent aussi.

Professeur Castel-Tenant :
- Et vous avez une preuve ?

Z'Yeux Ouverts :
- Dites ! J'y étais en fins de nuits au CEA à Saclay, à dépouiller les photos prises dans la grande chambre à bulles Gargamelle. Je vous certifie n'avoir jamais vu de zigzagodromie, mais au contraire des trajectoires remarquablement fines et tendues. Du reste le logiciel chargé de valider mes pointages n'admettait aucune *zigzagodromie*, rien que de beaux arcs tendus.
Mais alors que reste-t-il de juste dans la parole des deux illustres, cités ci-dessus ? Éventuellement que si on pouvait scruter le début de chaque bulle dans l'hydrogène liquide de la chambre à bulles, chaque ion formé partant d'un côté, et chaque électron arraché partant de l'autre, initiant chacun un petit début de bulle légèrement écarté de la trajectoire de la particule ultra-relativiste. Sauf qu'on n'a guère de moyen expérimental pour ne saisir que ces amorces de bulles par ionisation. Les sommités ont donc bien écrit du bluff et des sottises, sur des présupposés corpuscularistes que rien n'a jamais

justifiés.

Il ya bien pire encore, comme preuve :
La seconde est la durée de 9 192 631 770 périodes de la radiation correspondant à la transition entre les deux niveaux hyperfins de l'état fondamental de l'atome de césium 133.

Mais attention, nous soutient le clergé autorisé : tout ça vient des électrons complètement *zinzins* qui *zinzinabulent* en tous sens autour du noyau comme de jeunes chiens fous, individuellement dispensés de toutes lois physiques !

Curieux :
- Et vlan ! Vous venez de flinguer deux sommités de l'édition scientifique : Landau et Lifchitz !
Zigzagodromie ? Jargon de marin ?

Z'Yeux Ouverts :
- De navigateur à plume, truculent cafouilleux à plume : Jacques Perret. En navigation océanique on se contente de comparer la route orthodromique (la plus courte, par un arc de grand cercle) à la route loxodromique (à cap constant).

Professeur Castel-Tenant :
- Landau et Lifchitz devaient être sous l'influence de la théorie cinétique des gaz. En vrai dans les gaz les molécules ont des trajectoires erratiques, de choc en chocs.

Z'Yeux Ouverts :
- Affirmatif : c'est une explication vraisemblable.
Sur le plan de la compétition en contes de fées présentés comme sémantiques alternatives à l'interprétation strictement copenhaguiste, l'offre est large.
Franck Laloë n'en finit pas de présenter et de présenter encore l'interprétation des "*Mondes multiples*" d'Everett avec une complaisance attendrie. Ça n'est pas innocent, c'est une vraie ruse de guerre : l'idée d'Everett est tellement folle qu'elle ne peut faire ombrage aux contes de fées des copenhaguistes. Elle leur sert au contraire à dénigrer implicitement tout ce qui n'est pas eux.
Liens :
http ://www.phys.ens.fr/cours/notes-de-cours/fl-mq/mq.PDF
http ://arxiv.org/pdf/quant-ph/0209123v2.pdf

Cette concurrence féroce entre animaux territoriaux ne va pas sans armes ni intimidations. J'hésite comment nommer le **Principe du plomb dans**

l'organisme. "*Toi, tu penses trop. Trop penser, ça donne du plomb dans l'organisme*", menace le riche éleveur, dans "*Des barbelés sur la Prairie*" (Morris et Goscinny). Pratiqué par les pythagoriciens lorsque des dissidents allaient propager la fâcheuse nouvelle que non, racine de deux ne pouvait être un nombre rationnel : la légende dit que leur navire s'ouvrit en deux entre deux îles de la Mer Egée. Pratiqué aussi par la Watch Tower, organe des chefs des témoins de géotruc : "*Ne fréquentez pas les anciens croyants qui ne croient plus, car ce sont des malades mentaux dangereux*". Ou lui donner le nom du maître de conférence qui à Lyon 1 Villeurbanne, réclamait qu'on interdise les études de physique "*aux esprits farfelus*" ? Mais je n'ai pas remis la main sur mes notes de TD d'il y a vingt ans, et il n'est plus sur l'annuaire de l'INPL. C'était moi sa bête noire : je lui avais posé une question, une seule, qui l'avait désarçonné, et il avait précipitamment répliqué que je *devrais lire des livres...* Livres qu'évidemment j'avais déjà lus, et possédais pour la plupart.

Curieux :
- Ou principe de Spaghetti, pour rester dans les bandes dessinées ? Prosciutto, frère de pizza de Spaghetti, s'est entiché de deux malandrins, qui démontrent qu'en deux coups de pieds, eux savent ouvrir un coffre fort. Du coup Spaghetti devient méfiant :
- *Zé commence à me poser des questions au souzet de ces deux individous.*
Tandis qu'eux, à part :
- *Il va falloir s'occuper de Spaghetti, il commence à se poser des questions.*
« *S'occuper de* », bien sûr au sens de « *buter* ».

Professeur Castel-Tenant :
- Mais il faudrait alors les noms de ces malandrins, que vous avez perdus, pratiquement impossibles à retrouver. Il ne reste que le **Principe du plomb dans l'organisme**. Morris et Goscinny sont des auteurs amplement connus.

Chapitre 13

Causalité bousculée ? Mektoub ?

13.1. Exemple de l'impasse Göttingen-København depuis 1927.

Z'Yeux Ouverts :
- Je recopie l'original en anglais, puis traduis chaque paragraphe.

Backward in time influence in the microscopic domain. A reality, or a wrongly posed problem? *Influence à rebrousse-temps dans le domaine microscopique. Une réalité ou un problème mal posé ?*
Consider a pair of photons, A and B, prepared in the polarization singlet
Considérons une paire de photons A et B, préparés dans un singulet de polarisation
(1) $|\psi\rangle = 2^{-\frac{1}{2}} (|x\rangle A\ |x\rangle B + |y\rangle A\ |y\rangle B)$

Assume that the photon A is tested in the lab of the experimenter Alice, and the photon B in the lab of the experimenter Bob. Assume also that the labs are in movement with respect to one another, see
Supposons que le photon B est testé dans le laboratoire de l'expérimentateur Alice, et le photon B dans le laboratoire de l'expérimentateur Bob. Supposons que les laboratoires sont en mouvement relatif, voir l'article
H. Zbinden, J. Brendel, W. Tittel and N. Gisin, "Experimental Test of Relativistic Quantum State Collapse with Moving Reference Frames", arXiv:quant-ph/0002031v3 .

Assume however, that according to the clock of a third lab, of the observer Charlie, Alice and Bob perform their experiments simultaneously.
Ajoutons l'hypothèse que selon l'horloge d'un troisième observateur Charlie, Alice et Bob font leur expérience simultanément.

Consider a trial in which Alice and Bob did their test according to the same directions, {x, y}, and both obtained the result x. Let's see how do they interpret this result:
Considérons une épreuve où Alice et Bob orientent leurs polariseurs selon la même direction {x, y} et que tous deux obtiennent la polarisation x. Voyons

comment chacun va interpréter ce résultat :

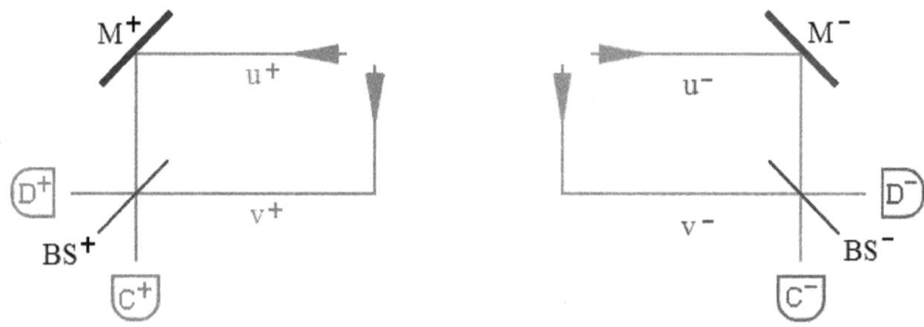

1) According to the time axis of Alice's lab, her test occurred first and she obtained the result x. No doubt, since by the time of her experiment Bob didn't yet do his text, the result obtained by Alice was independent on Bob's choice of axes and result. However, the wave-function (1) shows that if Alice obtained x, Bob's result for the same choice of axes should be also x. So, Bob's result YES depends on Alice's result.

1) Selon le temps local du labo d'Alice, son test est arrivé premier, et elle a constaté la polarisation x. Pas de doute, car comme au temps de son expérience, Bob n'avait encore rien constaté, le résultat par Alice est indépendant du choix d'axe de polarisation de Bob, et de son résultat. Néanmoins, la fonction d'onde (1) montre que si Alice obtient le résultat x, Bob doit aussi obtenir x s'il oriente son polariseur de même. Ainsi le résultat de Bob dépend du résultat d'Alice.

2) According to the time axis of Bob's lab, his test occurred first, so, the result he obtained should be independent of what Alice will do in the future, i.e. which axes will she choose and which result will she get. ***Then why cannot Bob obtain a result y?***

2) selon le temps local au labo de Bob, son expérience vient la première, aussi son résultat devrai être indépendant de celui qu'Alice obtiendra dans le futur, choix d'axe comme résultat selon cet axe. Alors pourquoi Bob ne peut avoir le résultat y ?

Putting the problem in another way, the wave-function (1) shows that the two particles have equal "rights". It's not a tableau of "leader" and "leaded", i.e. no particle is defined as producing its result independently with the other particle producing its result dependently.

Posons la question différemment. La fonction d'onde (1) montre que les deux particules ont les mêmes « droits ». Pas de meneur ni de mené ; aucune des deux particules n'est indépendante de l'autre.

However, if the two results are mutually dependent, that means that the result obtained by Alice depends on the future choice of Bob about the system of axes, and the result he will obtain. And also vice-versa.
Pourtant, si les deux résultats sont mutuellement dépendants, cela signifie que le résultat obtenu par Alice dépend du futur choix opéré par Bob sur son axe de polarisation, et du résultat qu'il obtiendra alors. Et vice-versa.

All the physics we learned until now taught us that a present even can depend only on the past history, never on a future event. Should we believe that in the microscopic domain it goes otherwise?

Project : Can we explain the "collapse" of the wave-function?

Toute la physique que nous avions appris jusqu'à présent nous dit que le présent dépend uniquement de l'histoire passée, et pas d'un événement futur. Alors devons nous croire que dans le domaine microscopique, il en va autrement ?

Fin de citation.

Quelles sont les erreurs standardisées auxquelles souscrit cette chercheuse israélienne, et qui la bloquent depuis des années dans la même impasse ?

C'est bien évidemment un problème mal posé, ainsi qu'il est traditionnel dans la tradition anti-transactionnelle.

Son premier vice de raisonnement est anti-relativiste : s'il dépend de la position de l'observateur que les détections par A et B soit simultanées, ou un l'une avant l'autre ou l'autre avant l'une, alors aucun des deux n'est dans le cône de lumière de l'autre, chacun est dans l'ailleurs de l'autre, ils sont spatialement séparés donc causalement séparés en physique macroscopique.

L'auteure de la question initiale croit dur comme fer au macro-temps newtonien, pour chacun des laboratoires. Or ces macro-temps n'ont aucune pertinence pour décrire la physique des transactions.
Le macro-temps n'est qu'une émergence statistique, il a la propriété de s'écouler dans le même sens que l'entropie – elle aussi émergence statistique. Au cours des 19e et 20e siècle, on avait pris l'habitude de considérer le macro-temps comme paramètre fondamental, alors que ce n'est toujours pas fondé. Il n'est toujours pas causal en microphysique.

L'équation de Dirac pour les électrons (1928) donne deux composantes orthochrones, et deux composantes rétrochrones. D'où découle que pour tout autre fermion plus lourd et plus compliqué, il y aura toujours autant de composantes rétrochrones que de composantes orthochrones. Il en découle que le bruit de fond Dirac-de-Broglie d'où émergent des transactions réussies, est toujours bidirectionnel dans tous les micro-temps.
Un photon non corrélé à un autre est une transaction réussie entre trois partenaires : un émetteur, un absorbeur, et l'espace ou les dispositifs optiques qui les séparent.
Deux photons corrélés sont une transaction réussie entre cinq partenaires : un émetteur, deux absorbeurs, et l'espace ou les dispositifs optiques qui les séparent.
Jamais les macro-temps des labos de Bob et Alice n'interviennent dans les lois physiques des transactions.

Se débattant avec les autres contributeurs (mais surtout pas avec moi, qui pense transactions, donc suis dans un autre monde), l'israélienne interjette « *collapse, measurement...* ».
Sauf que le « *collapse* » auquel elle se cramponne n'existe que dans la novlangue Göttingen-København, mais jamais dans le monde réel ; et que le traditionnel « *measurement* » n'appartient pas à la microphysique, mais au folklore local de la tribu locale que l'étudiant doit révérer s'il veut avoir ses examens.

13.2. Les mésaventures de « la causalité » en microphysique.

Plusieurs auteurs s'affolent sur la mésaventure que la quantique en général, et surtout la quantique transactionnelle font subir aux notions précédentes de causalité ; Ruth Kastner, et Louis Marchildon : Causal Loops and Collapse in the Transactional Interpretation of Quantum Mechanics, en 2006.
Bernard d'Espagnat poussa le bouchon fort loin : soit selon lui-même, soit selon ses thuriféraires, l'Univers serait définitivement "enchevêtré". Alors Mektoub (fatalité) ? "Tout est écrit" ?
Voyons déjà qui furent les pionniers :
P.A.M. Dirac en 1938. Classical theory of radiating electrons.
http ://rspa.royalsocietypublishing.org/content/167/929/148.full-text.pdf
ou http ://imotiro.org/repositorio/howto/artigoshistoricosordemcronologica/1938%20-%20Dirac%20-%20Classical%20theory%20of%20radiation%20electron.pdf
J. A. Wheeler et R. Feynman en 1941. Interaction with the absorber as the mechanism of radiation :
http ://authors.library.caltech.edu/11095/1/WHErmp45.pdf

et en 1949 : Classical electrodynamics in terms of direct interparticle action. http ://link.aps.org/pdf/10.1103/RevModPhys.21.425
En fac, très traditionnellement, nous avions appris à calculer des potentiels retardés, et jamais de potentiels avancés : l'éventualité était balayée par le prof d'un revers de main, causalité, voyons ! Nous avions calculé aussi la dispersion d'une onde sphérique émise depuis un point, et d'une demi-phrase, on nous avertissait que l'inverse, la convergence ne saurait exister : causalité, voyons ! Pourtant Dirac en 1938, puis Wheeler et Feynman en 1941 osèrent braver le tabou, avec un succès certain, mais ils n'osèrent poursuivre dans la même voie.
Dans son fameux cours de Caltech, paru en 1964, Feynman nous en avertit pourtant, et tous les physiciens transactionnels confessent avoir été intrigués et suscités par ce passage, où Feynman rappelle qu'ils avaient ainsi obtenu par le calcul que toute la masse de l'électron (l'électron léger uniquement, pas le muon ni le tauon) provenait de la seule interaction électromagnétique avec les autres charges de l'univers, par ondes retardées et avancées.
Mais avec ces éléments de causalité à rebrousse-temps que nous avons mis en évidence ci-dessus, depuis l'absorbeur ou depuis les milieux intermédiaires, jusqu'où remonte-t-on ainsi dans les liens causaux bidirectionnels ? Pas bien loin, à quelques photons près, et à quelques neutrinos près, qui peuvent bien avoir quatorze milliards d'années d'âge. Le mange-pierres qui détruit rapidement toutes les cohérences, c'est encore le bruit de fond Broglie-Dirac. Peu efficace à brouiller les cartes durant un transfert synchrone d'un quanton, il redevient dominant durant tout état quelque peu durable, entre deux transactions. Si on peut espérer lui donner des lois au moins qualitatives, on n'a que très peu d'espoir de pouvoir vérifier expérimentalement ces lois du *handshake* (la poignée de mains).
Donc ouf ! Il n'y a ni mektoub, ni prédestination, ni divination, ni télépathie. Heureusement, car l'expérience quotidienne nous démontre que chaque rouge-gorge qui visite le campus à l'heure des casse-croûtes en plein air nous surprend dans sa vivacité, que nos bébés nous surprennent chaque jour, qu'à la guerre l'ennemi nous surprend souvent, et que l'avalanche nous surprend...
Toutefois, l'expérience redémontre souvent que les positions personnelles à l'égard de la causalité sont amplement projectives et transférentielles, d'où des attitudes passionnelles. On avait vu plus haut les versions d'Einstein et de Bohr. Si vous voyez un chercheur revendiquer qu'il cherche de la théorie qui soit compatible avec "*free will*" et "*God*" (son libre arbitre et son dieu), faites un détour pour l'éviter.

Curieux :
- Vous n'avez pas encore répondu positivement à la question : Mais si le temps n'est pas le temps universel et ubiquiste du dieu d'Isaac Newton,

alors qu'est-il pour vous le relativiste ?

Z'Yeux Ouverts :
- Si vous vous reportez aux questionnements du 19e siècle au temps de Faraday, et avant que les équations de Maxwell s'imposent, ils envisageaient des mousses de vortex tournant autour du fil conducteur, et comble de malchance, c'était pour le champ électrique et le courant électrique qu'ils imaginaient les solutions compliquées, car ils étaient emportés par la facilité de réalisation des spectres magnétiques de Faraday, et s'imaginaient que c'était donc le champ magnétique qui aurait la structure géométrique la plus simple : la structure vectorielle que Hamilton venait d'inventer. Chercher et conjecturer, c'est prendre le risque de se tromper plus d'une fois, d'être trahis par la malchance. Les malchances s'accumulant sur les luttes territoriales, il a fallu attendre 1894 pour que Pierre Curie démontre que seul le champ électrique avait les symétries d'un champ vectoriel. Mais Pierre Curie mourut avant d'avoir mis la main sur l'outil mathématique adéquat au champ magnétique : les travaux d'Hermann Grassmann et de Gregorio Ricci-Cubastro ne percolèrent pas jusqu'à lui.
Dans cette même fin du 19e siècle, il fut prouvé contre une violente opposition que la température d'un gaz n'est pas une variable à notre disposition, mais une émergence statistique des énergies cinétiques individuelles des molécules de gaz. Pour la généralisation aux états condensés avec les phonons, plus les électrons de conduction au niveau de Fermi dans les métaux, il fallut un demi-siècle de plus.
En 1971, au temps où il acceptait de rester dans son domaine de compétence, Roger Penrose démontra que les orientations de notre espace macroscopique familier peuvent être obtenues comme propriété statistique émergente d'un réseau de spineurs. Il restait à obtenir le même résultat aussi pour les distances. Penrose a donc initié un programme de recherche généralisant les spineurs à des twistors. Ça n'a encore rien donné, rien. Le cahier des charges n'était donc pas adéquat. A refaire !
Hé bien, pour le temps macroscopique aussi (celui de la relativité, mais considéré localement, dans le laboratoire où vous êtes) la conclusion s'impose : c'est une émergence statistique de toutes les interactions, de tout le monde à tout le monde, et qui s'écoule dans le même sens que l'entropie. Encore une sorte de mousse entre temps particuliers tous incompatibles entre eux. La démonstration complète n'est pas pour tout de suite, on a encore bien des préalables théoriques à déblayer.
Les mathématiques de l'établissement de poignées de mains dans le cadre du clapotis broglien sont toujours à faire : Leur mission est de convertir du tridimensionnel à temps symétrisé illimité, en unidimensionnel dont les résultats sont manifestes dans notre temps macroscopique. Ça n'est pas un

petit défi.

Professeur Marmotte :
- « *convertir du tridimensionnel à temps symétrisé illimité, en unidimensionnel dont les résultats sont manifestes dans notre temps macroscopique* » ! Ça ne veut rien dire, ça ! Quel charabia prétentieux !

Z'Yeux Ouverts :
- Ça vous déconcerte, hein ! Chaque mot compte. Et quelle serait votre contre-proposition ? Quelles seraient vos mathématiques de l'établissement de poignées de mains dans le cadre du clapotis broglien ?

Curieux :
- Mais si on a cette symétrie quantique passé/futur, pourquoi n'est-ce pas le cas au niveau macroscopique ?

Z'Yeux Ouverts :
- Il n'y a symétrie que pour le micro-temps de certaines transaction, ainsi que des fermions. Cela n'implique rien du tout quant aux macro-temps, qui ne sont que des émergences statistiques.
Des suiveurs de Cramer comme L. Marchildon et R. Kastner tournent en rond dans leurs "*causal loops*" (boucles causales).

Défis :
* Expliquez nous où serait la symétrie-temps dans la trace d'une particule dans une chambre à brouillard ou à bulles. Comment feriez-vous pour utiliser la désionisation d'une molécule d'hydrogène ionisé, pour accélérer la particule vers son émetteur ?

** Comment feriez-vous pour envoyer pile poil un alpha dans un noyau de radium 228, pour qu'il le gobe et donne un noyau thorium 232 ?
Comment feriez-vous pour casser un hélium en quatre hydrogènes soit la réaction inverse à celle qui se produit au cœur du Soleil ?
Vous comptiez vraiment vaincre la thermodynamique statistique ?

*** *Encore plous fort ! Ié demande à la salle le plous grand silence.* Tirer ensemble un antineutrino et un électron sur un noyau pour réaliser l'inverse d'une désintégration béta.

Professeur Castel-Tenant :

- Si l'expérience réussit, on pourra donner un coup de cymbales comme au cirque ! On n'a jamais réussi à faire aucun dispositif optique pour les neutrinos. Passe encore pour des neutrons, avec des monocristaux cintrés. Mais rien de rien pour des neutrinos.

Chapitre 14

« *Mesures* », chat de Schrödinger, « *principe d'incertitude* »...

Si on ouvre n'importe quel article de vulgarisation, impossible de ne pas y lire plusieurs de ces mots magiques qui fondent la parlance de la secte : mesure, observateur, chat de Schrödinger, mondes multiples, préparer dans un état, état intriqué, incertitude...
Alors pourquoi on n'en a jamais éprouvé le besoin ici ?

Professeur Castel-Tenant :
- Si j'emprunte votre propre parlance, je distingue trois principes possibles dans une mesure :

(1) C'est un absorbeur qui déclenche un changement d'état dans l'appareillage, pour acheminer un signal vers l'enregistreur, ou autrefois un observateur humain (qui compte les clics d'un compteur de Geiger, par exemple). C'est le cas majoritaire.

(2) Dans une minorité de cas, c'est le changement d'état dans l'émetteur qui est scruté par l'appareillage.

(3) Dans une minorité de cas encore plus petite, c'est le milieu traversé qui peut faire une « mesure faible », ne perturbant que peu, et de façon parfois discrètement rattrapable, le phénomène observé.

Z'Yeux Ouverts :
- Par exemple avec son apologue narquois du chat mort-vivant, Erwin Schrödinger s'était respectueusement foutu des augustes goules des égocentristes triomphants, les copenhaguistes. Octante deux ans après, ceux-ci n'ont toujours pas décodé à quel point il se payait leur tête. Selon l'école de Copenhague, et surtout selon Eugen Wigner, l'appareillage attendait qu'un copenhaguiste daigne pencher son auguste attention sur le dispositif et en ait pris conscience, pour que l'appareillage sache si l'atome instable s'était désintégré dans le temps prescrit. C'était une idée totalement folle, mais c'est bien celle-là qui était hégémonique en 1935 : le traumatisme de la guerre mondiale 1914-1918 et de ses boucheries pour rien, commandait encore les

esprits et leurs pathologies collectives. En octobre 2006, Sciences et Avenir consacra tout un numéro spécial au chat de Schrödinger. Sur les 78 pages, pas une des sommités convoquées n'a tiré son épingle du jeu. Un festival d'égocentrisme et d'anthropocentrisme à la Bohr : Et *que je te mesure, et que la mesure change etc., et que le psychisme de Wigner, et que l'information, et que je détruis l'information, et que moi, et que moi, et que moi,* etc...

Curieux :
- Principe d'incertitude, on en a déjà traité au paragraphe « Quel hasard et où ? La transformation de Fourier frauduleusement ré-étiquetée ». Votre relecture tient la route dans la mesure où vous auriez raison de jeter aux poubelles les notions corpusculaires.
« *Observateur* », selon vous il ne joue aucun rôle en microphysique, et autant le balancer aux poubelles des théories avariées.
« *Préparer dans un état* », vous développeriez ?

Professeur Castel-Tenant :
- C'est la déclinaison MQ du célèbre aphorisme : « *L'intendance suivra* ». Ici : à l'expérimentateur de se débrouiller pour réaliser la concrétisation des conditions initiales (voire finales aussi ?) que le théoricien a écrites mathématiquement.

Z'Yeux Ouverts :
- Or il me semblait avoir démontré plus haut que ce que le théoricien MQ s'imagine être une parfaite définition de ce qu'il pense être un état initial, est loin de la réalité : le bruit de fond Broglie-Dirac est impossible à écranter.
Quant à « états intriqués » qui leur arrache des Oh ! et des Ah !, c'est juste la conséquence d'un formalisme ondulatoire et de la réalité transactionnelle qu'il décrit, qui les surprend car dans le dos du formalisme, ils persistaient à penser corpusculaire (ce qui est contradictoire avec le formalisme). Il s'agit d'un émetteur émettant deux « particules » complémentaires vers deux absorbeurs. Tant qu'il n'y a pas eu décohérence du côté de chacun des absorbeurs, cela reste une transaction à trois partenaires principaux : deux absorbeurs et un émetteur. Et les lois physiques de la transaction réelle se fichent pas mal de l'ordre chronologique dans lequel nous dans notre laboratoire, nous voyons chaque absorption.

Professeur Castel-Tenant :
- Décohérence. Un mot nouveau pour notre monsieur Curieux. Au fil des autres réactions de proche en proche du côté absorbeur, il y a très vite perte de la pseudo « information » qui régissait le seul transfert considéré par le

théoricien : fréquence, phase, polarisation, impulsion, etc.

Z'Yeux Ouverts :
- Notion très proche, mais hélas pas pratiquée par les mêmes personnes est la thermalisation, qui considère de plus la répartition et la dilution de l'énergie reçue, par exemple apportée par un neutron ou un noyau lourd, percutant un noyau-cible. Les réceptions de photons considérées en physique atomique sont toujours thermalisées (aux effets bosoniques et notamment laser près) : la durée de réception est nettement plus courte que l'état métastable qui lui succède. La désexcitation ultérieure par réémission d'un photon n'a plus aucune corrélation ondulatoire avec le photon reçu, « autrefois, il y a longtemps à l'échelle des périodes brogliennes de cet atome ». Bien sûr, dans un milieu excité laser, où presque tous les atomes du gaz excité résonnent en phase selon la fréquence dédiée par la transition excitée et simultanément sélectionnée par la cavité, il n'y a pas de thermalisation pour les électrons de l'orbitale concernée, s'il y en a toujours pour des électrons plus profonds.

Quant à « *information* », qui est très à la mode, notamment chez Stephen Hawking, ce n'est hélas qu'un délire égocentrique et infantile quand on prétend l'appliquer à la physique. Aucune loi de la nature n'oblige à aucune « conservation de l'information », ni même à une définition de « information ». Seul un animal, opportuniste voire prédateur peut donner du sens à « *information* » : c'est ce qu'il peut exploiter pour son profit. Ce n'est pas une notion transportable d'une espèce à l'autre ni même d'un individu à l'autre : nous sommes trop divers. Le chevreuil est un animal très olfactif (le loup aussi...), course aux armements oblige depuis plus de 80 millions d'années dans sa famille. Une information olfactive qui lui sert, elle nous sert à quoi, à nous animaux diurnes très visuels, et quasi-anosmiques en comparaison ? Et si ici j'écris en bleu le mot « rouge », est-ce une information pour le chevreuil ?

Curieux :
- Oui, mais pour le fameux chat de Schrödinger ?

Z'Yeux Ouverts :
- OK, on va reprendre l'exercice déjà donné à la fin du chapitre 2, on va calculer la fréquence broglienne globale d'un chat, pesant 3 kg.
3 kg . 1,35639 . 10^{50} kg^{-1} . s^{-1} = 4,069 . 10^{50} Hz
Admettons que vous le déplaciez à 1 cm/s, voyons sa longueur d'onde :
$\frac{662{,}6076.10^{-36} kg.m^2/s}{3kg.0{,}01m/s} = 2{,}2087 \,.\, 10^{-32}$ m.
Hin hin ! Et vous comptiez en faire une « fonction d'onde » ? Rien que sa respiration et le battement de son pouls, ainsi que ses mouvements d'yeux,

de vibrisses et d'oreilles sont des dizaines d'ordres de grandeur au dessus de ce genre de longueur d'onde.

Ces Göttingen-Copenhaguistes n'avaient vraiment pas les yeux en face des trous, et ils n'avaient jamais conçu la différence d'échelle entre la microphysique, et leur mythique « observateur ».

Chapitre 15

Avantages didactiques ? La microphysique transactionnelle fait-elle mieux que la copenhaguiste ?

15.1. Précédents désastres en mécanique et en électromagnétisme

Richard Feynman avait déjà souligné avec un humour cruel combien un enseignement des sciences dérive vers le n'importe quoi scolastique, quand il ne sert plus qu'à former des professeurs de sciences, faute de débouchés vers l'industrie (*Surely you are joking, Professor Feynman*). L'enseignement des sciences ne dispose ni de méthodes scientifiques pour se piloter, ni de la discipline des qualiticiens : il est le jouet de luttes politiques entre clans et factions, où l'affrontement des volontés et des ruses pour conserver ou reprendre des territoires et des privilèges l'emporte de loin sur le souci de la qualité, ni didactique, ni scientifique. Après quoi, l'obéissance aux plus anciens dans les grades les plus élevés, et la force de l'habitude suffisent à répéter de générations en générations les bourdes d'il y a longtemps, excusables en leur temps (au 19e siècle), inexcusables depuis bien longtemps. Et si d'aventure un étudiant, un stagiaire à l'IUFM ou un prof en exercice s'aperçoit des bourdes qu'on lui fait reproduire, et expose les remèdes ? Il est alors promptement éliminé par les féodalités scolastiques. *Circulez ! Il n'y a rien à voir !*
Nous avons rassemblé à l'annexe G, les principaux sottisiers de la mécanique. Ici on va se concentrer sur les désastres dans l'enseignement de l'électromagnétisme, sous la domination du « *produit vectoriel* » cher à Oliver Heaviside, qui règne depuis 1888, sans que nul n'ose corriger ces énormités.

La bourde majeure dans le sujet de bac S de Pondichéry en 2012 ! Ou : Ces inspecteurs qui ne maîtrisent pas les symétries des champs de l'électromagnétisme. Accéder à cet énoncé, enseignement commun de physique et chimie série S ?
http ://www.ac-polynesie.pf/spip/IMG/zip/BCG_2013_S_PHYSIQUE_INDE.zip 13PHYCOIN1.pdf, exercice 3, pages 14 et 15. Lien mort depuis, ils ont eu honte d'une telle pièce à conviction.

Regardez la question de physique sur la modification apparente de la gravité sur un pendule pesant, supposément par un champ magnétique au centre d'une double bobine de Helmholtz :

Un pendule dans un champ magnétique Pour vérifier l'influence de l'intensité de la pesanteur sur la période d'un pendule simple, il est difficile d'envisager de se déplacer sur une autre planète. En revanche, il est relativement simple de placer un pendule, constitué d'un fil et d'une bille en acier, à l'intérieur d'un dispositif créant un champ magnétique uniforme dans une zone suffisamment large pour englober la totalité de la trajectoire de la bille du pendule pendant ses oscillations. Ce dispositif peut être constitué par des bobines de Helmholtz.

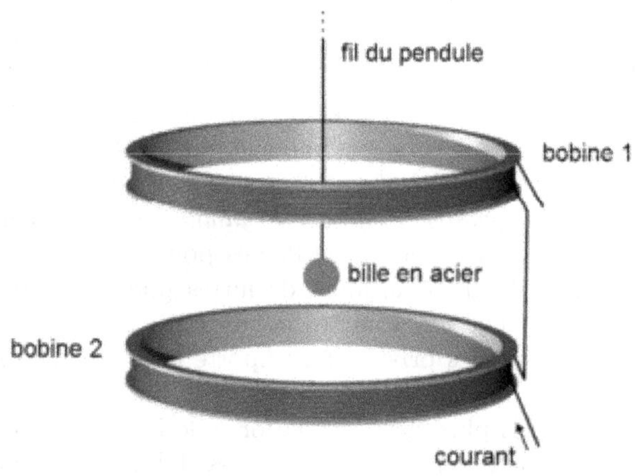

Bobines de Helmholtz

Bobines de Helmholtz

Lorsque l'axe des bobines est vertical, le passage du courant électrique crée un champ magnétique uniforme vertical dans la zone cylindrique située entre les deux bobines. Une bille en acier située dans cette zone est soumise à une force magnétique verticale.

2.1. Expliquer pourquoi ce dispositif expérimental permet de simuler une variation de l'intensité de la pesanteur.

2.2. Comment doit être orientée la force magnétique exercée sur la bille pour simuler un accroissement de la pesanteur ? Justifier.

2.3. Comment peut-on simuler un affaiblissement de l'intensité de la pesanteur ?

2.4. Si le dispositif a été correctement installé pour simuler un accroissement de la pesanteur, comment cela se traduit-il sur l'évolution de la période du pendule ? Justifier.

2.5. Le système utilisé ne permet pas de simuler une forte variation de la pesanteur mais il permet cependant de constater une variation de la période, à condition de choisir un protocole optimisant la précision de la mesure.
2.5.1. Proposer une méthode expérimentale pour obtenir une mesure la plus précise possible de la période.
2.5.2. Dans le cas d'un pendule de longueur 0,50 m, on mesure une période de 1,5 s lorsque les bobines sont parcourues par un courant électrique.
2.5.2.1. Le dispositif simule-t-il un accroissement ou une diminution de la pesanteur ? Expliquer.
2.5.2.2. Déterminer la valeur de l'intensité de la pesanteur apparente.

Un collègue de Belfort a écrit :
Juste par curiosité, qui peut expliquer comment le dispositif des bobines de Helmholtz de la 2e partie l'exercice 2 peut créer une force verticale sur la bille ?

Le collègue a bien fait de nous alerter : cet énoncé est aussi faux que possible. Voilà où ça conduit, d'avoir adopté dans les premières années du 20e siècle, et malgré les mises en garde de James Clerk Maxwell en 1873 et de Pierre Curie en 1894, une représentation vectorielle (ici donc verticale) à un truc de rotation qui n'a rien de vectoriel, mais gyratoriel (et ici horizontal). De toute évidence, le professeur qui a rédigé ce sujet n'a pas fait l'expérience, ni ne saurait faire le calcul qu'il intuite au doigt mouillé, et dont il exige la croyance chez les élèves. L'inspecteur non plus, celui qui a accepté ce sujet, ne comprenait rien à la question.
La "*force magnétique verticale*" que le rédacteur a postulée, n'existe pour un corps d'épreuve ferromagnétique qu'en présence d'un gradient de champ magnétique. Or l'intérêt expérimental de la double bobine de Helmholtz est qu'elle crée une zone étendue à champ uniforme, et donc un gradient de champ nul. Donc "*force magnétique*" nulle sur un corps ferromagnétique. De plus, faire l'expérience lui aurait révélé le freinage par courants de Foucault, si sa bille est étendue et conductrice.
Elles sont comme ça, les féodalités qui règnent sur l'enseignement...

15.2. Le désastre en enseignement de la quantique

Z'Yeux Ouverts :
- Commençons par une référence :

Insights into teaching quantum mechanics in secondary and lower undergraduate education, (21 pages) paru dans PHYSICAL REVIEW

PHYSICS EDUCATION RESEARCH 13, 010109 (2017), par K. Krijtenburg-Lewerissa, H. J. Pol, A. Brinkman, and W. R. van Joolingen, tous quatre néerlandais.
Lien :
http ://journals.aps.org/prper/pdf/10.1103/PhysRevPhysEducRes.13.010109
Ils avouent qu'enseigner conformément à la tradition hégémonique, donne des résultats pénibles.
« *the introduction of probability, uncertainty, and superposition, which are essential for understanding quantum mechanics, is highly nontrivial* ». Ils désignent comme coupable que tout cela est « *contre-intuitif* », et désignent le « *monde classique* » comme le grand fautif. Ils ne sont pas de taille à dépister que si c'est si difficile à inculquer à des étudiants non encore spécialement sélectionnés pour leur docilité et leur tolérance à l'absurdité, cela peut aussi être parce que c'est idiot et très mal foutu.

On va rappeler quels sont les dix postulats pratiqués en physique quantique transactionnelle :

1. Les absorbeurs existent. Les « *aspects corpusculaires* » n'existent pas.
2. L'unité de phase intervient dans la constante de Planck ; l'action par cycle de Planck n'est pas l'action tout court, maupertuisienne.
3. Postulat Broglie-Dirac : Dès qu'une particule a une masse, alors les fréquences intrinsèques de Broglie et de Dirac-Schrödinger jouent chacune leur rôle. La broglienne mc^2/h pour chaque interférence d'un quanton avec lui-même, la Dirac-Schrödinger $2\ mc^2/h$ pour toute interaction électromagnétique, par exemple la dispersion Compton.
4. Postulat de Fermat-Fresnel : Pour toute onde individuelle, les trajets réels arrivent en phase, éventuellement à un nombre entier de périodes près (cela s'appelle alors une interférence). D'où la géométrie du fuseau de Fermat entre absorbeur et émetteur. Fuseaux au pluriel en cas d'interférence sur le trajet.
5. Tout photon a un absorbeur. Un photon est une transaction réussie entre trois partenaires : un émetteur, un absorbeur, et l'espace qui les sépare ou les milieux transparents ou semi-transparents qui les séparent, qui transfère par des moyens électromagnétiques un quantum de bouclage h, et respectivement une impulsion-énergie qui dépend des repères respectifs de l'émetteur et de l'absorbeur.
6. Les propriétés des foules d'ondes individuelles découlent des propriétés des ondes individuelles, et pas l'inverse.
7. Le dieu d'Isaac Newton, chargé de tout voir simultanément, n'existe pas. Le temps d'Isaac Newton, supposé paramètre universel et ubiquiste, n'existe

pas non plus. Tout au plus des macro-temps locaux, simples émergences statistiques locales. On distingue les macro-temps des macro-systèmes tels que le laboratoire, des micro-temps dans lesquels s'inscrivent tous les tâtonnements d'ondes brogliennes qui vont aboutir à des transactions réussies.
8. Principe de rétrosymétrie de Kirchhoff. Dans notre faible gravité, loin d'un horizon de Schwartzschild, tout trajet optique réel est réversible.
9. Non, il est impossible d'isoler un système quantique, comme on isole ses équations au tableau noir : il est impossible d'écranter le bruit de fond de Broglie-Dirac. Il est impossible de prédire quelle transaction va surgir de ce clapotis ni quand. Les fréquences impliquées sont inaccessibles à l'échelle humaine, le théorème de la variété requise d'Ashby est là pour ruiner tous nos fantasmes d'omniscience, et de plus les innombrables micro-temps en œuvre sont bidirectionnels, orthochrones comme rétrochrones.

Plus le **principe moral** : on s'interdit de censurer les résultats expérimentaux qui embarrassent la doctrine au pouvoir.
Il est incorrect et contraire à la déontologie scientifique de dissimuler aux étudiants tant de faits expérimentaux qui embarrassent les copenhaguistes : toutes les absorptions spectrales, toutes les interférences telles que couches anti-reflets, lames quart d'onde, couleurs interférentielles, effets Goos-Hänchen en polarisation plane et Imbert-Fédorov en polarisation circulaire, preuves de la largeur non négligeable de chaque photon. Vaste liste. Ils vous ont caché l'effet de transparence Ramsauer-Townsend, strictement ondulatoire. Si l'électron est toujours ondulatoire, comment vont-ils conserver leur mystérieux dualisme onde-corpuscule qui impressionne tant les foules ébaubies ? Ainsi que de nombreux autres résultats expérimentaux quotidiens mais incompatibles avec l'idéation corpusculaire des Göttingen-copenhaguistes.

Il y a une nette économie de postulats, et une grosse économie de concepts. Les propriétés de la transformation de Fourier sont simplement héritées, ne sont donc pas érigées comme quelque nouveau principe.
Les concepts magiques de « *superposition d'états* (corpusculaires), *intrication* (d'états théoriques corpusculaires), *measurement, psychisme et conscience de l'observateur* », hé bien on s'en moque : Sire, je n'avais pas besoin de cette hypothèse.

Curieux :
- Mais pourquoi l'empereur, il se promène tout nu dans la rue ?

Professeur Castel-Tenant :

- Mais que devient en physique transactionnelle le mystique « *interrupteur du shabat* » d'Elitzur et Vaidman, qui avait enthousiasmé Roger Penrose ?

Z'Yeux Ouverts :
- Ce qu'il a toujours été : une escroquerie, perpétrée en présentant avec des airs pénétrés un simple problème mal posé. S'il y en a que ça amuse de rire, voir le « *kosher switch* » :
http ://www.jforum.fr/linterrupteur-cacher-qui-fait-peter-les-plombs-des-juifs-u-s-video.html et
http ://www.chiourim.com/polemique-autour-de-l-interrupteur-de-shabbat9261-html

Professeur Marmotte :
- Là on tient de quoi pendre ce savanturier mal léché : crime d'antisémitisme !

Z'Yeux Ouverts :
- C'est comme pour les divers dieux, tout un clergé tenait son prestige et son pouvoir de son art de mal poser les problèmes, devant un grand public éberlué par tant d'obscurité théologique. Avec la microphysique quantique transactionnelle, la lumière du jour dissipe ces ténèbres. Et plus aucun chat ne peut plus avoir de « *fonction d'onde* », même en rêve.

Curieux :
- Vous aviez prétendu que si votre sémantique diffère du tout au tout avec ce qui s'enseigne partout, vous ne différez pas en mathématiques. Pourrait-on voir concrètement les deux versions côte à côte, qu'on puisse juger ?

Z'Yeux Ouverts :
- On pourrait comparer ainsi les pages sur le maser à ammoniac, ou le maser à hydrogène pour la raie cosmique à 21 cm. Ça n'est pas gagné, car il y a plein de présupposés qui ont été glissés subrepticement dès la page 3, et qui sont autant d'astuces d'hypnotiseur par l'absurde, dont de la géométrie fallacieuse concernant les moments angulaires et les spins. Question vices cachés, cela rappelle les astuces d'hypnotiseur pratiquées en professionnel par Joël Sternheimer pour entourlouper l'Académie des Sciences, via la naïveté d'André Lichnerowicz :
http ://jacques.lavau.deonto-ethique.eu/Theorie_fondee_sur_l_hypnose.html

Je renonce. Peut-être dans une édition ultérieure ?

15.3. Raisons structurelles à la non-qualité systématique ?

Curieux :
- Mal-management de la qualité. Y aurait-il des raisons structurelles ?

Z'Yeux Ouverts :
- Déjà énoncées en avril 2013 dans le forum de l'Union des Professeurs de Physique et Chimie de l'Enseignement Public, forum fermé et détruit depuis. Ces défauts structurels sont communautaristes et féodaux.
De mon vivant, j'ai vu l'enseignement de la chimie accomplir des progrès considérables. Il est vrai qu'au sein de l'**IUPAC**, **International Union of Pure and Applied Chemistry**, les clients industriels sont forts, concentrés, organisés entre eux, et peuvent réclamer de la qualité.
En géologie, aussi, notamment la géologie des bassins sédimentaires, les clients sont de taille à se faire entendre. Un micropaléontologiste a plus de chances de faire carrière dans l'industrie pétrolière que dans l'Université. Mon **Manuel de sédimentologie** provient des éditions Technip, créées en 1956 par l'Institut Français du Pétrole, directement lié à l'industrie cliente, et il est excellent.
La concurrence industrielle en chimie peut avoir des effets pervers, par exemple en hauts polymères, où il est de bonne guerre de laisser les universitaires et les concurrents errer dans des modèles macromoléculaires dépourvus de tout réalisme — avec des spaghettis déroulés. En leur taisant qu'on sait les réinterpréter selon un modèle autrement plus réaliste et performant, qui est micellaire, lui — celui de Joseph Davidovits en un temps, recorrigé depuis.
Rien de tel dans l'IUPAP (**International Union of Pure and Applied Physics**), ni en mathématiques : les clients sont petits, atomisés, il ne sont jamais qu'une puissance mineure en face des producteurs tout-puissants. Le contrôle-qualité est impuissant quand le fournisseur monopoliste impose ses caprices monopolistes. Ayez près d'un siècle de retard quand vous enseignez des mathématiques, et personne ne s'en apercevra. J'ai prouvé que l'enseignement de la physique quantique, aux mains d'une secte au pouvoir depuis 1927 par violence pure, la secte Göttingen-København, a nonante et un ans de retard depuis l'article de Dirac : **The quantum theory of the electron**, février 1928 ; ils demeurent devant comme une poule qui aurait trouvé un couteau. Bientôt octante-neuf ans de retard sur l'article de Schrödinger : **Über die kräftefreie Bewegung in der relativistischen Quantenmechanik**, juillet 1930. Et octante-cinq ans de retard sur la conférence Nobel de Dirac, 1933. La secte n'a eu d'autres réactions que territoriales : son monopole avant tout, et sus au trouveur qui doit être détruit avant que le public

n'en ait connaissance.

Professeur Castel-Tenant :
- Il faudrait parvenir à un énoncé plus général, interprofessionnel.

Z'Yeux Ouverts :
- Avec l'impératif que son contrôle ne soit pas réservé à des spécialistes, mais puisse constituer comme un Esperanto interprofessionnel. La meilleure ébauche que je connaisse à ce jour est **l'analyse modulaire des systèmes**, de Jacques Mélèse, où il avait tranposé des idées basiques de l'automaticien à la gestion et la cybernétique des entreprises et administrations. Cela s'était révélé fécond, notamment parce que ça commence par un recensement des besoins et demandes des différents services : *Voici ce dont j'ai besoin pour faire ma part de travail.* Je passe la parole à un objecteur mécontent :

Objecteur Leypanou :
- « *Faites reformuler par un de vos utilisateurs* » : la très grande majorité des mathématiques sont à des années-lumières d'une quelconque utilisation pratique. Pire, beaucoup ne sont que de la gymnastique intellectuelle et n'auront jamais d'applications. Donc, parler de cahiers des charges, ou autres utilisateurs n'est pas tout simplement pertinent.

Z'Yeux Ouverts :
- Ce décollement total des besoins et des technologies est inacceptable, est un déni de service public.
Ce qui persiste à me servir ici est le théorème des arcs capables, ou en anglais des angles inscrits dans un cercle, programme de seconde. L'inversion et les faisceaux de cercles de Poncelet (programme de maths Elem en 1961) ne me servent jamais (mais ça sort au CAPES de physique environ une année sur trois, pour l'électrostatique en dimension 2). En interférences optiques, on se sert du théorème de la médiane, simplifié. Les côniques servent toujours. La relation de Bragg, fondatrice de toute la radiocristallographie est de la géométrie fort simple, programme de 3e ou 2nde. L'application à la radiocristallographie exige l'algèbre tensorielle élémentaire, en espace euclidien plat, qui n'est justement pas enseignée, en dépit des besoins criants du tenseur métrique en mécanique et en électromagnétisme. Si j'ai rappelé la bourde dans le sujet de physique à Pondichéry en 2012, ça n'est pas en l'air. Seule la transformation relativiste des longueurs et donc du champ électrostatique donne les forces magnétiques de Laplace, Biot et Savart. Mais ces futurs profs ne l'avaient jamais fait.

Féodalités et routines séculaires... Les communautés sont hélas communautaristes. Même celles qui se disent « scientifiques » et se persifflent l'une l'autre. Encore un déni de service public.

Chapitre 16

Conclusion par le Curieux :

Curieux :
- C'est à moi de conclure. Je suis le client final, on va voir si j'ai bien retenu ce qui est à savoir.

Notre innovateur aux "z'Yeux ouverts" a jeté à la poubelle la totalité de la *dualité ondes-particules*, a jeté les *corpuscules* et les *aspects corpusculaires*, et n'a conservé que les ondes.
De plus, il innove en distinguant les ondes individuelles, par exemple chaque électron, des collectifs et faisceaux d'ondes, par exemple un faisceau d'électrons, divers collectifs d'ondes.
A la place de la théorie corpusculaire, il a mis en évidence les absorbeurs de ces ondes, et leur a donné exactement la même importance causale qu'aux émetteurs. Ceci est révolutionnaire, car la microphysique transactionnelle implique une causalité à rebrousse-temps aussi forte que dans le sens de notre temps ordinaire, mais cela exclusivement à l'échelle quantique individuelle, en micro-temps. Aucune extrapolation ne peut en être tirée à l'échelle macroscopique, ni aucune parapsychologie ; aucune signalisation supraluminique ne viendra à notre disposition.
Jusqu'ici, rien de très nouveau par rapport à ce qu'avait fait John Cramer en 1986.
Deux nouveautés inattendues : il a réhabilité les constructions de l'optique géométrique des 17e-18e siècles, dont il dit qu'elles sont largement économiques en temps de calcul ; et il tiré parti du fait que l'œil astigmate ne recueille pas moins de lumière – les photons convergent toujours sur les cis-rétinals dans les opsines.
Toutefois, M. "z'Yeux ouverts" a tiré un parti nouveau de la découverte faite par Louis de Broglie en 1923, du théorème relativiste de l'harmonie des phases pour un électron : il en a déduit que l'onde électronique est implicitement étendue, et au moins dans la mathématisation de 1924, partout en phase avec elle-même. La relativité macroscopique est donc invalide à l'intérieur d'une particule telle que l'électron. De là, il déduit que partout, tout quanton est baigné par le clapotis d'ondes brogliennes de toutes les autres particules, et que ce bruit de fond broglien est universel, aussi impossible

à écranter que l'est la gravité. Selon M. "z'Yeux ouverts", ce bruit de fond broglien suffit à rendre compte à lui seul de la totalité des aspects aléatoires et statistiques de la Mécanique Quantique qui ont tant irrité nombre de physiciens dans les années trente, dont Albert Einstein. Selon M. "z'Yeux ouverts", il est impossible de délimiter ad libitum un système quantique, et impossible de l'isoler parfaitement. Le reste du monde persiste à s'inviter sur la paillasse de l'expérimentateur.
Ci-dessus j'ai simplifié provisoirement en restant sur la théorie de Louis de Broglie et la théorie initiale d'Erwin Schrödinger ; il faut tenir compte de la modernisation radicale et relativiste opérée par Paul Adrien Maurice Dirac en 1928. Dirac démontra que l'électron est une onde à quatre composantes, dont deux sont à énergie négative, fréquence négative, et orientées à rebrousse-temps. Il en résulte une oscillation nette à fréquence double de la fréquence broglienne, dite "tremblement de Schrödinger" ou "*Zitterbewegung*", qui joue un rôle majeur dans toutes les interactions électromagnétiques de l'électron avec autre chose, par exemple dans la dispersion Compton d'un photon par un électron libre, et aussi dans la matérialisation d'un gamma en une paire positron-électron, ainsi que l'annihilation d'un positron qui rencontre un électron. On doit donc corriger le "partout en phase instantanée avec lui-même", en tenant compte des ondes avancées et des ondes retardées dans les micro-temps. Le bruit de fond Dirac-de-Broglie prend lui aussi une structure bien plus compliquée, simultanément par ondes avancées et par ondes retardées. Il échappe à toute expérimentation directe, mais à son sujet, de la formulation théorique demeure possible, elle est encore à faire.
De plus, M. "z'Yeux ouverts" a précisé sommairement la géométrie d'un fuseau de Fermat, sa largeur et son angle au cône tangent, en se servant du principe de Fermat qui date du 17e siècle, et de sa connaissance de la géométrie des faisceaux laser, et a démontré que ça a d'importantes applications en astronomie aussi bien que sur la paillasse, voire en optique instrumentale.
Toutefois, M. "z'Yeux ouverts" a laissé un problème conceptuel en chantier ouvert : alors que nous savons ou croyons savoir qu'un atome d'hélium ou plus lourd, qu'une molécule, ont des structures spatiales bien définies, pourtant tous ceux-là ont été prouvés capables d'emprunter simultanément des chemins distincts au cours d'une propagation, comme s'ils se réduisaient alors à leur seule onde broglienne, ou à sa généralisation plus complexe pour les particules composites telles que le proton, les atomes et molécules. En l'état, ce n'est pas une faiblesse spécifique à la théorie transactionnelle qui n'a pas inventé ces résultats expérimentaux déjà établis, mais un rude défi posé à tous. Une étonnante inversion se manifeste là : plus une molécule est grande et lourde, plus petite et à plus haute fréquence, fréquence temporelle et fréquence spatiale, est son onde de phase broglienne, à vitesse égale.

Inversement, les neutrinos qui nous traversent pourraient avoir de grandes longueurs d'onde.
Monsieur le professeur Castel-Tenant pourrait faire sa propre conclusion? Trouvez-vous que la simplification de la sémantique apportée par ces transactionnistes présente quelque intérêt ?

Professeur Castel-Tenant :
- Ils ont surtout fait une théorie non locale, et cela à un point extrême. Extrême et même choquant. Exactement ce qu'Albert Einstein détestait, et a défié en 1935 par le fameux article EPR (Einstein, Podolski, Rosen).
Autre reproche : contrairement aux innovateurs-publicitaires à qui ScienceNews compose des titres rugissants et accrocheurs, ce transactionniste-là a juste eu une seule fois la politesse diplomatique d'écrire le couple de mots "*fonction d'onde*", une seule fois, et encore était-ce pour en déchirer le concept, qu'il scindait entre fonction d'admittance et fonction de concurrence. A mon avis, c'est là une impertinence que personne dans le métier ne lui pardonnera. Alors que John Cramer avait eu la politesse diplomatique d'écrire une fois "*réduction du paquet d'ondes*", faisant ainsi semblant d'être des nôtres. Ce savanturier ne respecte rien...

Z'Yeux Ouverts :
- Oh, mais des sacrilèges de ce genre, j'en ai commis d'autres! Par exemple je n'ai jamais souscrit à la rhétorique « *classique/quantique/classique/quantique...* » cherchant à induire que « *Nous on est les Modernes for ever after, et les Zautres c'est juste des colonels de cavalerie en retraite, vraiment obtus* »... De plus, comme historien j'ai tiré quelques squelettes de quelques placards, un peu à la façon de madame Barbe-Bleue, quoi.

Professeur Castel-Tenant :
- Dernier reproche : de toute évidence leur théorie est encore inachevée. Le transactionniste historique, John G. Cramer n'avait envisagé que des transactions à deux partenaires, l'absorbeur et l'émetteur, ce qui suffisait à lui faire rendre compte des expériences à choix retardé style Marlan Scully, mais défaillait à rendre compte du corps noir qui occupait Max Planck en 1900. Cela lui interdisait aussi de raisonner les « mesures faibles » qui occupent largement les physiciens de nos jours. Là ce transactionniste plus récent apporte des éléments théoriques plus robustes, qui tiennent compte du milieu intermédiaire, ce qui lui permet notamment de rendre compte de l'astronomie interférentielle à large base, voire du milieu laser, mais ce n'est pas encore une théorie achevée.

Z'Yeux Ouverts :
- On peut juste s'étonner que la microphysique transactionnelle n'ait pas été mise au clair dès 1932 : ils avaient assez de faits à leur disposition. Ce furent les infirmités intellectuelles qui firent le désastre encore en vigueur. Aucun des participants au congrès Solvay de 1927 n'avait reçu de formation professionnelle en heuristique, l'art de trouver, de dépiauter un dossier jusqu'à ce qu'on trouve les failles, et qu'on y repère les postulats subreptices et clandestins qui faussent tout. Seul Louis de Broglie avait fait son service militaire dans les transmissions radio-électriques, et Niels Bohr sut le faire taire pour ne rien apprendre de lui. Erwin Schrödinger fut lui aussi méthodiquement démoralisé, et on peut en voir les preuves en comparant les conférences Nobel de Dirac et de Schrödinger en 1933 : seul Dirac mentionne les derniers résultats de Schrödinger, l'application du Zitterbewegung à la dispersion Compton.
Le secret honteux, les squelettes dans les placards, est qu'en 1927 il y a eu des vainqueurs et des vaincus, et que les deux minoritaires, vaincus, ont été éliminés de la scène scientifique ; la dispute était territoriale, elle a été gagnée par les animaux les plus territoriaux et les plus combatifs, de la meute la plus combative ; on vous a fait croire qu'elle était scientifique, les griots vous le brossent-à-reluire au profit des vainqueurs qui ont réécrit l'histoire à leur profit.

Donc oui, la théorie transactionnelle est probablement la moins locale de toutes. C'était inévitable.

Curieux :
- Tout au début, vous vous étiez contenté d'une allusion : « Si vous aviez le courage de faire superviser votre production standard par un qualiticien et par un didacticien, votre orgueil recevrait quelques surprises ». Et si vous développiez à présent ?

Z'Yeux Ouverts :
- Hmm, dangereux pour l'unité thématique du livre...
En un sens, le reproche que je vais formuler est un anachronisme : vainqueurs ou vaincus, les protagonistes du congrès Solvay en 1927 ne disposaient à cette époque d'aucun des moyens méthodologiques qui sont à présent autour de nous, et qui ne demandent qu'à être appris, transposés et appliqués depuis d'autres métiers où ils ont été élaborés. En 1927 rien de cela n'existait.

La qualité, c'est gratuit, à condition d'être intégré dès le début de la conception. En matière d'enseignement des sciences, je vois quelques éléments de la qualité, qui sont hélas négligés :

(1) Toujours avoir une épreuve de réalité – expérimentale - qui vous attend au tournant, et à laquelle on ne pourra se dérober. Faute de ces sanctions expérimentales sévères, vous n'enseignez plus les sciences, mais seulement à devenir professeur de « sciences » à son tour, de génération en génération, de scolaste hors-sol en scolaste hors-sol.

(2) Cessez de vous imaginer que vous êtes *les modernes pour toujours.* Pensez qu'on aura à corriger vos bévues les plus triomphantes, et ayez la courtoisie de faciliter la tâche. Ne codez plus au fer à souder, n'assemblez plus à la brasure forte vos calculs avec les délires que vous avez hérité de vos prédécesseurs. Faites corrigible, au lieu de vous prendre pour des prophètes ou des évangélistes. Air connu : « *Et après moi, il n'y aura plus d'autres prophètes !* »

(3) Modularisez, codifiez et hiérarchisez les héritages de classe en classe. Prévoyez les interfaçages pour qu'on puisse corriger un module sans devoir refaire aussi tout le reste.

(4) Préparez les fécondations croisées interdisciplinaires en allant chercher auprès des métiers voisins leurs propres épreuves de réalité [1]. Des épreuves de réalité, on n'en aura jamais de trop. Contre la pesanteur négative du phlogistique, qui ne posait aucun problème intellectuel aux chimistes de son temps, Lavoisier a opposé l'épreuve de réalité des astronomes : il n'existe pas de pesanteur négative.

(5) N'hésitez pas à demander aux métiers voisins, fournisseurs ou clients d'informations de métier, ce dont ils ont besoin, eux, et quel usage ils en font. Allez voir vos clients sur leur lieu de travail.

(6) Entre métiers et corps de métiers, négociez par arbres de pertinence [2]. Ce n'est pas un outil réservé aux seules industries d'armements (même si c'est là qu'il est né), il mérite d'être amplement diffusé, popularisé et utilisé.

(7) Faites reformuler par un de vos utilisateurs, et vérifiez avec lui si sa reformulation est meilleure ou pire dans ses résultats.

(8) Soyez attentifs aux coûts d'apprentissage, et assurez-vous que vous optimisez correctement le parcours didactique, continuellement ponctué de vérifications expérimentales. Il y a là encore de gros moyens de s'améliorer.

---

1. Sur l'armoire de régulation d'un four de cimenterie, l'ingénieur avait porté au feutre la transformée de Laplace du four, avec bien sûr ses valeurs numériques mesurées, autrement dit sa réponse impulsionnelle. La transformation de Laplace, l'automaticien s'en sert quotidiennement.

2. Arbres de pertinence. Pages 218-233, Erich Jantsch : Technological forecasting in perspective. OCDE 1967.

(9) Vérifiez ce qu'ils ont compris au juste, et s'ils savent l'appliquer hors situations scolaires.

(10) Cessez de vous imaginer sans preuves ni vérifications, que ce qui vous est transmis est *donc* déjà bien compris. Anatole Abragam s'est ainsi vanté[3] du règne de la rumeur dans l'enseignement des sciences. Or une rumeur est tout sauf scientifique, même si elle se propage dans un milieu officiellement « scientifique ».

Voilà, si en plus j'étais entendu, ce serait un sérieux progrès.
On ne sait pas piloter scientifiquement l'enseignement scientifique : les retours d'information sur l'efficacité obtenue sur le terrain sont terriblement lents à revenir, aussi le pilotage sans rétroaction à temps devient souvent fort hasardeux, voire calamiteux, livré aux copinages politiques et autres pathologies.

Professeur Castel-Tenant :
- C'est un fait public que c'est à Paul Delouvrier que vous avez emprunté le slogan « *Inventer les inventeurs* ». Cela déborde le seul cadre de l'enseignement des sciences. Quel est le bon cadre de pensée alors ?

Z'Yeux Ouverts :
- Sauf au début du chapitre 12 où intervenait un authentique ingénieur-docteur dont l'intervention est assez étoffée, partout ailleurs les personnages réels qui composent le personnage composite « Professeur Marmotte » se contentent d'éructer des anathèmes et de la malveillance, du déni d'autrui au profit de leurs blessures narcissiques mal gérées depuis l'enfance. Ils constituent un problème social bien réel, et il serait souhaitable qu'ils soient repérés, non seulement par leurs pairs, mais directement par le grand public. Le grand public n'est pas armé scientifiquement pour trancher de nos débats et querelles, mais il peut aisément être compétent en matière morale. Cette compétence ne lui tombera pas toute cuite dans le bec, mais elle est accessible.
Intervenante au CNAM, dans l'enseignement de Gestion de la Recherche et Développement, Prévision Technologique, Florence Vidal concluait son

3. Anatole Abragam. De la physique avant toute chose. Editions Odile Jacob, 1987. Pages 67 - 68 :

« *A partir du moment où les résultats sont suffisamment établis et suffisamment bien compris pour ne plus soulever de contestations dans la communauté des savants, on écrit des livres pour exposer leurs résultats et plus personne à part les philosophes et les historiens ne lit les mémoires originaux. Certains le regretteront mais c'est ainsi, et selon moi c'est très bien ainsi.* »

intervention par « Respectez vos minoritaires ! Vous ne savez pas d'où viendra l'idée qui va peut-être sauver votre entreprise. Rien ne garantit qu'elle viendra de ceux que présentement, vous considérez comme les plus beaux et les plus gentils. » A contrario, si votre stratégie est d'« *aider* » un peuple à se dégrader et se suicider, insufflez-lui le culte de la persécution des minoritaires et autres boucs émissaires, le culte de la guerre civile contre les instruits, le culte de la dictature de l'émotion et corrélativement le culte de la guerre civile contre l'esprit analytique. C'est un truc qui marche très fort, tout autour de nous.

Curieux :
- Pourriez-vous résumer ?

Z'Yeux Ouverts :
- La présence ou l'absence d'une éthique de la connaissance, d'une déontologie des relations interprofessionnelles efficaces, d'un respect du contrat social, ça doit être ou devenir à votre portée d'en vérifier la présence et l'efficacité.

Professeur Castel-Tenant :
- Contrat social ? Personne ici n'a la moindre idée de ce que ça pourrait être.

Z'Yeux Ouverts :
- Certes. Dans nos féodalités académiques, le règlement intérieur implicite est que :
Article 1. Le chef a raison.
Article 2. Le chef a toujours raison.
Article 3. Dans tous les autres cas, c'est l'article 1 qui s'applique.
Aussi Dan Shechtman, futur prix Nobel de chimie (Nobel en 2011) pour sa découverte des quasi-cristaux, a d'abord été viré de son laboratoire.

Cela peut se dire aussi par la fable de l'adorable et appétissant petit lapin :
C'est l'histoire d'un tout petit et adorable lapin. Un jour qu'il est furieusement occupé à taper comme un malade sur le clavier de son portable connecté en Wifi sur Internet au milieu d'une prairie de cresson, un loup passe et se dit qu'il se le mangerait bien pour son quatre heures, un lapin aussi mignon, hein. Mais interloqué par l'acharnement du lapin à appuyer sur les touches, il demande :
- Mais qu'est ce que tu fais donc, adorable et appétissant petit Lapin ?
- Bin, je fais des recherches pour ma thèse ! répond l'adorable et appétissant sans même broncher d'une oreille.
- Une thèse !? ? Ha ha ha, se gausse le loup. Et c'est quoi ton sujet ?

- De la supériorité du lapin sur le loup, répond la boule de poils.
Mort de rire, se tenant le ventre poilu des quatre pattes, le loup n'en croit mot. Et le lapin d'insister, si, si et de proposer au loup de lui faire une démonstration complète dans son petit terrier, ça tombe bien, c'est à deux bonds de là. Le loup se disant qu'après tout, il n'est pas pressé, et que de toute façon, il peut se le manger quand il veut et sans aucun problème, accepte.
On ne revit jamais plus le loup...
Un mois plus tard, c'est un léopard qui remarque le même lapin, toujours au milieu de sa clairière de cresson, très occupé à faire des tas de calculs sur un Cray X11 rutilant.
- Mais qu'est ce que tu fais, adorable et appétissant Lapin ?
- Bin, je fais des calculs pour ma thèse ! répond l'adorable et appétissant sans même lever la tête.
- Une thèse ! ? ? Ha ha ha, se gausse le léopard, et c'est quoi ton sujet ?
- De la supériorité du lapin sur le léopard, répond la boule de poils.
Le léopard n'en peut plus de rire, en fait même pipi dans sa belle fourrure, et accepte de suivre le lapin dans son terrier pour qu'il lui démontre de A à Z que si, si, d'ailleurs ça tombe bien le terrier est toujours à deux bonds de là.
On ne revit plus jamais le léopard...
Un mois plus tard, un renard croise le lapin, et là encore, même scénario. Le lapin, fort occupé à bavarder sur IRC, lui explique qu'il fait une thèse sur la supériorité du lapin sur le renard. Le renard, après avoir manqué de s'étouffer de rire dans le cresson, suit le lapin chez lui pour la démonstration. D'ailleurs, ça tombe bien, le terrier est toujours à deux bonds de là.
Deux bonds plus tard, au fond du terrier, le renard ébahi découvre un tas d'os de loup et un tas d'os de léopard et un tas d'autres os, et au milieu de la pièce un lion. Un magnifique, un énorme, un terrible lion.
- Je te présente mon directeur de thèse, dit le lapin.
Et le lion se jette sur le renard et le dévore sans façons.
Moralité : Peu importe ton sujet de thèse, ce qui compte c'est le pouvoir de ton patron.

Contrat social : par ses impôts, le grand public paie nos salaires et nos laboratoires. Il est en droit d'attendre des informations exactes et vérifiées, et des modes de raisonnement valides et féconds, dont les limites de validité soient explicitées.
Si nous enseignons aux élèves et étudiants que le champ magnétique $\breve{B}$, la vitesse angulaire $\breve{\omega}$ ou un moment angulaire $\breve{J}$ sont de nature vectorielle, bien que leurs symétries et leur comportement soient à l'opposé, alors nos abus de confiance bafouent le contrat social qui nous lie aux contribuables

et à nos étudiants. Si cent treize ans après, la communauté scientifique n'a toujours pas rectifié la bévue risquée par Albert Einstein en 1905 : « *La lumière voyage par grains* », elle n'a pas rempli son rôle, et il y a eu là (il y a encore) un comportement pathologique collectif qui relève du champ d'investigation du chercheur en sciences sociales.

Je perçois comme très anormal qu'il ait fallu attendre les années octantes pour C. F. Bohren, H. Paul, R. Fischer et John G. Cramer, années nonantes pour moi-même, pour que soient posées les premières bases de la physique quantique transactionnelle. Voilà un contrat social collectivement et durablement bafoué.
Pour un chercheur en sciences sociales, je vois là un bon sujet de thèse...
Surprise : l'information épistémologique vitale vient d'un biologiste, le prix Nobel Jacques Monod, dans son livre « **Le hasard et la nécessité** » où il rappelle la longue guerre d'indépendance menée par les biologistes pour s'affranchir du fardeau animiste que les religions dominantes leur imposaient, et pouvoir élaborer une science objective et impersonnelle. Bohr et Wigner ont planté leur animisme égocentrique et anthropocentrique « *Me, myself and I* » au beau milieu de ce qui aurait dû être la physique quantique. Ils avaient l'excuse que les monstrueuses boucheries de la guerre mondiale étaient encore toutes fraîches, et leur brouillaient encore l'esprit. En 2019, avons-nous encore cette excuse ?

La maturité scientifique, ça ne tombe pas tout cuit dans le bec : il y faut bien des désillusions, et avoir géré le chagrin causé par les révisions déchirantes des bévues auxquelles on s'était parfois cramponnés.

Curieux :
- Ce doit être le calcium : quand vous manquez de calcium, vous attaquez le dogme.

Annexe A

Occupation des couches et sous-couches électroniques selon le numéro atomique.

Element and atomic number			Principal **n**, et secondary **l** atomic numbers.																		
		n	1	2		3			4				5					6			7
		l	0	0	1	0	1	2	0	1	2	3	0	1	2	3	4	0	1	2	0
1	H		1																		
2	He		2																		
3	Li		2	1																	
4	Be		2	2																	
5	B		2	2	1																
6	C		2	2	2																
7	N		2	2	3																
8	O		2	2	4																
9	Fe		2	2	5																
10	Ne		2	2	6																
11	Na		2	2	6	1															
12	Mg		2	2	6	2															
13	Al		2	2	6	2	1														
14	Si		2	2	6	2	2														
15	P		2	2	6	2	3														
16	S		2	2	6	2	4														
17	Cl		2	2	6	2	5														
18	A		2	2	6	2	6														
19	K		2	2	6	2	6		1												
20	Ca		2	2	6	2	6		2												
21	Sc		2	2	6	2	6	1	2												
22	Ti		2	2	6	2	6	2	2												
23	V		2	2	6	2	6	3	2												
24	Cr		2	2	6	2	6	5	1												
25	Mn		2	2	6	2	6	5	2												
26	Fe		2	2	6	2	6	6	2												
27	Co		2	2	6	2	6	7	2												
28	Ni		2	2	6	2	6	8	2												

29	Cu		2	2	6	2	6	10	1												
30	Zn		2	2	6	2	6	10	2												
31	Ga		2	2	6	2	6	10	2	1											
32	Ge		2	2	6	2	6	10	2	2											
33	As		2	2	6	2	6	10	2	3											
34	Se		2	2	6	2	6	10	2	4											
35	Br		2	2	6	2	6	10	2	5											
36	Kr		2	2	6	2	6	10	2	6											
37	Rb		2	2	6	2	6	10	2	6			1								
38	Sr		2	2	6	2	6	10	2	6			2								
39	Y		2	2	6	2	6	10	2	6	1		2								
40	Zr		2	2	6	2	6	10	2	6	2		2								
41	Nb		2	2	6	2	6	10	2	6	4		1								
42	Mo		2	2	6	2	6	10	2	6	5		1								
43	Te		2	2	6	2	6	10	2	6	6		1								
44	Ru		2	2	6	2	6	10	2	6	7		1								
45	Rh		2	2	6	2	6	10	2	6	8		1								
46	Pd		2	2	6	2	6	10	2	6	10		—								
47	Ag		2	2	6	2	6	10	2	6	10		1								
48	Cd		2	2	6	2	6	10	2	6	10		2								
49	In		2	2	6	2	6	10	2	6	10		2	1							
50	Sn		2	2	6	2	6	10	2	6	10		2	2							
51	Sb		2	2	6	2	6	10	2	6	10		2	3							
52	Te		2	2	6	2	6	10	2	6	10		2	4							
53	I		2	2	6	2	6	10	2	6	10		2	5							
54	Xe		2	2	6	2	6	10	2	6	10		2	6							
55	Cs		2	2	6	2	6	10	2	6	10		2	6				1			
56	Ba		2	2	6	2	6	10	2	6	10		2	6				2			
57	La		2	2	6	2	6	10	2	6	10		2	6	1			2			
58	Ce		2	2	6	2	6	10	2	6	10	2	2	6				2			
59	Pr		2	2	6	2	6	10	2	6	10	3	2	6				2			
60	Pr		2	2	6	2	6	10	2	6	10	4	2	6				2			
61	Pm		2	2	6	2	6	10	2	6	10	5	2	6				2			
62	Sm		2	2	6	2	6	10	2	6	10	6	2	6				2			
63	Eu		2	2	6	2	6	10	2	6	10	7	2	6				2			

64	Gd		2	2	6	2	6	10	2	6	10	7	2	6	1			2			
65	Tb		2	2	6	2	6	10	2	6	10	9	2	6				2			
66	Dy		2	2	6	2	6	10	2	6	10	10	2	6				2			
67	Ho		2	2	6	2	6	10	2	6	10	11	2	6				2			
68	Er		2	2	6	2	6	10	2	6	10	12	2	6				2			
69	Tm		2	2	6	2	6	10	2	6	10	13	2	6				2			
70	Yb		2	2	6	2	6	10	2	6	10	14	2	6				2			
71	Lu		2	2	6	2	6	10	2	6	10	14	2	6	1			2			
72	Hf		2	2	6	2	6	10	2	6	10	14	2	6	2			2			
73	Ta		2	2	6	2	6	10	2	6	10	14	2	6	3			2			
74	W		2	2	6	2	6	10	2	6	10	14	2	6	4			2			
75	Re		2	2	6	2	6	10	2	6	10	14	2	6	5			2			
76	Os		2	2	6	2	6	10	2	6	10	14	2	6	6			2			
77	Ir		2	2	6	2	6	10	2	6	10	14	2	6	7			2			
78	Pt		2	2	6	2	6	10	2	6	10	14	2	6	8			2			
79	Au		2	2	6	2	6	10	2	6	10	14	2	6	10			1			
80	Hg		2	2	6	2	6	10	2	6	10	14	2	6	10			2			
81	Tl		2	2	6	2	6	10	2	6	10	14	2	6	10			2	1		
82	Pb		2	2	6	2	6	10	2	6	10	14	2	6	10			2	2		
83	Bi		2	2	6	2	6	10	2	6	10	14	2	6	10			2	3		
		n	1	2		3			4				5					6			7
		l	0	0	1	0	1	2	0	1	2	3	0	1	2	3	4	0	1	2	0

Annexe B

Trois champs : de gravité, électrique, magnétique.

B.1. Définissons un mot nouveau : corps d'épreuve.

C'est le genre d'objet qu'il faut placer dans un champ, pour que la force qui en résultera, trahisse quel est ce champ, ses caractéristiques, sa grandeur, son orientation. Pour le champ de gravitation, n'importe quel objet est un corps d'épreuve : une pomme, un ballon ; ils tombent...

B.2. Réutilisons nos connaissances sur la gravité.

B.2.1. Quelle est la cause du champ de gravité ? Tout objet ayant une masse, produit un champ de gravité autour de lui : il attire toutes les autres masses. Simplement, seuls les objets ayant une grosse masse produisent un champ dont il nous est facile de nous apercevoir : des astres lourds, comme la Terre, la Lune, ou d'autres planètes, le Soleil, ou d'autres étoiles.
Grossièrement dit : "*champ de gravité*" signifie " *Il y a de grosses masses de ce côté-ci, pas bien loin !* "

B.2.2. Direction et sens. La gravité est toujours attractive. Il n'existe ni antigravité, ni antimasse.

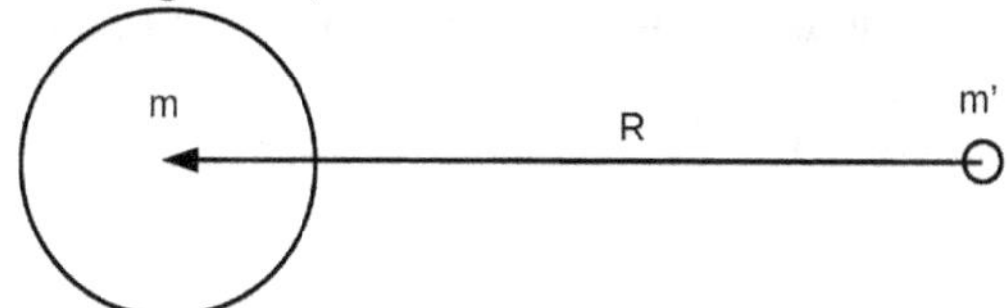

Figure 18.1.

Si l'on définit un rayon $\overrightarrow{R}$ comme ayant son point de départ au corps d'épreuve (là où l'on éprouve le champ), et son point d'arrivée au centre de la masse qui produit le champ de gravité, la force sur le corps d'épreuve est toujours dans le sens de $\overrightarrow{R}$

B.2.3. Loi mathématique. On a besoin de définir par R la longueur du vecteur $\overrightarrow{R}$.
On définit l'inverse de $\overrightarrow{R}$: $\left(\overrightarrow{R}\right)^{-1} = \frac{1}{\overrightarrow{R}}$, le vecteur qui a la direction et le sens de $\overrightarrow{R}$, et dont la norme est l'inverse de celle de $\overrightarrow{R}$: R^{-1}.
Autrement dit : $\overrightarrow{R} . \left(\overrightarrow{R}\right)^{-1} = 1$.
Constante de gravité universelle : $\eta = 66{,}726 . 10^{-12}$ m^3 $1/(kg. s^2)$.
Loi de Newton. Le champ est créé par la masse m, résumée par son centre de gravité. Le corps d'épreuve a pour masse m'. La force éprouvée par le corps d'épreuve est toujours dirigée comme le rayon $\overrightarrow{R}$. D'où :
Force d'attraction éprouvée par le corps d'épreuve : $\overrightarrow{F} = \frac{\eta.m.m'}{R.\overrightarrow{R}}$.
η est une constante très petite; la force de gravité est la plus faible de toutes les forces existantes. C'est pourquoi c'est sur elle qu'il est le plus difficile d'intervenir en laboratoire pour faire des mesures. La gravité est la plus anciennement connue des forces. Elle reste de fait la moins bien connue de toutes.
Application : Calculer l'attraction de gravité entre deux masses de 50 kg, quand un mètre sépare leurs centres de gravités respectifs.

Curieux :
-

Z'Yeux Ouverts :
- Retenez bien ce résultat. Nous le comparerons avec un cas facile à obtenir en électrostatique.
On définit le champ comme le quotient de cette force par la masse du corps d'épreuve, d'où l'expression du champ de gravité : $\overrightarrow{\gamma} = \frac{\eta.m.}{R.\overrightarrow{R}}$.
Dimension physique : $\overrightarrow{\gamma}$ est une accélération ; son unité est le m/s^2.

Application : calculer l'accélération de la pesanteur au pôle Nord (les pôles sont les deux seuls endroits où il n'y a pas à tenir compte de la rotation terrestre). Masse de la Terre : 5 979 . 10^{21} kg. Rayon de la Terre au pôle Nord : 6 356 912 m.

Curieux :
-

Z'Yeux Ouverts :
- Dans la plupart des calculs, il est plus économique d'utiliser le potentiel de gravité :
$G = - \frac{\eta m}{R}$.

G n'est défini qu'à une origine près, arbitraire (ici zéro à distance infinie). Mais la différence de potentiel est toujours définie sans ambiguïté. La différence d'énergie potentielle entre deux positions du corps d'épreuve m', est toujours le produit de m' par la différence de potentiel.

Unité : Le potentiel de gravité s'exprime en m^2 / s^2, un peu comme le carré d'une vitesse.

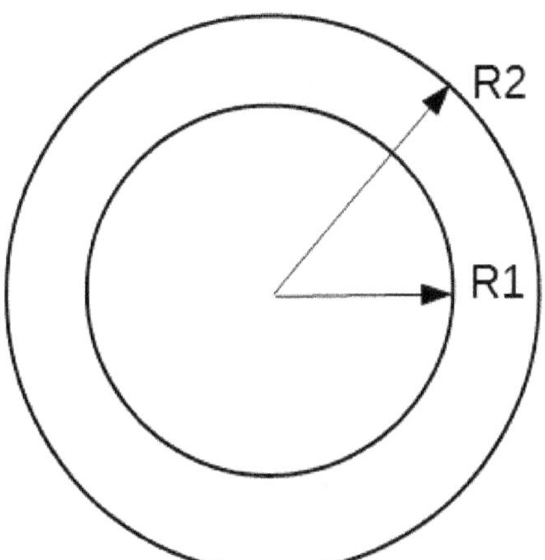

E_1 - E_2 = m' (G_1 - G_2) $= \eta.m.m' \left(\frac{1}{R_2} - \frac{1}{R_1}\right) = \eta.m.m' \frac{R_1 - R_2}{R_1.R_2}$.

Application : calculer l'énergie potentielle qu'il a fallu fournir à un satellite de 1 tonne, pour le hisser de l'altitude (comptée depuis le centre de la Terre) de 6 378 550 m (6 378 533 m + l'altitude du pas de tir de Kourou au dessus de la mer) à 42 145 530 m (altitude géosynchrone, toujours comptée depuis le centre de la Terre), soit 35 767 km plus haut. Masse de la Terre : 5 979 . 10^{21} kg.

Curieux :

-

Z'Yeux Ouverts :

B.2.4. Comment mesure-t-on un champ de gravité ? La méthode de choix est de mesurer la période d'oscillation d'un pendule pesant : cette période dépend de la longueur équivalente du pendule, de la gravité, et de rien d'autre. Période : $T = 2\pi\sqrt{\frac{l}{g}}$.

Précision ?

Il faut mesurer une suite de plusieurs dizaines de périodes pour avoir une mesure précise. Le pendule doit être très peu amorti, pour pouvoir durer si longtemps. L'angle avec la verticale doit rester petit (moins de 5°), pour que la formule simple ci-dessus, reste exacte. La longueur doit rester invariante, or en général les métaux se dilatent quand la température augmente. Enfin, on dépend de la précision de l'horloge.
On ne mesure que la gravité apparente : l'accélération de gravité, moins l'effet de la rotation terrestre.

Application numérique : Un pendule équivalent à un pendule simple de longueur 4 m, oscille à une période de 4,01355 s. Quelle est l'accélération de la pesanteur apparente (donc mélangée à la réaction centrifuge) à cet endroit ? Mener le calcul à cinq chiffres significatifs.

Curieux :

-

Z'Yeux Ouverts :

-

B.3. Champ électrique

B.3.1. Effets sur les charges électriques. Les champs électriques, nous nous en servons tous les jours dans nos oscilloscopes. Nous nous en servons aussi dans les électrolyses, dans les tubes fluorescents qui éclairent nos salles. Etc. Nous en avons manipulés lorsqu'on a fait une électrolyse : la cathode a attiré des cations Na^+, et l'anode a attiré des anions Cl^-. Le champ électrique a trié les ions, selon leur signe.

Dans nos oscilloscopes : une anode percée (le Wehnelt) accélère des électrons e^-, et les laisse continuer leur course vers l'écran fluorescent. Les plaques de déviation créent un champ électrique qui dévie ces électrons, et leur donnent une déviation proportionnelle à la différence de potentiel entre ces plaques, respectivement horizontales et verticales.

Figure 18.3.

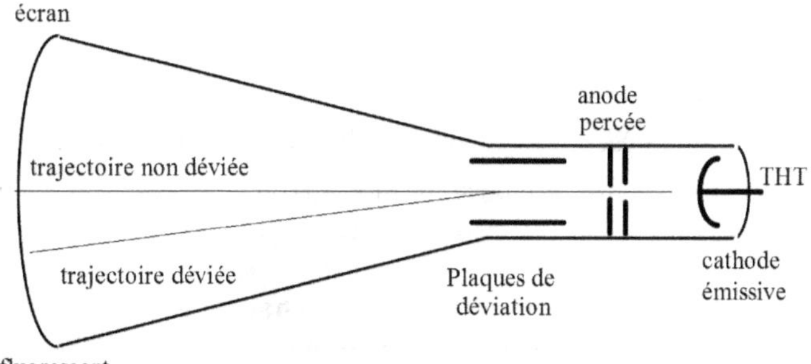

La force exercée sur une charge électrique q, est le produit de cette charge, par le champ électrique :
F = **q E**.   Et cette loi est vectorielle :

$$\overrightarrow{F} = q\overrightarrow{E}$$

L'unité de champ électrique est le volt par mètre. D'après la loi ci-dessus, on pourrait aussi dire le : . .

Curieux :
- Newton par coulomb.

Z'Yeux Ouverts :
- Remarque : tous les corps tombent dans le même sens : vers le centre de la Terre, pour notre voisinage. Alors qu'il y a deux sortes de corps d'épreuve en électromagnétisme : les charges - et les charges +.
Cette loi se dessine plus facilement si le corps d'épreuve du champ électrique est une charge positive :

Figure 18.4.

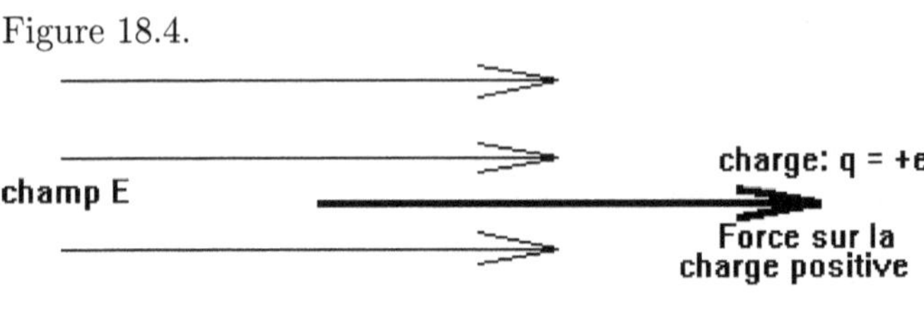

+ e représente la charge d'un proton.

Finissez de légender ce dessin : les potentiels les plus positifs, sont-ils à gauche, ou à droite de la figure ?
On dessine donc le champ électrique comme un champ de flèches, qui couleraient des charges +, vers les charges -. Est-ce le même sens que le sens du courant conventionnel ?

Votre réponse :

Si le corps d'épreuve est un électron, de charge négative, voici :

Figure 18.5.- e représente la charge d'un électron.

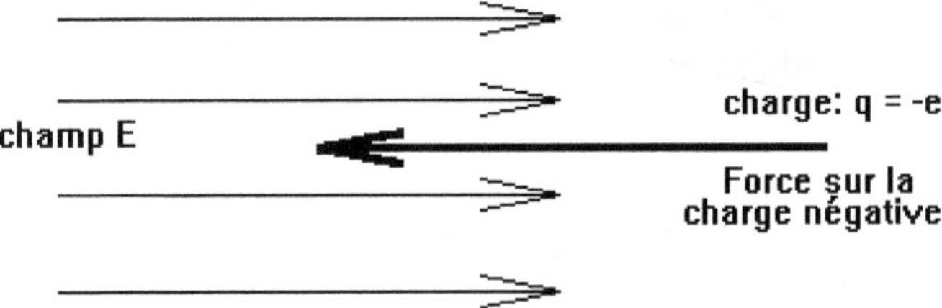

Autrement dit, l'électron négatif, fuit les autres électrons.

B.3.2. Production du champ par les charges électriques. Expression du champ produit dans le vide par une charge "ponctuelle" : $\overrightarrow{E} = \frac{q}{4\pi\varepsilon_0 . R . \overrightarrow{R}}$
La permittivité électrique du vide, ε_0, vaut 8,85412 . 10^{-12} farads par mètre.
Et le coefficient sommant cette permittivité sur toutes les directions de l'espace : $4\pi\varepsilon_0$, vaut 111,265 . 10^{-12} F / m.
Son inverse $\frac{1}{4\pi\varepsilon_0}$ vaut 8,9876 . 10^9 m / F. Presque neuf milliards de mètres par farad.
Pour tous milieux autres que le vide, on remplace la permittivité du vide ε_0, par la permittivité du milieu ε. Le quotient $\varepsilon_r = \varepsilon / \varepsilon_0$ est la permittivité relative. ε_r dépend de la température, du champ, de la fréquence, etc...

Quelques permittivités relatives, ou *constantes* diélectriques (pourtant, ε_r n'est jamais une constante !) :

milieu	ε_r	milieu	ε_r
air à la pression normale	1.0005	eau	80.5
pétrole, huiles	2.1 à 2.2	éthanol	26
polypropylène	2.2	mica muscovite	6.8 à 7.5
polytétrafluoro-ethylène	2.1	verre à condensateurs	4
polyester téréphtalique	3.2	alumine Al_2O_3	8.4
papier de cellulose	3.4 à 5.5	oxyde de tantale Ta_2O_5	26

Application : Calculer l'attraction électrostatique entre deux charges opposées, respectivement + et - un dixième de microcoulomb (624 milliards d'électrons) séparées d'un mètre, dans l'air.

Curieux :

-

Z'Yeux Ouverts :

- Soit déjà 539 fois plus grande que l'attraction gravitationnelle pour deux masses de 50 kg. Or ces 624 milliards d'électrons, ne font qu'un en trop (ou en moins) par 1,3 millions de milliards (d'électrons). Ceci montre combien il a fallu de précautions pour obtenir une mesure valide de η...

Applications numériques.

Un condensateur a une épaisseur d'isolant de 0,1 µm. Il est chargé sous 70 V, et a une capacité (quotient $\frac{Q}{V}$) de 0,01 F. L'isolant (alumine) a une permittivité relative ε_r de 8,4. En comparaison avec le problème dans le vide, à charge et distances égales, l'énergie, la d.d.p. (différence de potentiel), le champ, et la force sont divisés par ε_r.
Quelle est la charge électrique accumulée sur l'électrode + ?
Quelle est la charge électrique accumulée sur l'électrode - ?
Quel est le champ électrique moyen dans l'intervalle isolant ?
Force totale d'attraction entre électrodes, qui comprime le diélectrique ?

Curieux :

-

Z'Yeux Ouverts :

B.3.3. Potentiel électrique. Dans la plupart des calculs, il est plus économique d'utiliser le potentiel électrique, en volts. Par exemple, $U = \frac{q}{4\pi\varepsilon_0 . R}$ à la distance R d'une seule charge ponctuelle q.
Remarque : si la charge était vraiment "ponctuelle", potentiel et champ seraient infinis en ce point-là. Évidemment, ça n'arrive jamais.
U n'est défini qu'à une origine près, arbitraire (ici avec le zéro volt à distance infinie). Mais la différence de potentiel est toujours définie sans ambiguïté.
La différence d'énergie potentielle entre deux positions du corps d'épreuve q', est toujours le produit de q' par la différence de potentiel.
$E_1 - E_2 = q' (U_1 - U_2) = \frac{q.q'}{4\pi\varepsilon_0}\left(\frac{1}{R_1} - \frac{1}{R_2}\right) = \frac{q.q'}{4\pi\varepsilon_0}.\frac{R_2-R_1}{R_1.R_2}$.
Dans une région où le champ électrique $\overrightarrow{E}$ est constant, orientons l'axe des x parallèlement au vecteur $\overrightarrow{E}$. Soit E sa norme. Alors le potentiel électrique dans cette région vaut : $U(x) = - E.x + U(0)$.
Pourquoi le signe moins ?

Curieux :

-

Z'Yeux Ouverts :

- Applications numériques.

Reprenons l'exemple des petites sphères de 1 cm de rayon, à 1 m de distance, ayant l'une 10^{-7} coulomb de déséquilibre en trop, l'autre en moins. Quelle est leur différence de potentiel ?
Il suffit, puisque les rayons sont petits devant la distance, de superposer chaque potentiel dû à chaque sphère chargée comme si elle était seule.
$U_1 - U_2 = \frac{2q'}{4\pi\varepsilon_0}\left(\frac{1}{0.01m} - \frac{1}{1m}\right) = \frac{2.10^{-7}C}{4\pi\varepsilon_0}.\frac{1-0.01}{0.01m} =$

Curieux :

-

Z'Yeux Ouverts : 178 kV.

B.3.4. Comment mesure-t-on le champ électrique ?

Mesurer un déséquilibre de charges électriques : l'électromètre. Il est constitué de deux très fines feuilles d'or, suspendues ensemble. Si l'ensemble n'est pas électriquement neutre, les feuilles se repoussent. On mesure leur angle d'écartement.

Les antennes. N'importe quel bout de fil bien isolé, mis à l'entrée d'un amplificateur opérationnel à haute impédance d'entrée (comme un CA 3140), est un étonnant capteur de potentiel électrique, compté par rapport au restant de l'appareillage de mesure.
Les antennes sont encore plus remarquables comme capteurs de champ électrique variable, d'où leur usage universel en transmissions : radio, télévision, radar, faisceaux hertziens, etc...
Dans l'usage d'un tournevis tâte-phase, c'est votre corps qui sert d'antenne : une armature d'un condensateur dont le restant de la salle est l'autre armature. Capacité de l'ordre de 100 à 200 pF.

Les capteurs biologiques de champ électrique. Tous les poissons (et surtout ceux d'eaux trouble) sont capables de sonder leur environnement immédiat en émettant des différences de potentiel, et en détectant comment ce potentiel est modifié. Cela permet aux poissons-chats, de localiser leurs proies. Un requin peut trouver un poisson caché sous le sable, rien qu'à son champ électrique.

B.3.5. Résumons par un tableau nos connaissances sur ces deux champs, et leur corps d'épreuve :

Type de champ	corps d'épreuve du champ?	quoi produit le champ?	géométrie	Potentiel associé
champ de gravité	tout corps matériel.	Tous les corps matériels.	Vecteur : m / s^2	Scalaire : m^2 / s^2
champ électrique	toute charge électrique	des charges électriques.	Vecteur. Unité: V / m.	Scalaire : volt, ou J / C.

Calculer le champ de gravité de la Terre, là où est la Lune, soit à la distance moyenne de 384 403 km (variant en réalité entre 363 299 km et 405 506 km).

Curieux :

-

Z'Yeux Ouverts :

-

Sachant que la masse de la Lune est de 73,54 . 10^{21} kg, en déduire la force avec laquelle la Terre attire la Lune.

Curieux :

-

B.4. Champ magnétique

B.4.1. Définition légale de l'ampère : C'est l'intensité d'un courant constant qui, maintenu dans deux conducteurs rectilignes, parallèles, de longueur infinie et de section négligeable, placés à un mètre l'un de l'autre, produit entre ces conducteurs une force égale à $2x10^{-7}$ newton par mètre.

B.4.2. Production du champ magnétique : Un champ magnétique, n'est rien d'autre qu'une petite variation d'un champ électrique, mais vue à travers un mirage (un mirage de l'espace-temps) : il traduit qu'une charge électrique a une vitesse de déplacement, et il le traduit à la façon d'un chemin à rouleaux, ou d'un roulement à rouleaux.
On n'étudiera pour commencer que les champs dans l'air ou le vide. Nous verrons plus tard le cas beaucoup plus difficile des aimants : aimants permanents et matériaux aimantables.

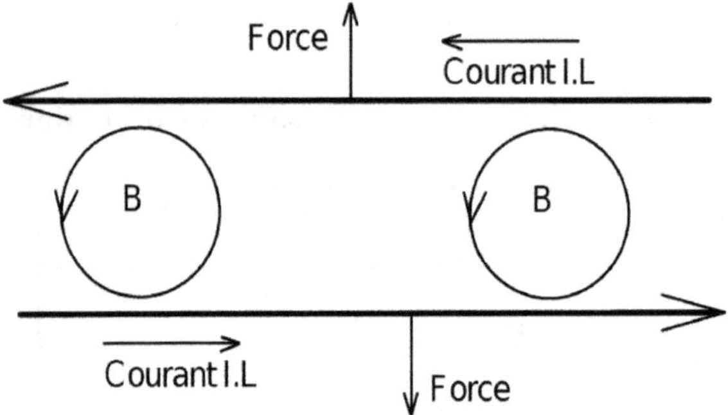

Ce champ magnétique $\breve{B}$, traduit le fait : je vois tourner un courant devant moi. Le produit i.l, intensité du courant, par la longueur d'un élément de circuit, est un vecteur : $\overrightarrow{i.l}$

Un champ magnétique, est un être qui tourne et fait tourner une vitesse. Cet être-là est dans un plan : le plan de la rotation. **Unité** : le **tesla**, ou joule.seconde par radian, par mètre carré et par coulomb.

Figure 18.7.

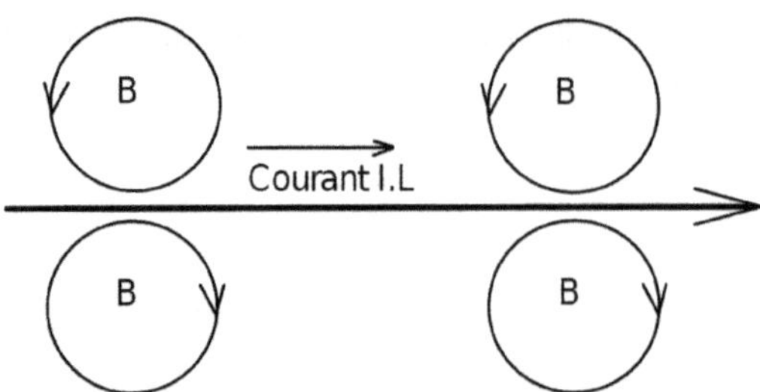

B.4.3. Effets du champ magnétique.

Aucun effet sur une charge électrique immobile.

Effet sur les charges électriques en mouvement. La force qui dévie un courant, ou un électron lancé, sous l'effet du champ magnétique, est aussi un vecteur. Et le champ magnétique est le quotient de deux vecteurs perpendiculaires. Il ne peut donc en aucun cas être lui-même un vecteur. On l'a parfois appelé un « bivecteur ». Nous l'appellerons ici un « gyreur ». Avantage : pas de confusion phonétique possible, même dans une classe un peu trop bruitée.

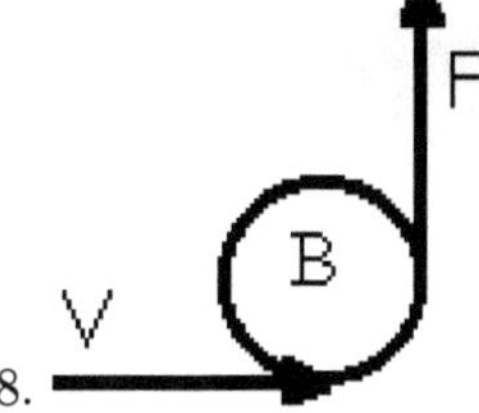

Figure 18.8.

Relation entre le vecteur vitesse de l'électron, le gyreur champ magnétique, et la force résultante sur l'électron :

L'effet du champ magnétique est de faire tourner - dévier de sa trajectoire - une charge électrique déjà en mouvement, ou autrement dit, d'exercer une force de déviation latérale sur un courant.

Effet d'un champ magnétique sur un électron lancé : il incurve sa trajectoire selon un arc de cercle. Prenons le cas d'un électron lancé, dans un champ uniforme.

Figure 18.9.

On étudiera le cas simple, où la vitesse initiale est déjà dans le plan qui contient le champ magnétique :

Dispositif expérimental : Une ampoule de dihydrogène raréfié, dans lequel on injecte un faisceau d'électrons, que l'on peut dévier, avec un champ magnétique. Vous constatez dans quel sens tourne le faisceau d'électrons : dans le sens où tourne le courant dans la bobine.

Ici, le plan du champ magnétique est bien parallèle au vecteur vitesse de l'électron. Le champ dévie alors l'électron dans une trajectoire circulaire (sinon la trajectoire serait hélicoïdale). L'impulsion communiquée à l'électron par le champ magnétique reste alors toujours perpendiculaire à la vitesse, et la norme de la vitesse ne change pas.

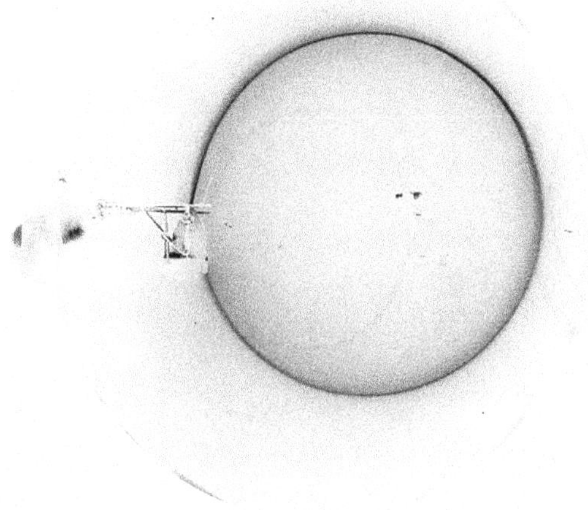

Figure 18.10.

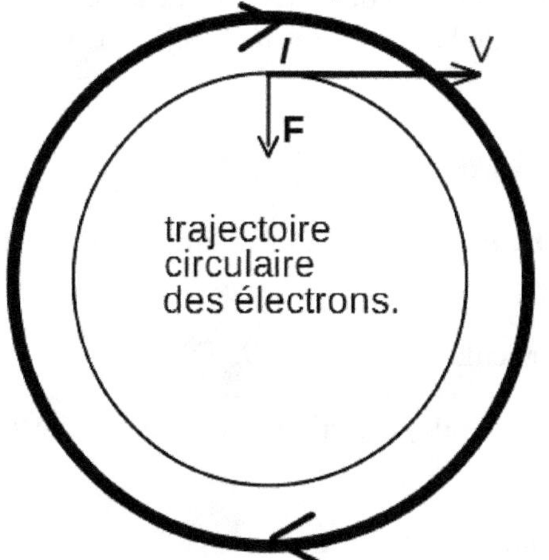

Figure 18.11.

Figure 18.12.

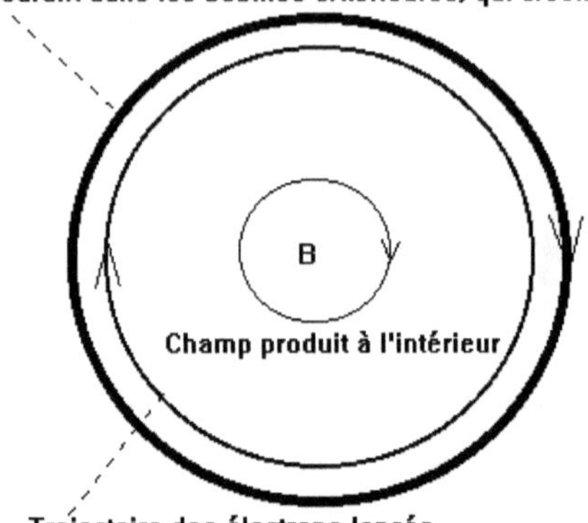

On observe un rond dans un rond, et qui tournent pareil !

Bien sûr, il y a un truc ! J'ai pris des électrons, dont la charge est négative. Si j'avais pris un courant, son « rond » aurait tourné en sens contraire.

• Et dans le cas général ? La trajectoire est hélicoïdale, avec la section circulaire de l'hélice dans la direction de plan du champ magnétique. Le champ $\breve{B}$ n'agit que sur la projection intérieure de la vitesse sur le plan stable de $\breve{B}$. . La projection extérieure de la vitesse est inchangée, et donne l'axe de la trajectoire hélicoïdale.

B.4.4. Expression mathématique de la loi : effet du champ sur l'électron lancé .

• Pour une charge mobile, une « particule » : $\overrightarrow{F} = -q.\breve{B}.\overrightarrow{v}$

Dans le cas général, seule n'intervient que la projection intérieure de $\vec{v}$ sur le plan stable de $\breve{B}$.

$\breve{B}.\vec{v}$ est donc qualifiable de produit intérieur.

Mais il n'existe pas de commutativité : le gyreur $\breve{B}$ agit sur le vecteur $\vec{v}$. L'écriture inverse n'aurait aucun sens.

L'expression analytique de $\breve{B}$, opérateur antisymétrique de rang 2, reflète qu'il est la composition d'une projection sur le plan "propre" stable, et d'une rotation d'un quart de tour dans ce plan stable.

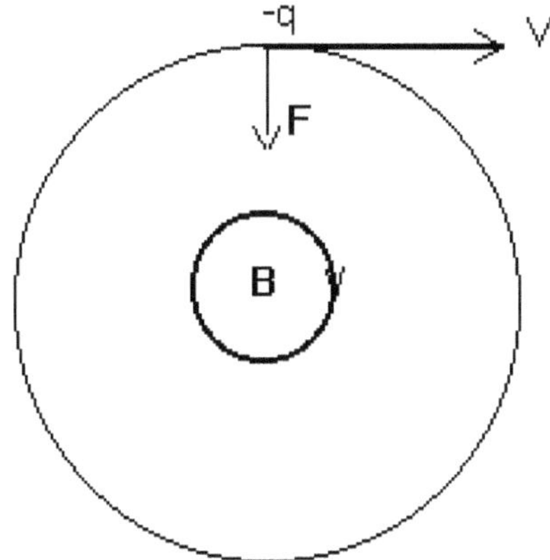

Trajectoire d'un électron dans un champ
magnétique B, coplanaire à sa vitesse V

Figure 18.13.

• Pour un conducteur parcouru par l'intensité i, loi différentielle :
$d\vec{F} = -\breve{B}.(\overrightarrow{i.dl})$ (Loi d'Ampère-Laplace).
Signification physique du signe moins : deux courants de sens contraire se repoussent, de même sens s'attirent. Le champ $\breve{B}$ est celui produit par les autres éléments de courant.

B.4.5. Expression mathématique de la loi : production du champ par un courant.

Orientation et symétrie :

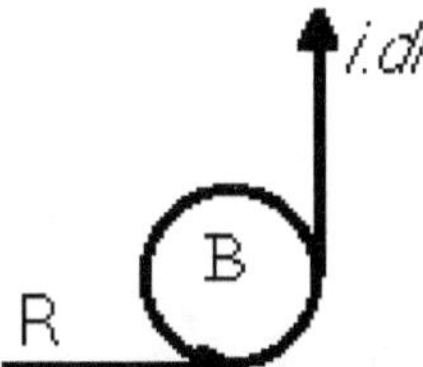

Figure 18.14.

La forme complète de la loi de Biot et Savart exige un produit extérieur de deux vecteurs : Contribution de chaque élément de courant $\overrightarrow{i.dl}$ (ou q. $\vec{v}$) :

$$d\breve{B} = \frac{\mu_0}{4\pi} . \frac{\left(\overrightarrow{R}\right)^{-1}}{|R|} \wedge \left(\overrightarrow{i.dl}\right)$$

L'élément de courant q. $\overrightarrow{v}$, et le vecteur $\overrightarrow{R}$ reliant le point M à l'élément de courant déterminent le plan de $d\breve{B}$ (contribution au champ magnétique).d$\breve{B}$

Figure 18.15.

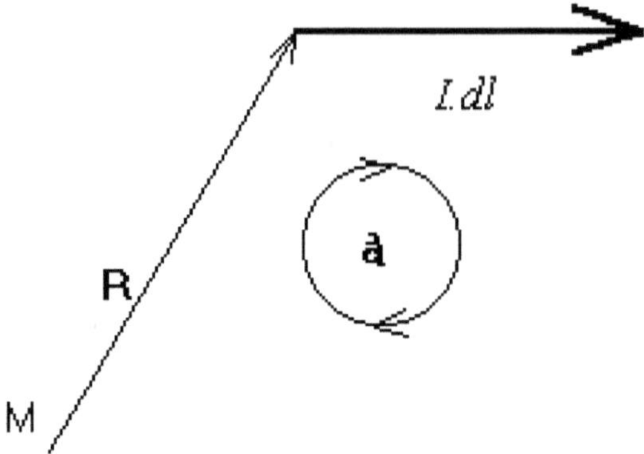

Champ produit par une spire, ou plusieurs, par exemple à l'intérieur d'un solénoïde,

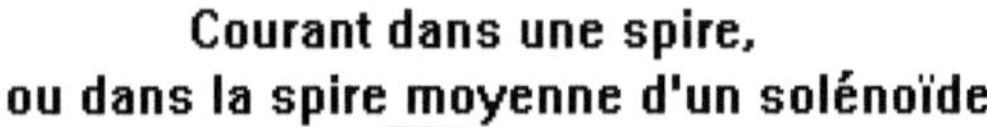

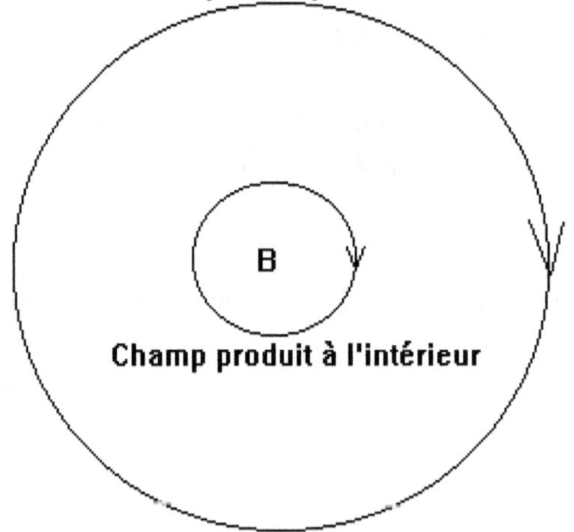

Figure 18.16.

Un rond dans un rond, et qui tournent pareil !

Dans un solénoïde long, sans fer : $B = \mu_0 \, n_l \, I$

Avec I intensité du courant, par spire,

n_l : nombre de spires par mètre de longueur,

μ_0 : perméabilité magnétique du vide.

$\mu_0 = 4\pi \, . \, 10^{-7}$ H/m $= 12.56637 \, . \, 10^{-7}$ H/m.

Remarque : $\mu_0 \, \varepsilon_0 \, c^2 = 1$, où **c** est la vitesse de la lumière dans le vide.

B.4.6. Potentiel magnétique, vecteur.

$d\vec{A} = \frac{\mu_0}{4\pi}\frac{I\vec{dl}}{|R|}$ Le potentiel magnétique recopie les courants proches, et cette copie est vectorielle, avec atténuation par la distance. Son rotationnel est le champ gyratoriel $\breve{B}$.
Unité : le testla.mètre, T.m.
Exprimer le laplacien vecteur (dérivée spatiale seconde) de $\vec{A}$ en fonction de la densité de courant $\overrightarrow{i}$: $\overrightarrow{\Delta}\overrightarrow{A} + \mu_0 \overrightarrow{i} = 0$
Si on somme l'élément $d\vec{A}$ **sur un fil droit illimité**, le résultat est un logarithme de l'inverse de la distance à l'axe du fil. Or un logarithme est infini au zéro comme à l'infini. On est obligés de prendre le zéro à une distance finie de l'axe, par exemple à la surface du fil. La symétrie du problème est cylindrique de révolution.
Calcul pour un fil de longueur finie, de **-L** à **L** sur l'axe **z**. Le point d'observation est dans le plan **xy** ou **rϑ**, à la distance **r**. Le repère **Oxyz** est orthonormé. Figure 18.17.

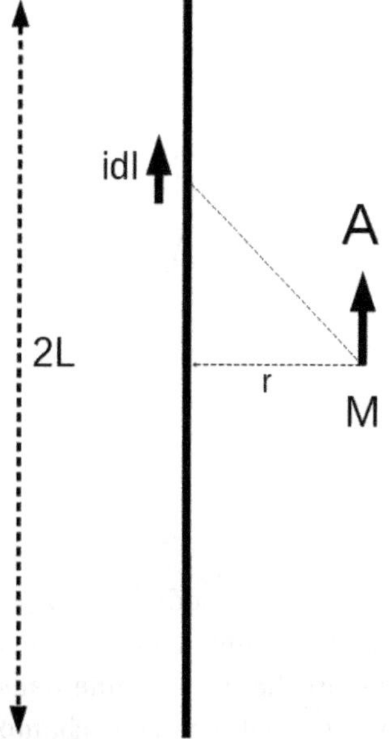

On note $\overrightarrow{u_z}$ le vecteur unitaire selon z.
$\vec{A_L}(r) = \frac{\mu_0 \overrightarrow{I.u_z}}{4\pi}\int_{-L}^{L}\frac{dl}{\sqrt{l^2+r^2}} = \frac{\mu_0 \overrightarrow{I.u_z}}{2\pi} ln\frac{L+\sqrt{L^2+r^2}}{r}$
On fait alors l'approximation que la demi-longueur du fil **L** est très grande devant **r**. Alors $L + \sqrt{L^2 + r^2}$ tend vers 2L et $\vec{A_L}(r) \approx \frac{\mu_0 \overrightarrow{I.u_z}}{2\pi} ln\frac{2L}{r}$
On prend la référence de potentiel au rayon R.

$\vec{A_L}(r) - \vec{A_L}(R) = \frac{\mu_0 \overrightarrow{I.u_z}}{2\pi} ln(\frac{R}{r})$ et L n'intervient plus. Nous avons obtenu $\vec{A}(r) - \vec{A}(R) = \frac{\mu_0 \overrightarrow{I.u_z}}{2\pi} ln(\frac{R}{r})$

Le champ $\breve{B}$ est le rotationnel de $\vec{A}$, et il est dans le plan sagittal contenant l'axe du fil conducteur et le vecteur $\vec{R}$ reliant le point d'observation M au support du courant. $\breve{B}(r) = \frac{\mu_0}{2\pi} . \left(\vec{R}\right)^{-1} \wedge \left(\overrightarrow{i.u_z}\right)$

Comme nous l'avions déjà dessiné plus haut, l'orientation du champ gyratoriel $\breve{B}$ est celle des billes ou des rouleaux dans un chemin à billes ou à rouleaux.

Et pour un **solénoïde mince de grande longueur** ?

La densité de courant est tangentielle, on la note **J**, ou vectoriellement $\vec{J}$. **a** est le rayon du cylindre. Notre dessin simplifié est dans le plan perpendiculaire à l'axe du solénoïde, plan qui contient les courants $\vec{J}$, le champ $\vec{A}$ et le champ $\breve{B}$. Là encore la symétrie du problème est cylindrique de révolution. Figure 18.18.

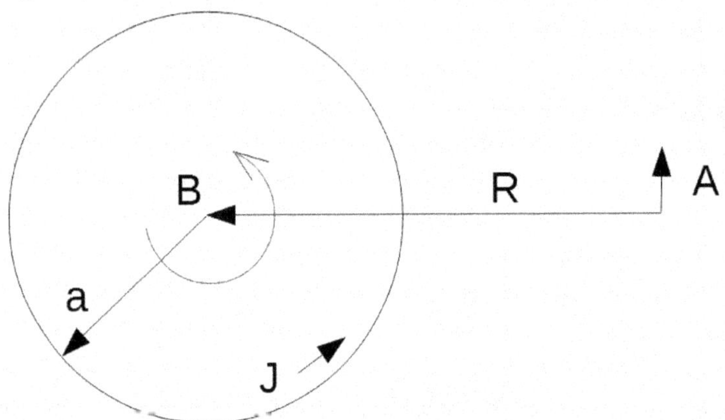

A l'intérieur du solénoïde, le champ $\breve{B}$ est constant, et son module est μ_0**J**, il tourne exactement dans le même sens que le courant dans le circuit. Son intégrale première $\vec{A}$ recopie le vecteur $\vec{J}$ le plus proche, et est nulle dans l'axe du solénoïde. A l'intérieur, $\vec{A}$ se comporte exactement comme le champ de vitesse dans un corps solide en rotation uniforme et est proportionnel à la distance à l'axe du solénoïde, μ_0**r J** à la distance **r**. Son rotationnel $\breve{B}$ est donc constant.

A l'extérieur du solénoïde, le champ $\vec{A}$ se comporte comme un vortex, et décroit en 1/R avec la distance R. Son module : $\mathbf{A} = \mu_0 \mathbf{J}\ \frac{a^2}{R}$

Il est nul à distance infinie dans ce plan. Il est irrotationnel et le champ $\breve{B}$ est nul - dans la mesure où le solénoïde est assez long pour sembler infini.

B.4.7. Moteurs et générateurs.

B.4.7.1. *Le principe des moteurs électriques.*

Courant dans les spires d'inducteur.

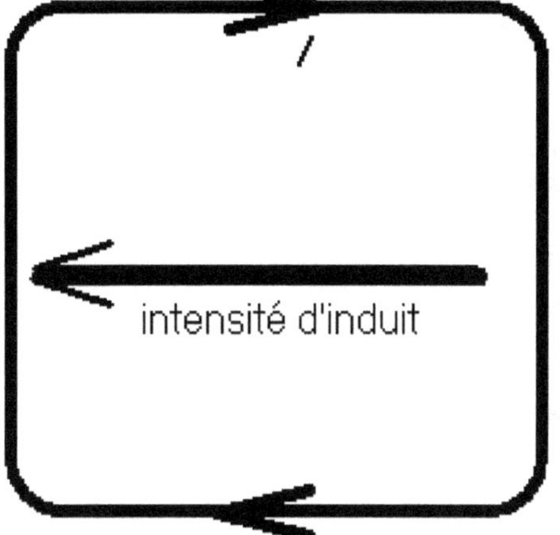

Figure 18.19.

Sachant le sens du courant dans l'élément d'induit d'un moteur à courant continu, prévoir le sens de rotation. Le dessiner d'une flèche (haut ou bas). La figure est tracée dans le plan de l'entrefer, qui sépare les pièces polaires, du rotor, ou induit. On voit le sens du courant dans les enroulements de l'inducteur. La flèche centrale représente l'intensité dans un brin d'induit. Que l'enroulement soit devant ou derrière la page, n'a aucune importance.

Solution : Figure 18.20.

Courant dans les spires d'inducteur.

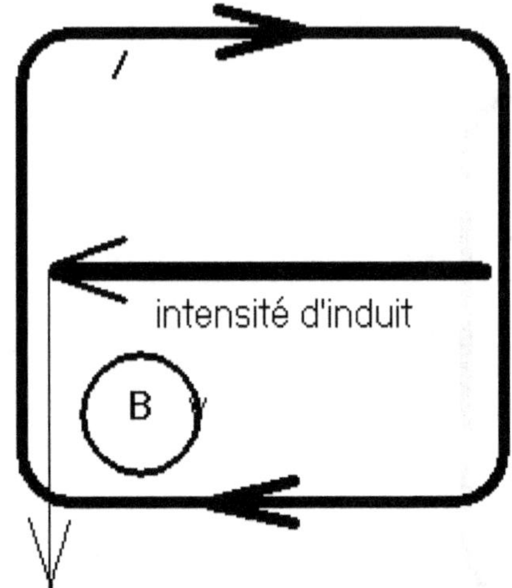

Force électromagnétique
s'exerçant sur l'élément d'induit.

B.4.7.2. *Les moteurs sont réversibles : générateurs.*

Prenons le cas d'un brin conducteur d'induit, se déplaçant devant une pièce polaire d'inducteur. On sait dessiner le sens du courant dans les spires d'inducteur.

Le schéma est entièrement dans le plan de la spire, parallèle au plan déterminé par la vitesse du brin d'induit passant devant la pièce polaire, et par le brin conducteur lui-même.

Votre mission est de prévoir le sens de la f.é.m. (force électromotrice) dans l'induit. Le + est à droite, ou à gauche ?

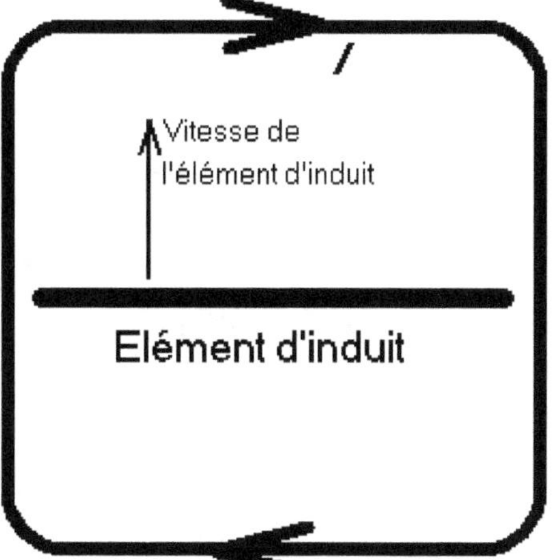

Figure 18.21.
Solution:

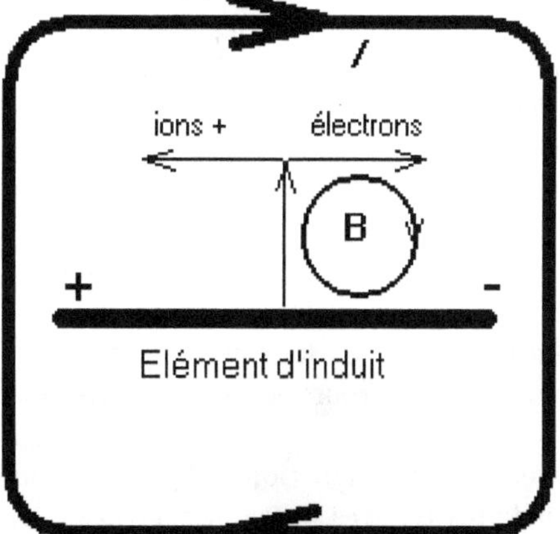

Dès qu'un moteur à courant continu tourne, il commence à se comporter en générateur : il produit donc une force électromotrice, qui vient en opposition à celle du générateur qui l'alimente, et qui diminue la consommation. Au delà d'une certaine vitesse, ce moteur devient le principal générateur. Pour les alternateurs, l'étude du phénomène est plus difficile : il faut tenir compte de la fréquence, de la tension, et de la phase.
Aucun moteur ne pourrait avoir une taille ni un rendement acceptable, sans le providentiel renforcement du champ magnétique, et à sa canalisation, par les matériaux magnétiques : le fer des pièces polaires, le fer du rotor, le fer

des carcasses magnétiques.

B.4.8. Les phénomènes magnétiques dans la matière.

L'électron. Chaque électron est à lui tout seul comme une spire de courant. *En quelque sorte, il tourne sur lui-même.* Il a donc un moment magnétique, et ce moment magnétique est de grandeur invariable.
Ceci explique la liaison covalente en chimie : les électrons s'associent dans chaque atome et dans chaque molécule par paires. Chaque paire est formée d'électrons ayant leurs moments magnétiques opposés. Chaque paire n'a donc aucun moment magnétique. Si c'est plus économique en énergie, c'est donc stable.
Paradoxe difficile à comprendre : à notre échelle, nous sommes habitués à pouvoir orienter une toupie ou un aimant, dans toutes les directions de l'espace. Pourtant, les particules élémentaires, y compris les électrons, ont une façon très étrange de "*tourner sur eux-mêmes*" (spin) : ils n'ont chacun que deux états de "rotation" possibles, deux "orientations" possibles par rapport à leur voisinage. Et pas plus de deux !
La seule image proche de cela, à notre échelle, sont les deux états de torsion d'une courroie :
Fixez l'extrémité d'une courroie. Si vous faites une torsion d'un tour à l'autre extrémité, rien ne peut effacer cette torsion. Mais si vous lui faites une torsion de deux tours, il est facile d'effacer cette torsion, en laissant les extrémités fixes, et en déformant le reste de la courroie. Deux tours équivaut à zéro tour.

Les matériaux ferromagnétiques et les ferrimagnétiques. Quelques métaux (fer, cobalt, nickel, cérium), quelques alliages, quelques oxydes (des ferrites, comme la magnétite, Fe_3O_4) sont des aimants. Autrement dit, au lieu de s'annuler les uns les autres, les moments magnétiques d'un électron de certains atomes voisins dans certaines formes cristallines, coopèrent pour s'aligner tous dans la même orientation magnétique. Il en résulte un fort champ magnétique dans ces matériaux ; par exemple dans le fer. Personne ne sait pourquoi, mais on sait bien en profiter.
Pourtant, à notre échelle, nous sommes persuadés que le fer doux (avec moins de 0,2% de carbone) n'est pas aimanté. C'est parce que notre échelle est incompétente : en réalité, le fer, en dessous de 774°C, est partout aimanté à fond.

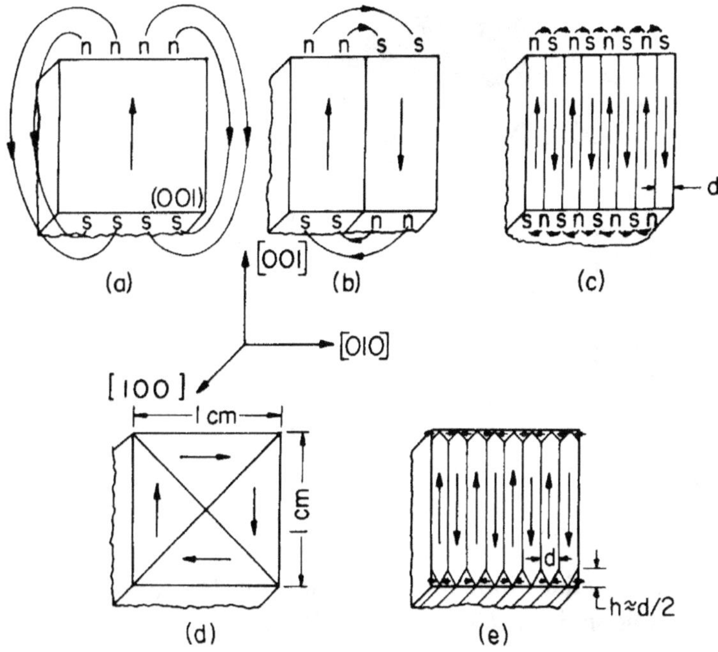

13. **Possible domain structures in a square single crystal slab of iron having the top and bottom faces in the (001) plane.**

Figure 18.22.

Mais il s'organise en petits domaines, qui referment tous leurs champs en circuits fermés. Ces domaines de Weiss ont des dimensions de l'ordre de 0,1 mm, ou moins encore.

Sous l'action d'un champ magnétique extérieur, dans le fer doux, les domaines orientés dans le sens coopératif grossissent aux dépens des domaines opposés. Ainsi le fer renforce tout champ magnétique extérieur.

Quand tous ses domaines sont bien orientés, le fer est dit saturé. Cela arrive aux environs de 2 teslas. L'existence des ferromagnétiques, c'est ce qui rend possible toute l'électrotechnique : les moteurs électriques, les transformateurs, les relais, les électro-aimants, les alternateurs, etc.

Figure 18.23.

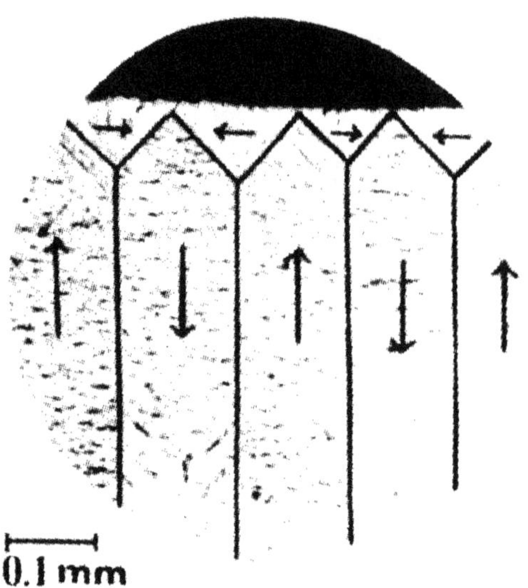

Closure and lamellar domains observed on the (001) surfa silicon–iron (Chikazumi [1964]).

Certains alliages peuvent être élaborés pour que les parois des domaines de Weiss soient bloquées : ce sont des aimants permanents. De nos jours, on utilise surtout des ferrites comme aimants permanents. Par exemple dans les haut-parleurs, dans des petits moteurs à courant continu, dans les alternateurs de vélos.
Enfin la Terre est un aimant naturel. Mais on ne sait pas l'expliquer. Et il se retourne de temps en temps... Parfois au bout de moins de 50 000 ans, parfois plus de 600 000 ans.

Résumons par un tableau les trois champs que nous connaissons désormais, et leur corps d'épreuve.
On remarquera que l'expression du potentiel a toujours un degré de difficulté et de complication en moins. Pour le champ électrique et le champ de gravité, le potentiel n'est qu'un scalaire, et il ne varie que comme $\frac{1}{R}$.
Pour le potentiel magnétique, il ressemble beaucoup au courant électrique qui lui donne naissance : il exprime l'extension de la "colle" qui relie les charges électriques entre elles. Il a le sens du courant électrique, mais il s'étend tout autour du fil conducteur, en diminuant avec la distance, comme $\frac{1}{R}$.
Dans tous les cas de champ électromagnétique (électrique + magnétique), la force est sur la droite qui relie les deux charges. Le champ magnétique n'est

donc bien qu'une modification du champ électrique, due aux mouvements des charges.
On n'a donné que les expressions différentielles élémentaires pour une seule charge électrique ou un seul élément de courant, afin de ne pas effrayer les lecteurs qu'épouvante un signe d'intégrale $\int$; mais il reste évident que pour tout problème réel il faut sommer sur toutes les charges et tous les circuits.

Type de champ	corps d'épreuve du champ ?	quoi produit le champ ?	géométrie	Potentiel associé	Forme mathématique pour ...
champ de gravité	tout corps matériel.	Tous les corps matériels.	Vecteur : m /s^2	Scalaire : m^2 /s^2	pour masse ponctuelle **m**.
champ électrique	toute charge électrique.	des charges électriques.	Vecteur. Unité: V / m.	Scalaire : volt, ou J / C.	pour charge ponctuelle **q**.
champ magnétique	toute charge électrique en mouvement.	des charges électriques en mouvement, des courants, des aimants.	Gyreur : Unité: weber, ou V. s . m^{-2}.	Vecteur : V. s / m (Volt/vitesse).	pour élément de courant $q.\vec{v}$ ·
Onde électromagnétique	Toute charge électrique, atomes.	Tout changement de position ou de vitesse d'une charge électrique.	gyreur en dimension 4 : temps + espace.	Vecteur en dimension 4 : temps + espace.	
Champ nucléaire (fort) : champ à très courte distance: juste un noyau atomique.	protons, neutrons	protons, neutrons			

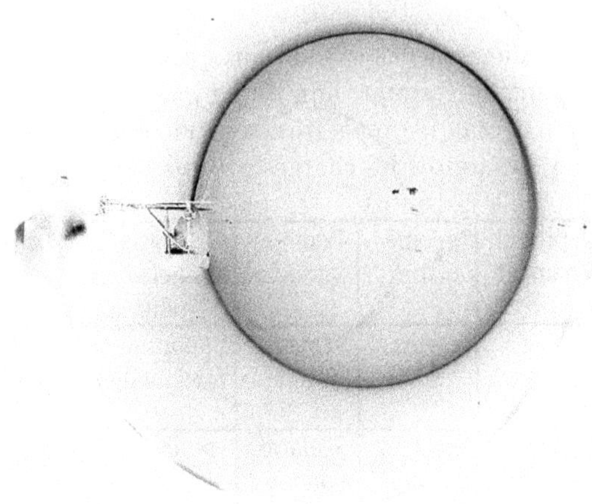

Chapitre C

Annexe C : Rayonnement et propagation des ondes électromagnétiques. Polarisation.

C.1. Mise en évidence en ondes radio.

Pour une onde radio (ou UHF transmettant la télévision), observer la polarisation de l'onde est immédiat : il suffit d'orienter l'antenne (fil conducteur, ou bâton conducteur), pour voir la réception s'améliorer jusqu'à son maximum, ou s'éteindre presque complètement. En chaque lieu, une seule orientation d'antenne est optimale. Cette expérimentation réclame un champ propre et simple. Dans une cour d'immeuble encaissée, on ne reçoit que des réflexions multiples, et aucune orientation n'est ni vraiment bonne, ni vraiment nulle. On peut expérimenter avec deux " *talkies-walkies* " à bon marché. Si leurs antennes sont parallèles entre elles, et perpendiculaires à la direction de propagation, on a une bonne réception. Antennes croisées, ou parallèles à la propagation : réception presque nulle.

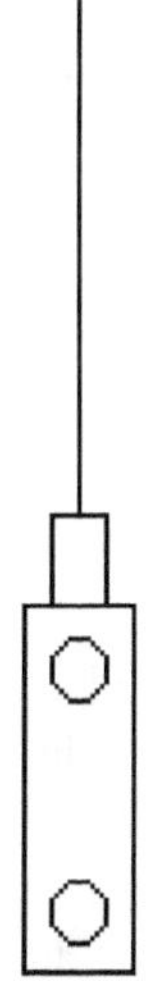

Figure 19.1.

Dessinez ci-dessus la première expérience : l'émetteur tient son antenne verticale. Comment le récepteur doit-il s'orienter ?
Seconde expérience : l'émetteur tient son antenne horizontalement. Dans quelles conditions pourra-t-on le recevoir normalement ?

Figure 19.2.
Curieux :

-

Z'Yeux Ouverts :

-

C.2. La direction de droite de l'antenne émettrice, est celle du champ électrique.

On ne vous rappelle pas ce qu'est un champ électrique, c'est déjà fait plus haut.

C.3. Le plan de propagation d'une onde E-M polarisée plane.

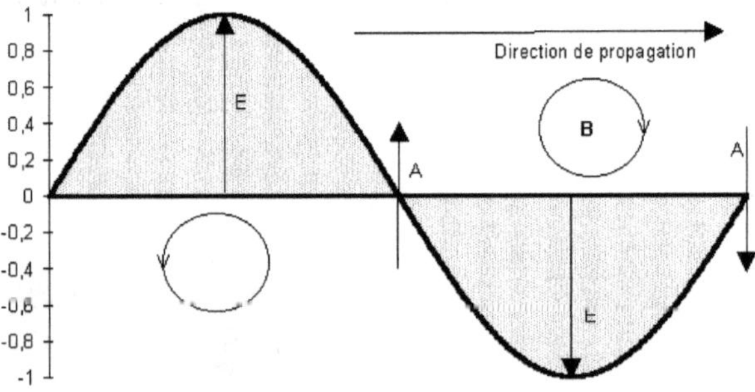

Figure 19.3.
Une troisième flèche a été dessinée : le champ vectoriel $\overrightarrow{A}$. Il est en avance sur $\overrightarrow{E}$ d'un quart de longueur d'onde. $\overrightarrow{A}$ est au maximum quand $\overrightarrow{E}$ est nul. $\overrightarrow{A}$ ressemble beaucoup à un courant électrique : $\overrightarrow{A}$, qui précède, est la cause de $\overrightarrow{E}$, qui suit un quart de période plus tard. On appelle $\overrightarrow{A}$: potentiel magnétique. En termes simplifiés, le potentiel électrique **V** traduit qu'il y a des charges électriques "*pas loin*". En simplifiant, le potentiel $\overrightarrow{A}$ traduit qu'il y a un courant électrique "*pas loin*", et $\overrightarrow{A}$ a l'orientation et le sens du courant le plus proche et le plus fort, aussi il est nul au centre d'une spire. Pour les plus matheux, le gyreur $\breve{B}$ est le rotationnel de $\overrightarrow{A}$.

On constate qu'un électron, ou toute autre charge électrique, soumis au champ magnétique $\breve{B}$, et au champ électrique $\overrightarrow{E}$, est poussé dans le sens de propagation de l'onde. C'est la pression de radiation.
Sur la figure page suivante, exerçons-nous à le prouver dans quatre cas :

Charge négative, maximum de champ électrique vers le bas de la figure.

Charge négative, maximum de champ électrique vers le haut de la figure. Pour cela dessinons au crayon la trajectoire sous l'influence du champ électrique, puis dévions la, comme elle est déviée par le champ magnétique.

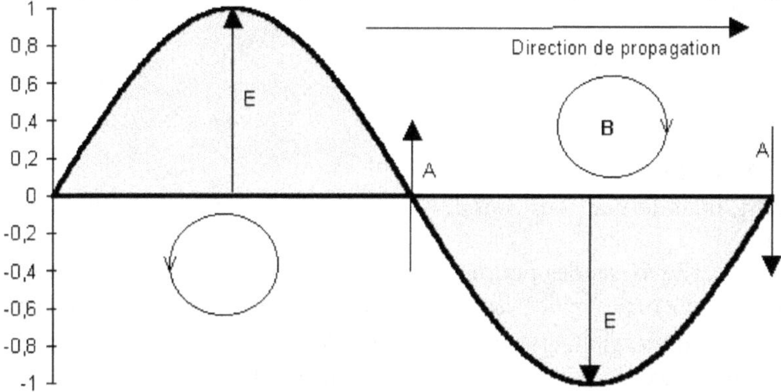

Charge positive, maximum de champ électrique vers le bas de la figure.

Charge positive, maximum de champ électrique vers le haut de la figure.

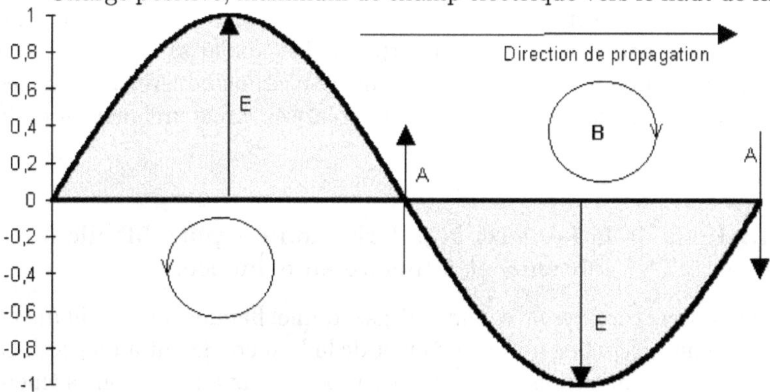

Constats :
Transversalement, les charges - sont . . .
Transversalement, les charges + sont . . .
Longitudinalement, toutes les charges électriques sont . . .
Pourquoi appelle-t-on une telle onde "onde polarisée plane" ? Pour répondre, cherchez si un même plan contient 3 vecteurs et un gyreur caractéristiques

de l'onde : le vecteur de propagation, le vecteur champ électrique, le vecteur potentiel magnétique et le gyreur champ magnétique.

Curieux :

-

Z'Yeux Ouverts :

- Et dans quel plan placerez-vous une antenne Yagi, en réception d'onde UHF de télévision ?

Curieux :

-

Z'Yeux Ouverts :

- Affirmatif, dans le plan horizontal, et perpendiculairement à l'azimut de l'émetteur.

Je n'ai pas abordé le cas des polarisations circulaires, respectivement en hélice à droite ou à gauche (ni les cas intermédiaires). Cela ne se dessine plus en plan mais en tridimensionnel, car en circulaire le vecteur $\overrightarrow{A}$ et le vecteur $\overrightarrow{E}$ sont en permanence perpendiculaires l'un à l'autre. Toutefois la projection sur le plan de la figure est identique au cas de l'onde plane polarisée dans le plan de la figure. Le pas de l'hélice est égal à la longueur d'onde. A fréquence égale, on peut toujours superposer deux polarisations circulaires pour obtenir une plane, dont l'orientation des phases respectives détermine le plan de polarisation, tandis qu'on peut superposer deux polarisations planes en quadrature et perpendiculaires, pour obtenir une circulaire. Ainsi des lames quart d'onde servent à convertir une onde polarisée circulairement en onde plane.

C.4. Pour de la lumière, la polarisation est plus difficile à obtenir, et à mettre en évidence.

Dans une source thermique comme le gaz d'une flamme ou un filament chauffé, en général, chaque atome qui émet de la lumière, le fait au hasard, et dans un plan de polarisation au hasard par rapport aux autres atomes émetteurs. Calculons combien de temps peut durer l'émission (polarisée) d'un seul atome : environ 10 000 périodes, à la fréquence de 500 THz :

Une telle durée est-elle facile à observer ?

Curieux :

-

Z'Yeux Ouverts :
- Il faut donc utiliser des moyens spéciaux pour observer la polarisation de la lumière. Au 19e siècle, on n'avait que deux moyens :
• Certains cristaux, comme la calcite $CaCO_3$, séparent et transmettent différemment deux polarisations, selon l'orientation du cristal par rapport au rayon lumineux. D'où les Nicols polariseurs.
• La réflexion et la réfraction à travers un dioptre, produisent une polarisation non complète. Mais plusieurs réfractions ou plusieurs réflexions en série, peuvent faire une polarisation très complète.
De nos jours, on utilise de préférence des Polaroïds. Ces feuilles sont des préparations de hauts polymères transparents, dans lesquels sont noyées des molécules organiques conductrices (iodure d'alcool de polyvinyle), et alignées dans une même direction. Elles arrêtent donc le champ électrique dans le sens de leur alignement, absorbent ainsi une des polarisations, et laissent passer la polarisation perpendiculaire.

C.5. Énergie d'un rayonnement électromagnétique.

Ce que fait un rayonnement ultraviolet, un infrarouge en est incapable. L'ultraviolet fait bronzer la peau, il déclenche des réactions chimiques, il provoque des fluorescences, il provoque des mutations dans les cellules vivantes, il rend conducteur un photoconducteur, etc.
C'est Einstein, en 1905, qui a exprimé la loi : un rayonnement électromagnétique n'interagit avec la matière que par quanta, déterminés par la constante de Planck **h**, qui vaut environ 6,626176 . 10^{-34} joule-seconde par cycle, ou 1,05457267 . 10^{-34} joule-seconde par radian.
On a nommé ces quanta "photons". Voici la loi originale d'Einstein :
W = h . f. où f est la fréquence du rayonnement, et **W** l'énergie que chaque quantum transporte.

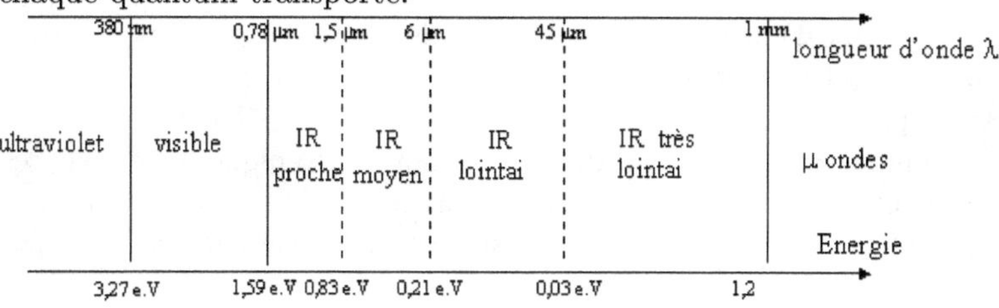

Figure 19.4.

En spectroscopie infrarouge (détection du monoxyde de carbone par sa raie d'absorption à 4,666 µm), nous avons rencontré cette loi sous une forme un peu modifiée par Bohr :

$E_1 - E_2 = h \cdot \nu$, où E_1 est l'énergie de la molécule avant absorption d'un quantum de rayonnement, et E_2 est l'énergie de la molécule après absorption, ν est la fréquence du photon.
Nous réécrivons cette loi, en écrivant qu'une expression est égale à une constante universelle :
$W\ T = h$, ou $W / \omega = h / 2.\pi = h$. Avec ω désignant la pulsation, T désignant la période.

C.6. Le granule d'action par cycle dans les molécules.

Les molécules peuvent tourner sur elles-mêmes, et vibrer, mais exclusivement à des niveaux multiples demi-entiers du quantum d'action h. La molécule de monoxyde de carbone CO vibre en permanence sur le mode élongation-compression. Mais elle ne peut pas descendre en dessous d'un niveau d'énergie de vibration égal à $W_0 = \frac{1}{2} \cdot h.\nu_0 = \frac{1}{2} \cdot h \cdot \omega_0$ (dite énergie de vibration de zéro).
Elle peut sauter à $W_1 = (1 + \frac{1}{2}) \cdot h \cdot \omega_1$, ainsi qu'éventuellement à des degrés supérieurs. Ces pulsations ω_1 et ω_0 sont presque égales à celles de la radiation infrarouge absorbée : $W_1 - W_0 = ..$

Curieux :
- $W_1 - W_0 = h \cdot \omega = h.\nu$

Z'Yeux Ouverts :
- C'est ainsi qu'en spectrométrie infrarouge, on mesure les modes de vibrations des molécules. Il y a beaucoup d'autres modes d'interaction entre atomes ou molécules, et rayonnement. En spectrométrie micro-ondes, on mesure leurs modes de rotation. En spectrométrie visible et ultraviolet, on mesure les niveaux d'énergie d'orbitales des électrons périphériques autour des atomes. En spectrométrie X, on mesure les niveaux d'énergie d'orbitales des électrons profonds (premières couches, sur les éléments lourds). En spectrométrie gamma, on mesure la structure du noyau atomique. C'est par ces moyens, que l'on peut connaître la composition des étoiles : en analysant leur lumière, autrefois avec des prismes dispersifs, actuellement avec des réseaux.

C.7. L'énergie de chaque quantum de lumière.

Situons les rayonnements électromagnétiques, en énergie et en longueur d'onde.

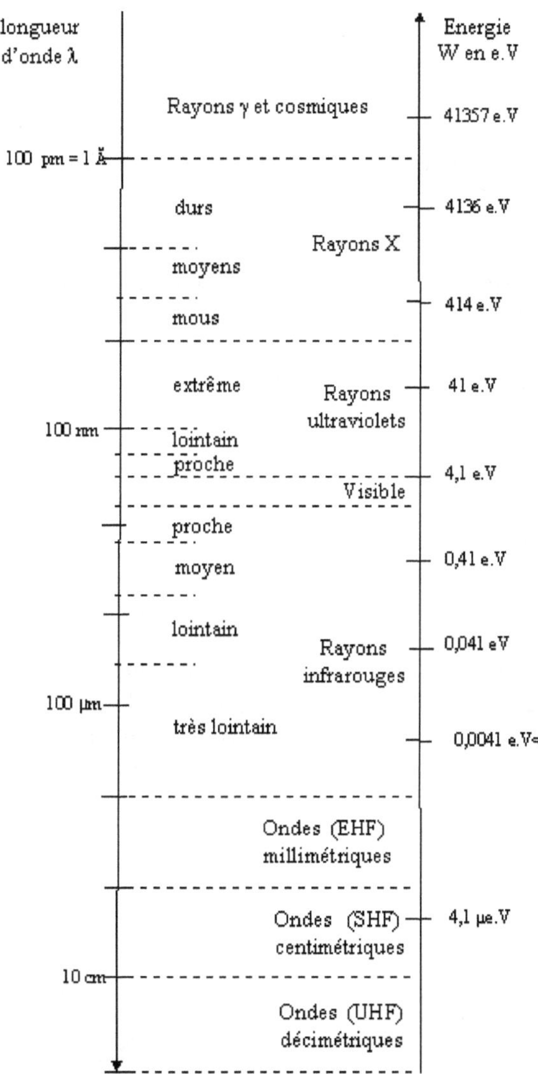

Figure 19.5.
Fin des rappels de cours de seconde.

Professeur Castel-Tenant :
- Notre collègue s'écarte fortement de la tradition : selon la tradition, le champ magnétique $\breve{B}$ est représenté comme un vecteur, à nonante degrés du vecteur $\vec{E}$, et il lui est en phase. Or deux fois par période ces deux champs

sont simultanément nuls, et la densité d'énergie est nulle ! Et le plus affreux est juste devant un miroir, où l'interférence d'un rayon incident (à incidence normale ou quasi-normale) et de sa réflexion donne deux franges sombres par longueur d'onde, où ces champs sont simultanément toujours nuls. On ne sait alors comment ce photon peut encore se propager, en traversant ces franges de nullité de champ.

Z'Yeux Ouverts :
- Là cher collègue traditionaliste, vous pataugez dans les marécages de l'erreur apprise ! Vous avez oublié le champ magnétique $\vec{A}$, dit aussi potentiel magnétique, et qui lui est un vrai vecteur, et qui est toujours en quadrature avance sur $\vec{E}$. Par conséquent les zones à $\vec{E}$ et $\breve{B}$ nuls sont celles à $\vec{A}$ maxi, que ce soit en progressif ou en stationnaire. Or ce champ $\vec{A}$ persiste à assurer la propagation quand les deux autres sont défaillants.
Analogies utiles :
Dans un pendule pesant, l'énergie potentielle de gravité et l'énergie cinétique s'échangent deux fois par période, tandis que l'énergie mécanique totale reste constante aux pertes et dissipations près, c'est à dire décroissante.
Dans un circuit résonant inductance-capacité, l'énergie électrique s'échange deux fois par période, entre potentielle électrostatique dans le condensateur, et cinétique (champ magnétique) dans l'inductance. En considérant ce champ $\vec{A}$ pourtant si négligé et impopulaire dans ce clergé, on rétablit l'unité de la physique. Ce n'est quand même *pas pour les chiens* qu'Alexandre Liapounov s'est levé plus tôt que les autres, et nous a appris à tirer le maximum des conditions de stabilité des systèmes oscillants.
Figure 19.6.

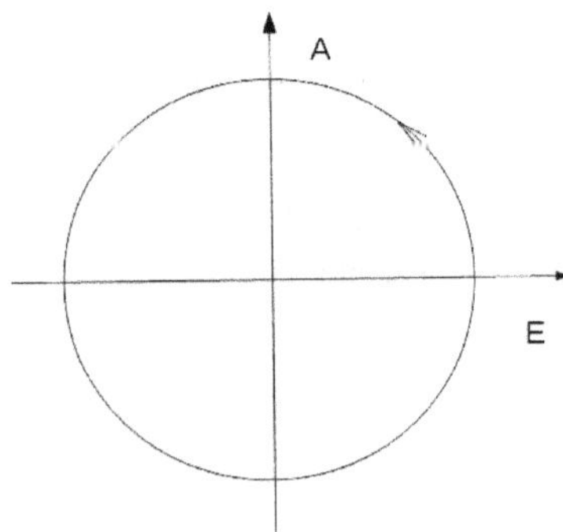

Il reste à compléter ou corriger la formule donnant la densité d'énergie dans le champ. Affaire à suivre.

Chapitre D

Annexe D : La résonance Mössbauer, l'expérience de Pound et Rebka.

D.1. Conversions et formulaire

14,40 keV, raie gamma du noyau ^{57}Fe, cela fait 0,861 Å de longueur d'onde, ou en femtomètres, unité naturelle d'un noyau atomique : 86100 fm. Voilà qui est énorme comparé au noyau de fer à l'état de base, et même comparé à l'état excité. Donc pour capturer ce photon, le noyau de fer 57 va devoir le faire converger sur lui, et sur un temps long pour un noyau (3 à 10 ns typiques), vu que c'est un photon d'excellente définition en fréquence, donc de grande longueur, ici de l'ordre du mètre, voire dix mètres. Voilà qui échappe à leur doctrine anti-transactionniste d'artilleur de la guerre de 14-18, ou de carpet-bomber américain : cette convergence ne se traite qu'en microphysique transactionnelle. Cette capture n'a rien de magique, mais repose sur une résonance fréquentielle.

Détail des calculs.
14 400 électronvolts par photon = h . ν = h c/λ,
1 eV = 1,60219 . 10^{-19} C.V = 1,60219 . 10^{-19} joule.
Sa fréquence : ν = E / h = $\frac{14400 \cdot 1{,}60219.10^{-19} J}{6{,}6260755.10^{-34} \frac{J.s}{cycle}}$ = 3,482 EHz (Exaherz = 10^{18} Hz)
D'où la longueur d'onde de ce photon (résultat final en picomètres) :
λ = hc/E = $\frac{hc}{14400 \cdot 1{,}60219.10^{-19} J} = \frac{6{,}6260755.10^{-34} \cdot 299792580 m}{14400 \cdot 1{,}60219.10^{-19}}$ = 86,1002 pm
On est là dans le X dur. Parfaitement ionisant, à ne pas fréquenter directement soi-même. Un blindage est nécessaire.
Il nous faut aussi son impulsion :
E/c = $\frac{14400 \cdot 1{,}60219.10^{-19} J}{299792580 \frac{m}{s}}$ = 7,696 . 10^{-24} kg.m/s

Quelle est la largeur du photon sur un appareil de laboratoire de longueur 80 cm ?

$2z = \frac{\sqrt{3 \cdot 0,40m \cdot 86,1pm}}{2} = 5$ µm, soit un milliard de fois le diamètre d'un noyau de fer.

Quelle est sa largeur à mi-dénivelé de la tour de Harvard dans l'expérience de Pound et Rebka ?
$2z = \frac{\sqrt{3 \cdot 10,50m \cdot 86,1pm}}{2} = 26$ µm, soit cinq milliards de fois le diamètre d'un noyau de fer.

Quel est le demi-angle au cône tangent, à proximité de l'émetteur ou de l'absorbeur (noyau de fer 57) ?
$\alpha = \sqrt{\frac{3 \cdot \lambda}{4 \cdot a}} = \sqrt{\frac{3 \cdot 86,1pm}{4 \cdot 10,5m}} = \sqrt{\frac{258,3pm}{42m}} = \sqrt{6,15 \cdot 10^{-12}}$ rad $= 2,48 \cdot 10^{-6}$ rad.

D.2. Effet Mössbauer

L'effet Mössbauer est lié à l'absorption et la ré-émission résonante d'un photon par le noyau d'un atome (transition nucléaire). Les lois de conservation de l'énergie et de l'impulsion imposent une modification de l'énergie (et donc de la fréquence) des photons réémis dans une direction différente de la direction incidente. Ce décalage en énergie traduit l'effet de recul de l'atome à l'absorption et à l'émission.
Cependant les noyaux atomiques ne sont généralement pas isolés (dans un cristal par exemple). La conservation de l'énergie-impulsion ne concerne plus alors le seul couple photon-noyau, mais l'ensemble photon-noyau-matrice. Ainsi dans un solide constitué d'atomes liés, le noyau résonant est bloqué dans le réseau et son énergie de recul peut alors être transmise au cristal tout entier. Comme la masse du cristal est bien plus grande que la masse du noyau (dans un rapport de l'ordre du nombre d'Avogadro), la vitesse de recul du noyau est négligeable. Il y a alors une probabilité non nulle pour qu'un noyau émette ou absorbe un photon sans recul. Ceci constitue l'effet Mössbauer, découvert par Rudolf Ludwig Mössbauer.
On constate ainsi, en absorption et en émission, une résonance sur la différence d'énergie entre les niveaux d'énergie de l'état fondamental et de l'état excité du noyau. Cet effet donne une spectrométrie Mössbauer riche et utile : elle permet d'investiguer différentes informations sur l'environnement local de l'atome.
Bibliographie :
http ://www.uni-duisburg.de/FB10/LAPH/Keune/hs/Utochkina.pdf
http ://obelix.physik.uni-bielefeld.de/˜+schnack/
molmag/material/Guetlich-Moessbauer_Lectures_web.pdf
http ://home.uni-leipzig.de/energy/pdf/freuse9.pdf

La spectroscopie Mössbauer est une technique très sensible, avec une excellente résolution en énergie pouvant atteindre 10^{-11}. Elle permet d'étudier avec une grande précision la structure hyperfine des niveaux d'énergie du noyau atomique et leurs perturbations sous l'effet de l'environnement chimique, électrique et magnétique de l'atome, de son état d'oxydation, ou de différents ligands, etc.
En revanche, elle est limitée par le fait qu'elle ne s'applique qu'aux échantillons solides, et à un nombre assez limité d'éléments chimiques. Parmi ceux-là, le fer est de loin le plus étudié. L'abondance et l'importance de cet élément dans des matériaux très divers confèrent à la spectroscopie Mössbauer, malgré ces limitations, un champ d'applications assez vaste en sciences des matériaux, géologie, biologie etc.

D.3. Principe de la mesure

De même qu'un pistolet recule lorsqu'un coup est tiré, un noyau atomique a un certain recul quand il émet un photon gamma, et quand il en absorbe un. C'est une conséquence du principe physique de conservation de la quantité de mouvement. En conséquence, si un noyau au repos émet un photon gamma, l'énergie de ce photon est très légèrement inférieure à l'énergie de la transition. Inversement, pour qu'un noyau puisse absorber un photon gamma, il faut que l'énergie de ce photon soit très légèrement supérieure à l'énergie de la transition. Dans les deux cas, une partie de l'énergie est perdue dans l'effet de recul, c'est-à-dire transformée en énergie cinétique du noyau. C'est pourquoi la résonance nucléaire gamma, c'est-à-dire l'émission et l'absorption résonantes ensemble d'un même photon gamma par des noyaux identiques, n'est pas observée si les atomes sont libres dans l'espace. La perte d'énergie est trop grande par rapport à la largeur spectrale, et les spectres d'absorption et d'émission ne se recouvrent pas significativement.

Dans un solide en revanche, les noyaux ne sont pas libres, mais sont ancrés au réseau cristallin. L'énergie de recul perdue lors de l'absorption ou l'émission d'un photon gamma ne peut pas prendre n'importe quelle valeur, mais dépend de l'émission ou l'absorption de phonon convergent sur ce noyau, avec une proportion non nulle qu'il y ait zéro phonon (5,7 % dans le cas historique de l'iridium 191, à raie gamma à 129 keV). A zéro phonon émis (ou absorbé), on parle alors d'un événement sans recul. Dans ce cas, la conservation de la quantité de mouvement est satisfaite en prenant en compte la quantité de mouvement du cristal ou du solide dans son ensemble, alors l'énergie perdue est très faible, et le glissement de fréquence aussi.

Rudolf Mössbauer découvrit qu'une part significative de ces événements d'émission et d'absorption se fait en effet sans recul, ce qu'on quantifie par le facteur de Lamb-Mössbauer. Cela implique qu'un photon gamma émis par un noyau peut être absorbé de façon résonante par un échantillon contenant le même isotope. La mesure de cette absorption constitue le principe de la spectroscopie Mössbauer. Cette découverte valut à Rudolf Mössbauer le prix Nobel de physique en 1961. Il utilisait l'iridium 191 et devait refroidir à la température de l'hélium liquide.

Si les noyaux émetteur et absorbeur sont dans des environnements chimiques exactement semblables, les énergies de transition sont exactement égales, et l'absorption est observée quand les deux matériaux sont au repos. En revanche, les différences d'environnement chimique provoquent de très légers changements des énergies de transitions. Ces variations d'énergies sont extrêmement petites (souvent inférieurs au µeV) mais peuvent être du même ordre ou même supérieures à la largeur spectrale des rayons gamma, de sorte qu'elle entraînent de grandes variations d'absorbance. Pour amener les deux noyaux en résonance et observer l'absorption correspondante, il est nécessaire de moduler légèrement l'énergie des rayons gamma, en manipulant la vitesse radiale relative de l'émetteur et de l'absorbeur. Les variations d'énergies repérées par des pics d'absorbance peuvent alors caractériser l'environnement chimique de l'atome absorbeur dans l'échantillon étudié.

D.4. Dispositif expérimental

Dans sa forme la plus commune, la spectroscopie Mössbauer est une spectroscopie d'absorption : un échantillon solide est exposé à un faisceau de rayons gamma, et un détecteur mesure l'intensité transmise à travers l'échantillon. Les atomes de la source émettrice doivent être du même isotope que dans l'échantillon.
La source émet un rayonnement d'énergie constante. On module cette énergie reçue dans le repère du capteur sensible en plaçant la source sur un support oscillant ; c'est l'effet Doppler qui produit la variation de l'énergie reçue. La détection est synchronisée avec la phase du déplacement de la source, afin de déterminer l'énergie du rayonnement détectée à un instant donné, et on trace simplement l'intensité mesurée en fonction de la vitesse de la source. A titre d'exemple, les vitesses utilisées pour une source au fer 57 (^{57}Fe) peuvent être de l'ordre de 11 mm/s, ce qui correspond à une variation d'énergie de 48 neV ($4{,}8 \cdot 10^{-8}$ eV).

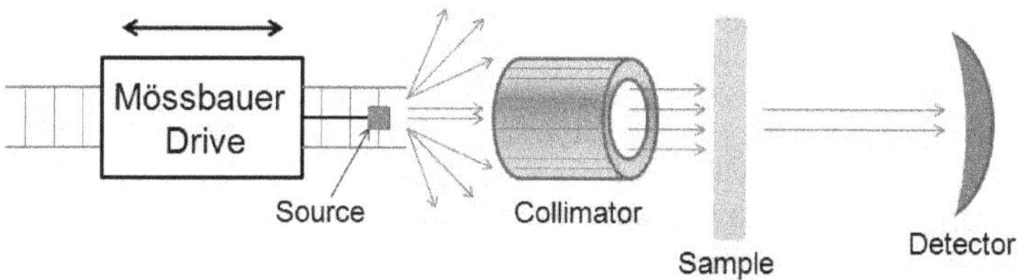

Figure 20.1.
La source de rayons gamma utilisée pour étudier un isotope donné est constituée d'un élément radioactif parent qui se désintègre en produisant cet isotope. Pour le fer 57, on utilise une source au cobalt 57, qui produit par capture électronique un noyau de fer 57 dans un état excité, lequel produit un photon gamma à la bonne énergie en retombant à son état fondamental. Le cobalt radioactif est préparé sur une feuille de rhodium en général.

Capture électronique : l'une des transmutations les moins fréquentes. Le noyau happe l'un des électrons de la couche la plus profonde 1s, par la réaction
${}^{A}{}_{Z}X + {}^{0}{}_{-1}e^{-} \rightarrow {}^{A}{}_{Z-1}Y + {}^{0}{}_{0}\nu_e$
ici exprimée à l'échelle du noyau, ou à l'échelle du nucléon :
$p^{+} + e^{-} \rightarrow n + v_e$.
Proton plus électron donne un neutron, plus de l'énergie qui laisse le nouveau noyau dans un état excité, et de plus émet un neutrino.

Cette réaction diminue le numéro atomique d'une unité, mais laisse le cortège électronique dans un état à haute énergie : il manque un électron en couche basse, bien que la neutralité atomique soit préservée. Cette orbitale basse défective va capturer un électron périphérique, et la réorganisation du nuage électronique va émettre tout un spectre de photons qui ne nous intéressent pas ici.

Idéalement, l'isotope parent doit avoir une demi-vie convenable pour la durée de l'expérience. De plus, l'énergie des photons gamma doit être relativement basse, sans quoi la proportion d'absorption sans recul sera basse, ce qui implique un faible rapport signal sur bruit, et des temps d'acquisition très longs. Parmi les éléments ayant un isotope adapté à la spectroscopie Mössbauer, le fer 57 est de loin le plus utilisé, mais l'iode 129, l'étain 119 et l'antimoine 121 sont aussi fréquemment employés et étudiés. La raie gamma sera utilisable en spectrographie Mössbauer si l'état excité a une durée de demi-vie entre 10^{-11} s et 10^{-6} s.

D.5. Analyse et interprétation des spectres Mössbauer

La spectroscopie Mössbauer a une résolution en énergie extrêmement bonne, et permet de détecter de très légères différences dans les environnement des atomes étudiés. Typiquement trois types d'interaction nucléaire sont observés : le déplacement isomérique ou chimique, le couplage quadrupolaire et la structure hyperfine (ou effet Zeeman).

Couplage quadrupolaire

Le couplage quadrupolaire (ou couplage quadripolaire) désigne l'interaction entre le moment quadrupolaire du noyau et un gradient de champ électrique. Ce couplage produit un terme d'énergie supplémentaire qui peut conduire à une levée de dégénérescence des niveaux d'énergie du noyau, révélée par la présence d'un doublet dans le spectre Mössbauer : on parle alors d'« éclatement quadrupolaire ».
Ce phénomène n'est bien sûr possible que si le noyau possède un moment quadrupolaire non nul, ou en d'autres termes une densité de charges électriques non sphérique. C'est le cas pour les noyaux dont le spin I est strictement supérieur à 1/2, et en particulier pour les états excités de spin I = 3/2 des isotopes ^{57}Fe ou ^{119}Sn. En présence d'un gradient de champ électrique, l'énergie d'un tel état excité se divise entre deux sous-niveaux correspondant à mI = ± 1/2 et mI = ± 3/2. Ceci donne lieu à deux pics distincts dans le spectre. Le couplage quadrupolaire est mesuré comme la séparation entre ces deux pics.

Le gradient de champ électrique qui provoque l'éclatement quadrupolaire provient de la densité de charge électronique au voisinage de l'atome, soit celle des électrons de valence de l'atome concerné, soit celle des électrons des atomes environnants.

Fin de l'annexe D.

Chapitre E

Annexe E. Expériences à choix retardé.

Référence de base, transactionnelle :

http ://arxiv.org/abs/1501.00970 par Heidi Fearn, de l'Université Fullerton en Californie.
http ://arxiv.org/pdf/1501.00970v5

Mais dans leur esprit de corpuscularistes butés, hélas voilà :

E.1. Expérience de la gomme quantique à choix retardé

Professeur Marmotte :
- L'expérience de la gomme quantique à choix retardé1 est une expérience de mécanique quantique qui constitue une extension de celle d'Alain Aspect et des fentes de Young en y introduisant ce qui semble être une rétroaction implicite dans le temps. Proposée en 1982 par Marlan Scully et Kai Drühl, une version de cette expérience a été réalisée en 1998 par l'équipe de Yanhua Shih (University of Maryland, États-Unis).
Schématiquement, deux dispositifs similaires aux fentes de Young sont installés en cascade.
On sait que l'incertitude quantique concernant le passage de particules par l'une ou l'autre fente :

— n'est levable que par un processus de détection, et
— subsiste en l'absence de celle-ci, non seulement en tant que connaissance de l'expérimentateur, mais bien en tant qu'état du système.

L'idée de Marlan Scully est de ne décider l'intervention de cet observateur qu'au dernier moment, alors que la particule3 a déjà franchi la première série de fentes.
Les équations de la mécanique quantique imposent à la particule d'avoir vérifié lors du premier passage des conditions qui ne sont pourtant stipulées que postérieurement, par intervention ultérieure du détecteur ou non. En d'autres termes, cette intervention du détecteur semble modifier le passé de la particule.

L'observation confirme pour le moment ce résultat prévu, mais Marlan Scully ne se prononce pas encore sur les enseignements que l'on peut ou non en tirer. John Wheeler s'est montré parfois moins réservé et a tenu à ce sujet des propos controversés sur la modification du passé par des processus d'observation (à moins, selon une autre interprétation du même phénomène, qu'il ne s'agisse d'une définition du présent par le résultat de l'observation de phénomènes passés ; voir l'interprétation d'Everett).

Z'Yeux Ouverts :
- Laissons tomber Everett dans la corbeille à papiers. Laissons tomber dans le même classeur vertical les mythes des *incertitude* et *connaissance*, *observateur*, vérifier l'avenir pour influer le passé, « *après que la particule soit passée* », etc.
Regardons plutôt le dispositif (on leur rend la parole) :

Professeur Marmotte :
- Première partie du dispositif : si nous remplaçons les appareils B et C par de simples miroirs, nous nous retrouvons avec une variante de l'expérience des fentes de Young : le miroir semi-réfléchissant A provoque une interférence « du photon avec lui-même » et provoque une figure d'interférence en I. Il est important de bien comprendre l'expérience de Young avant de tenter de comprendre celle-ci.

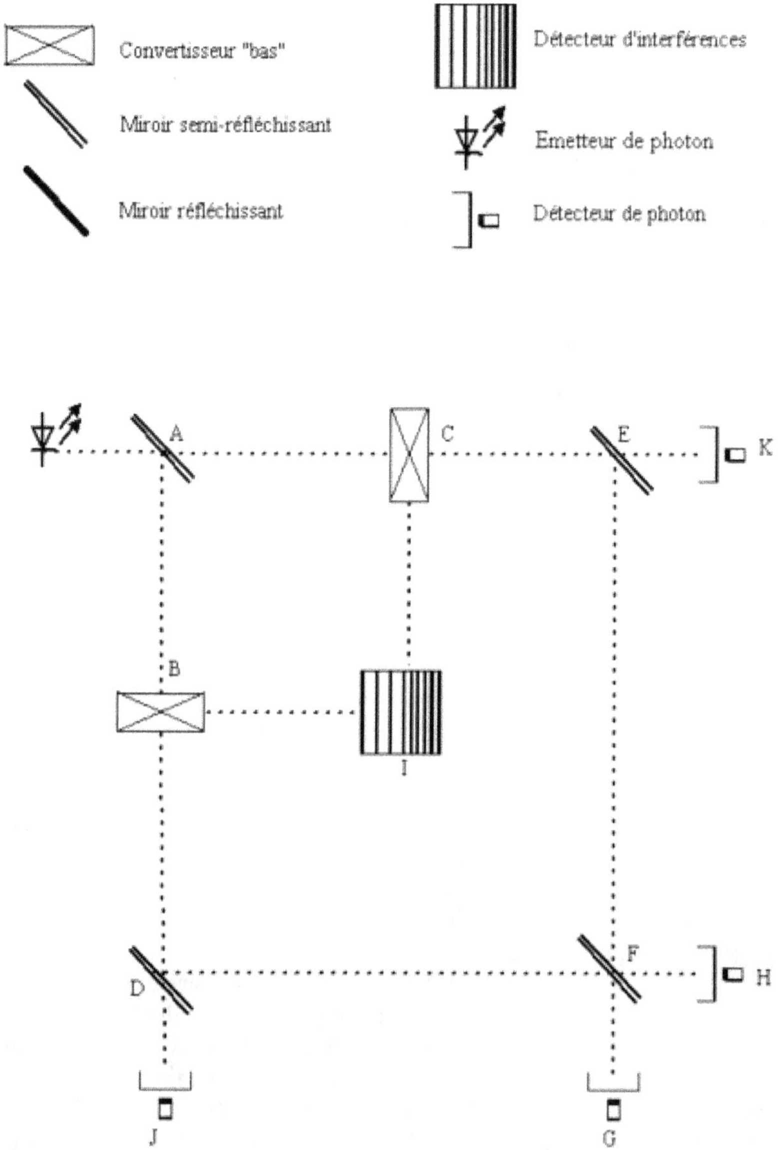

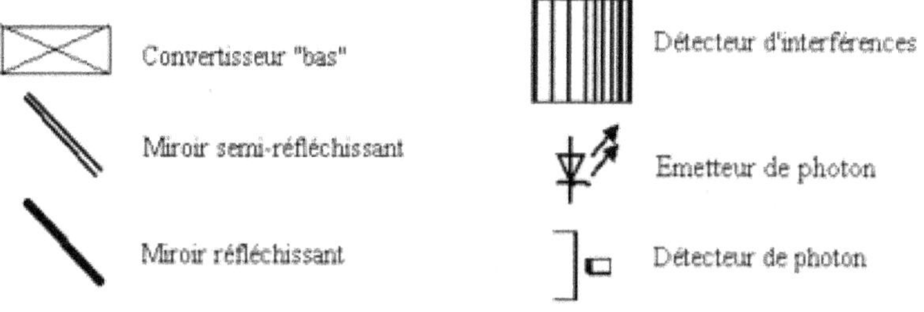

Figure 21.1.

En fait, en B et en C, sont placés des « convertisseurs bas ». Un « convertisseur bas » est un appareil qui, à partir d'un photon en entrée, crée deux photons en sortie, corrélés, et de longueur d'onde double par rapport au photon en entrée. Étant corrélés, toute mesure effectuée sur un des deux photons de sortie nous renseigne sur l'état de l'autre photon. Par définition, un des

deux photons en sortie sera appelé « photon signal » et l'autre « photon témoin ». Il est important aussi de souligner que le « convertisseur bas » ne détruit pas l'état quantique du photon : il n'y a pas de « mesure » et l'état des deux photons en sortie respecte l'état de superposition du photon en entrée. Cependant, les photons corrélés par les convertisseurs bas ne génèrent pas de figure d'interférences immédiatement visible en I (voir paragraphe figure d'interférences).Maintenant, imaginons qu'il n'y ait pas de miroir semi-réfléchissant en D et en E. Ne pourrait-on pas détecter par quel chemin (« par B » ou « par C ») est passé le photon initialement émis ? Si le détecteur J se déclenche, c'est que le photon est passé par B, si c'est K, c'est que le photon est passé par C. Les « photons signaux » se comportant de la même manière que s'il y avait des miroirs en B ou en C, la figure d'interférence ne devrait-elle pas apparaître, tout en nous renseignant sur le chemin pris par le photon ? (ce serait en contradiction avec l'expérience de Young.)
En fait, non. La « *mesure* » effectuée par un des détecteurs J ou K détruit l'état quantique des photons « signal » et « témoin » (ceux-ci étant quantiquement corrélés, voir paradoxe EPR), et aucune figure d'interférence n'apparaît en I. Nous retrouvons bien les résultats de l'expérience de Young.
Maintenant, considérons le dispositif complet, représenté par la figure. Le photon témoin a une chance sur deux d'être réfléchi par le miroir D ou E. Dans ce cas il arrive en F et il n'y a alors plus moyen de savoir si le photon est passé par B ou par C. En effet, que le photon vienne de E ou de D, il a dans les deux cas une chance sur deux d'être détecté en H ou en G. Donc la détection en H ou G ne permet pas de savoir d'où vient le photon. Ce miroir F est la « gomme quantique » imaginée par Scully : il détruit l'information permettant de savoir par quel chemin est passé le photon.
Cependant, si au lieu d'avoir été réfléchi par D ou E, le photon témoin a été détecté par J ou K, alors il est possible de savoir le chemin emprunté par le photon, et le photon signal correspondant enregistré en I ne contribue pas à faire une figure d'interférence. Les miroirs D et E "tirent au sort", en quelque sorte, le destin du photon témoin : une chance sur deux de devenir un photon dont on connaît le chemin, une chance sur deux de devenir un photon dont le chemin est indéterminé.
Or, la distance BD (et a fortiori BF) peut être très supérieure à la distance BI, et de même pour respectivement CE (a fortiori CF) et CI. Et c'est le cas dans cette expérience. Donc, quand le photon signal vient impressionner la plaque photographique en I, le photon témoin n'a pas encore atteint D ou E, et encore moins F. C'est le « choix retardé » dont il est question dans l'expérience. Le résultat enregistré en I est donc fixé avant que le photon témoin ait été détecté en J/K ou en G/H.

Au moment où le photon signal impressionne I, le chemin du photon témoin est encore indéterminé. La figure en I devrait donc s'organiser systématiquement en figure d'interférence. Pourtant, un photon témoin sur deux en moyenne sera détecté en J/K, et les photons signaux correspondant ne doivent pas s'organiser en figure d'interférence (puisqu'on connaît le chemin emprunté). Comment le photon signal « sait-il » que le photon témoin sera détecté en J/K ou non ? Telle est la question fondamentale de cette expérience.
Expérimentalement on constate qu'il n'y a jamais d'erreur : les photons signaux dont les photons témoins sont détectés en J/K ne s'organisent pas en figure d'interférence, les photons signaux dont les photons témoins sont détectés en G/H s'organisent en figure d'interférence (voir section suivante). Fin de citation.

E.2. Relecture transactionnelle.

Z'Yeux Ouverts :
- Donc vous avez bien lu : le Professeur Marmotte a pris pour hypothèse que « *la particule* », ici un photon, est un petit corpuscule, sans longueur ni largeur, inscrit dans un temps macrophysique newtonien, universel, simultané et macroscopiquement irréversible DONC microscopiquement aussi : « *alors que la particule a déjà franchi la première série de fentes... cette intervention du détecteur semble modifier le passé de la particule... détecter par quel chemin (« par B » ou « par C ») est passé le photon initialement émis... Le photon témoin a une chance sur deux d'être réfléchi par le miroir D ou E... il est possible de savoir le chemin emprunté par le photon...* ».
Ainsi dans son suivisme borné, le suiveur de meute s'est coupé de toute possibilité de comprendre la réalité.

Ne laissons pas le lecteur mourir aussi idiot que le Professeur Marmotte, et traduisons lui le résumé de l'article de Heidi Fearn (la lecture par Fearn n'est pas la nôtre, du reste). http ://arxiv.org/abs/1501.00970

E.2.1. A delayed choice quantum eraser explained by the transactional interpretation of quantum mechanics. H. Fearn

(Submitted on 5 Jan 2015 (v1), last revised 9 Sep 2015 (this version, v5))

This paper explains the delayed choice quantum eraser of Kim et al. in terms of the transactional interpretation of quantum mechanics by John Cramer. It is kept deliberately mathematically simple to help explain the transactional technique. The emphasis is on a clear understanding of how the instantaneous "collapse" of the wave function due to a measurement at a specific time and place may be reinterpreted as a gradual collapse over the entire path of the photon and over the entire transit time from slit to detector. This is made possible by the use of a retarded offer wave, which is thought to travel from the slits (or rather the small region within the parametric crystal where down-conversion takes place) to the detector and an advanced counter wave traveling backward in time from the detector to the slits. The point here is to make clear how simple the Cramer transactional picture is and how much more intuitive the collapse of the wave function becomes if viewed in this way. Also any confusion about possible retro-causal signaling is put to rest. A delayed choice quantum eraser does not require any sort of backward in time communication. This paper makes the point that it is preferable to use the Transactional Interpretation (TI) over the usual Copenhagen Interpretation (CI) for a more intuitive understanding of the quantum eraser delayed choice experiment. Both methods give exactly the same end results and can be used interchangeably.

Comments: 24 pages 4 figures, fifth draft
Subjects: Quantum Physics (quant-ph)
DOI: 10.1007/s10701-015-9956-8
Cite as: arXiv:1501.00970 [quant-ph]
(or arXiv:1501.00970v5 [quant-ph] for this version)

E.2.2. Explication transactionnelle de la « gomme quantique à choix retardé » (traduction). Cet article explique la gomme quantique à choix retardé de Kim et al. en termes de l'interprétation transactionnelle de la quantique de John Cramer. Volontairement, il reste mathématiquement simple pour aider à expliquer la technique transactionnelle. L'accent est mis sur une compréhension claire : ce qui vous est présenté d'habitude comme un effondrement instantané de la fonction d'onde dû à une mesure en un lieu et un temps spécifique, est réinterprété comme une résolution graduelle tout au long du chemin du photon et durant tout le temps de transit depuis la fente jusqu'au détecteur. Pour cela, nous utilisons l'onde retardée d'offre de photon, voyageant depuis la fente (ou plutôt la petite région du cristal paramétrique où se produit la conversion de fréquence) jusqu'au détecteur, et l'onde avancée qui va du détecteur vers la fente émettrice. Le but ici est de mettre en évidence combien l'image transactionnelle de Cramer est simple, et combien l'« effondrement de la fonction d'onde » est plus intuitif de la sorte. On laisse de côté toute confusion sur la possibilité de signal à rebrousse-temps. Une gomme quantique à choix retardé ne requiert aucune communication à rebrousse-temps. Cet article démontre qu'il est préférable d'utiliser l'interprétation transactionnelle (TIQM) et non l'interprétation copenhaguiste usuelle (CI) pour une compréhension plus intuitive de l'expérience à gomme quantique à choix retardé. Les deux méthodes donnent les mêmes résultats au final.

Fin de la traduction.

Professeur Castel-Tenant :
- Et vous êtes d'accord avec l'exposé de madame Heidi Fearn ?

Z'Yeux Ouverts :
- Dans le détail ? Aucunement. Certes John Cramer m'avait antériorisé de douze ans, puisqu'il a publié en 1986, mais je n'ai eu connaissance de lui qu'en août 2003, et cela grâce au ouebmestre de amasci.com, William J. Beaty. Mes propres travaux avaient alors déjà pris leur direction finale depuis les années 1997-1998, et leur suite non plus ne doit rien à Cramer. Les phrases d'horreur de Heidi Fearn contre la rétrocausalité me laissent froid, je ne leur vois d'intérêt que diplomatique ; nous n'avons plus les mêmes notions sur le temps. Ceux dont l'horizon est borné par John Cramer n'ont jamais élaboré de théorie du bruit de fond broglien, le déclenchement de la poignée de mains leur demeure un mystère total, qu'ils passent sous silence, et ils n'ont pas encore voté leur indépendance quant aux notions sur le temps en microphysique. Ils n'ont toujours pas intégré le fait que dès 1928, l'équation de Dirac pour l'électron explicitait deux composantes qui sont à rebrousse-temps, les deux que l'enseignement majoritaire et hégémonique omet dédaigneusement d'enseigner. Et qu'en conséquence le clapotis d'ondes de-Broglie-Dirac dans lequel les transactions se sélectionnent est autant composé d'ondes avancées que d'ondes retardées.

Non, je ne vais ni reproduire ni traduire ici les 24 pages de l'article de Mme Fearn. Vous les trouvez à https ://arxiv.org/pdf/1501.00970v5.pdf.

Quels que soient les noeuds au cerveau que se fait le copenhaguiste, l'absorbeur **final** est toujours présent dans la transaction. Ici avec ces convertisseurs bas, on double le nombre de d'absorbeurs et de dispositifs optiques traversés, pour un même émetteur. Ce sont donc des transaction à cinq partenaires. La belle affaire ! Ces transactions n'en ont toujours rien à foutre du discours hystérique et newtonien que nous élaborons à leur sujet, ni des étiquettes

« *avant* » et « *après* » que nous nous mettons devant les mirettes. Elles n'habitent pas dans notre macro-temps familier.

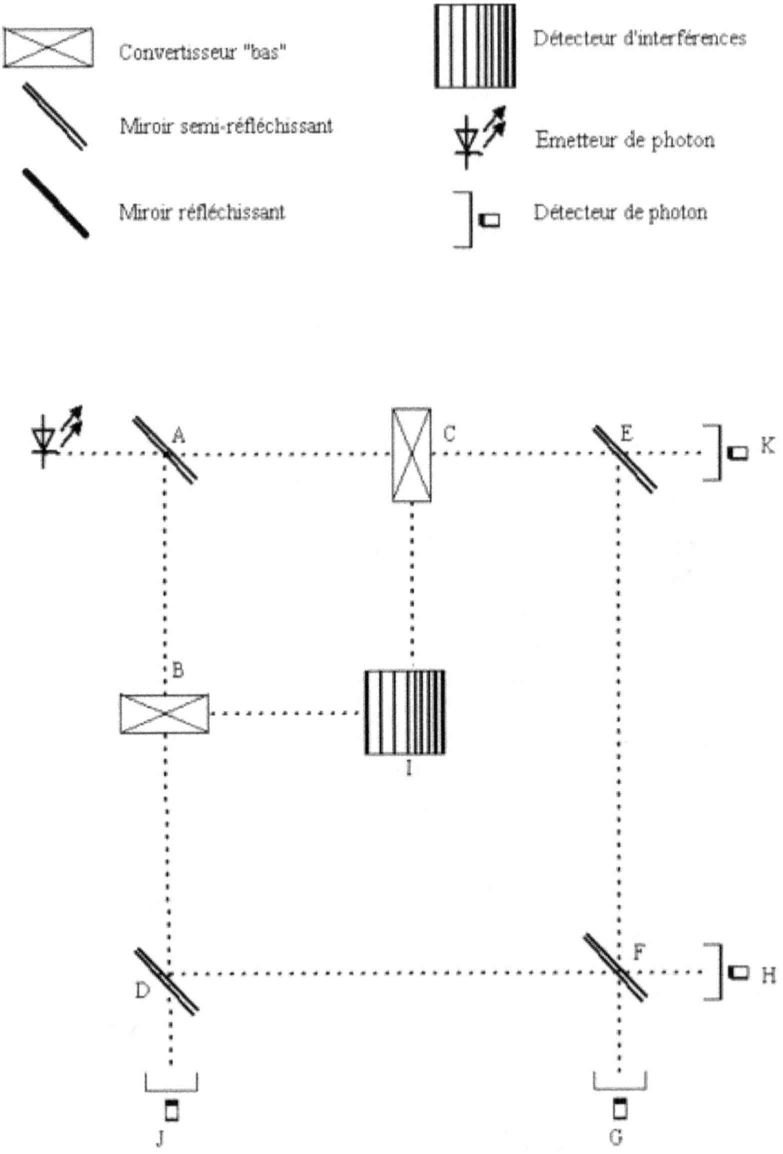

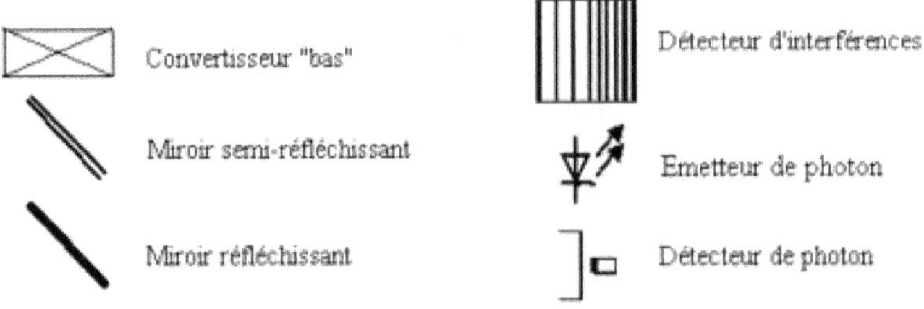

Chapitre F

Glossaire, ou micro-dictionnaire.

L'ordre des personnes mentionnées est historique, pas alphabétique.

Relativité galiléenne, début du 17e siècle. Tant que les vitesses demeurent faibles par rapport à c vitesse de la lumière, les vitesses se composent comme des vecteurs de l'espace euclidien. Dès que les vitesses approchent celle de la lumière (plus de 5 % de c), ou dès qu'il y a de l'électromagnétisme en jeu, par exemple un électron, il faut passer à la relativité d'Einstein, 1905.

Marin Mersenne, 1588-1648. Mathématicien français. Pionnier de l'analyse dimensionnelle, qu'il appliqua au pendule pesant.

Équation aux dimensions. Cas du pendule pesant simple, étudié avec succès par Mersenne : on se limite au cas du pendule simple, constitué d'une masse ponctuelle au bout d'un fil non pesant. Il ne reste comme variables que la masse **m**, la longueur du pendule **a** et l'accélération de la pesanteur **g**, de dimensions respectives M, L, et $L.T^{-2}$. Pour obtenir la période, grandeur **T**, il ne reste que la combinaison $\mathbf{T^2} = \frac{L}{LT^{-2}}$, soit **T** = coefficient x $\sqrt{\frac{a}{g}}$, d'où la masse s'est éliminée toute seule. Il suffit ensuite d'un minimum de dérivation d'un mouvement périodique pour savoir que le coefficient numérique est $2.\pi$.

Willebrord Snellius (Snell van Royen), 1591-1626. Mathématicien néerlandais, découvreur des lois de la réfraction.

René Descartes, 1596-1650. Ancien mercenaire, pionnier de la géométrie analytique.

Pierre de Fermat, 1601-1665. Mathématicien, inventeur du calcul différentiel. Découvreur en optique du principe de chemin extremum, le plus souvent un chemin minimum.

Principe de Fermat : tout trajet réellement suivi par la lumière est extremum par rapport à ses voisins, autrement dit, le voisinage (de largeur non précisée à l'époque où la longueur d'onde était inconnue) du « rayon géométrique d'épaisseur nulle » participe lui aussi à la propagation.

Fuseau de Fermat. Application du principe de Fermat, répondant à la question : « Sur quelle largeur de propagation au juste ? » Exactement ce qui correspond à un décalage de phase inférieur à un quart de longueur d'onde. Au delà, au final rien ne passe. En conditions d'interférences, sur plusieurs fentes ou miroirs, ou sur réseaux, il y a autant de fuseaux de Fermat, différant d'un nombre entier de longueurs d'onde, qu'il y a de trajets distincts, déjà définis de façon simplifiée par l'optique géométrique connue depuis Euclide et Snellius.

Christiaan Huyghens, 1629-1695. astronome et mathématicien néerlandais. Observations de Saturne, perfectionnement des horloges, mécanique du corps indéformable, moment d'inertie, théorie ondulatoire de la lumière, explication de la double réfraction...

Isaac Newton, 1642-1727. Mathématicien anglais. Découvreur des lois de la gravitation et de la mécanique. Croyait en un dieu qui voit tout, instantanément, croyait donc en un temps universel.

Jean le Rond d'Alembert, 1717-1783. A dirigé l'Encyclopédie avec Denis Diderot jusqu'en 1757. Equation des cordes vibrantes en 1747. L'opérateur du second ordre d'alembertien est explicité au § 6.4 ; dans un espace quadridimensionnel genre Minkowski, il peut être considéré comme l'extension naturelle de l'opérateur laplacien.

Pierre-Simon Laplace (de Laplace à partir de 1808), 1749-1827. Mathématicien, astronome, physicien et zélé courtisan français. Dans son Traité de Mécanique céleste (1799-1825), ouvrage en cinq volumes, Laplace a transformé l'approche géométrique de la mécanique développée par Newton, en une approche fondée sur l'analyse mathématique. Le laplacien est un opérateur différentiel du second ordre, ici on va l'appliquer en coordonnées cartésiennes orthonomées à une fonction Ψ : $\Delta\Psi = \frac{\partial^2\Psi}{\partial x^2} + \frac{\partial^2\Psi}{\partial y^2} + \frac{\partial^2\Psi}{\partial z^2}$.

Thomas Young, 1773-1829. Médecin et opticien anglais. Expérimentateur de plusieurs dispositifs interférentiels qui ont permis d'accéder aux valeurs des longueurs d'onde dans le visible.

William Hyde Wollaston, 1768-1826. Chimiste, minéralogiste et physicien anglais. Nombreuses découvertes, dont celle des raies sombres dans le spectre solaire.

Joseph von Fraunhofer, 1787-1826. Physicien et opticien bavarois. Perfectionné les moyens mécaniques, optique et spectroscopistes de l'astronomie.

Augustin Fresnel, 1788-1827. Physicien français, fondateur de l'optique ondulatoire.

Joseph Fourier, 1768-1830. Géomètre et physicien français. Théorie de la propagation de la chaleur en 1807, résolution d'équations différentielles, transformation de Fourier en termes périodiques ou spectre en 1822.

Michael Faraday, 1791-1867. Expérimentateur anglais, plusieurs dispositifs et lois de l'électricité, verre d'optique, chlorures du carbone et du benzène...

William Rowan Hamilton, 1805-1865. Mathématicien irlandais. Théorie des quaternions, unification du formalisme de la mécanique et de l'optique.

James Clerk Maxwell, 1831-1879. Physicien écossais. Théorie cinétique des gaz, mise en équations de l'électromagnétisme.

William Kingdon Clifford, 1845-1879. Mathématicien anglais. Mort à 34 ans, laissant une œuvre cruellement inachevée.

Gustav Robert Kirchhoff, 1824-1887. Physicien allemand. Analyse spectrale, loi du corps noir, loi des mailles en électricité.

Robert Wilhelm Bunsen, 1811-1899. Chimiste allemand : photométrie, spectroscopie, calorimétrie, pile zinc-carbone.

Constante molaire des gaz parfaits, R : 8,314 41 joule par mole et par kelvin.

Constante de Boltzmann, k : 1,380 662 . 10^{-23} J/K (joule par kelvin). Le produit **kT** est donc une moyenne des énergies individuelles, considérées à l'échelon individuel en microphysique.

Température absolue : mesurée en kelvin, elle est le quotient par la constante de Boltzmann, de l'énergie moyenne de chaque degré de liberté microphysique, qui puisse participer aux échanges thermiques.

Woldemar Voigt, 1850-1919. physicien allemand, cristallographe, thermodynamicien, auteur du Lehrbuch der Kristallphysik paru en 1910. Il fut le premier à appliquer le calcul différentiel absolu (1892) de Gregorio Ricci-Curbastro et Tullio Levi-Civita à la physique, pour la piézo-électricité, la biréfringence, et l'élasticité des cristaux, créant en 1898 le vocable « tensor » (tenseur), qui depuis a trouvé de très nombreuses applications hors de l'élasticité.

Max Planck, 1858-1947. Physicien allemand, thermodynamicien, a inventé en décembre 1900 la constante **h** qui est rattachée à son nom, pour faire une loi qui rende compte du rayonnement du corps noir : on ne peut acheter ou vendre de l'interaction électromagnétique que par quanta **h** de bouclage (ou action par cycle), entiers.

Le **corps noir** est une fiction mathématique intermédiaire : il prend en charge toutes les variations de puissance et de spectre dépendant de la température. Ce spectre idéal est ensuite à multiplier par la luminance spectrale du corps émetteur pour avoir une caractéristique spectrale complète d'une émission selon le corps et sa température. Pour l'absorbance, ni la température de l'absorbeur ni le corps noir n'interviennent.

Loi de Planck de rayonnement du corps noir (décembre 1900) :
Avec LA = puissance rayonnée.
ν : fréquence de photon, en herz.
h : constante de Planck.
c : célérité de la lumière.
k : constante de Boltzmann.
T : température absolue.
$LA = \frac{2h\nu^3}{c^2} \cdot \frac{1}{e^{\frac{h.\nu}{kT}} - 1}$
Basée sur des considérations fines sur l'entropie du rayonnement dans une cavité, la loi de Planck invalide non seulement la mythologie copenhaguiste de 1927, mais aussi la première version de la physique transactionnelle, celle de John G. Cramer (1986), qui n'imaginait que seulement deux partenaires par transaction.

La loi de Planck fut précédée empiriquement par deux de ses conséquences :

Loi de Stefan-Boltzmann : La puissance émise par unité de surface de la surface d'un corps noir est directement proportionnelle à la quatrième puissance de sa température absolue.
$J = \sigma\ T^4$.
Avec $\sigma = 5{,}67 \times 10^{-8}$ W m^{-2} K^{-4}
Il en résulte que les étoiles rayonnent beaucoup d'énergie par des moyens électromagnétiques, et en reçoivent fort peu en comparaison.
D'où la malédiction des astronomes : se concentrer sur les propriétés éclatantes des assemblées d'émetteurs (étoiles notamment), négliger les propriétés discrètes des absorbeurs, tellement plus nombreux et répartis que les émetteurs.

Loi de Wien : La fréquence du maximum d'émission rayonnée par un corps noir est proportionnelle à sa température. $\nu_{\max}$ = T x 58,8 GHz / K

Principe de Nernst, ou 3e principe de la thermodynamique :
Le nombre de degrés de liberté (par exemple les phonons) accessibles aux échanges thermiques diminue fortement avec la température, au point que la capacité calorifique d'un corps (condensé) donné tend vers zéro quand la température diminue.
Enoncé d'origine du Principe de Nernst : « L'entropie d'un cristal parfait à 0 kelvin est nulle. »

Définition de l'entropie selon la physique statistique :
Ω est le nombre de configurations microscopiques donnant un état macroscopique donné.
$S = k_B . Ln (\Omega)$
Où $\mathbf{k_B}$ est la constante de Boltzmann déjà donnée. **Ln** dénote le logarithme népérien.
L'entropie est une grandeur extensive : si vous doublez la quantité de matière dans le même état, l'entropie double aussi.

Action : grandeur « inventée » par Pierre Moreau de Maupertuis (1698-1759), amplement précisée par la suite par Euler (1707-1783) et Lagrange (1736-1813), puis par Jacobi (1804-1851) et Hamilton, et ayant presque la dimension physique d'un moment angulaire. Presque en ce sens que chez ces auteurs, l'action est une grandeur scalaire, somme sur la longueur du trajet du produit scalaire de la quantité de mouvement par le déplacement élémentaire. Alors qu'un moment angulaire est une grandeur gyratorielle, produit extérieur de la quantité de mouvement par un bras de levier.
En 1924, Louis de Broglie prouva l'identité du Principe de Moindre Action de Maupertuis et du principe de Fermat déjà connu en optique : pour tout objet doté de masse, la trajectoire est partout orthogonale aux surfaces isophases de l'onde broglienne. La relation entre les trois types de grandeurs de l'action, et notamment de son quantum **h**, scalaire ou gyratorielle ou (non encore défini) s'est sérieusement compliquée et embrouillée depuis, dans les développements de la mécanique quantique. Personne n'a encore proposé de solution satisfaisante. L'action est un invariant relativiste et est au cœur du Théorème d'Emmy Noether (1882-1935).

Hendrick Antoon Lorentz, 1853-1928. Physicien néerlandais. Théorie de la lumière et de l'électron. La transformation de Lorentz relie un repère matériel à un autre repère matériel. Inapplicable au photon lui-même : il n'a pas de masse.

Albert Einstein, 1879-1955. Physique théorique. Auteur de la première application des quanta de Planck à l'effet photo-électrique, inventeur de la Relativité restreinte (1905) et Générale (1916).

Max von Laue, 1879 – 1960. Radiocristallographie. Nobel de physique en 1914.

Peter Joseph Wilhelm Debye (né Petrus Josephus Wilhelmus Debije) 24 mars 1884 à Maastricht - 2 novembre 1966 à Ithaca, New York, États-Unis) fut un physicien et chimiste néerlandais. Prix Nobel de chimie en 1936. Physique des solides à basses températures, radiocristallographie.

William Lawrence Bragg, 1890-1971. Physicien australien, prix Nobel en 1915, conjointement avec son père William Henry, « pour leurs travaux d'analyse des structures cristallines à l'aide des rayons X » c'est à dire la fondation de la radiocristallographie. Connaissant la longueur d'onde du rayonnement X, la loi de Bragg relie l'angle de diffraction avec l'équidistance de plans dans le réseau cristallin :
Loi de Bragg : 2d $\sin(\theta) = n.\lambda$

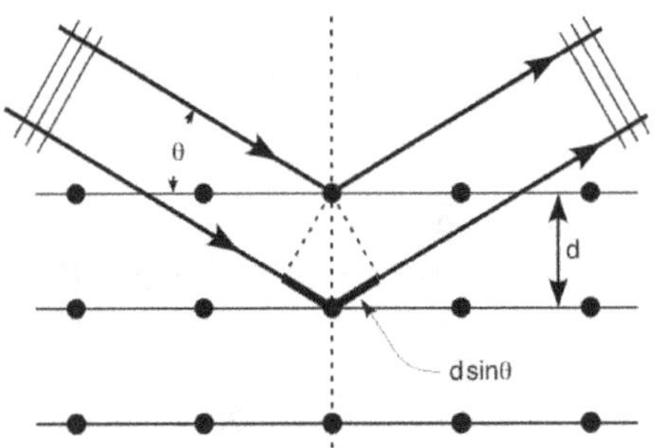

Figure 22.1.

Arthur Holy Compton, 1892-1962. Physicien américain, découvreur en 1923 de la dispersion (en anglais « Scattering ») des rayons X par des électrons peu liés. Nobel 1927.

Dispersion Compton : Un gamma incident est dévié et sa fréquence est abaissée ; la perte de fréquence correspond à la quantité de mouvement communiquée à l'électron éjecté. Voir dans le corps du texte, § 10.8.

Erwin Schrödinger, 1887-1961. Physicien autrichien. Prix Nobel de physique 1933, pour la mise en équation de l'onde électronique (1926) inventée par Louis de Broglie. Travailla à partir de 1930 sur l'équation de Dirac, relativiste, et obtint les résultats essentiels sur la *Zitterbewegung* ou « tremblement de Schrödinger » dû aux interférences entre composantes à énergies positives et composantes à énergies négatives.

Louis de Broglie, 1892-1987. Physicien français, découvreur de la fréquence intrinsèque des particules et notamment de l'électron, proportionnelle à leur masse : mc^2/h. Thèse en 1924, Nobel en 1929. Unification du principe de Fermat avec le formalisme de Hamilton.

Paul Adrien Maurice Dirac, 1902-1984. Physicien anglais, à la concision proverbiale. Contributions majeures à la physique quantique, prix Nobel 1933.

Enrico Fermi, 1901-1954. Physicien italien, nombreux développements en physique nucléaire et des particules, explication de la radioactivité béta avec émission d'un neutrino (1934). Nobel 1938.

Électron : plus petite quantité d'électricité. Inventé en 1891, et prouvé expérimentalement en 1897 sous forme de rayons cathodiques. Sa charge est négative. Il a un moment magnétique. Tous les électrons sont indiscernables entre eux. Vous pouvez baguer des oiseaux, pas des électrons.

Positron : anti-particule de l'électron. Sa charge est positive.

Électron-volt, ou **eV** : énergie prise par un électron sous une différence de potentiel de un volt.

Photon : plus petite quantité de rayonnement électromagnétique, qui transfère de son émetteur à son absorbeur un quantum de bouclage de Planck, **h**.

Proton : particule lourde ou hadron, composant le noyau atomique. Le proton a une charge électrique positive, l'opposé de celle de l'électron. Ce hadron est composé de trois quarks : u u d. Il a un moment magnétique.

Neutron : particule lourde ou hadron, composant le noyau atomique, mais sans charge électrique globale. Il a toutefois un moment magnétique résultant des quarks. Ce hadron est composé de trois quarks : u d d.

Atome : un seul noyau est escorté d'autant d'électrons qu'il y a de protons dans le noyau ; assez d'électrons pour balancer la charge électrique du noyau.

Molécule : plusieurs noyaux, liés entre eux par des électrons des orbitales les plus externes, disposés en liaisons covalentes (mise en commun d'une paire d'électrons de spin opposé dans les orbitales les plus lointaines), plus éventuellement une minorité de liaisons mixtes ou de liaisons hydrogènes.

Neutrino : fantomatique particule ultra-légère, mais qui emporte quand même un spin 1/2 et une énergie. Il n'existe qu'en une seule hélicité, à gauche, alors que l'antineutrino vrille à droite.

Fermion : toute particule de spin 1/2, électron, neutron, proton, neutrino... Ils sont régis par la statistique de Fermi-Dirac.

Boson : toute particule de spin 0 ou 1. Sont bosons les photons, l'hélium 4 liquide, les pions (composés de deux quarks seulement), ainsi que les paires d'électrons de Cooper, en supraconductivité.

Muon : éphémère et instable électron lourd. Ceux qui nous parviennent au sol proviennent de collisions de rayons cosmiques (souvent des protons) avec quelque atome de la haute atmosphère.
Le tauon est un électron encore plus lourd et encore plus fugace.

Noyau atomique : composé de Z protons et de Y neutrons, il retient Z électrons autour de lui pour former un atome.

Isotope : Quoique ce soit le nombre de protons qui fixe le numéro atomique donc les propriétés chimiques, un noyau demeure possible avec un nombre souvent variable de neutrons, mais l'atome conserve la même place dans le tableau périodique de Mendéléïev. Si le nombre de neutrons s'écarte trop d'une zone idéale, cet isotope est instable. Le plomb et le bismuth sont les plus lourds des éléments ayant encore un isotope stable.

Ion : atome ou molécule dont le nombre d'électrons ne balance pas le nombre de protons.

Anion : ion négatif, trop d'électrons pour les protons. Exemples : OH^-, SO_4^-, HCO_3^-, Cl^-...

Cation : ion positif, pas assez d'électrons pour les protons. Exemples : Na^+, Ca^{++}, H_3O^+.

Électrolyte : solution contenant simultanément des anions et des cations, pouvant conduire le courant électrique. Les électrolytes les plus courants sont des solutions aqueuses, mais d'autres solvants existent, et les sels fondus sont aussi des électrolytes.

Électrolyse : action comportant le passage d'un courant électrique dans un électrolyte, impliquant le transport d'anions vers l'anode (+) et de cations vers la cathode (-), que ce soit spontanément (par un court-circuit), ou par application d'un générateur extérieur. La corrosion des métaux en milieu humide et a fortiori en milieu marin, est toujours une électrolyse.

Mole : Quantité d'une espèce chimique contenant N exemplaires de cette unité chimique, atomes, ou molécules ou ions, ou charges électriques. N étant la constante d'Avogadro-Ampère, soit six cent deux mille deux cents quatorze milliards de milliards d'exemplaires. Ainsi une même écriture d'équation chimique désigne aussi bien la réaction individuelle, que les masses en jeu, comptées en moles.
$CaCO_3$ + chaleur → CaO + CO_2
100,09 g → 56,08 g + 44,01 g pour une mole de carbonate.
Mais aucune molécule CaO ni $CaCO_3$ n'existe ; ces solides sont à l'état cristallin (cristal plus ou moins imparfait), en liaisons mixtes ioniques-covalentes.
Synthèse de Williamson de l'éther éthylique :
C_2H_5-O-Na + I-C_2H_5 → $C_2H_5 - O - C_2H_5$ + NaI
68,0514 g + 155,9666 g→ 74,1238 g + 149,8942 g pour une mole de chaque réactif.

Anode. Là où se dirigent les anions, ou les électrons dans un tube à vide ou un tube à gaz.

Cathode. Là où se dirigent les cations, ou ce qui émet les électrons dans un tube à vide ou à gaz.

Variante, en tubes à rayons X : l'anticathode est l'anode en métal le plus réfractaire possible qui reçoit les électrons fortement énergétiques, et émet des rayons X en retour. En métallurgie, l'anticathode la plus fréquente est en molybdène ; en minéralogie des silicates, les anticathodes de cobalt ou de cuivre sont plus utilisés. L'optimisation porte sur le ratio de la longueur d'onde Kα du métal d'anticathode, aux plus grandes équidistances du cristal à étudier. Pour les cas des phyllites les plus délicates à déterminer on utilise parfois une anticathode de fer : plus grande longueur d'onde.

Énergie de Fermi dans un métal : celle du niveau électronique le plus élevé occupé par un électron, à la température du niveau absolu. L'origine étant prise pour les électrons les plus liés.

Rudolf Mössbauer, 1929-2011. Physicien allemand, a étudié les rayons gamma et les transitions nucléaires. Nobel 1961.

Effet Mössbauer : absorption très pointue d'un gamma émis par un autre noyau de même nature. Cela exige que les reculs émetteur comme absorbeur soient bloqués. Voir annexe D.

Radioactivité gamma : Ce sont des photons de haute énergie qui sont émis. Ce rayonnement est très pénétrant.

Radioactivité bêta : émission d'électrons, ou de positrons. Les β^- sont assez vite arrêtés, mais les β^+ vont assez vite rencontrer des électrons dans la matière, et s'annihiler ensemble en deux photons gamma. En imagerie médicale, c'est le principe de la TEP : tomographie par émission de positrons. Ce sont ces deux γ (gamma) qui sont détectés, et l'imageur reconstitue leur lieu d'émission.

Radioactivité alpha : émission de noyaux d'hélium ${}^4{}_2He^{++}$.

Spectroscopie : Mesure indirecte des fréquences ou des longueurs d'onde d'un rayonnement à analyser. C'est une méthode majeure de l'analyse chimique, et elle est applicable aux distances astronomiques. Sans spectroscopie, pas d'astrophysique.

Colorant : En usage médical vous connaissez le bleu de méthylène, l'éosine. La chlorophylle est essentielle pour tous les végétaux. En classe vous aviez appris l'alizarine et l'indigo, dans la leçon sur l'aniline. Ce sont des molécules de taille modérée, notamment celles qui peuvent se fixer sur des fibres textiles. Leur secret est un électron délocalisé, qui peut osciller entre des positions extrêmes.

Centre F (Farbe) : Ce qui fait qu'un mica biotite est noir ou que l'améthyste est violette. Lacune dans le cristal, occupée par un ou des électrons non appairés. Ils attirent et absorbent la lumière de manière plus ou moins sélective.
http ://www.webexhibits.org/causesofcolor/12.html

État cristallin : état parfaitement rangé d'un solide, dont la géométrie est la répétition dans les trois dimensions d'une maille parallélépipédique.

Maille cristalline : On distingue la maille élémentaire, qui est la plus petite répondant au critère de répétition, et des mailles plus grandes, choisies pour refléter au mieux une belle symétrie du cristal : cubique ou hexagonale le plus souvent, parfois quadratique ou rhomboédrique (le mercure). Même élémentaire, il arrive qu'une maille contienne plusieurs atomes.

Paramètres cristallins : Longueurs et angles des trois vecteurs décrivant la maille ; le plus souvent il s'agit là de la maille de plus haute symétrie.

Dislocation : défaut linéaire dans les cristaux, soit c'est la limite d'un plan interrompu, soit c'est l'axe d'un escalier en colimaçon.

État gazeux : les molécules sont indépendantes les unes des autres, et passent davantage de temps en trajectoire isolée, qu'en collision.

État condensé : cela regroupe les états solides et les états liquides et pâteux.

Verre, état vitreux. Certains liquides peuvent se figer lentement au refroidissement, sans laisser croître de germes cristallins. Cet état métastable peut parfois durer assez longtemps pour permettre un usage technique notable. Nos verres courants reposent sur un squelette de silice, dont la plasticité avait été assurée à l'état fondu par la présence de cations sodium et de cations calcium. Certaines laves peuvent contenir une forte proportion de verre silicaté. Les glaçures et émaux des céramistes sont des verres.

Professeur Marmotte :
- C'est un scandale ! Pas un mot de Werner Heisenberg, de Wolfgang Pauli, de Pascual Jordan, de Max Born, de Niels Bohr, d'Eugen Wigner !

Z'Yeux Ouverts :
- Ce livre de vulgarisation enseigne la sémantique, et pas le formalisme. J'ai donc recensé les auteurs essentiels à la sémantique, et pas ceux qui y ont accumulé les sottises. Ici nous n'avons fait non plus aucun usage du magnéton de Bohr :
Le magnéton de Bohr est une constante de proportionnalité apparaissant naturellement lors de la quantification des moments angulaires atomiques. Il relie le moment magnétique $\breve{M}$ au moment angulaire $\breve{L}$ de l'électron : $\breve{M} = \gamma_e \,.\, \breve{L}$
où γ_e est le rapport gyromagnétique de l'électron, il vaut : $\gamma_e = -\frac{q}{2m_e}$
Dans le modèle de l'atome de Bohr, le moment angulaire $\breve{L}$ est quantifié et sa norme vaut $\left\|\breve{L}\right\|$. n$\hbar$
La norme du moment magnétique de l'électron peut donc s'écrire :
$\left\|\breve{M}\right\| = -n\frac{q.\hbar}{2m_e}$= -n. μ_{B}
où μ_{B} est appelé magnéton de Bohr qui joue le rôle de quantum de moment magnétique pour l'électron.

Et pourtant le proton et le neutron ont des moments magnétiques surprenants, qui n'étaient pas prévisibles avant la physique des quarks, mais c'est hors-sujet de ce livre.

On pourrait aussi reprocher qu'André-Marie Ampère est absent de ce petit glossaire, et Joseph-Louis Lagrange, George Green, Lord Kelvin (William Thomson), Hermann Grassmann, Ludwig Boltzmann, Dmitri Mendéléïev, Pierre Curie, Henry Moseley... Sans compter tous les artisans oubliés qui fabriquèrent des boussoles et des chronomètres de marine ou d'astronomie, et qui firent tant progresser la connaissance des lois du magnétisme et des lois de la mécanique.

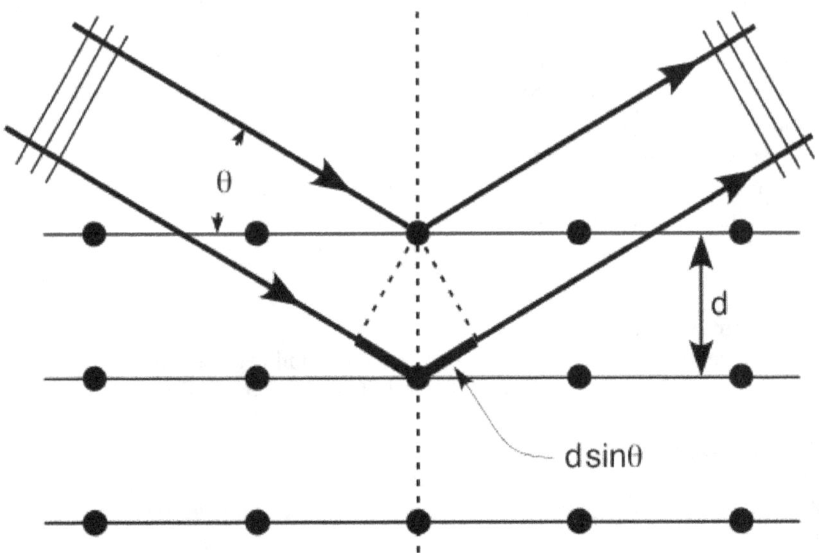
θ
d
d sinθ

Chapitre G

Annexe G : Déjouer des *piègeakons* de la mécanique folklorique courante.

En mécanique, la certitude est que vous vous casserez la figure si vous ne maîtrisez pas l'outil vectoriel. Ce qui se dessine en bâtons flêchus. Cours rappelé à
http ://deontologic.org/geom_syntax_gyr/index.php
?title=Vecteurs,_d%C3%A9finition,_propri%C3%A9t%C3%A9s

G.1. Stabilité d'une échelle appuyée au mur.

Pour simplifier les calculs, on admettra que le mur est vertical et le sol horizontal, que l'échelle mesure 3 m (= L), que les neuf barreaux sont équidistants de 30 cm, avec le premier à 15 cm, que l'échelle pèse 10 daN et que monsieur Martin pèse 90 daN (en masse : environ 91,8 kg), que l'appui au mur est sans frottement, et ne produit donc qu'une réaction horizontale $\vec{A} = \vec{A}_x$.

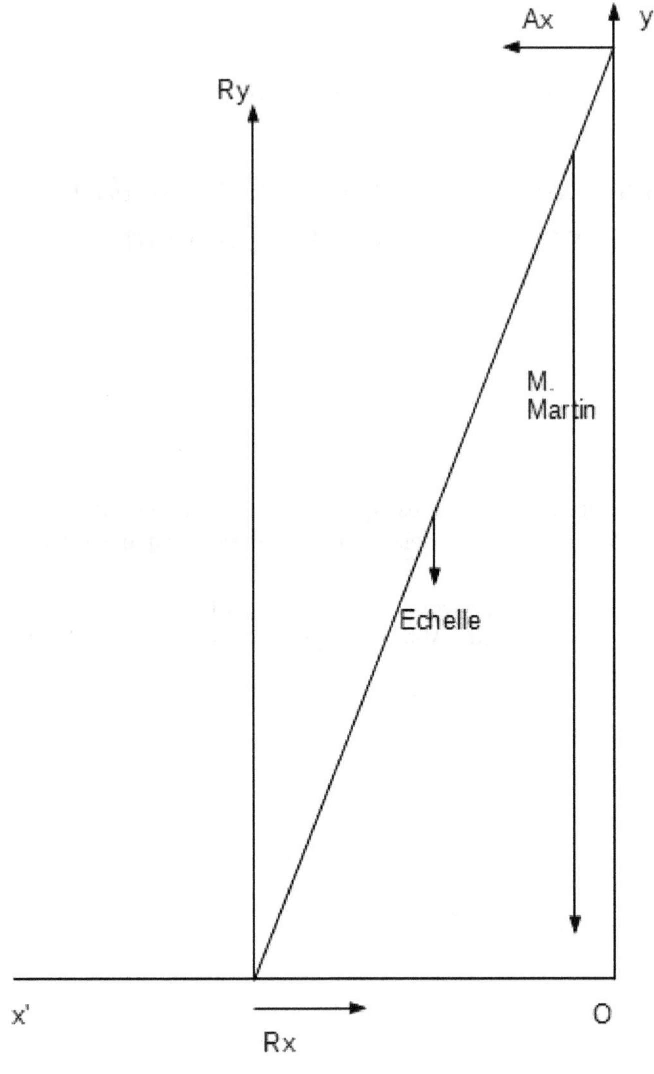

Figure 23.1.
Vu l'orientation de la figure, les poids ont des coordonnées négatives, et A_x aussi.

On néglige l'épaisseur de l'échelle et de ses barreaux. Ne restent comme variables que l'inclinaison de l'échelle L.sin(α) où α est l'angle avec la verticale,

la composante horizontale de la réaction au sol, R_x, et la position de monsieur Martin (et de son poids) sur l'échelle : p comptée depuis le départ au sol.
Statique donc résultantes nulles :
Composante horizontale $\vec{A}_x + \vec{R}_x = 0$ D'où en coordonnées : R_x = - A_x. R_x est positive.
Coordonnée de la composante verticale : $R_y = 100 daN$
On ne trouve assez d'équations pour les variables qu'en tenant compte de la nullité de la somme des moments des forces. Le plan de la figure est orienté en rotation dans le sens direct (= anti-horaire), vu de l'observateur. Il reste à choisir l'origine des coordonnées ; une solution est de prendre le pied du mur.
Moment de R_x = 0 (bras de levier nul).
Il faut exprimer les bras de levier de $\vec{A}_x$ et de $\vec{R}_y$, soient respectivement la hauteur de l'échelle et son pied.
Hauteur : L_y = L. cos α. Vectoriellement, $\vec{L}_y$ est dirigé vers le haut.
Pied : L_x = L. sin α. Vectoriellement, $\vec{L}_x$ est dirigé vers la gauche.
Pour la suite, le symbole d'opérateur ^ désigne un produit extérieur.
Moment de A_x = $\vec{L}_y$ ^ $\vec{A}_x$(sens de rotation positif, ou anti-horaire selon le sens de la figure).
Moment de R_y = $\vec{L}_x$ ^ $\vec{R}_y$(sens de rotation négatif, ou horaire, avec le module R_y = 100 daN).
Moment du poids de l'échelle : 1,5 m . sin α . 10 daN (positif).
Moment du poids de monsieur Martin : (3 m - p) . sin α . 90 daN (positif, quasi-nul quand M. Martin est en haut, à 2,75 m du point d'appui au sol).
Le problème est de déterminer si l'arctangente du quotient R_x / R_y est inférieur à l'angle limite de frottement, du contact échelle/sol. Là dans l'équation réduite aux seuls nombres algébriques, la même lettre **p** ne désignera plus que le nombre de mètres, de même que Rx ne désigne plus que la coordonnée de la composante horizontale de la force.
3. cos α . R_x - 3. sin α . 100 + 15 sin α + (3 - p). sin α . 90 = 0
R_x = tg α (100 - 5 - 90 +30 p) = tg α (5 + 30 p)
Pas de chance, l'instabilité du contact est maximale quand M. Martin est sur le barreau du haut :
R_x maxi : tg α . 87,5 daN. On remarque que la longueur de l'échelle n'intervient pas dans le résultat final, juste le ratio **p/L**, et l'inclinaison α.
Plus l'échelle est inclinée, plus le frottement au sol est critique.

Critique : on aurait dû décomposer le problème en deux problèmes plus simples :
Quand l'échelle seule glisse-t-elle sous son propre poids **P** ?

$\frac{R_x}{P} = \frac{1}{2} tg(\alpha)$
Simplifier en négligeant le poids de l'échelle, et ne traiter le problème qu'avec le poids **M** de M. Martin : $\frac{R_x}{M} = \frac{p}{L} tg(\alpha)$
Le pire étant quand il est tout en haut : $\frac{R_x}{M} = tg(\alpha)$
Conclusion : toujours tenir l'angle de l'échelle à la verticale bien en dessous de l'angle de frottement du contact échelle / sol. La simulation par l'échelle vide et seule ne vaut que si l'ouvrier ou le bricoleur ne monte que jusqu'à la moitié de l'échelle.

G.2. La balance romaine et le moment d'une force.

Ci-dessus, j'ai tiré les moments de forces d'un chapeau, et je ne les ai pas dessinés. Depuis quelques dizaines de milliers d'années que nos ancêtres utilisent des leviers, les lois des moments sont d'abord des lois empiriques, théorisées longtemps après, par exemple par Archimède.
Voici la révision de la balance romaine.

Figure 23.2.
Quand j'étais garçonnet, elle était utilisée par les marchands de légumes sur le marché de Grenoble.

Figure 23.3.

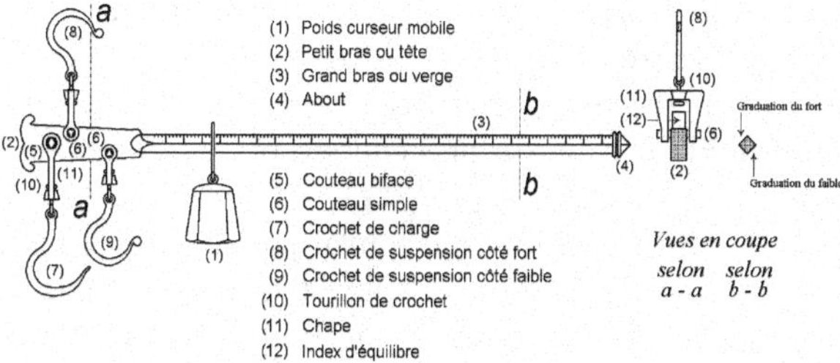

A présent simplifions le schéma.

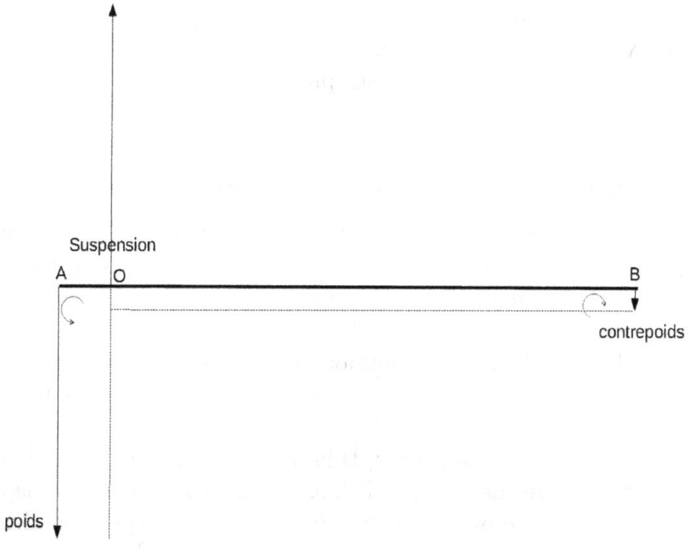

Figure 23.4.

Dimensionnons : le fléau mesure en tout 55 cm, 5 cm pour le segment OA, 50 cm pour le segment OB. Le poids en A vaut 10 N, son contrepoids en B vaut 1 N. Le moment en B tourne dans le sens horaire vu de l'observateur, cherche à faire pencher OB vers le bas, et a pour module 0,5 N.m. Le moment en A tourne dans le sens direct ou antihoraire, et lui aussi pour module 0,5 N. Les moments sont représentés par l'aire (orientée en rotation : les moments sont des gyreurs) des parallélogrammes en pointillés, appuyés sur les bras de levier et les flèches représentant les forces. Il y a équilibre, la balance ne bascule d'aucun côté, elle peut tout au plus osciller lentement autour d'une position d'équilibre (le constructeur a prévu ce qu'il faut de décalages verticaux des couteaux pour qu'un équilibre stable soit possible, mais nous ne l'avons pas dessiné sur ce schéma simplifié).

Jusqu'ici, nous n'avons fait que mathématiser un constat empirique vieux de trois ou quatre millénaires. A présent, utilisons un principe physique général,

pour prouver qu'il ne peut en être autrement. Supposons que la balance se mette à pencher, par exemple B vers le bas, de 10 mm. Le poids en B a donc travaillé, et son travail (positif) est égal au produit 1 N x 0,01 m = 0,01 J. Ce contrepoids B a perdu de l'énergie potentielle dans le champ de pesanteur.
Mais en A le poids a monté, le travail fourni par la force du poids en A est donc négatif, avec le même module : 10 N x -0,001 m = - 0,01 J. Le poids A a gagné de l'énergie potentielle, autant que B en a perdu.
La somme de ces travaux virtuels est nulle ⇒ équilibre du fléau.
Si l'on va au-delà du schéma pour retourner à la balance romaine réelle, si, il y a un travail non nul, et négatif : l'ensemble du fléau a monté par rapport au couteau qui le suspend, sinon la balance ne serait pas auto-stable, mais continuellement au bord de la catastrophe.

G.3. L'élingue qui flambe (ploie) une poutre du pont de Sèvres.

La flèche de la grue n'était pas assez haute, les élingues étaient frappées en des points de la poutre trop éloignés, la force de compression résultante a dépassé le limite de flambage de la poutre... et la poutre est foutue, il a fallu en fabriquer une autre.
Schéma des forces. Hélas les dimensions et angles réels au pont de Sèvres ne sont pas documentés, on se contentera donc d'une simulation par la loi générale :
Soient P le poids total de la poutre, D la distance entre points de la suspension, L la longueur de chaque brin d'élingue depuis le crochet de suspension, T la tension sur chaque brin d'élingue (on suppose la suspension bien symétrique), C la force de compression sur la poutre, α l'angle entre la poutre et chaque brin d'élingue.

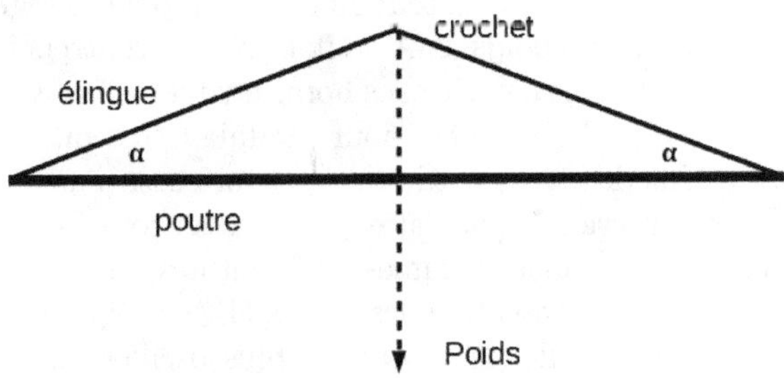

Figure 23.5.

Alors $\alpha = \text{Arccos}\ \frac{D}{2L}$, $\frac{C}{2T} = \cos\alpha = \frac{D}{2L}$
et $\frac{C}{P} = \text{cotg}\ \alpha$ $\frac{T}{P} = \frac{1}{2\sin(\alpha)}$

Applications numériques :
La limite du raisonnable est T/P = 1, soit $\sin \alpha = 1/2$, $\alpha = 30°$, $\frac{D}{2L} = 0{,}866$, $\frac{C}{P} = 1{,}732$.
Franchement déraisonnable : T/P = 4, soit $\sin \alpha = 1/8$, $\alpha = 7{,}18°$, $\frac{D}{2L} = 0{,}9921$,
alors $\frac{C}{P} = 7{,}94$.

G.4. La suspente de hamac : cassera ? Cassera pas ?

On n'a pas la géométrie exacte d'un hamac, mais pour la sécurité, on peut encadrer avec le pire cas.
Le cas le plus défavorable est celui où l'occupant est assis au centre, soit le moment où il monte dans le hamac (à supposer qu'il ne dispose pas de faîtière au dessus de lui à laquelle s'aider), ou bien quand il en descend, cela va nous donner la valeur majorante du risque. Un minorant accessible au calcul est de postuler que l'ensemble hamac + suspension est un arc de parabole. On ne le traitera pas.

On va se contenter d'étudier le cas limite du déraisonnable, avec T/P = 2 (tension de 200 daN pour un occupant pesant 100 daN), soit $\sin \alpha = 1/4$, $\alpha = 14{,}47°$. Entre arbres distants de 3 m, cela fait une flèche maximale de 38 cm, ou 50 cm entre arbres distants de 4 m. La faîtière aussi, qui porte la bâche pour protéger le hamac de la pluie, devra elle aussi présenter une flèche raisonnable sous tension, mais on peut compter sur son élasticité pour accommoder le cas extrême où l'occupant s'ajoute en partie aux forces éoliennes sur la bâche.

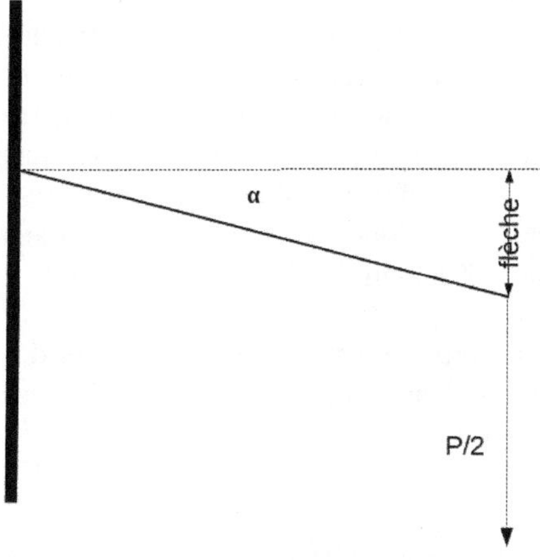

Figure 23.6.

G.5. Inertie.

Les armes de jet font partie de l'attirail de l'humanité depuis déjà des millions d'années. A preuve les chimpanzés de savane, qui par jets de bâtons et de pierres, mettent un pièces un léopard empaillé. Moins exercés, les chimpanzés de forêt lancent leurs bâtons improvisés aussi fort, mais bien moins juste. Les paléontologues ont pu déterminer que différentes cultures paléolithiques ont pu décupler le rendement de leurs chasses, et de là, leurs effectifs, quand elles ont développé soit l'arc et les flèches, soit le propulseur, levier qui multiplie la vitesse du harpon. Les Inuits sont des chasseurs à propulseur. Les connaissances empiriques sur l'énergie cinétique de l'arme de jet sont donc présentes depuis longtemps, mais leur mathématisation a dû attendre Isaac Newton, fin 17e siècle, début 18e. Encore avait-il fallu attendre le développement de l'artillerie à poudre, les armées de métier permanentes du 16e siècle, l'appoint des ingénieurs de la Renaissance à la poliorcétique et les progrès décisifs des algébristes, puis de la géométrie analytique. Les apprentis physiciens de la Grèce antique ne pouvaient s'affranchir des lois du frottement, omniprésent sur toutes les routes attiques ou d'Asie Mineure, omniprésent sur mer ; il avait fallu attendre les progrès de l'astronomie de position par Tycho Brahé, puis Kepler puis Galileo, pour qu'on connaisse enfin des mouvements sans frottement, purement inertiels : les mouvements célestes des planètes et de leurs satellites.

En règle générale, ce n'est toujours pas assimilé, quatre cents ans après la relativité galiléenne, trois cents trente ans après la mécanique de Newton. Un cas extrême dans l'absurdité anté-galiléenne est ce pilote retraité de l'Armée de l'Air, qui soutenait que l'avion devait constamment pousser vers l'avant l'instrument le plus primitif du bord, la bille dans un tube de verre en arc, indicateur de coordination des virages. Il avait juste oublié que la traînée due à l'air ne s'exerce que sur les parois et les ailes, pas à l'intérieur, et que à vitesse constante, la poussée du réacteur ne sert qu'à compenser cette traînée. Meute hyper-orgueilleuse, imbue de leur supériorité sur le restant des mortels, ces retraités de l'AA ont un mal fou à assimiler que la vitesse est une grandeur vectorielle, et qu'elle change donc par rapport au sol, dans chaque évolution, même si son module indiqué au Badin ne change pas.

Reprenons le test didactique historique, qui prouva que les deux tiers des étudiants de seconde année en Université n'ont toujours pas assimilé ni les lois de l'inertie, ni les changements de repère.
On suppose un avion de ligne, qui prend un virage à plat, à gauche. Un virage à plat est un très mauvais virage, qui a de dangereux effets aérodynamiques sur les ailes, mais on va accepter ici cette abstraction. L'air est supposé immobile, aucun vent. Le module de la vitesse de l'avion est supposé

constant, ce qui fait fi du freinage aérodynamique imposé par un virage à plat sur un avion réel. Le passager expérimentateur a posé un glaçon sur une table horizontale dans l'avion, et on demande aux étudiants de dessiner la trajectoire du glaçon sur cette table dans deux repères : le repère de l'avion, et un repère au sol.
Réponse correcte : vu du sol, le glaçon a continué en ligne droite, sans suivre la courbure du virage, vu de l'avion, le glaçon est parti vers la droite, « poussé par la force centrifuge ».

Explicitons les liaisons auxquelles est soumis ce glaçon dans l'avion. Il est porté par la table, qui compense sa pesanteur, et c'est la seule liaison qu'elle lui impose, elle ne lie dans aucune direction horizontale dans le repère de l'avion. Il n'observe sur le plan horizontal qu'une seule loi, celle de l'inertie : continuer le même mouvement inertiel, soit la ligne droite vue du repère du sol. Mais l'avion en virage, que ce soit à plat ou virage correct (incliné, bille au centre), n'est plus un repère galiléen, mais un repère accéléré, un repère impropre. On a inventé le terme « force centrifuge » pour continuer à raisonner selon les habitudes du cadre statique familier, même dans un repère impropre, juste pour décrire l'inertie vue du mauvais repère. Si l'avion avait fait un virage parfaitement coordonné, le glaçon n'aurait pas glissé par rapport à la table.
Ci-dessus, j'ai simplifié, en faisant comme si l'observateur au sol était vraiment dans un repère galiléen, alors qu'en réalité il est soumis à la rotation terrestre. Négligeables dans le cas ci-dessus, les effets de la rotation terrestre sont prégnants en météorologie et en océanographie physique :
http ://deontologic.org/geom_syntax_gyr/index.php
?title=Acc%C3%A9l%C3%A9ration_de_Coriolis_et_inertie

Mais alors la bille dans son tube cintré, que fait-elle ? Elle aussi part sur la droite, et le rôle du pilote est de coordonner l'inclinaison de son virage pour que la bille reste au centre (dans le repère de l'avion), préservant ainsi que l'écoulement de l'air sur les ailes demeure de l'avant vers l'arrière, sans composante transverse dommageable (autre que celle, inévitable, qui alimente les vortex de bout d'aile). Même ainsi, il demeure une dissymétrie dans l'écoulement : l'aile du côté extérieur du virage va plus vite, donc porte mieux à incidence égale, inversement l'aile côté intérieur du virage va moins vite donc porte moins à incidence égale. A la limite, l'aile côté intérieur décroche et l'avion part au piqué ou en vrille. Ainsi s'écrasa un B52 dont le pilote faisait des acrobaties spectaculaires devant le public (1994, base de Fairchild), ainsi s'écrasa un avion de ligne (Boeing 737) au départ de Charm el Cheikh en janvier 2004, suite à un défaut de volet de bord d'attaque (pouvoir et corruption obligent, seuls les défunts pilotes sont incriminés au final, ce qui éteint l'action pénale).

http ://www.dailymotion.com/video/x3wk4x_crash-b-52_news
https ://www.youtube.com/watch ?v=GCLD6bwGq1I

G.6. Masse ≠ poids.

La masse est une autre façon de dire « combien de matière ? ». C'est une grandeur non orientée, un scalaire.
A la surface d'un astre massif comme la Terre, cette masse est attirée vers le centre de la Terre, loi de la gravitation universelle. C'est cette force d'attraction, variable selon le lieu et l'altitude, qu'on appelle le poids. Un poids est une grandeur vectorielle, et comme la Terre est un astre qui ne tourne pas trop vite sur lui-même, le poids est dirigé vers le centre de la Terre, à très peu près (réaction d'inertie centrifuge).
$\vec{P}= \vec{g}$ M
Où $\vec{g}$ est l'accélération de la pesanteur, dirigée vers le centre de la Terre (ou de l'astre sur d'autres astres), $\vec{P}$ est le poids, et M la masse. Vous avez tous vu que sur la comète 67P/Tchourioumov- Guérassimenko, astre très peu massif, la gravité est très faible, tellement faible qu'elle n'a pu obliger cet agrégat à prendre la forme ronde, loin s'en faut.
Une balance à deux plateaux, qui sont soumis à la même attraction terrestre, mesure donc bien des masses, alors qu'un peson à ressort, ou une balance électronique de ménage, elle aussi à ressort, mesure un poids, une force. Des balances électroniques de laboratoire doivent être étalonnées par des masses marquées de précision, pour être graduées quand même en masses.

G.7. Énergie

Le mot « énergie » est une tarte à la crème de millions d'adeptes de la magie, des folklores magiques, et des « médecines » magiques, qui y entassent tout le n'importe-quoi qui leur passe par la tête. Mais pour les scientifiques, il a au contraire une signification précise et non négociable : c'est une monnaie d'échange universelle, qui se calcule voire se mesure au terme de protocoles rigoureux et non négociables.
Dimension physique : 1 joule = 1 kg . m^2 / s

Prenons le pendule pesant simple, mentionné quand nous évoquions Marin Mersenne, sa masse **m**, l'accélération de la gravité **g**, et **h** l'élévation de son centre de gravité aux extrémités de sa course. En fins de course, il a pris une énergie potentielle **mgh**.
A ses passages au point bas, à la vitesse v, il a converti son énergie potentielle en énergie cinétique $\frac{1}{2}mv^2$.
Et cet échange se poursuit-il ainsi indéfiniment ? Bah non, car le pendule perd constamment de son énergie mécanique sous forme de chaleur, par les

frottements dans l'air et à sa suspension. Ces dissipations sont inhérentes à la macrophysique.

Des « mouvements » oscillatoires permanents, sans dissipation, existent pourtant mais à l'échelle microphysique. Nous avons déjà vu par exemple l'énergie de zéro de la vibration longitudinale d'une molécule CO dans un gaz : elle peut recevoir un quantum **h**, voire deux ou plus, mais ne descend jamais au dessous d'un demi-quantum, en oscillation perpétuelle qu'elle ne peut jamais perdre.

Curieux :
- Vous dites que ça existe, cette oscillation perpétuelle de la molécule diatomique, CO ou une autre. Mais si je vous demande d'en exhiber la preuve, vous allez encore vous défiler ?

Professeur Castel-Tenant :
- Avouez ! Pour vous, une preuve acceptable, ce serait une prise de vue en vidéo, comme dans notre monde macrophysique ? Mais la lumière est beaucoup trop grosse pour vous donner la moindre imagerie d'une molécule de gaz. La molécule de monoxyde de carbone CO a 3 Å de petit diamètre, 4,7 Å de grand diamètre, et ces diamètres sont flous. Là dessus vous exigez une résolution d'image meilleure que 0,03 Å pour avoir (peut-être ?) une chance de déceler une oscillation longitudinale. Et vous allez prendre quoi comme capteur de ce mouvement ? Et capable suivre une fréquence de 64,250 GHz. Votre main ? Ou de la lumière ? La lumière visible a une longueur d'onde de l'ordre de 0,5 µm, ou 5 000 Å.
En microphysique toutes nos preuves sont indirectes ; nos modèles sont capables ou non de faire des prédictions correctes. Tant qu'ils y réussissent, nous sommes sans inquiétudes.

La dissipation en chaleur est inhérente à notre monde macrophysique et à ses lois statistiques. Inversement, fin 18e et surtout au 19e siècle sont nées les machines thermiques, qui convertissent une partie de l'énergie-chaleur en énergie mécanique. On ne va pas décrire ici la théorie cinétique des gaz, terminée fin 19e siècle, qui décrit avec précision comment et pourquoi on peut convertir partiellement un flux d'énergie thermique en travail mécanique.

Revenons à l'énergie mécanique.

Vous entrez au port, au moteur, pour aller prendre votre place à quai. A quelle vitesse ? Votre barque et son équipage pèsent 1000 kg. À 3,6 km/h (environ deux nœuds) soit 1 m/s, son énergie cinétique est toujours $\frac{1}{2}mv^2$, soit ici 500 J. Êtes vous certain de pouvoir amortir cela à la botte sans rien casser ? 500 joules, ça va faire des dégâts. Mieux vaut diviser la vitesse par trois, afin de diviser l'énergie cinétique par neuf ; 55,5 J, ce sera déjà beaucoup plus maniable à arrêter. Et de toutes manières, il faudra quand même stopper par une battue arrière avant le contact du quai ou des bateaux voisins, et terminer l'accostage à la gaffe, à vitesse pratiquement nulle.

Attention, toute énergie est une grandeur dépendante du repère dans lequel on la compte. Il en est de même de la quantité de mouvement que l'on va voir à présent.

G.8. Quantité de mouvement

Historiquement, ce concept a été encore plus lent à dégager que celui d'énergie. Isaac Newton avait failli exprimer sa loi fondamentale de la mécanique en fonction de la variation de quantité de mouvement, mais hélas il s'est ravisé, et a publié la forme avec accélération, celle qui est toujours enseignée. Les deux formulations sont équivalentes tant que les masses restent constantes. $\vec{F}= \frac{d\overrightarrow{mv}}{dt}$ à comparer à : $\vec{F} = m\frac{d^2\vec{X}}{dt^2}$ où $\vec{X}$ est le vecteur de position, par rapport à un repère donné. En aérodynamique ou en hydrodynamique, c'est de loin la formule par les quantités de mouvement qui est la plus féconde. Le principe de conservation globale de la quantité de mouvement n'a aucune exception. Pour la changer sur quelque objet matériel, il faut lui appliquer une force.

Formulation simple de l'impulsion ou quantité de mouvement (sans électrodynamique, sans charges ni champs électromagnétiques) :
$\vec{p}= m\vec{v}$
C'est donc bien une grandeur vectorielle, avec trois coordonnées sur notre espace ordinaire. A présent qu'on ne vous l'enseigne plus, on ne vous dit plus que c'est une grandeur physique essentielle.

Dimension physique : 1 kg . m / s
Cette unité de quantité de mouvement ou d'impulsion n'a pas reçu de nom international. Nos étudiants sont-ils autorisés à penser ce qui n'a même pas de nom ?

Pour les dessinateurs humoristiques et pour Françoise Héritier, *l'afflaire est caire* : nos ancêtres vivaient dans les cavernes et chassaient à la massue. Vous avez déjà essayé de vous nourrir en chassant dans la nature à la massue ? Un *feu d'enjant*, n'est-ce pas (pour continuer à citer les Dupond et Dupont[1]) ? Il y a un cas où ça marche, un seul : quand vous chassez les bébés phoques sur la grève où les mères phoques ont vêlé, puis sont reparties en mer se

1. In Les bijoux de la Castafiore. Hergé.

nourrir entre deux tétées. Toutefois ce genre de grèves inaccessibles sauf en barque ne sont pas vraiment le berceau de l'humanité. Tandis que nos gibiers réels ont soit un odorat perfectionné s'ils sont des mammifères terrestres, soit une vue très supérieure à la nôtre s'ils sont des oiseaux. Aucun n'aime se faire approcher par un prédateur... J'excepte le dodo, qui à l'abri de son île, ignorait ce que peut être un prédateur.

Nos ancêtres ont chassé aux pièges et/ou aux armes de jet, qu'ils ont constamment perfectionnés. Propulseurs, sarbacanes et arcs, plus tard arbalètes, toutes ces armes servent à lancer le projectile encore plus vite, pour lui donner le plus possible d'énergie cinétique dévastatrice, à quantité de mouvement égale, nécessairement limitée.

A puissance d'arbalète donnée, constante, et recul admissible par l'épaule du tireur donné, faut-il tirer un carreau de 60 g ou de 120 g ? On vous donne la vitesse initiale du carreau de 60 g : 360 km/h = 100 m/s. Son énergie cinétique est donc de 0,06 kg / 2 x 10 000 m^2/s^2 = 300 J.

A recul égal, le carreau de 120 g emporte 150 joules à la vitesse de 50 m/s, mais il sera moins freiné par l'air, s'il est aussi bien profilé ; aussi sur une grande distance la différence d'énergie d'impact résiduelle s'atténue. Tous deux emportaient la même quantité de mouvement : 6 kg.m/s.

Et quelle énergie de recul supportait une arbalète de 3 kg ? 6 kg.m/s / 3 kg = 2 m/s.

3 kg / 2 x $(2\ m/s)^2$ = 6 joules. C'est bien moins dévastateur, tandis que les 300 J du carreau de 60 g percent une armure de chevalier.

Figure 23.7.

Voilà pourquoi nos ancêtres ont perfectionné les armes de jet : les gnous et les sangliers ont le cuir épais et solide, et ils courent vite.

Sur une mitraillette ou un fusil d'assaut, le recul de l'arme joue un rôle désastreux sur la précision du second et du troisième tir : l'arme se cabre. Ainsi l'OTAN a dû réviser ses notions sur la munition américaine d'origine .30-06, trop lourde pour passer du fusil à longue portée et sans répétition au fusil à répétition, pour un assaut à plus courte distance. Ils baissèrent simultanément le poids de la balle, et la charge propulsive, ce qui diminuait le recul et donc le cabrage.

Comparons l'énergie de recul absorbée par l'épaule du tireur, à l'énergie d'impact du projectile :

Le support visuel est cette vidéo, prise par l'agence ANNA, entre 1' 06" et 1' 11", d'un tireur de précision qui tire d'une antique arme à verrou, relique des guerres mondiales.
Vidéo https ://www.youtube.com/watch?
v=R2AEU3jTL7w extraite de
https ://www.almasdarnews.com/article/
video-syrian-army-advances-northern-aleppo/
Le recul est de l'ordre de 6 cm. En l'attente d'une identification formelle de l'arme, mettons que ce soit un Springfield 1903A4 de 1942, remanié au moins quant à sa lunette. Il pèse 4 kg.
Il tirait la .30-06 (aussi dite 7,62 x 63 mm), dont la balle pesait 150 grains, 9,72 g environ. Environ 820 m/s à la bouche (au moins : 890 m/s annoncés de nos jours pour des munitions de chasse).
Soit 7,97 kg.m/s d'impulsion, et 3270 J à la sortie du canon.
D'où la vitesse de recul de l'arme : 820 m/s * 7,97 g / 3980 g = 1,64 m/s.
Soit une énergie de recul de 5,35 joules. Là le calcul est simple et exact, puisque c'est une arme à culasse calée.
Admettons 6 cm de recul. Sur ce recul, le travail de la force d'arrêt annule l'énergie cinétique.
Force d'arrêt moyenne = 5,35 J /0,06 m = 89 N.
L'avis général des chasseurs au gros gibier est que cette munition est au maximum de ce que peut endurer l'épaule du chasseur.

Depuis, un expert a identifié l'arme : un Mosin-Nagant M91-30 PU produit à partir de 1932, et dont la première conception remonte à 1891. Le chargeur devant la gâchette est caractéristique. Il tire une 7,62 × 54 mm R.
Dans cette version il pèse 4 kg.

Figure 23.8.

Masse du projectile : 9,6 g. Vitesse initiale 870 m/s. Énergie initiale : 3500 joules.
Impulsion : 8,35 kg.m/s. Vitesse de recul de l'arme : 2,09 m/s.
Énergie de recul : 8,72 J. Force d'arrêt moyenne sur 6 cm : 145 N.

Le tireur d'un fusil d'assaut, automatique, supporte des conditions fort différentes : la culasse recule hélicoïdalement, elle actionne l'éjection de l'étui de

la balle, charge la munition suivante, et revient en position de tir. Bien moins d'énergie reste à absorber par le tireur.
Prenons l'AK-47, pesant environ 5100 g chargée dans sa version initiale, qui tire une munition M43 de 7,62 mm, de 6,5 à 7,8 g. Vitesse initiale : 720 m/s, énergie initiale : 1 991 joules. Pour la suite des calculs et pour maintenir la cohérence des données, on va prendre 7,68 g de masse de projectile, presque la balle de guerre ordinaire.

Figure 23.9.

Impulsion : 0,00768 kg x 720 m/s = 5,53 kg.m/s. C'est très proche de la valeur encaissée par l'arbalète plus haut. Énergie cinétique initiale avec ces valeurs : 1 991 J.
Ce que serait la vitesse de recul de l'arme si elle était à culasse calée :
5,53 kg.m/s / 5,100 kg = 1,08 m/s. Ce qui donnerait l'énergie du recul de l'arme : 5,1 kg / 2 x 1,176 m^2/s^2 = 3 J. Ce calcul est invalide. La culasse étant bien plus légère, emprunte bien davantage d'énergie aux gaz de poudre, plus de 10 J, probablement une vingtaine de joules.
Il faut se tourner vers la cadence de tir, de l'ordre 100 coups/minute. Une période de 0,6 s, dont le tiers, 0,2 s pour absorber l'impulsion de 5,53 kg.m/s. D'où une force de recul absorbée par le tireur de 5,53 kg.m/s / 0,2 s = 27,7 N, pour chaque coup, avec une moyenne durant la rafale de 9,2 N. L'énergie absorbée par le tireur lui-même est de l'ordre du demi-joule par coup.

Ne nous lançons pas ici dans le calcul de la vitesse de cabrage, selon la géométrie de l'arme et la morphologie du tireur.

En Relativité, l'énergie et la quantité de mouvement ou impulsion sont inséparables, elles forment un vecteur à quatre coordonnées, énergie-impulsion, dont les transformations sont régulières dans les changements de repère.
Il faut aussi savoir que la lumière transporte de la quantité de mouvement (très très peu) : selon sa fréquence ν, un photon transporte l'énergie $\mathbf{h}\nu$ et l'impulsion $\mathbf{h}\nu/\mathbf{c}$. D'où un recul de l'atome ou la molécule émetteur, comme récepteur. Pour observer la résonance Mössbauer, il faut immobiliser émetteur comme absorbeur dans deux solides massifs, et souvent refroidir à très basse température, pour limiter la perturbation par les phonons.

G.9. Force

Initialement au collège, au commencement de la mécanique statique, la force c'est ce qui est transmis par une ficelle ou un câble. Il va falloir perfectionner cela pour avoir la portance sur une aile d'avion, a fortiori pour accélérer un électron dans un synchrotron.
Dimension physique : 1 newton = 1 kg.m/s^2 = impulsion / temps = énergie / longueur

Reprenons le recul du Mosin-Nagant M91-30 PU. Énergie de recul : 8,72 J. Force d'arrêt moyenne sur 6 cm : 145 N . Sur 3 cm : 290 N. Sur 1,5 cm : 580 N. Bonjour les bleus à l'épaule !
Les valeurs de forces d'arrêt sont bien plus graves en accident de la route, voire bien pire encore en accident d'avion. Seul Superman, etc. etc., mais seulement au cinéma.

Pourquoi une **lance d'incendie** est-elle un engin si difficile à maîtriser, voire sauvagement dangereuse si elle échappe aux hommes qui la manipulent ? Parce qu'elle lance un fort débit de quantité de mouvement. Un ordre de grandeur :
Prenons une « grosse lance » de débit 500 l/min, et dont l'ajutage final est de 18 mm, soit une section de 2,54 cm^2. Ce n'est pas la plus puissante, il en existe une pour 1000 l/min.
Conversion du débit : 500 l/min = 8,33 l/s = 8 333 cm^3/s.
On en déduit la vitesse de sortie nominale :
8 333 cm^3/s / 2,54 cm^2 = 3281 cm/s = 32,81 m/s.
D'où la force exercée par le jet sur la lance (débit de quantité de mouvement) :
8,33 kg/s x 32,81 m/s = 273,3 N
Il faut être un homme costaud et entraîné pour maîtriser cela avec précision.
Et si elle échappe ? Elle recule en serpentant à droite, à gauche, à droite, à gauche... De quoi faire du dégât dans le personnel.
Pour la curiosité, calculons la hauteur maximale qu'atteindrait ce jet, en absence de freinage par l'air : à 32,81 m/s, chaque kilogramme d'eau possède une énergie cinétique de 538 joules, à convertir en énergie potentielle mgh.
D'où h = 538 J / (9,81 kg.m/s2) = 54,8 m, soit un immeuble dépassant 15 étages en conditions réelles.

Passons à l'**aéronautique**. Un avion pesant 50 000 N (5 tonnes, en gros un Piaggio P180) doit envoyer combien d'air vers le bas, et à quelle vitesse verticale, pour tenir en l'air ?
Estimons provisoirement que la vitesse verticale de l'air envoyé vers le bas est le dixième de la vitesse incidente de l'air (comptée dans le repère de l'avion), soit de l'ordre de 66 km/h = 18,3 m/s.

C'est déjà la force 8 dans l'échelle de Beaufort : fort coup de vent. A 10 ce serait la tempête. Alors il en faut combien ?
50 000 N / 18,3 m/s = 2 732 kg/s
A altitude faible, estimons la densité de l'air à 1,2 kg/m^3, cela fait 2 277 m^3/s. L'envergure de l'avion est de 14 m, descendons au chic à 13,5 m en raison du fuselage et des vortex de bouts d'aile, il vient 169,6 m^2/s pour le produit vitesse x épaisseur de la veine d'air déviée. Or cet avion vole vers 183 m/s en basse altitude, ce qui fait une épaisseur déviée équivalente à 0,92 m (92 cm), ce qui, comparé à la corde de l'aile, environ métrique, semble un ordre de grandeur acceptable, sachant que la veine d'air déviée n'a pas de contours nets mais s'amortit avec la distance au profil d'aile.
Pifométriquement, heu, je ne sais pas si j'ai sous-estimé ou surestimé... Si un lecteur familier des essais en soufflerie a des données plus fiables, je suis preneur.
Contrôle de vraisemblance par la différence d'altitude des avions ravitaillés sous le ravitailleur : ils doivent être en dessous du rabattant d'aile du ravitailleur.

Quelques photos pour guider le lecteur :

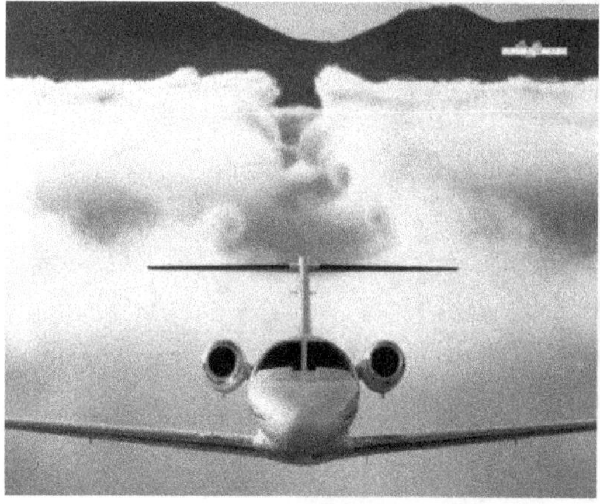

Ici un biréacteur Cessna :
Figure 23.10.

Et un autre biréacteur : Figure 23.11.

Puis voici un bombardier Tu 95, à profil d'aile épais et porteur.

Figure 23.12.

Marmotte hpc :
- Merci pour cet œuvre indiscutable qui a le mérite de remettre les pendules à l'heure avec enfin une analyse factuelle, irréfutablement chiffrée et qui ne saurait en aucun cas supporter la discussion.

Z'Yeux Ouverts : :

- Vérifions... Non, « hpc » n'est pas le même qui prétendait en 2015 qu'en « ravitaillement vent de travers », le panier devenait capteur géographique et que le pilote ne pouvait se ravitailler qu'en glissade à plat, non c'était un autre, dit « Choup » ; tandis que « hpc » n'était que chien de meute chargé de mordre qui n'est pas en-meute. Lien :
https ://groups.google.com/forum/ ?hl=fr# !searchin/fr.rec.aviation/ ravitaillement$20vent$20de$20travers/fr.rec.aviation/ w780uxVCMk4/GIXyEJ9QCQAJ

Si les données fiables manquent côté aéronautique pour les questions de la vitesse verticale obtenue et de l'épaisseur équivalente de la veine d'air déviée, de nombreux incidents voire accidents démontrent l'énormité des vortex de bouts d'ailes laissés derrière eux par les gros porteurs au décollage et à l'atterrissage. Les différences pratiques entre les ailes épaisses et les ailes minces sont bien connues, relire par exemple Pierre Clostermann quand il compare les réserves de sustentation des ailes épaisses du Typhoon, aux ailes minces du Spitfire et surtout du Tempest. Autrement dit, l'épaisseur d'air influencé au maximum de portance dépend fortement de la corde de l'aile, de son épaisseur et de sa courbure éventuelle.

Calcul de contrôle sur un hélicoptère, ici un Alouette III : 11 m de diamètre de rotor, charge maximale 2200 kg. Soit environ 85 m^2 d'aire utile de rotor. Pour enlever 21 580 N, il faut débiter 21 580 kg.m/s^2 de différence de quantité de mouvement par seconde. À 1,2 kg/m^3, l'air à altitude moyenne, cela fait 17 980 $m^4.s^{-2}$.
Sur 85 m^2, cela fait sensiblement 216 m^2/s^2, environ le carré de 14,7 m/s. En effet, en aérodynamique (aussi en hydrodynamique des profils porteurs), la vitesse du fluide intervient deux fois : une fois dans la quantité de mouvement, et une seconde fois dans la cadence à laquelle une masse de fluide est renouvelée devant le profil porteur. Ceci en simplifiant, car en réalité la « cadence de renouvellement » n'est pas une vitesse, mais l'inverse d'un temps ; tandis que la longueur qui intervient là est en réalité la largeur équivalente à la large épaisseur dégressive de la veine fluide influencée par le profil porteur, laquelle est du même ordre de grandeur que la corde de l'aile (multipliée par un effet dû à la courbure de l'aile ou de la pale et et à l'incidence de profil). Simplifions tout, oublions la fréquence de rotor et l'épaisseur de veine : admettons une vitesse verticale uniforme sous le rotor (c'est faux, nos oreilles nous le disent bien, mais continuons quand même) : 14,7 m/s c'est la force 7 dans l'échelle de Beaufort ; « *Tous les arbres balancent. La marche contre le vent peut devenir difficile.* ». L'ordre de grandeur est confirmé, sans autre précision. Comme je n'avais envisagé aucune accélération de l'hélico, voire avais surestimé l'aire efficace du rotor, disons que 15 m/s est une minoration.

Chez les voileux, on est aussi très avertis des différences pratiques entre les voiles plates et les voiles creuses, mais de là à traiter la question par le débit de variation de quantité de mouvement, ah non ! Ça n'est pas à la mode chez eux. Euphémisme. Avec quelques inconvénients pour les Shadoks qui vont sur l'eau...

G.9.1. Au sottisier : le nouveau permis de conduire. Citation : *Au nouveau permis de conduire, il y a la question suivante un paquet de 1 kg est posé sur la lunette arrière d'un véhicule roulant à 100 km/h lors d'un choc brutal, ce paquet devient un projectile : quel est* ***le poids*** *de ce projectile ?*
Réponse "officielle" : 40 kg
Quelqu'un a-t-il une justification ?
C'est trop énorme. On vous laisse corriger vous-mêmes. Solution en annexe H. Dans le même genre, quand j'étais minot, une *radioteuse* voulant faire de la propagande pour la sécurité routière annonçait sérieusement que "*notre sang atteint la densité du mercure*".

G.10. Changement de repère

Commençons au plus simple : les deux repères inertiels sont en translation l'un par rapport à l'autre, à vitesse nulle ou uniforme, ils demeurent parallèles entre eux, et leurs métriques sont identiques. Le cas de base de la relativité galiléenne.
Si la position d'un point M est repéré par le vecteur $\vec{OM}$ dans le premier repère d'origine O, $\vec{O'M}$ dans le second repère d'origine O', alors
$\vec{O'M} = \vec{O'O} + \vec{OM}$
Divisez les positions par un temps, vous obtenez une vitesse ; divisez encore par un temps et vous obtenez une accélération. Sous les restrictions galiléennes ci-dessus, les sommations sont les mêmes pour les vitesses et les accélérations. Ce serait faux pour les accélérations si les repères étaient en rotation l'un par rapport à l'autre.

G.10.1. Le ballon non dirigeable dans un vent. Ce fut la question reportée par Jules Verne au début du roman Cinq semaines en ballon : « *Quand il y a une tempête, vous n'avez pas peur que votre ballon soit déchiré ?* ». La réponse du héros était légèrement simplifiante, car le vent dans une tempête est plus irrégulier et inhomogène que du vent de tableau noir ; au pire il contient des trombes, qui sont bien plus dévastatrices que le vent moyen. La vitesse du ballon par rapport au sol est la vitesse du vent, du vent moyen là où se trouve le ballon. Et la vitesse du ballon par rapport au vent est nulle en moyenne. Nulle.

Ceci est un premier exemple de la confusion répandue dans le grand public entre forces et vitesses. Nous allons en voir bien d'autres exemples.

G.10.2. La chute du parachute non directionnel. Sous réserve que le vent soit homogène avec l'altitude, le parachutiste ancien modèle à voilure ronde n'a aucune vitesse horizontale par rapport au vent. Mais il a une vitesse verticale. Dans le repère du parachutiste ou de l'objet parachuté, le vent vient d'en bas.
Obsolescence : à présent les parachutes de l'armée sont directionnels, et le parachutiste peut dans certaines limites choisir son point de chute et sa vitesse par rapport au sol pour un posé sans casse. Mais les parachutes pour le matériel demeurent d'un modèle non-directionnel, celui que Hergé dessinait dans *L'étoile mystérieuse.*

G.10.3. L'avion dans un vent. C'est un changement de repère tout bête : $\vec{V}_{avion/sol} = \vec{V}_{avion/air} + \vec{V}_{air/sol}$
Tellement simple que les retraités de l'armée de l'air hurlent au scandale, que « *le ravitaillement en vol par vent de travers, c'est vachement compliqué, il faut être vachement adroit, vous pouvez pas savoir combien le panier est sensible au vent de travers, et puis vous êtes rien que des profanes, même pas pilotes* », etc. etc.
Les contre-preuves par les vidéos sont abondantes, mais ils ne les tolèrent pas. Elles sont comme cela les meutes : obnubilées de leur complexe de supériorité de nous les en-meute, contre eux les hors-meute. Voilà qu'après des années de pratique, ils sont encore incapables de s'apercevoir qu'un ravitaillement en vol, cela se passe en l'air, sans aucun lien mécanique avec le sol. Certes la route du ravitaillement doit éviter de percuter le Mont-Blanc et éviter une artillerie ennemie, mais ça c'est le souci du navigateur de l'avion-citerne, pas celui du pilote qui biberonne, même s'il méprise tous les navigateurs (« *même pas pilotes* »).
Eux aussi, même couverts de galons ou d'étoiles, confondent les vitesses avec des « *forces* », la cinématique avec la dynamique. Elles sont comme cela les meutes...

G.10.4. Le bateau dans un courant.

Le même changement de repère tout bête :

$\vec{V}_{navire/fond} = \vec{V}_{navire/eau} + \vec{V}_{eau/fond}$

$\vec{V}_{air/eau} = \vec{V}_{air/fond} - \vec{V}_{eau/fond}$

Si simple qu'il n'y a rien à ajouter. Il n'y a là que de la cinématique, que des vitesses.

Toutefois, l'examen des plus grosses énormités publiées par des zotorités démontre qu'il faut préciser une terminologie qu'ils ont oubliée, un oubli qui les conduit à de graves erreurs de raisonnements.
$\vec{V}_{air/fond}$ ou vent géographique, que nous pouvons aussi noter $\mathbf{V_g}$, les voileux l'ont promu à être « *vent réel* ». Par conséquent l'autre est un *vent irréel* ?
$\vec{V}_{air/navire}$ qu'on peut aussi noter V_n, ils l'ont disqualifié en « *vent apparent* ». Toutefois c'est lui gonfle vos voiles, qui vous propulse, et parfois déchire vos voiles, ou brise votre mât, ou vous chavire. *Irréel* ? Pure apparence trompeuse ?
Somme toute, le vent que brassent les pales de rotor d'un hélicoptère *n'est qu'une apparence irréelle*, et le vol de l'hélico lui même *n'est qu'une irréelle apparence...*
Quand au vent dû au courant, $\vec{V}_{air/eau}$ que l'ont peut aussi noter V_e, qu'on peut mesurer depuis une bouée dérivante, non ancrée, il est absent des raisonnements des zotorités autorisées ; une seule fois je l'ai lu mentionné comme « vent-surface » . Comme nous allons le constater sur pièces, ils comblent donc cette lacune par d'étranges sophismes où ils invoquent de la dynamique mystérieuse et magique à la place de la simple cinématique.

Il nous manque encore quelques relations :
$\vec{V}_{air/navire} = \vec{V}_{air/eau} - \vec{V}_{navire/eau} = \vec{V}_{air/fond} - \vec{V}_{navire/fond}$

L'énormité dans un manuel de maths pour BEP, sous parrainage d'un puissant parrain (Inspecteur de l'Éducation Nationale) : « *Vous avez le moteur qui pousse avec une force comme chti, le courant qui pousse avec une force comme chta. Où le bateau accostera-t-il sur l'autre rive ?* »
Bah wi quoi à la fin ! Forces, positions, vitesses, accélérations, tout ça c'est rien que des bâtons flêchus interchangeables ! Un prof de maths, ça regarde ce que ça trace au tableau noir, et rien d'autre : « *La droite delta, c'est celle qui est tracée en blanc foncé* »...
Expérimentateur et incroyant, je demande selon quel protocole expérimental ils vont mesurer avec quelle *force* le moteur pousse *comme chti*. Où vont ils accrocher leur dynamomètre ? Avec un remorquage ? Depuis la berge ou en dérive sur l'eau de la rivière implicite ? Et comment vont-ils mesurer la *force* du courant qui pousse *comme chta* ? Où vont ils accrocher leur dynamomètre ? A terre bien sûr, ou depuis une estacade. Tiens c'est curieux, quand on accroche la barque au dynamomètre dans l'attitude réaliste pour une traversée de rivière, et que le courant est fort, elle chavire et coule ! Bref, ce rédacteur de manuel pour les classes n'a rien compris du tout à ce qu'il prétend enseigner.

Tout ça parce qu'ils sont incapables de faire la différence entre force et vitesse. Une force se mesure avec un dynamomètre. Une vitesse se mesure avec une chaîne d'arpenteur et un chronomètre, plus un bouchon pour mesurer la vitesse d'un courant de rivière. Mais ces matheux détestent le concret et méprisent les expérimentations et les expérimentateurs.

Côté voileux... Comme les voileux n'ont que rarement la formation de base en mécanique, ils se sont construits toutes sortes de légendes compliquées sur la navigation dans les courants : ils confondent les vitesses avec des forces, et ont basé leurs mythes sur des « *forces* » qui n'existent pas. Or leur voilier est une machine simple, composée de deux profils, l'un aérodynamique (sa voilure), l'autre hydrodynamique (sa quille ou son plan anti-dérive), qui exploite la différence de vitesses entre deux fluides. Et seulement cette différence de vitesses entre fluides, rien d'autre, grandeur vectorielle (faut-il le rappeler encore ?). Enfin si, en Manche par fort courant contraire et petit temps, il arrive qu'un voilier mouillé sur une ancre légère aille plus vite sur l'eau sans personne à la barre, qu'un autre qui se fatigue à bien manœuvrer, tout en reculant sur le fond sans le savoir.
Si vous remontez au vent, pour les réglages seule compte la vitesse du vent sur l'eau. Où vous emmène ce courant est un autre souci, distinct, celui du navigateur – au sens de celui qui prépare la route pour aller à la bonne destination en évitant les dangers, et donne les caps en conséquence au barreur de quart.

Les drames existent. Un voilier veut sortir du Golfe du Morbihan. Le vent géographique est faible, il vient du Nord-Est, à sept nœuds [2]. Le courant de jusant est favorable, il porte lui aussi au Sud-Ouest. Toutefois, dans le chenal devant Port Navalo, le courant s'accélère, jusqu'à sept nœuds (il peut aller jusqu'à dix nœuds). Il ne reste plus rien de vitesse de vent sur l'eau, et le voilier encalminé n'est plus manœuvrant. Le courant porte sur un récif, bien marqué par une balise, il n'y a pas de moteur auxiliaire disponible, le voilier monte sur le rocher et reste planté là, éventré. A l'étale de basse mer, on vient secourir l'équipage en les évacuant. Une marée plus tard, l'épave avait disparu, emportée par le flot puis le jusant suivant, et on ne l'a jamais retrouvée. S'ils avaient eu le réflexe de mouiller l'ancre très vite, dès que le

2. Le récit est publié par Alain Grée, dans Navigation, le cap, la route, le point ; édition Gallimard. Marée de coefficient 101, le jusant était de sept nœuds devant Port Navalo, et le faible vent était d'ouest (j'ai modifié ce point). Le récif était le Grand Mouton. Estimer la masse du bateau : c'était un Aloa 25, long de 7,80 m et large de 2,70 m, de masse à vide de 1 800 kg, sans moteur, sans eau ni carburant, sans équipiers, sans armement ni vivres de croisière. Compter environ 2 500 kg , masse réelle lors de l'accident.

vent disponible a chuté, et si elle avait croché à temps, peut-être auraient-il pu sauver le bateau.

Exercice (énergie et forces, à propos de ce genre d'accident) :
Quelle était l'énergie du choc ? On prendra la masse du bateau à 2,5 tonnes, le courant à 3,6 m/s.
16 210 joules.
C'est aussi l'énergie que doit absorber votre ancre pour vous arrêter en catastrophe avant ce récif, au moment où elle croche. Question vitale alors : les forces d'arrêt seront-elles encaissées par la chaîne dynamique [fond + ancre + manille + chaîne + manille + œil + câblot + davier + bitte ou taquet ou étalingure], sans que quelque chose casse, ou que l'ancre chasse ? J'ai personnellement cassé une ancre CQR, et j'en ai vu casser une autre dans un cas d'urgence. Ce n'est donc pas une question académique.

Soyons optimistes, et mettons que son câblot soit du 16 mm toronné, avec une résistance de rupture de 55 kN, et un allongement de 11 % à 50 % de la charge de rupture. Votre mission est de calculer
1° quelle est la distance d'arrêt minimale pour que l'énergie d'arrêt soit absorbée élastiquement par ce câblot, avec une force compatible ?
2° Dans ces conditions (11 % d'allongement), quelle est la longueur de câblot nécessaire à dévider jusqu'à l'arrêt ?
3° Est-ce compatible avec les structures à bord, davier, bitte, taquets ? Ou irréaliste ?
Vous serez terrifié par les résultats, et leurs conséquences sur votre armement et vos manœuvres.
Solution en annexe H. En alpinisme on fait aussi des calculs vitaux sur ce que doit absorber une corde en cas de chute du premier de cordée. Fin de la digression sur forces d'arrêt et énergie de choc.

Dans les courants, vous n'avez que le vent-sur-l'eau pour vous propulser, pas le vent géographique !
Même si vous vous obstinez à appeler « *vent réel* » le vent géographique, il vous est inaccessible dans ces conditions.

Énormités de William F. Crosby (années quarante, traduit aux Éditions Maritimes et Coloniales) :

Crosby n'a jamais saisi que le vent géographique n'est pas celui qu'il a sur l'eau dans un courant. A la place, il invente des « *forces de courant sur la quille* ». Aussi nombre de ses conseils sont ineptes, bons pour la poubelle.

Figure 23.13.

Suppospons que vous deviez courir dans la direction Est ; le courant de marée porte aussi à l'Est. Le vent vient de l'Est-Nord-Est, ce qui vous oblige à serrer le vent pendant la première partie du parcours. Dans de telles conditions, c'est de votre quille ou dérive que dépend le succès. Si vous courez babord amures, vous gouvernez presque avec le courant, tribord amures presque en travers du courant. Il est clair que lorsque vous gouvernez en travers du courant vous lui présentez une surface de quille bien plus importante que lorsque vous naviguez dans sa direction. Vous devez donc courir le plus possible tribord amures pour que le courant, frappant en plein la large surface plane de la quille ou de la dérive, vous déporte vers la première bouée, beaucoup plus vite que vous ne l'auriez atteinte babord amures.

Si au contraire le courant portait vers l'Ouest, le vent restant le même, il vous faudrait gouverner le plus possible face au courant, pour lui présenter le minimum de surface de dérive. Si vous essayez de gouverner en travers, surtout par brise légère, la grande surface de quille ou de dérive donnera de la prise au courant, et vous serez déporté dans la direction opposée à celle que vous voulez suivre. Ce déport est d'autant plus accentué que la brise est plus légère. Quand le vent tombe complètement, orientez-vous selon le lit du courant pour éviter d'être entraîné trop loin sous le vent. C'est l'évidence même, mais peu de skippers semblent l'avoir saisie.

Lorsque le vent souffle dans une direction et que la marée court dans une autre, on peut sous toutes les allures mettre à profit l'action du courant sur la joue sous le vent de l'avant du bateau pour redresser celui-ci davantage contre le vent. De nombreuses courses ont été gagnées en tirant parti de cette possibilité.

Figure 23.14.

Les énormités d'Yves-Louis Pinaud (directeur technique national, années soixante) :

Courant contre vent rendant ce dragon très ardent. Remarquez comme le barreur maintient sa barre au vent.

Figure 23.15.

« *Vent contre courant rendent ce Dragon très ardent. Remarquez comme le barreur maintient sa barre au vent* »
Et c'est quoi son protocole expérimental pour prouver que l'angle de barre dépend du courant sur le fond ?
Rien du tout, bien sûr. Yves-Louis Pinaud se reposait sur sa grande gueule et ça lui suffisait pour tous usages pratiques de domination de son prochain. Le système général de vagues, et l'acuité de leurs profils, en revanche, en dépendent bien. Au marin de différencier l'acuité de vagues due aux hauts fonds, de celles due au courant ; l'évolution des profils est différente.

Autre preuve qu'il oublie tout de la différence entre vent géographique et vent-sur-l'eau :
Figure 23.14.

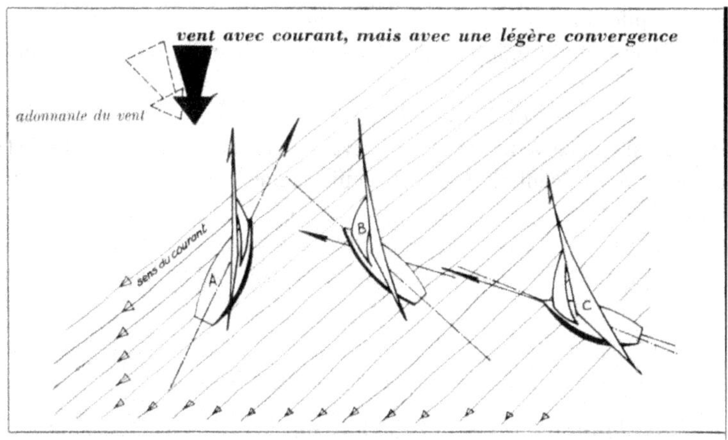

Le voilier A bâbord amures profite des évolutions adonnantes du vent réel et fait une route lui permettant de trouver appui contre le courant. Les voiliers B et C sont ramenés aux cas du premier dessin. Le voilier B serre trop le vent. Le voilier C fait courir de manière à bénéficier d'une grande résistance à la dérive.

Là encore il remplace la cinématique élémentaire par de la dynamique magique et mystérieuse. Et moi aussi, je m'y étais laissé prendre voici cinquante deux ans, à ses mystérieux arguments d'autorité...

Ai-je réussi à vous inciter à retravailler les bases de la cinématique et de la mécanique ? J'ai un doute.

Curieux :
- Objection : « *adonnantes* » dans la légende que vous citez ?

Z'Yeux Ouverts :
- Plus favorables quand vous remontez au vent.

Certes, la notion est familière aux marins à voile, mais inconnue des terriens. Supposons que le vent géographique moyen vienne exactement du nord, et que vous voulez progresser justement vers le nord. Supposons que sur un bord tribord amures, vous serriez le vent en faisant un cap au NW exactement, au 315 (relèvement au compas, gradué de 0 à 359°). Si le vent tourne de 10° vers le nord-quart-nord-est, vous allez pouvoir faire un nouveau cap au 325, avec la même vitesse ; ce nouveau cap vous fait progresser plus rapidement vers votre but. Cette saute de vent vous est favorable, vous dites que le vent a adonné. S'il avait fait l'évolution inverse, venant du 350, vous auriez été contraint d'abattre ou arriver au cap 305. Cette évolution du vent est un refus pour vous, alors qu'elle aurait été une adonnante pour le voilier qui cinglait bâbord amures : au lieu de naviguer au 45, voilà qu'il pourrait maintenant faire du 35.

Professeur Castel-Tenant :

- On me signale d'autres énormités, relevant toujours de la confusion entre cinématique et dynamique, et de l'absence d'assimilation de la relativité galiléenne :
« Un instructeur de vol à voile, enseignant que virer trop rapidement de 180° en partant face à un vent fort, fait décrocher parce que l'inertie du planeur empêche le vent de remettre suffisamment vite l'appareil en vitesse dans l'autre sens ».
Encore un qui n'avait pas encore assimilé que quand un planeur est en vol, c'est à l'air qu'il est lié, pas à la Terre. Contrairement à l'observateur au sol.

G.11. « Le vent monte de 4° »,

canular dû à Manfred Curry vers 1930, et repris avec enthousiasme par Jean Merrien dans les années cinquante. Si c'était vrai, toutes les basses couches de l'atmosphère seraient bientôt vides d'air au profit des hautes couches, voire de l'espace intersidéral. « *Et les oiseaux tomberaient* » ajoutait Jean-Claude Van Damme.
A l'origine : un protocole de mesure erroné, puis un résultat très mal interprété.
Un canular qui en a canulé plus d'un.

G.12. « Force centrifuge »

Rappel de cours pour l'accélération centripète dans un mouvement circulaire :
http ://deontologic.org/geom_syntax_gyr/index.php
?title=Les_quart-de-tours_entre_vecteurs_ :_gyreurs
Prenons le cas d'un "point matériel" M en rotation uniforme autour d'un centre O, à la distance R (fixe) de ce centre de rotation O. Le plan de rotation est fixe.

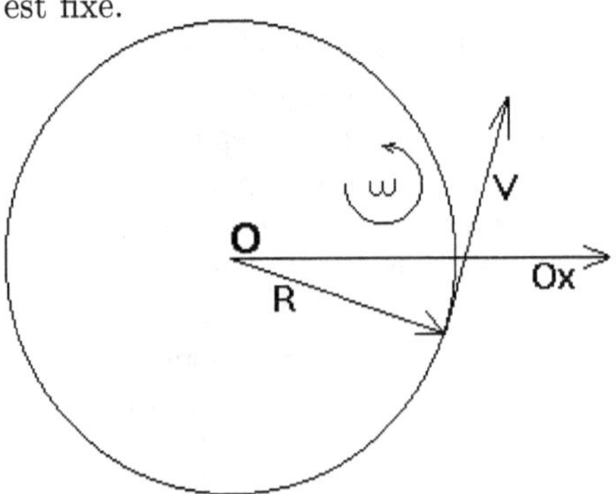

Figure 23.15.

L'opérateur "vitesse angulaire" (qui contient un opérateur "quart de tour") appliqué au rayon vecteur (de l'axe au point M), donne la vitesse périphérique : $\vec{V} = \breve{\omega}.\vec{R}$
Les orientations de $\vec{R}$ et $\vec{V}$ changent constamment, mais leurs modules restent constants. Et leur quotient, la vitesse angulaire $\breve{\omega}$ est bien constante, pour un mouvement de rotation uniforme.
L'accélération centripète s'exprime par le produit de la vitesse périphérique, par la vitesse angulaire : $\vec{\gamma} = \breve{\omega}.\vec{V}$. Dans les deux cas, $\breve{\omega}$ relie deux vecteurs orthogonaux. Unité de $\breve{\omega}$: le radian par seconde.
Dans le plan de rotation, il serait judicieux de dessiner ces relations géométriques

ainsi :

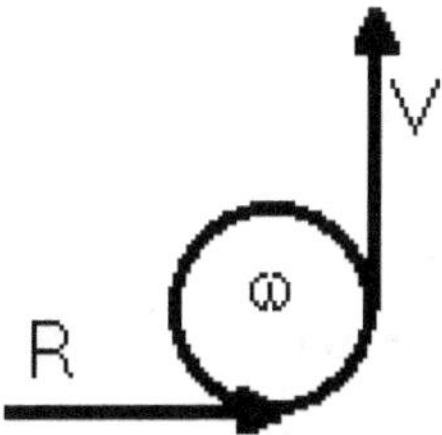

Figure 23.16.
L'accélération centripète $\vec{\gamma} = \breve{\omega}.\vec{V}$ par ce connecteur :

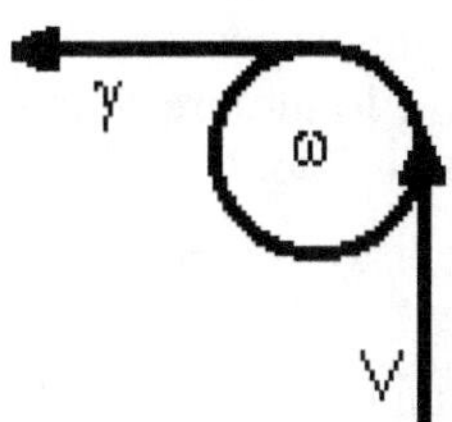

Figure 23.17.
Et on peut réunir ces deux connecteurs, pour relier directement l'accélération centripète au rayon vecteur : $\vec{\gamma} = -\left|\breve{\omega^2}\right|.\vec{R}$

Deux quarts-de-tour font un demi-tour...

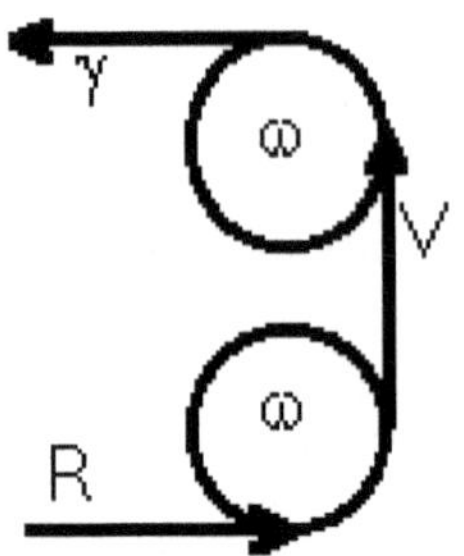

Figure 23.18.

Paradoxe : qu'est donc ce radian dont le carré vaut –1 ?
C'est le quotient de deux longueurs perpendiculaires, et égales.
Donc quand vous êtes dans le repère impropre en rotation, et que vous êtes désireux d'oublier que c'est un repère impropre, appelez force centrifuge sur un objet le produit de la masse de cet objet par l'opposé de l'accélération centripète calculée ci-dessus. Ce n'est pas une force fictive : elle est capable de faire éclater une meule mal constituée, ou un alternateur en cas de fausse manœuvre, avec de gros dégâts autour.

G.13. Vitesse : distance parcourue / temps de parcours.

Nous avions vu dans le cours du dialogue que pour mesurer une vitesse, il vous faut une base de longueur, et le moyen de mesurer le temps écoulé. En relativité galiléenne, les bases de longueur et les bases de temps sont transportables, et invariables ainsi. Depuis 1905 et Albert Einstein, nous savons les limites de cette approximation, et il nous faut désormais préciser dans quel repère. De plus, il y a des limites inférieures à la mesure d'une vitesse : cela demande du temps, cela demande de l'espace. Moins vous en avez, moins votre mesure est valide.

En Relativité, fini de considérer que les vitesses forment un espace vectoriel, ce sont les rapidités qui nous conservent cette habitude héritée des temps de Galileo et Newton. Le lien entre leurs normes : Vitesse = c . tanh(Rapidité)
Les directions sont conservées.

G.14. Accélération

C'est la variation de vitesse par unité de temps. Dans notre domaine macrophysique et non-relativiste, c'est une grandeur vectorielle. Mais une facilité est perdue : dans un changement de repère, avec rotation des repères entre eux, finie la simple additivité qui existait encore pour les vitesses. La correction fut donnée par Gaspard de Coriolis, et la leçon est à l'adresse
http ://deontologic.org/geom_syntax_gyr/index.php
?title=Acc%C3%A9l%C3%A9ration_de_Coriolis_et_inertie

La notion d'accélération est inféodée au monde macrophysique, elle n'est extrapolable en microphysique que dans des limites étroites, et non-relativistes. Oui vous pouvez accélérer un électron par un champ électrique, et tous les tubes à vide, les tubes cathodiques et les tubes à rayons X fonctionnent ainsi. Pour l'implantation ionique pour la fabrication des circuits intégrés aussi, le concept d'accélération des ions par le champ électrique, donne satisfaction. Seuls l'ion ou l'électron ne sont pas macroscopiques dans un dispositif entièrement macroscopique. Dans ces conditions, leur caractère fondamentalement ondulatoire d'onde individuelle n'est pas ou peu perçu par notre appareillage.

Mais pour la dispersion Compton des photons X ou gamma par un électron libre d'un métal ou d'un graphite, c'est raté : là c'est la réflexion d'un train d'onde (le X) sur une onde électronique Dirac-Schrödinger temporairement stationnaire : l'électron en train de rebondir sur le photon, et qui pour une durée limitée, existe simultanément dans l'ancien et le nouveau sens de parcours.

Formidable piège à niais : c'est dans quel sens, l'accélération de la pesanteur ? Pour chacun, il est évident que c'est vers le bas, puisque tout objet lâché tombe.
Seulement voilà : quand vous freinez fort en voiture, le chapelet ou la fanfreluche accrochée à votre rétroviseur part vers l'avant, alors qu'en freinage, l'accélération est vers l'arrière. Et là au moins, le sens de l'accélération cinématique est incontestable. Mais alors pourquoi sans accélération cinématique, le pendule pesant tire vers le bas ? Et comment faire comprendre à des aviateurs puissamment butés dans leur bar de l'escadrille, comment se composent les accélérations indiquées par cet accéléromètre simplifié qu'est la bille, indicateur de coordination de virage ? Au sol, la bille est en bas, au centre du tube cintré. En vol stable et droit, les ailes à plat, aussi.
La solution n'existe que dans le cadre de la Relativité Générale : le repos au sol est une désobéissance à la gravité, tandis que le repère de référence valide est une géodésique de l'espace de Riemann, c'est à dire une chute

libre. « Valide » ici implique la validité en regard de la théorie ; ce qui n'implique rien quant à la facilité ni même l'opportunité d'installer une centrale de métrologie en chute libre... En restant immobile au sol, vous résistez à la gravité, et votre pendule pesant, ou votre bille en bas accusent une accélération de contre-gravité ; cette accélération est vers le haut. Et voilà : pendule pesant ou bille ou tout autre accéléromètre accusent la somme de l'accélération cinématique et de l'accélération de contre-gravité.

Que ça vous plaise ou non, que ça leur plaise ou non.

Exercice :
Un cascadeur de 100 kg veut faire une chute de 20 m (dans le champ de la caméra).
Proposer un moyen pour amortir sa chute, et qui ne lui fasse pas subir une accélération moyenne (que l'on prendra constante, pour simplifier) supérieure à 2 **g**. Ce moyen devra absorber l'énergie cinétique du cascadeur, à lui presque tout seul - que ce ne soit pas les fractures des os, ou la mise en bouillie des muscles, qui s'en chargent.
On admettra une équation du mouvement en $\mathbf{x} = \mathbf{a}\ \mathbf{t^2} + \mathbf{bt} + \mathbf{x_0}$.
où **b** est la vitesse à la date $\mathbf{t} = 0$.
$\mathbf{x_0}$ est l'abscisse à la date $\mathbf{t} = 0$.
a est la moitié de l'accélération constante.
On prendra $\mathbf{g} = 9{,}8$ m/s^2.

Professeur Castel-Tenant :
- On nous signale aussi cette énormité, professée par un pilote de chasse retraité :
« expliquant que l'éjection est impossible en piqué. Motif : la vitesse « descensionnelle » en m/s est alors supérieure à l'accélération du siège vers le haut en m/s^2 ».

Curieux :
- Si j'ai bien compris son erreur, il comparait une vitesse à une accélération, ce qui est absurde.

Professeur Castel-Tenant :
- Et pis encore : il compare un nombre de mètres par seconde, un nombre, avec un autre nombre, le nombre de mètres par secondes au carré. Changez l'unité de temps, et les nombres changent, et pas ensemble...
La troisième bourde commise par ce retraité, est qu'il confond deux directions : la direction verticale par rapport à la Terre, et la direction d'éjection du siège du pilote, qui est perpendiculaire à l'axe de l'avion pour se dégager de l'avion, quelle que soit l'attitude de l'avion par rapport à la Terre.

En piqué à 90°, cette vitesse d'éjection dans le repère de l'avion est donc horizontale. Elle ne l'est pas dans un repère lié à la Terre.

Z'Yeux Ouverts :
- Je vais rajouter deux exercices de révision :
Panne d'ascenseur, et madame Martin doit monter ses quatre étages à pieds. Toute harnachée et sans chargement, madame Martin pèse 60 kg. Elle gravit chaque étage à la moyenne de vingt secondes par étage, et chaque étage est haut de 271 cm. Quelle est la puissance mécanique moyenne fournie par madame Martin ?
On prendra $\mathbf{g} = 9{,}8\ \mathrm{m/s^2}$.

Un pilote militaire possède un avion personnel à hélice qui tire fort au décollage, passant de 0 à 100 km/h en 100 mètres.
Il en déduit que son avion à hélice accélère beaucoup plus fort qu'un Mirage III, puisque pour passer de 0 à 300 km/h celui-ci met beaucoup plus que 300 mètres.
Votre mission est de démonter son erreur.

Le même calcul est applicable à la distance de freinage à sec, aussi bien pour un avion qu'en sécurité routière. La distance de freinage à 10 m/s ou 36 km/h est quadruplée à 72 km/h, multipliée par neuf à 108 km/h, et multipliée par seize à 144 km/h, puisque la décélération est limitée par l'adhérence des pneus. En cas de film d'eau sur la chaussée et aquaplanage, les nouvelles sont encore pires. Même calcul pour la profondeur d'amortissement par le véhicule d'un choc frontal, et résultats pratiques terrifiants.

G.15. Vitesse angulaire Ω, en radians par seconde

Décrit de combien tourne un solide, par seconde ; par extension décrit la vitesse de changement de phase d'un truc ou machin périodique. On peut l'exprimer en d'autres unités, telles que le tour par minute, et le cycle par seconde.

S'agissant de la rotation d'un solide, sa vitesse angulaire $\breve{\Omega}$ a toutes les caractéristiques d'un gyreur : plan invariant, sens de rotation, et norme de cette vitesse de rotation. Quand il ne s'agit plus que d'une phase d'une grandeur non géométrique, cette géométrisation n'a plus lieu d'être.

Et quel est le lien avec le rotationnel d'un champ de vitesses ?

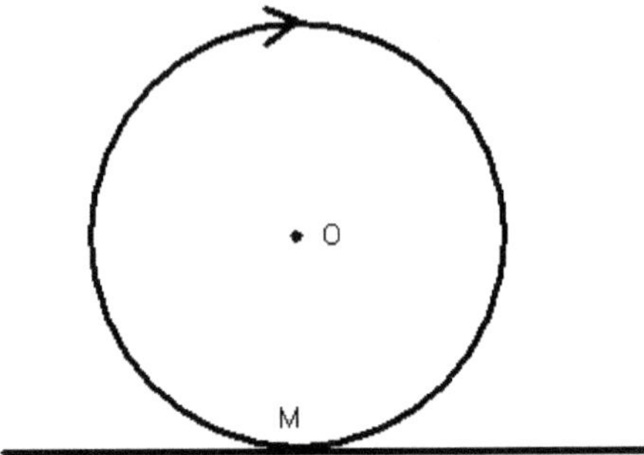

La figure schématise une roue roulant sans glisser.

Figure 23.19.

Pour un solide en rotation, le rotationnel est exactement $2\breve{\Omega}$. Ce facteur 2 est quelque peu déroutant. Nous avions vu au chapitre sur l'accélération complémentaire de Coriolis (en présence de liaisons mécaniques), et son contraire (sans liaisons) la déviation inertielle et anti-Coriolis des courants marins, ou des vents autour d'une dépression ou d'une cellule anticyclonique, que le mouvement inertiel libre (anti-Coriolis) est très proche d'une rotation en bloc, du genre solide.
http ://deontologic.org/geom_syntax_gyr/index.php
?title=Acc%C3%A9l%C3%A9ration_de_Coriolis_et_inertie

Cela au contraire d'un vortex avec aspiration centrale, où le mouvement est irrotationnel en dehors du trou central (tel le fameux Mælstrøm décrit par Edgar Poe) : la vitesse croît vers le centre comme $\mathbf{1/r}$, où $\mathbf{r}$ est la distance au centre. Même schéma général dans une trombe marine.

Proche de la trombe, mais à une échelle bien plus vaste, un cyclone tropical présente un cas intermédiaire pour cause de dissipation mécanique sur la mer et ses vagues : il y a évacuation centrale de l'air vers la haute altitude. C'est cette cheminée qu'au sol on appelle l'œil du cyclone.

G.16. Moment angulaire

Plus haut, nous sommes passés de la force au moment d'une force, par le produit extérieur d'un bras de levier depuis un axe de rotation par la force elle-même :
$\breve{M} = \vec{L}_y \hat{} \ \vec{A}_x$
Puis nous avions constaté que le moment de deux forces opposées, ou couple, ne dépend plus du repère ni d'aucun axe, nous pouvons passer d'une quantité de mouvement d'un petit objet matériel au moment de cette quantité de mouvement par rapport à un axe de rotation en faisant le produit extérieur du bras de levier par l'impulsion. Là aussi le résultat est un gyreur :
$\breve{L} = \vec{R} \ \hat{} \ \vec{p}$

Là aussi il peut se symétriser de façon à ne plus dépendre d'aucun axe, d'aucun repère. Les spins ont cette symétrie intrinsèque.
Un gyreur a une direction de plan, un module et un sens de rotation dans cet équiplan. Le gyreur moment angulaire peut être considéré comme le produit contracté de deux tenseurs du second ordre : le tenseur d'inertie, qui est symétrique, par le tenseur vitesse angulaire, qui est antisymétrique.
$\breve{L} = \overline{\overline{I}} \ . \ \breve{\Omega}$

Même théorème de conservation que pour les impulsions : le moment angulaire est conservatif. Pour en transférer d'un système à un autre, il faut faire quelque chose, appliquer un couple de forces, ou un moment de force.
Le moment angulaire a donc toute sa place dans le théorème d'Emmy Noether, qui est un fondamental de toute physique théorique. Il n'est valide que loin de toute forte gravité, loin d'une étoile à neutrons, loin de l'horizon de Schwarzschild d'un trou noir.

Théorème de Noether À toute transformation infinitésimale qui laisse invariante l'intégrale d'action correspond une grandeur qui se conserve.

Pas de position spatiale absolue	Invariance par translation dans l'espace (les lois sont les mêmes partout)	Conservation de l'impulsion
Pas de temps absolu	Invariance par translation dans le temps (les lois sont les mêmes tout le temps)	Conservation de l'énergie
Pas d'orientation absolue	Invariance par rotation dans l'espace (il n'y a pas de direction privilégiée dans l'espace)	Conservation du moment angulaire
Pas de vitesse absolue par rapport à celle de la lumière (relativité restreinte)	Invariance du cône de lumière passant par un point de l'espace-temps. Transformations du groupe de Lorentz	Conservation de l'intervalle d'espace-temps
Pas d'accélération absolue (relativité générale)	Difféomorphismes (Covariance générale)	Action d'Einstein-Hilbert
Pas d'identité propre des particules	Permutation de Particules identiques	Statistique de Fermi-Dirac, Statistique de Bose-Einstein
Pas de référence absolue pour la phase des particules chargées	Invariance par changement de phase	Conservation de la charge électrique

Applications de la conservation du moment angulaire : toupies, volants d'inertie, gyroscopes, compas gyroscopiques, indicateurs de virage, centrales d'inertie, stabilisateurs anti-roulis de navires, obus tirés depuis un canon rayé, pendule de Foucault...

Enfin le spin de la plupart des particules dotées de masse (électron, neutron, proton, etc.) a des propriétés d'une unité élémentaire de moment angulaire, plus d'autres propriétés sans équivalent dans notre monde macrophysique.

Sauf à disperser le lecteur, nous devons renoncer à développer l'application en astronomie. Certains despotiques matheux tentent de briller au milieu du bac à sable en prétendant que « *Le Soleil tourne autour de la Terre* » ne serait pas plus faux que « La Terre tourne autour du Soleil », et se gaussent lourdement de ces lourdauds de physiciens « *qui ne maîtrisent même pas la notion de changement de repère* ». J'encourage le lecteur curieux à comparer les moments angulaires dans les deux cas de figure. L'un est sensé, cohérent avec les données astronomiques (dont l'aberration des étoiles), l'autre est insensé. Idem des énergies. Et le plus rigolo est de tenter d'appliquer la loi de Newton au cas du Soleil « orbitant autour de la Terre » : l'énormité de la sottise saute aux yeux.

G.17. Moment d'inertie.

Pour l'approche sensorielle, un des meilleurs exemples est fourni dans le film http ://www.nfb.ca/film/aviron_qui_nous_mene_-_double_elementaire avec Bill Mason et son fils. En rivière vive, ils étaient largement écartés l'un de l'autre dans le canoë canadien, respectivement le fils à l'avant et le père à l'arrière, afin d'avoir chacun le plus puissant bras de levier pour le plus puissant effet évolutif, mais quand ils continuent en mer avec de la houle, à partir du temps 22 min 28 s jusqu'à 24 min 20 s, au contraire ils se rassemblent tous deux près du centre. But : diminuer le moment d'inertie au tangage, laisser l'avant et l'arrière lever et descendre au plus vite en suivant les vagues, sans embarquer de paquets de mer.

Plus haut, nous avions vu l'analyse dimensionnelle. Nous savions l'énergie cinétique en translation $K_T = \frac{1}{2}mv^2$ et demandons une forme similaire en rotation du genre $K_R = \frac{1}{2}I\omega^2$ où ω est la vitesse angulaire en radians par seconde, et I le moment d'inertie selon cette direction de rotation et cet axe de rotation. K_R étant de dimension $M.L^2. T^{-2}$, I est nécessairement de dimension $M.L^2$. Il reste à régler la question du coefficient numérique, et nous retournons au moment angulaire, où par éléments c'est la somme de moments de quantités de mouvements par rapport à l'axe de rotation. Donc pas d'histoire : la masse élémentaire multipliée par le carré du bras de levier, coefficient 1 à cette échelle élémentaire ; il n'y a plus qu'à sommer selon la géométrie.

Début de mathématisation pour Bill Mason et son fils. Au début, ils étaient chacun à 150 cm du centre du canoë, puis ils passent chacun à 50 cm, et on va décider que chacun pesait 70 kg.
Avant : $I_{pagayeurs}$ = 140 kg x 1,5 m x 1,5 m = 315 kg·m^2.
Après : $I_{pagayeurs}$ = 140 kg x 0,5 m x 0,5 m = 35 kg·m^2.
Une différence spectaculaire et très efficace. Il reste à ajouter le moment d'inertie du canot tout seul, et c'est plus difficile à savoir, surtout s'il s'y ajoute un début de carène liquide (de l'eau déjà embarquée).

On peut mathématiser à présent. C'est plus simple si vous savez déjà le centre de gravité ou centre d'inertie de votre objet. Soit G ce centre, et M le point courant qui va devoir tout balayer. La contrainte est que pour avoir un modèle de l'inertie en rotation autour de ce centre d'inertie, il faut en plus spécifier la direction de l'axe de rotation, ou équivalent : la direction de plan stable de la rotation, perpendiculaire à cet axe de rotation.

Figure 23.20.

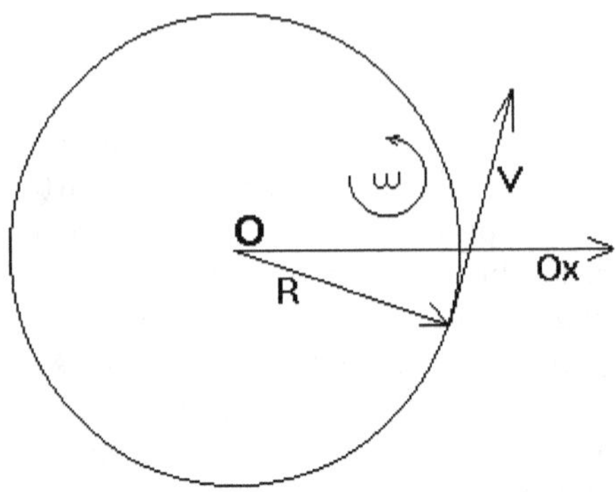

Le résultat final complet pour toutes directions possibles est un tenseur symétrique du second ordre, objet mathématique dont vous n'avez pas l'habitude, ici il contient des carrés de la distance, distance GM par exemple.

Imaginons que notre objet est un cerceau mince, de rayon r, de masse m, tournant dans son plan autour de son centre. Alors le moment d'inertie dans ce plan n'est autre que $m.r^2$, et il n'y a plus qu'à le multiplier par la vitesse angulaire pour avoir le moment angulaire de cet objet.

Un objet mécaniquement plus crédible, moins fictif, serait un disque plein, tournant de même autour de son centre d'inertie, et dans le plan du disque (un disque à musique, un disque à images, ou un disque de frein, mécaniquement ça marche pareil). Là il faut sommer tous les cerceaux virtuels, chacun selon son rayon. Pour les besoins du calcul, il nous faut la masse surfacique ρ, en kg/m^2 .
$\rho = m / (\pi.R^2)$ où R est le rayon du disque. Et ce moment d'inertie I dans le plan du disque :
$I = \int_0^R 2\pi r \rho r^2 dr = \rho \frac{2\pi R^4}{4} = \frac{1}{2} m.R^2$

Et si on veut au contraire minimiser les moments d'inertie pour les mêmes solides, supposés indéformables ?

Cas du cerceau, tournant autour d'un axe diamétral de son plan :

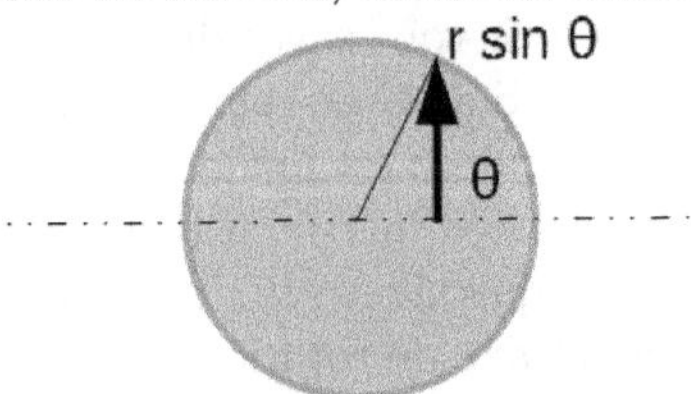

Figure 23.21.

Le paramètre d'intégration est l'angle au centre $\boldsymbol{\theta}$, variant de 0 à 2π. On a besoin de la masse linéique du cerceau : $\sigma = \mathbf{m/(2}\ \pi\ \mathbf{r)}$. D'où l'élément de masse : σ r dθ, à la distance **r** $|\mathbf{sin}(\theta)\ |$ de l'axe.
$I_T = \int_0^{2\pi} r^2 \sin^2(\theta)\sigma r d\theta = \sigma r^3 \int_0^{2\pi} \sin^2(\theta)d\theta = \pi\ \sigma\ r^3 = \frac{mr^2}{2}$ (soit la moitié du moment maximal).

On reproduit la même intégration que précédemment sur le rayon pour un disque, et on obtient son moment d'inertie transverse : $\frac{1}{4}$ m.R^2 (soit la moitié du moment maximal).

On va approximer à la louche le moment d'inertie au tangage du canoë ci-dessus. On le remplace par un barreau long de 5 m de long, de section constante, pesant 50 kg, soit 10 kg/m.
$I_{canot} \approx \sigma \int_{-2,5m}^{+2,5m} x^2 dx = \frac{2}{3}$ 10 kg/m x $(2{,}5\ \text{m})^3$ = 104 kg.m^2.
C'est une approximation expéditive, mais l'ordre de grandeur est compatible avec les faits d'observation. Le canoë réel est plus lourd et un peu plus long (environ 5,50 m), mais ses masses sont plus centrées que dans l'approximation ci-dessus.

Curieux :
- Et vous n'auriez pas un moyen expérimental pour mesurer en réalité ?

Professeur Castel-Tenant :
- Si fait ! Mais la manip n'est ni gratuite, ni sans danger pour la structure du précieux canoë. D'abord vous pesez le canoë, masse **m**. Cela va vous permettre d'appliquer le théorème des axes parallèles : pour tout axe qui passe à la distance **d** du centre d'inertie, le moment d'inertie est augmenté de celui du pendule simple de même masse $\mathbf{md^2}$. Ensuite du canoë, vous faites une balançoire, en le suspendant successivement par trois axes de tangage horizontaux fixes, espacés verticalement, proches de l'axe passant par le centre de gravité, et vous mesurez la période du pendule ainsi obtenu. Vous savez l'accélération de la pesanteur dans votre bled. La période serait infinie pour un axe passant exactement par le centre de gravité. Vous faites un graphique où vous portez les inverses du carré de chaqe période en fonction des distances di entre les trois axes expérimentaux. La droite obtenue passe par zéro pour le centre de gravité (que vous n'avez pas atteint, à moins d'obtenir une non-balançoire, sans aucun rappel vers aucune position stable). Vous en déduisez les valeurs $\mathbf{d_1}$, $\mathbf{d_2}$, $\mathbf{d_3}$, puis le moment variable du pendule simple, et de là par soustraction, vous déduisez le moment d'inertie irréductible, celui par un axe de tangage passant par le centre de gravité.

Curieux :

- Un ou deux jours de travail pour construire cette suspension réglable, et encore deux heures pour procéder aux mesures et calculs !

Z'Yeux Ouverts :
- Il faut savoir ce que l'on veut. La démarche expérimentale est le fondement de toute science, et on n'a jamais prétendu que ce serait gratuit. Parfois, mais rarement.

Une alternative expérimentale demande moins de matériel mais davantage de calculs : si vous avez une poignée à chaque extrémité, vous pouvez suspendre tour à tour l'extrémité avant puis l'extrémité arrière à un ressort suffisamment souple pour que vous puissiez chronométrer les oscillations autour de l'autre extrémité, l'extrémité fixe. Puis par soustraction vous pouvez déduire du moment d'inertie ainsi mesuré celui du pendule simple, géométriquement calculable. Soustraction, donc précision médiocre, hélas. Et encore faut-il que le ressort ne vieillisse pas durant la mesure ; or les sandows vieillissent en travaillant fort.

Jusqu'ici on n'a pris que les cas les plus simples, où l'un des axes principaux du tenseur d'inertie coïncide avec l'axe de rotation. Les choses deviennent beaucoup moins sympathiques quand ces axes ne coïncident pas, car alors ces gyreurs vitesse angulaire et moment angulaire ne sont plus dans le même plan, et du coup, les forces de liaison doivent faire quelque chose pour maintenir la machine tournante dans une géométrie qui n'est pas celle du moment angulaire. De nos jours les garagistes ont des machines à équilibrer dynamiquement les roues, et les voitures peuvent rouler vite sans vibrer ; ce n'était pas le cas quand j'étais miochon et que mes parents conduisaient : en vitesse vers 100 km/h, les roues vibraient, la direction vibrait, ça pouvait être terrifiant, voire dangereux.

On s'arrêtera là pour aujourd'hui, les lecteurs trouveront facilement en ligne la mathématisation complète.

Chapitre H

Annexe H : solutions des exercices.

Chapitre 3 : **La limite atomique et ses conséquences.**

Fréquence broglienne du proton = $m_p c^2/h$
= 1,67265 . 10^{-27} kg . 89,87552 . 10^{15} m^2/s^2 / 662,6076 . 10^{-36} kg·m^2/s
= 2,26873 . 10^{23} Hz
Sous 500 V il prend une énergie cinétique de 500 eV = 80,109 . 10^{18} J, soit une vitesse de
$\sqrt{\frac{2*80,109.10^{-18}J}{1,67265.10^{-27}kg}}$= 309 740 m/s. Vitesse largement non-relativiste.
Longueur d'onde : $\frac{h}{m.v}$= $\frac{662,6076.10^{-36}kg{\cdot}m^2/s}{1,67265.10^{-27}kg.309740m/s}$ = 1,279 pm.
C'est 447 fois plus petit qu'une distance interatomique dans l'aluminium. Une expérience d'interférence en diffractométrie ne sera possible qu'en incidence très très rasante.
Stockons le résultat intermédiaire et universel : c^2/h = 1,35639 . 10^{50} kg^{-1} . s^{-1}.

Fréquence broglienne d'une balle de 5 g :
= 5 . 10^{-3} kg . 1,35639 . 10^{50} kg^{-1} . s^{-1} = 6,781 . 10^{47} Hz.
Longueur d'onde à 800 m/s : 1,6565 . 10^{-34} m.

A vous de voir comment vous pourriez mesurer ce genre de « longueur d'onde ».
Nous les physiciens, nous avons renoncé pour des raisons évidentes... Regardez plutôt le résultat d'une expérience de ballistique d'une balle réelle.
En pratique, la mécanique n'est ondulatoire que pour les très petites masses : électrons, protons, neutrons, etc.

Chapitre 4 : **Cristaux. Densité théorique du fer pur** :
Volume d'une maille : V = a^3 = 2,32956 . 10^{-29} m^3
Masse d'une maille : m = 2 (atomes par maille) * 55,845 . 10^{-3} kg / 6,022. 10^{23} = 1,8547 . 10^{-25} kg.

Masse volumique théorique : $\rho = 7\ 962$ kg.m^{-3}, ce qui est plus fort que la masse volumique expérimentale (7 874 kg.m^{-3} à l'ambiante) ; une différence à faire dresser les oreilles.

Chapitre 7 : **Expérience d'Afshar revue à la sauce Elitzur et Vaidman.**
Fréquence ν du photon : 565 THz.
Impulsion transmise : $h.\frac{\nu}{c} = 1{,}249 \ .\ 10^{-27}$ kg.m/s
Admettons qu'elle soit absorbée par une (une seule) molécule de diazote, de masse 28/N g = 46,5 . 10^{-27} kg, cela lui donnerait une vitesse de 0,027 m/s depuis le repos (au zéro absolu, 0 K).
Et sur un milligramme de fil ? Une vitesse de 1,249 . 10^{-21} m/s. Autant dire que pour franchir la distance d'un noyau atomique, il faudra un million de secondes, ou douze jours.
Peste ! La *putain de beigne* ! Ça vous laisse tout flageolant !

Annexe G :
Un cascadeur de 100 kg veut faire une chute de 20 m (dans le champ de la caméra).
L'énoncé était ambigu : comprendre accélération cinématique seule ? Ou accélération totale, anti-gravité incluse ? Au repos au sol, notre accélération cinématique est nulle, mais nous sommes plaqués au sol par une accélération de résistance à la gravité, de valeur g, dirigée vers le haut.

En 20 m de chute libre, le cascadeur a perdu une énergie potentielle de :
100 kg . 9,8 m/s^2 . 20 m, soit 19 600 joules.
Le raisonnement le plus simple, selon la première lecture de l'énoncé : durant le restant de la chute, freinée, de longueur **x**, il va perdre encore **mgx** d'énergie potentielle. La somme de ces énergies potentielles devra être compensée par le travail d'une force de freinage, qui vaut mg + m(2g) = 3 mg. Soit un travail freinant de **3 mgx**.
Différence : 2 mgx = 19 600 joules. Donc x = 10 m. Sur ce parcours, le cascadeur est soumis à une force de freinage égale à trois fois son poids, soit 2940 N.
Seconde lecture : pour n'être freiné que de deux fois son poids, il lui faudrait une hauteur d'amortissement égale à la hauteur de chute libre, soit 20 m ; l'accélération cinématique ne vaudrait alors que 1 **g**.

Raisonnement par l'équation du mouvement à accélération et force constantes :
Sa vitesse à la fin de la chute libre satisfait l'équation :
$v^2 = 2$. 19600 joules / 100 kg = 392 m^2/s^2 (= 2 . 9,8 m/s^2 . 20 m).

Donc v = 19,80 m/s à la fin de la chute filmée, au début de la chute freinée. Des cascadeurs utilisent couramment un empilement de boîtes de carton ondulé comme amortisseurs de telles chutes.
A l'accélération **2g**, quelle durée faut-il au cascadeur pour être ramené à la vitesse nulle ?
$v = 2g.t + v_0$. D'où durée de décélération : t = 19,80 m/s / 19,6 m/s^2 = 1,0102 s.
Sur cette durée, chemin parcouru : x = g .t^2 = 10 m.
C'est bien le même résultat, obtenu avec moins de physique et plus de mathématiques.

Gain d'énergie potentielle de madame Martin :
2,71 m x 9,80 m/s^2 x 60 kg = 1593 joules par étage.
Puissance mécanique moyenne fournie : 1593 joules en 20 secondes = 80 watts.

Le pilote militaire qui possède un avion personnel à hélice qui tire fort au décollage, passant de 0 à 100 km/h en 100 mètres. Soit **a** l'accélération. La vitesse initiale $\mathbf{v_0}$ est nulle. L'origine des abscisses est celle du point fixe où il lâche les freins.
Distance : 100 m = 1/2 a. t^2
Vitesse au bout de 100 m : 100 km/h = 27,78 m/s = a.t
En divisant la première équation par la seconde, on isole la variable temps :
t = 2 x $\frac{100m}{27{,}78m/s}$= 7,2 s.
On en déduit l'accélération : a = $\frac{27{,}78m/s}{7{,}2s}$= 3,86 m/s^2.
Avec la même accélération (supposée constante), un avion à turboréacteur mettra trois fois plus de temps pour atteindre 300 km/h, soit 21,6 s, et parcourra
$1,93m/s^2 * 21,6s * 21,6s$= 900 m.
Autrement dit, avec la même accélération il parcourt trois fois plus que 300 m.

Le voilier de deux tonnes et demi, encalminé et non manœuvrant, entraîné par un courant de 3,6 m/s. Il y a bien pire : en vives eaux, le courant atteint jusque10 nœuds devant Port Navalo.

Énergie de l'arrêt : 2 500 kg / 2 x (3,6 m/s)^2 = 16 210 joules.
On veut que la force d'arrêt ne dépasse pas 55 kN / 2 = 27,5 kN
(= 2750 daN = 2800 kilogramme-force), ce que le câblot devrait théoriquement tenir s'il est neuf. Mais une telle force en latéral durant le pivotement tordrait le davier et déchirerait l'étrave.

Le produit de cette force par la course sur laquelle elle travaille égale l'énergie d'arrêt, d'où cette course : Distance d'arrêt = 16 210 J / 27 500 N = 59 cm. En pratique c'est un minimum.
D'où longueur minimale du câblot élastique :
0,59 m x 100 / 11 = 5,4 m. Ça ne colle pas avec la pratique, on a dû oublier d'autres données.

Ne serait-ce que parce que l'ancre courante de ce voilier, celle qui est vraiment prête à être mise à l'eau en dix secondes, ne dépasse probablement pas dix kilogrammes, et qu'elle ne pourra fournir cette force d'arrêt de 27,5 kN qu'au cas improbable où elle s'enroche immédiatement (et ne casse pas !).
Mettons que l'on décuple la longueur du freinage d'arrêt, à 5,90 m (il faut avoir approvisionné et installé un câblot de 50 m, ou mieux 60 m), alors la force d'arrêt moyenne descend à 2,75 kN, 275 daN, environ 280 kgf. Sous cette force réduite, le calcul d'allongement élastique du câblot donne toujours environ 60 cm pour 54 m utiles, aussi la plus grande partie du freinage d'arrêt final (530 cm) doit être fournie par du frottement sec, à la botte sur le davier. Je vous fait grâce de l'équipement de débobinage que vous n'aviez jamais prévu pour maîtriser ce câblot violent et fou, qui file à 3,6 m/s. Quelle est l'ancre qui dans les cinq secondes où elle croche dans le fond et s'y enfouit – si elle le fait - va fournir une telle force d'arrêt ? Il faut se reporter à des tableaux de tests parus dans des revues : https ://www.hisse-et-oh.com/articles/367-divers-bancs-d-essais-d-ancres
Durant ces cinq secondes de croche, à 3,6 m/s le voilier encalminé a déjà parcouru 18 m. Ajouter la distance d'enfouissement de l'ancre sur le fond, moins de deux mètres dans le présent cas de figure, si tout va bien.
Encore une mauvaise nouvelle : dans des algues laminaires (justement couchées par le courant), ou des posidonies de Méditerranée, aucune ancre ne croche si elle a déjà une vitesse horizontale notable, et pas assez de vitesse verticale en plongée. Dans l'industrie offshore, on commande un carottage des fonds avant de commander les ancres qui ancreront la plate-forme de forage.

Pour une ancre, une efficacité traction/poids de 10 est déjà bonne, et 20 exceptionnelle, en grande dépendance de la nature des fonds et de la longueur de la ligne de mouillage (pour des raisons trigonométriques incontournables). Admettons 10, soit 1000 N pour l'ancre de 10 daN (10 kg) prise pour hypothèse. On voit qu'il faut encore tripler la distance d'arrêt du voilier, à 16,20 m (deux fois la longueur de bateau) pour ne pas dépasser les capacités de l'ancre et du fond. La majeure partie du travail d'arrêt sera effectué par freinage à la botte par l'équipier, afin de ne pas reposer entièrement sur le travail élastique de l'aussière (il serait bien trop court et brutal).

Une autre question intéressante est que si le frottement du câblot sur la botte doit absorber environ 15 000 joules, combien de cm de la semelle de botte seront brûlés ?

Rappel de trigonométrie du mouillage :
Force verticale de soulèvement exercée sur l'ancre = force de traction sur la ligne x (profondeur d'eau + hauteur du davier à l'étrave sur l'eau) /longueur du câblot entre ancre et davier.
Par son poids, une longueur de chaîne en bas, entre ancre et câblot, aide bien à diminuer - si possible annuler - cette composante verticale si dangereuse, de soulèvement de l'ancre qui devrait au contraire s'enfouir pour avoir quelque résistance à la force de dragage. Nous avons négligé ici cette longueur de chaîne dans nos calculs, environ 10 m de chaîne de 8 ou 10 mm. La seule bonne nouvelle est qu'ici dans le cas du fort courant devant Port Navalo, la profondeur est faible devant la grande longueur du câblot calculé, et la trigonométrie ne joue plus contre nous.

Conclusions ?
En zone de forts courants, pour un voilier de deux tonnes et demi, approvisionnez et montez une ancre de 15 kg minimum, déjà en attente dans le davier, prête à tomber, et d'excellente qualité !
Et être extrêmement prévoyant dans ses manœuvres. Anticipez ! Nous avons vu dans cet exemple qu'il s'écoule 70 à 80 m entre le moment où l'ancre touche le fond, et l'arrêt complet du bateau. Ce qui s'ajoute à toute la distance parcourue entre la décision de mouiller, et l'instant où l'ancre larguée touche le fond. A faire dresser les cheveux sur la tête.
Et, et, et... n'approchez d'un goulet comme celui du golfe du Morbihan que quand le courant est fortement réduit, proche de la renverse !

Annexe G : le nouveau permis de conduire.

L'énoncé officiel a fait l'impasse complète complète sur le temps d'arrêt ou la distance d'arrêt, et est par conséquent absurde. De plus il applique le vocable « poids » là où il est inapplicable. Il s'agit bien d'une force, mais certainement pas d'un poids.
On peut remonter de l'affirmation farfelue aux conditions implicites. Ils affirment que l'accélération γ est de 40 $\mathbf{g}$ = 392,4 m/s^2 (aucun signe n'est noté, pas nécessaire cette fois d'orienter la droite des abscisses). A ce niveau là on néglige la gravité, assimilant le cosinus à l'unité. Sachant la vitesse initiale v_0 = 100 km/h = 27,78 m/s, et supposant la décélération uniforme, le temps est de 0,0707 secondes : $v_0 = \gamma$ t <== t = v_0 / γ

Ils ont donc supposé la distance d'arrêt être de 0,98 m : x = 1/2 γ t^2
C'est à peu près cohérent avec les normes de raccourcissement des capots des véhicules en cas de choc frontal, mais totalement incohérent avec la trajectoire d'un objet initialement posé à l'arrière, quand le raccourcissement avant est terminé.
Pour estimer de combien est dangereux l'objet de 1 kg posé non arrimé sur la plage arrière, c'est son énergie cinétique qu'il aurait fallu calculer et communiquer :
$\frac{1}{2}m(v_0)^2 = \frac{1}{2}1kg.(27,78m/s)^2 = 386$ joules. Mieux qu'un carreau d'arbalète.

Mais l'échec de notre enseignement scientifique est si profond que le grand public refuse de savoir ce qu'est un joule.

Chapitre I

Annexe I. Les grandeurs physiques.

Ce rattrapage de cours est en ligne depuis plusieurs années à
http ://deontologic.org/geom_syntax_gyr/index.php
?title=Les_grandeurs_physiques

I.1. Beaucoup plus de propriétés que les nombres, plus de contraintes et de garde-fous aussi

I.1.1. Abstraire ? ABSTRAIRE : c'est se dispenser de regarder un certain nombre (souvent un très grand nombre) de propriétés et de particularités (étymologie : *trahere* tirer, *ab* hors de, à partir de). Autrement dit, en termes ensemblistes, une abstraction est un ensemble quotient par l'ensemble des classes d'équivalence. A charge pour l'analyste d'écrire noir sur blanc la relation d'équivalence, et d'exhiber les preuves que cela tient bien la route.

Corollaires : abstrait n'implique pas « mieux » ! C'est la tâche de l'analyste que de vérifier et de prouver que dans le procédé d'abstraction qu'il a choisi, il n'a pas commis de fautes professionnelles, qu'il n'a pas écarté des propriétés vitales. Ensuite il doit prouver que son abstraction est efficace en productivité, et enfin, si c'est possible, qu'elle est optimale.

L'abstraction maîtresse dans l'histoire de l'humanité, ce sont certainement les nombres.

Agés de trois semaines, nos bébés distinguent clairement un babar (poupée représentant l'éléphant Babar) de deux babars, deux babars de trois babars. Les pigeons et les pies adultes font aussi bien. C'est vers trois, quatre ou cinq objets identiques que ces capacités innées perdent pied, se laissent tromper. Une pie qui a vu quatre hommes (d'aspects similaires entre eux) entrer dans une cabane, et trois seulement en ressortir, ne flaire pas le piège : si les habits et les apparences (par exemple les voix, ou les rythmes de gestes) sont suffisamment similaires, la pie n'a pas mémorisé les différences.

Les nombres sont tout-abstraits. Le nombre "quatre" n'est pas "quatre ânes", ni "quatre cailloux", mais ce qui est commun entre eux, par la relation "On

peut établir une bijection (une relation un pour un) entre ces deux collections", respectivement d'ânes et de cailloux. C'est donc une classe d'équivalence : la relation est symétrique, réflexive, transitive.
On sait que nos ancêtres Magdaléniens vivaient la lente et longue transition de chasseurs de rennes sauvages vers éleveurs de rennes. Ils savaient chasser des troupeaux vers des enclos, où ils pouvaient en choisir et en capturer, répartir cette propriété entre plusieurs familles de plusieurs clans. Ils ont donc dû inventer comment compter. Passer un caillou d'un tas à un autre à chaque animal qui entre dans un enclos, ou qui passe dans un sous-enclos, est une solution aisée. Une solution plus portative est de tailler une encoche dans un bâton, par animal de la collection. Les chiffres romains dérivent directement de cette numération primitive faite par des peuples de bergers **:**
I, II, III, V, X, L... .
Mais un nombre tout court, a des propriétés différentes d'un "nombre de quelque chose". Un troupeau de quatre oies n'a pas les propriété d'un troupeau de quatre rennes adultes, qui n'a pas les propriétés d'une harde de quatre mammouths... Un bosquet de quatre pins n'a pas les propriétés d'un bosquet de quatre bouleaux. Le nombre quatre est dispensé de tout cela. Les additions qui sont libres entre nombres, sont sérieusement contraintes entre nombres-de-quelque-chose.
D'une part les deux collections doivent être disjointes, sans éléments communs, et d'autre part leur réunion doit être encore un ensemble qui ait du sens et de l'usage, où les éléments aient quelque équivalence en commun.

I.1.2. Ensembles disjoints! Sur le toit en terrasse d'une ancienne usine reconvertie en HLM, quelques appartements dépassaient, via un escalier en colimaçon, et un second étage construit en béton-gaz et une isolation externe. Ma fille fut vite séduite par un charmant chaton, qui venait nous rendre visite et laper tout ce qu'on lui donnait de bon à boire et à manger. Le chaton apprenait très sérieusement à chasser les pigeons. Toutefois d'un appartement-îlot voisin, un autre petit garçon appelait le chaton, pour la croustance et le rentrer la nuit. Si vous réunissez le chat de ma fille, et le chat du voisin, cela fait une collection de deux chats, ou d'un seul chat ?
Même genre : sur la fin de sa première traversée de l'Océan Atlantique, à bord du Kurun, Jacques-Yves Le Toumelin annonce à son équiper Fargue :
"*Le premier qui aperçoit la terre aura droit à deux rasades de rhum, le second à un seul verre de rhum, et le dernier à un coup de pied au cul !*"
"*A quoi aura droit l'avant-dernier ?*" réplique Fargue.
Voyons ? Le premier, le second, l'avant-dernier, le dernier, ça fait bien un équipage de quatre personnes ? Vous êtes sûrs ?
Après avoir débarqué Fargue à la Martinique, Le Toumelin continua seul son tour du monde.

Ça c'était pour la nécessité que les éléments des deux collections à réunir soient bien distincts, sans recouvrements.

I.1.3. L'ensemble réunion doit avoir une cohérence indiscutable. Voici un autre gag dû à René Goscinny :
Les casques et les armures fortement cabossés, des légionnaires romains font l'addition suivante à leur supérieur :
"- *Ave centurion ! Nous avons été attaqués par une troupe gauloise très supérieure en nombre !*
- *Donnez moi leur signalement !*
- *Ben, un gros et un petit, et un petit chien, et ils portaient chacun un sanglier sur le dos.*
- *Ils étaient cinq, quoi !*"
Un peu de réflexion. OK pour compter les deux guerriers gaulois comme un seul ensemble. Il arrive, avec bien des si et des mais, qu'un canidé fasse équipe avec des humains dans le combat. En pareil cas, oui on pourrait compter trois combattants. Avec des acrobaties intellectuelles douteuses, on pourrait mettre ensemble les deux suidés morts et le canidé vivant : tous trois dégagent une odeur de fauve, peut-être ? Ou tous trois pourraient servir de repas à une famille d'ours, ou à une meute de loups. Mais les compter tous les cinq comme "*une troupe gauloise très supérieure en nombre*" ? Heu... Vous êtes sûrs que ce soit là un ensemble pourvu de cohérence ? Avec une relation d'équivalence entre ses cinq éléments ?
En revanche, ils pourraient être ensevelis tous les cinq par un glissement de terrain ou une avalanche, et leurs ossements être démêlés longtemps après par une même équipe d'archéologues ou de paléontologues.

I.1.4. Flous et erreurs irréductibles. Enfin, il est fréquent qu'une collection ne soit définie qu'avec un flou irréductible. Chose impensable pour un nombre pur.
Prenons l'exemple de la population de la France : à tout instant, il meurt des gens, il naît des bébés, des gens entrent, d'autres sortent. D'autres disparaissent, d'autres entrent subrepticement, des agents clandestins emprunteront plusieurs identités tour à tour... Pendant ce temps là, compter les gens prends du temps de recenseurs, qui ne peuvent être partout.
Quelles que soient les précautions méthodologiques prises lors du recensement, il subsiste des marges d'erreurs et d'incertitudes irréductibles, et ces marges d'erreurs dépendent des méthodes et des moyens du comptage. Nous sommes donc contraints de distinguer plusieurs étages dans les abstractions à partir de la réalité complexe et partiellement insaisissable de la population du pays.

I.2. Inscription dans un schème d'abstractions normalisables interprofessionnelles

Les grandeurs physiques sont semi-abstraites, et gardent une propriété du monde réel, dont les nombres sont dispensés : une signification, une unité-étalon, et la grammaire de variance qui y est associée.
Les grandeurs physiques sont dispensées des propriétés fort compliquées des mesures, et des résultats de mesures (avec toutes leurs sortes d'incertitudes et d'erreurs), et de celles du stockage de ce résultat sur un papier ou dans une machine électronique, avec ses problèmes de largeur et de résolution limitées.
Pour les grandeurs concrètes et les grandeurs physiques, l'égalité a un sens, si l'on sait définir un protocole de comparaison et de mesure. Par exemple, comparer deux longueurs, comparer deux aires, ou comparer deux lots de paquets de lessive, sous fardelages différents. A ce prix, nous avons le droit d'écrire une égalité de grandeurs, même en unités inhomogènes, comme :
1 tour $= 2\ \pi$ radians.
La grandeur physique est définie comme l'abstraction commune à ce qui dans la réalité est justifiable de la même famille de protocoles de mesure, dont la précision et le coût peuvent être très différents, mais qui ont tous pour objet de comparer une même sorte de grandeur. Par exemple une longueur, ou une masse au repos.
C'est donc aussi une classe d'équivalence. Elle est bien moins abstraite qu'un nombre, car elle est un descripteur de quelque chose. Elle est tenue à la syntaxe inhérente à la vocation sémantique de chaque grandeur physique.
Le besoin existe de caractériser ces grandeurs pratiques et concrètes d'une part (par exemple 500 flacons d'un médicament), et ces grandeurs physiques d'autre part, par leur lien avec une grandeur unité, et avec l'ensemble des nombres réels. Nous allons donc définir les grandeurs scalables. Nous aurons aussi besoin de distinguer entre les grandeurs arbitrairement scalables, et les grandeurs nombrables, pour lesquelles existe une unité absolue définie par la nature, et non par une simple convention dans société humaine.
En 1873, James Clerk Maxwell consacrait le premier paragraphe de son Treatise on Electricity and Magnetism à expliquer que toutes les grandeurs physiques sont le produit d'un nombre par un échantillon de cette grandeur, appelé Unité.
Prenons la largeur de cette feuille de papier, qui sort de mon imprimante. Elle mesure 21 cm ; ou 210 mm ; ou 0,21 m. Or, il n'existe aucune fonction à valeur de nombre réel ayant la propriété que : $21 = 210 = 0{,}21$.
Tandis qu'il est parfaitement correct d'écrire que : 21 cm = 210 mm = 0,21 m.

Ces deux égalités ne sont pas écrites entre nombres, mais entre grandeurs physiques. Elle dénotent des classes d'équivalences déterminées par les principes des mesures. Ici, seuls les principes d'au moins un protocole de mesure des longueurs, au moins un principe de construction des appareils de mesure, et des campagnes de mesures vérifiant l'équivalence et la bonne adéquation de ces appareils et de ces protocoles, peuvent justifier la définition de la grandeur physique, et les conditions de l'égalité.

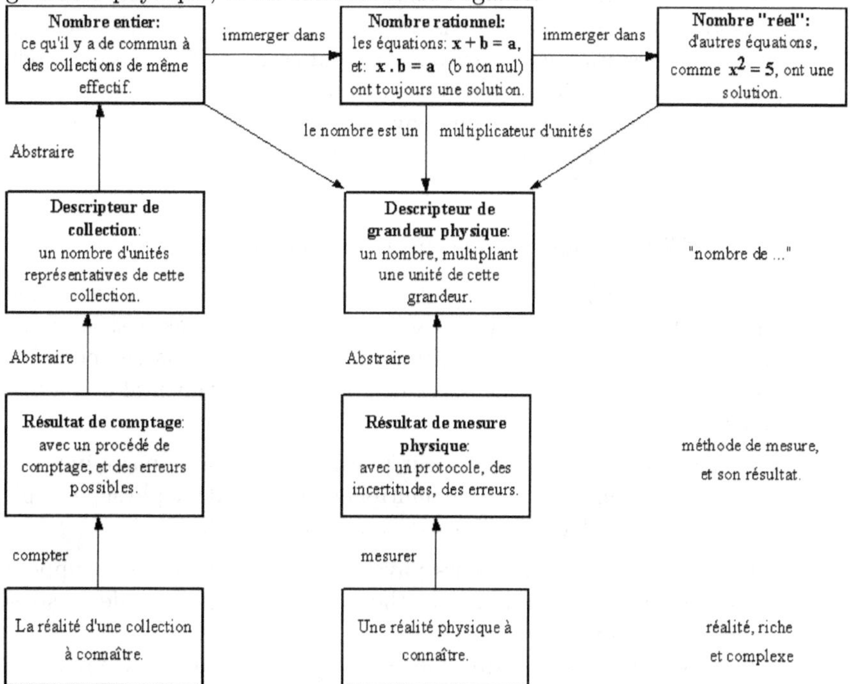

Figure 25.1.

Une distinction sera utile par la suite :

(1) Une grandeur est dite nombrable si elle est par nature multiple entière d'une unité donnée par la nature.

(2) Aux naissances près, et à la croissance près des poulains, l'effectif d'une harde de chevaux est nombrable. Une charge électrique est toujours multiple entière (éventuellement fluctuante) de la charge élémentaire d'un électron ou d'un proton, c'est une grandeur nombrable, accessible en microphysique, mais juste approximée en macrophysique. Les nombres baryoniques, ou nombre de nucléons dans la matière, sont aussi des grandeurs nombrables. Dans les entrepôts, les nombres de cartons de telle marchandise, sont par excellence nombrables, et les

cachets dans une boîte de médicament aussi. Bien sûr, nous considérons un cachet de médicament, une boîte de 30 cachets, et un carton normalisé de ces médicaments, comme des unités naturelles, aussitôt qu'ils sont fabriqués. Ce sont bien des objets concrets, qui s'imposent comme tels au comptable ou au magasinier.

(3) Une grandeur est arbitrairement scalable, ou en abrégé "scalable", si le choix de l'unité physique est laissé à un arbitraire humain. Ainsi les tensions électriques, les intensités du courant électrique, les masses, les longueurs, les durées, etc. dont les étalons sont dûs à des décisions humaines, aussi nécessaires qu'arbitraires.
Soit la majorité des grandeurs physiques dont s'occupe le physicien, à la limite toutes les grandeurs macroscopiques tant qu'on est très loin de la limite atomique.

I.3. Cinq règles d'usage pouvant servir d'axiomes :

(1) On ne peut additionner (ou retrancher) que des grandeurs de même nature. Encore faut-il qu'elles soient des grandeurs extensives. Pour les grandeurs intensives, ce peut être exclu, cas de la température par exemple, ou restreint à des dispositions expérimentales contraignantes.

(2) On peut multiplier une grandeur physique nombrable par n'importe quel nombre entier. On peut multiplier une grandeur physique arbitrairement scalable par n'importe quel nombre réel.

(3) Dans la famille des grandeurs physiques, écrire une égalité, suppose qu'on a réussi à définir une méthode expérimentale, et des instruments, pour comparer.
On a alors le droit d'écrire une égalité entre grandeurs, comme 210 mm = 21 cm. Nous exprimons la grandeur physique comme le produit d'un nombre, par une unité de cette grandeur. Il faut avoir défini ou construit un étalon de cette grandeur-unité.

(4) Toute grandeur physique a un inverse, et il n'est pas nécessaire de définir à nouveau une méthode de mesure. Exemples : un décamètre est gradué à 100 divisions par mètre. L'inverse du mètre s'écrit m^{-1}.

(5) On est libres de multiplier une grandeur physique par n'importe quelle autre grandeur physique ; ou de diviser par une grandeur physique non nulle. Cette opération est externe : elle génère une autre grandeur physique distincte.

Savoir si le résultat a un intérêt pratique, n'est que la question suivante. On peut montrer que les résultats réellement pratiques forment une structure assez simple et remarquable.

Enfin ces propriétés bien agréables de linéarité ne sont valides que dans un espace comparable au nôtre : faible gravité, états gazeux ou modérément condensés, températures modérées. Dans une étoile à neutrons, notre physique familière aurait beaucoup de surprises.

I.4. L'analyse dimensionnelle, premier garde-fous du physicien.

Dès le 17e siècle, Marin Mersenne faisait un usage judicieux et fécond de l'analyse dimensionnelle.
Reprenons son exemple, mais avec le système d'unités moderne MKSA : de quoi dépend la période d'un pendule pesant ?
Le pendule pesant se caractérise par l'accélération de la pesanteur là où il est, uniforme à l'échelle des mouvements du pendule, sa masse, la distance du centre de gravité à l'axe de suspension ou au point de suspension, et l'angle maximal des oscillations (angle pris par la tige par rapport à la verticale, si pendule simple).
Gravité g : L. T^{-2},
Masse m : M,
Longueur a : L,
Période T : T.
Il n'y a qu'une seule combinaison (valide aux petits angles) qui donne la bonne dimension, des secondes :
T = {coefficient numérique} * $\sqrt{\frac{a}{g}}$
Il ne reste plus qu'à déterminer si le coefficient numérique est 1, ou 2π, ou l'inverse, $\frac{1}{2\pi}$. Cela dépend essentiellement de l'unité d'angle du problème : radians ou cycles. Ici, il faut remonter à l'équation du mouvement, en approximant l'énergie potentielle au premier terme de son développement limité (sinon vous auriez besoin des fonctions elliptiques, que l'on n'enseigne plus) :
m.g.h = m.g.a. $\frac{\theta^2}{2}$ où l'angle θ est en radians.
On écrit que l'énergie mécanique est constante, donc sa dérivée est nulle, d'où il résulte que le carré de la pulsation est $\frac{g}{a}$.
D'où le coefficient 2π pour la période : $T = 2\pi\sqrt{\frac{a}{g}}$
La masse ne joue aucun rôle dans la formule.

I.5. La variance des grandeurs scalables

Par définition, on peut les rapporter à une unité : elles sont le produit d'une grandeur-unité par un nombre réel.
Par conséquent, si l'on change l'unité de mesure d'une grandeur scalable, le quotient de cette grandeur (par exemple un prix) par son unité est contravariant à cette unité. Dans les classes primaires, ce nombre quotient est désigné comme "le nombre exprimant la mesure de ...", ce qui est trop lourd. Dans

les espaces de dimension supérieure à 1, chacun de ces quotients, serait désigné comme "coordonnée", ce qui ici, serait prématuré. Il faut trouver mieux pour ce stade. Je suggère : "multiplicateur", ou "quotient".
Exemples : On peut s'acquitter d'une dette de mille francs, avec deux billets de 500 F, ou vingt billets de 50 F. On peut expédier 60 tonnes de marchandises, par 3 camions de 20 tonnes, ou par 2 camions de 30 tonnes. Cette page mesure en large 21 cm, ou 210 mm, ou 0,21 m. 21 cm = 0,21 m : le quotient est contravariant au diviseur. Quand l'unité est 100 fois plus grande, alors le quotient (de la grandeur par l'unité de base) est 100 fois plus petit. Autrement dit, les quotients varient au contraire de l'unité de base, afin d'avoir compétence à désigner la même grandeur.
Schéma : Grandeur scalable = quotient * grandeur-unité.
Et si l'unité est composée ? Si l'essence est à 5,60 F le litre, et que le dollar est à 5,60 F, alors l'essence est à 1$ le litre : contravariance. Mais elle est à 3,785 $ par gallon, ou encore à 21,20 F par gallon, puisqu'un gallon vaut 3.785 litres : covariance. Ce prix par unité de volume, varie comme l'unité de volume.
Le nombre qui exprime ce prix de l'essence, est covariant à l'unité de capacité : il grandit ou rapetisse comme elle. Ce nombre est contravariant à l'unité monétaire : il grandit ou rapetisse à l'envers de l'unité monétaire. Bizarrement, ces mots de covariance et de contravariance, n'étaient entendus qu'en fin d'études supérieures, alors que les phénomènes désignés, sont rencontrés dès les classes primaires. Rencontrés, mais ignorés dès le passage dans l'enseignement secondaire. C'est une lacune regrettable, car les notions de variance sont le coeur même de la mesure et de la physique. Cette syntaxe des unités physiques, a presque toujours été sous-estimée. Les mathématiciens n'ont jamais daigné s'y intéresser, et trop de physiciens sont trop inadvertants pour en tirer toutes les conséquences.

I.6. En grandeurs physiques, les conversions d'unités coulent de source

Calcul d'une longueur d'onde : "Longueur d'onde" = "célérité" . "période"
Les autres combinaisons possibles, que bien de nos élèves lancent au hasard, ne donneront jamais des mètres.
L = L/T . T
"Longueur d'onde" = 343 m/s . 0,025 s = 343 . 0,025 s.m/s = 343 . 0,025 m = 8,6 m
Toutes les conversions d'unités coulent alors de source. On s'impose de n'écrire que des égalités vraies en grandeurs physiques.

Par exemple, pour traduire une masse volumique (ici celle d'un acier) donnée dans des unités non S.I., vers le Système International, on commence par écrire la tautologie :
$7{,}8 \, . \, \frac{g}{cm^3} = 7{,}8 \, . \, \frac{g}{cm^3}$
Jusqu'ici, on n'a certainement violé ni la physique, ni la mathématique.
Puis on multiplie le second membre par une fraction égale à 1. On la choisit de façon à faire apparaître les éléments d'unités voulus, et faire disparaître, par simplification, les éléments d'unités indésirables. Ici on veut faire disparaître grammes du numérateur, et y faire apparaître kilogrammes, faire disparaître cm3 du dénominateur, y faire apparaître m3. Procédons en deux étapes :
$7{,}8 \, . \, \frac{g}{cm^3} = 7{,}8 \, . \, \frac{g}{cm^3} \cdot \frac{1kg}{1000g} \, . \, \frac{1000cm^3}{1dm^3} = 7{,}8 \, \frac{kg}{dm^3}$
(par commutativité nombre.unité)
$7{,}8. \, \frac{kg}{dm^3} = 7{,}8. \, \frac{kg}{dm^3} \, . \, \frac{1000dm^3}{1m^3} = 7800 \, \frac{kg}{m^3}$.
Aux élèves doués, la méthode peut paraître lourde, peu valorisante, et socialement peu sélective. Ils préfèrent deviner le bon résultat, au flair. Mais tous les autres élèves préfèrent cette méthode : elle est incassable !

I.7. Mettre en équations, garde-fous par les unités et l'analyse dimensionnelle.

Voici le schéma ci-après, donné en classe, des deux étages d'abstraction dans la résolution d'un problème par l'algèbre.

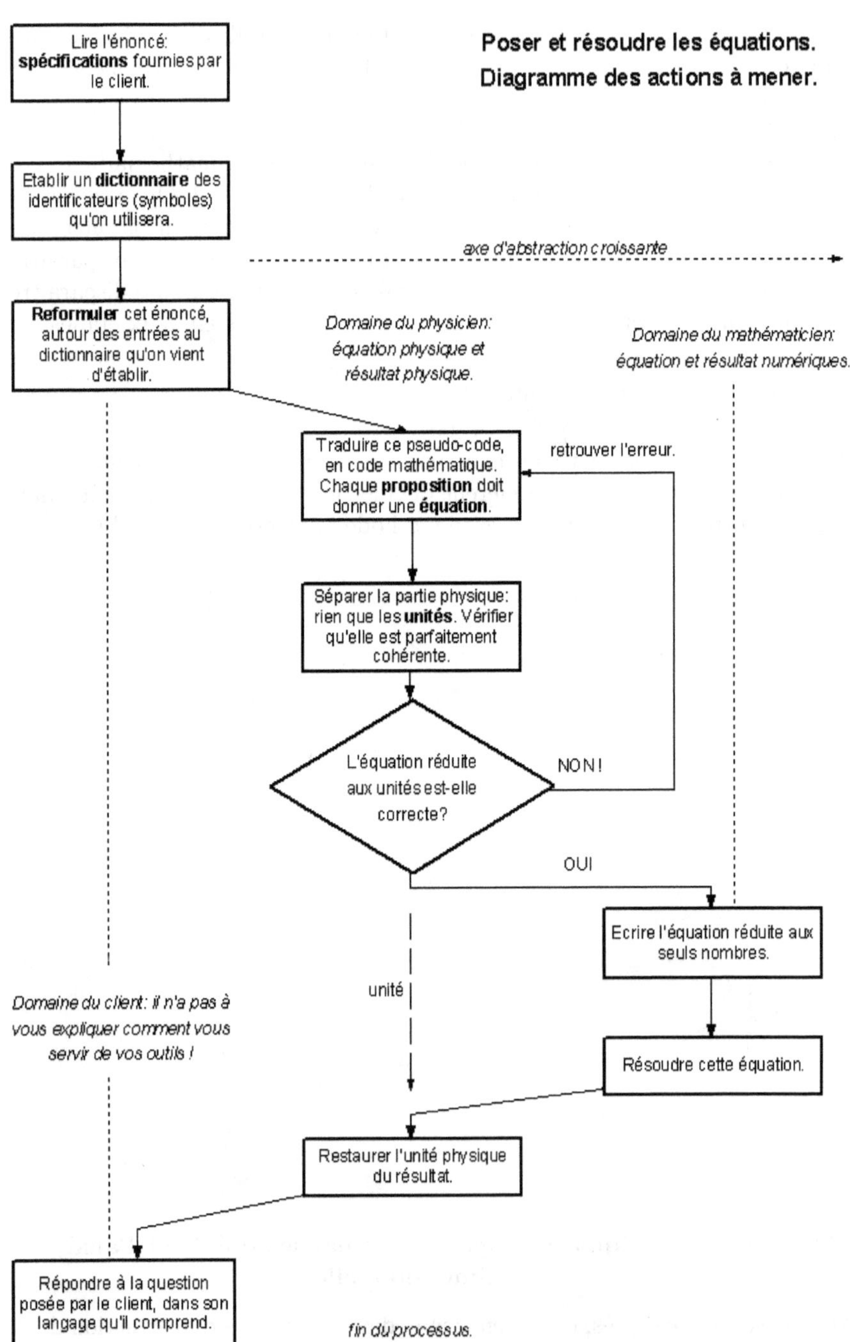
Poser et résoudre les équations.
Diagramme des actions à mener.
Lire l'énoncé: spécifications fournies par le client.
Etablir un dictionnaire des identificateurs (symboles) qu'on utilisera.
axe d'abstraction croissante
Reformuler cet énoncé, autour des entrées au dictionnaire qu'on vient d'établir.
Domaine du physicien: équation physique et résultat physique.
Domaine du mathématicien: équation et résultat numériques.
Traduire ce pseudo-code, en code mathématique. Chaque proposition doit donner une équation.
retrouver l'erreur.
Séparer la partie physique: rien que les unités. Vérifier qu'elle est parfaitement cohérente.
L'équation réduite aux unités est-elle correcte?
NON !
OUI
Ecrire l'équation réduite aux seuls nombres.
unité
Domaine du client: il n'a pas à vous expliquer comment vous servir de vos outils !
Résoudre cette équation.
Restaurer l'unité physique du résultat.
Répondre à la question posée par le client, dans son langage qu'il comprend.
fin du processus.

Figure 25.2.

· Première abstraction : du problème formulé par le client, vers une schématisation des phrases d'énoncé en prédicats irréductibles, l'écriture d'un dictionnaire des variables et de leurs symboles (que ce dictionnaire ait une, deux ou dix entrées) et la transcription des prédicats par la pose d'un système d'équations.
· · Seconde abstraction, quand la vérification dimensionnelle est terminée et ne révèle plus d'erreurs, alors résoudre le sous-système numérique, par les méthodes algébriques.
· · Seconde désabstraction : restituer les unités physiques, pour répondre en grandeurs physiques au problème physique.
· Première désabstraction : répondre dans le langage du client, dans des termes qui lui sont accessibles, et qui répondent à son problème.

I.8. Opérateurs de proportionnalité

Si je commande un tissu au mètre, et que le prix du mètre est de 3,90 euros, l'opérateur de proportionnalité qui transforme les mètres en prix du coupon, est "multiplier par 3,9 €/m".
S'agissant d'un envoi par la poste ou un transporteur, le vendeur ajoute un frais d'expédition, que pour simplifier, nous allons considérer fixe, à dix euros.
Soit un nouvel opérateur "Ajouter 10 €".
On peut inverser cette opération, pour répondre à la question : "J'ai tel budget. Quel métrage de ce tissu puis-je acheter ?".
Cela donne la successions d'opérations suivantes :
Retrancher dix euros au budget.
Diviser par le prix du mètre.
Prendre la partie entière de ce résultat en mètres : le vendeur ne compte que des mètres entiers.

I.9. L'opérateur demi-tour

L'examen de la littérature scientifique du 18e et du 19e siècle, par exemple l'article écrit par Jean le Rond d'Alembert pour l'Encyclopédie, "Nombres négatifs" met en évidence les difficultés nées de la confusion entre nombres et opérateurs. La notion de nombre, triomphante depuis l'Antiquité avec Pythagoras, dévorait celle d'opérateur. D'Alembert concédait que les règles de calcul sur les nombres négatifs étaient correctes, tout en maintenant qu'ils étaient embarrassés sur leur interprétation. Que -1 soit un nombre, pourquoi pas ? Mais ce qui est sûr, c'est que multiplier par -1 est un opérateur.

Beaucoup de nos élèves perdent pied à ce moment là : personne n'avait pensé à leur donner d'image ni d'application parlante, de référence concrète pour ces opérateurs, ni leur champ d'application.
Prenant de ces paumés en B.E.P., je rattrapais leur retard en posant le support, une droite orientée, un de ces axes où l'on pose des abscisses, pour peu qu'on ait défini un vecteur unité dessus. Une parenthèse : je leur donnais l'image d'un autobus miniature, ou d'un wagon miniature, avec des voyageurs dedans. Multiplier cette parenthèse par -1, revenait à retourner le wagon (et ses passagers inclusivement). Multiplier deux fois par -1, c'était faire deux fois un demi-tour, soit revenir à l'orientation initiale.
Nous y reviendrons, avec l'opérateur quart-de-tour, applicable à des vecteurs.

I.10. Liens vers les chapitres suivants, grandeurs géométriques de la physique

Vecteurs, définition, propriétés
Métrique des grandeurs vectorielles en physique
Les quart-de-tours entre vecteurs : gyreurs
http ://deontologic.org/geom_syntax_gyr

I.11. Bibliographie et Références pour les grandeurs physiques

APMEP, Commission Mots, n° 6 : Grandeurs et mesures. APMEP, 1982, Paris. Brochure n° 46.
André Pressiat. Calculer avec les grandeurs. Actes de l'Université d'été de Saint-Flour.
André Pressiat. Quotients - Proportionnalité - Grandeurs
Jean-François MUGNİER. Recherche et rédaction de problèmes au Collège. Feuille de Vigne n° 100 – Juin 2006.

Index

www.ingramcontent.com/pod-product-compliance
Lightning Source LLC
Chambersburg PA
CBHW031619210326
41599CB00021B/3229

* 9 7 8 2 9 5 6 2 3 1 2 0 2 *